浙江省房屋建筑与装饰工程概算定额

（2018 版）

中 国 计 划 出 版 社

2020 北 京

图书在版编目（CIP）数据

浙江省房屋建筑与装饰工程概算定额 : 2018版 / 浙江省建设工程造价管理总站主编. -- 北京 : 中国计划出版社, 2020.10（2022.2重印）
ISBN 978-7-5182-1236-1

Ⅰ. ①浙… Ⅱ. ①浙… Ⅲ. ①建筑装饰－建筑概算定额－浙江 Ⅳ. ①TU723.34

中国版本图书馆CIP数据核字(2020)第184454号

浙江省房屋建筑与装饰工程概算定额（2018 版）
浙江省建设工程造价管理总站　主编

中国计划出版社出版发行
网址：www. jhpress. com
地址：北京市西城区木樨地北里甲 11 号国宏大厦 C 座 3 层
邮政编码：100038　电话：(010) 63906433（发行部）
三河富华印刷包装有限公司印刷

880mm×1230mm　1/16　21.75 印张　627 千字
2020 年 10 月第 1 版　2022 年 2 月第 4 次印刷
印数 2801—3800 册

ISBN 978-7-5182-1236-1
定价：230.00 元

主编单位：浙江省建设工程造价管理总站

批准部门：浙江省住房和城乡建设厅

浙江省发展和改革委员会

浙江省财政厅

施行日期：二〇二〇年十月一日

浙江省房屋建筑与装饰工程概算定额

（2018 版）

主编单位：浙江省建设工程造价管理总站
参编单位：绍兴市建设工程造价管理站
浙江省建筑设计研究院
浙江大学建筑设计研究院有限公司
杭州市建筑设计研究院有限公司
中国新型建材设计研究院有限公司
中国联合工程有限公司
浙江金诚工程造价咨询事务所有限公司
浙江华夏工程管理有限公司
浙江广达工程信息中心

主　　编：胡建明　张科盛　沈　巍
副 主 编：孙文通　沈以骅　蔡立峰
参　　编：吴敏彦　周丽军　王云峰　何　泉　张　玲　王玲红　陈秀玲

软件生成：成都鹏业软件股份有限公司　杜彬
数据输入：杭州擎洲软件有限公司　白炳利

审　核:浙江省建设工程计价依据(2018 版)编制工作专家组

组　长:邓文华　浙江省建设工程造价管理总站站长

副组长:俞　晓　浙江省发展和改革委员会基本建设综合办公室副主任
马　勇　浙江省财政厅经济建设处副处长
戚程旭　浙江省住房和城乡建设厅建筑市场监管处副处长
周　易　浙江省住房和城乡建设厅计划财务处副处长
韩　英　浙江省建设工程造价管理总站副站长
汪亚峰　浙江省建设工程造价管理总站副站长
季　挺　浙江省建设工程造价管理总站副站长

成　员:李仲尧　浙江省公共资源交易中心主任
俞富桥　浙江省财政项目预算审核中心副主任
袁　旻　杭州市建设工程造价和投资管理办公室主任
傅立群　宁波市建设工程造价管理处处长
胡建明　浙江省建设工程造价管理总站副总工程师
田忠玉　浙江省建设工程造价管理总站定额管理室主任
蔡临申　浙江省建设工程造价管理总站造价信息室主任
毛红卫　浙江省建投集团投资与成本合约部总经理
单国良　歌山建设集团有限公司总裁助理
陈建华　万邦工程管理咨询有限公司总经理
黄志挺　建经投资咨询有限公司董事长
华钟鑫　浙江中达工程造价事务所有限公司董事长
蒋　磊　浙江耀信工程咨询有限公司董事长
史文军　原浙江省建工集团有限责任公司总经济师

审　定:浙江省建设工程计价依据(2018 版)编制工作领导小组

组　长:项永丹　浙江省住房和城乡建设厅厅长

副组长:朱永斌　浙江省住房和城乡建设厅党组成员、浙江省建筑业管理总站站长
杜旭亮　浙江省发展和改革委员会副主任
邢自霞　浙江省财政厅副厅长

成　员:陈衡治　浙江省发展和改革委员会基本建设综合办公室主任
倪学军　浙江省财政厅经济建设处处长
宋炳坚　浙江省住房和城乡建设厅建筑市场监管处处长
施卫忠　浙江省住房和城乡建设厅计划财务处处长
邓文华　浙江省建设工程造价管理总站站长

浙江省住房和城乡建设厅　浙江省发展和改革委员会 浙江省财政厅关于颁发《浙江省工程建设其他费用定额(2018版)》等七部定额的通知

浙建建发〔2020〕16号

各市建委(建设局)、发展改革委、财政局:

为深化工程造价管理改革,完善工程计价依据体系,健全工程造价管理机制,根据省建设厅、省发展改革委、省财政厅联合印发的《关于组织编制〈浙江省建设工程计价依据(2018版)〉的通知》(建建发〔2017〕166号)要求,由省建设工程造价管理总站(省标准设计站)负责组织编制的《浙江省工程建设其他费用定额(2018版)》《浙江省房屋建筑与装饰工程概算定额(2018版)》《浙江省通用安装工程概算定额(2018版)》《浙江省市政工程概算定额(2018版)》《浙江省房屋建筑安装工程修缮预算定额(2018版)》《浙江省市政设施养护维修预算定额(2018版)》《浙江省园林绿化养护预算定额(2018版)》(以下简称"七部定额")通过审定,现予颁发,并就有关事项通知如下,请一并贯彻执行。

一、2018版计价依据是指导投资估算、设计概算、施工图预算、招标控制价、投标报价的编制以及工程合同价约定、竣工结算办理、工程计价纠纷调解处理、工程造价鉴定等的依据。规费取费标准是投资概算和招标控制价的编制依据,投标人根据国家法律、法规及自身缴纳规费的实际情况,自主确定其投标费率,但在规费政策平稳过渡期内不得低于标准费率的30%。当政策发生变化时,再另行发文规定。

二、七部定额自2020年10月1日起施行。《浙江省建筑工程概算定额(2010版)》《浙江省安装工程概算定额(2010版)》《浙江省市政设施养护维修定额(2003版)》《浙江省工程建设其他费用定额(2010版)》同时停止使用。

三、凡2020年9月30日前签订工程发承包合同的项目,或工程发承包合同在2020年10月1日后签订但工程开标在2020年9月30日前完成的项目,除工程合同或招标文件有特别约定外,仍按原"计价依据"规定执行。涉及后续人工费动态调整的,统一采用人工综合价格指数进行调整。

四、各级建设、发展改革、财政等部门要高度重视2018版计价依据的贯彻实施工作，造价管理机构要加强检查指导，确保2018版计价依据的正确执行。

2018版计价依据由省建设工程造价管理总站（省标准设计站）负责解释与管理。

浙江省住房和城乡建设厅

浙江省发展和改革委员会

浙　江　省　财　政　厅

2020年5月29日

总　说　明

一、《浙江省房屋建筑与装饰工程概算定额》(2018 版)(以下简称本定额)是根据浙江省建设厅、浙江省发展改革委、浙江省财政厅《关于组织编制〈浙江省建设工程计价依据(2018 版)〉的通知》(建建发〔2017〕166 号)的精神及有关规定,在《浙江省房屋建筑与装饰工程预算定额》(2018 版)的基础上进一步综合扩大编制的。

二、本定额适用于浙江省区域内的工业与民用建筑的新建、扩建和改建房屋建筑与装饰工程。

三、本定额统一了浙江省房屋建筑与装饰工程概算工程的项目划分、工程量计算规则及计量单位,是工程项目建设投资评审、编制设计概算(书)和对设计方案进行技术经济分析的主要依据;也是编制概算指标、估算指标和计算主要材料需用量的基础。

四、本定额仅包括房屋建筑与装饰工程的消耗量和基价,其他相关费用应按照与本定额配套的《浙江省建设工程计价规则》(2018 版)、《浙江省建设工程其他费用定额》(2018 版)计算。

五、本定额是按照主要分项工程规定的计量单位、计算规则,综合相关分项工序的预算定额确定人工、材料及机械台班的消耗量标准,反映了浙江省的平均消耗量水平。

六、本定额中材料与机械台班的消耗量均以主要工序用量为准,定额中的模板按不同情况分别考虑了组合钢模、复合模板及铝模。

七、本定额已包括材料、成品及半成品从工地仓库、现场堆放地点或现场加工地点至操作地点的场内水平运输所需的人工及机械台班费用。

八、本定额的垂直运输系指单位工程在合理工期内完成全部工程项目所需的垂直运输机械台班数量。

九、本定额中使用的混凝土除另有注明外均按商品混凝土编制,实际使用现场搅拌混凝土时,按预算定额说明的相关条款进行调整。

十、混凝土强度等级如与设计规定不同时,按设计规定调整。

十一、本定额中的钢筋含量是按常规情况考虑的,工程概算钢筋用量可结合实际情况对不同结构类型工程做量差调整。

十二、本定额中使用的砂浆除另有注明外均按干混预拌砂浆编制,若实际使用现拌砂浆或湿拌预拌砂浆时,按预算定额说明的相关条款进行调整。

十三、本定额基价有关数据的取定:

1. 人工日工资单价分为三类:土方工程按一类日工资单价 125 元计算;楼地面、天棚工程、门窗工程等涉及装饰工程以及装配式混凝土构件安装工程、金属结构工程的子目按三类日工资单价 155 元计算;其余工程均按二类日工资单价 135 元计算。

2. 材料、成品及半成品的单价按《浙江省建筑安装材料基期价格》(2018 版)取定。

3. 施工机械台班单价按《浙江省建设工程施工机械台班费用定额》(2018 版)取定。

十四、本定额未包括的项目,可套用相应的预算定额,定额说明及工程量计算规则同预算定额;概算编制单位也可根据设计要求,遵循本定额编制原则编制一次性补充定额。

十五、使用本定额编制工程概算所依据的初步设计图纸设计深度需满足现行的《建筑工程设计文件编制深度规定》的要求。

十六、本定额以预算定额为基础编制的,考虑概算定额与预算定额的水平幅度差及图纸设计深度等因素,编制概算时应按计算程序选取扩大系数计算其他费用。扩大系数为 1% ~3% ,具体数值可根据工程的复杂程度和图纸的设计深度确定：

一般工程取中值；较复杂工程或图纸设计深度不够要求的取大值；工程较简单或图纸设计深度达到要求的取小值。

十七、概算计价时，实行人工、材料、机械市场信息价动态管理，其中的机械台班价格按浙江省建设工程造价管理总站发布的机械费指数进行调整。

十八、除《建筑工程建筑面积计算规范》GB/T 50353－2013 及各章有规定外，定额中凡注明"××以内"或"××以下"及"小于"者，均包括××本身；"××以外"或"××以上"及"大于"者，则不包括××本身。

定额说明中未注明(或省略)尺寸单位的宽度、厚度、断面等，均以"mm"为单位。

十九、本总说明未尽事宜，详见各章说明和附录。

二十、本定额由浙江省建设工程造价管理总站负责解释与管理。

《建筑工程建筑面积计算规范》

GB/T 50353－2013

1 总 则

1.0.1 为规范工业与民用建筑工程建设全过程的建筑面积计算,统一计算方法,制定本规范。

1.0.2 本规范适用于新建、扩建、改建的工业与民用建筑工程建设全过程的建筑面积计算。

1.0.3 建筑工程的建筑面积计算,除应符合本规范外,尚应符合国家现行有关标准的规定。

2 术 语

2.0.1 建筑面积——建筑物(包括墙体)所形成的楼地面面积。

2.0.2 自然层——按楼地面结构分层的楼层。

2.0.3 结构层高——楼面或地面结构层上表面至上部结构层上表面之间的垂直距离。

2.0.4 围护结构——围合建筑空间的墙体、门、窗。

2.0.5 建筑空间——以建筑界面限定的、供人们生活和活动的场所。

2.0.6 结构净高——楼面或地面结构层上表面至上部结构层下表面之间的垂直距离。

2.0.7 围护设施——为保障安全而设置的栏杆、栏板等围挡。

2.0.8 地下室——室内地平面低于室外地平面的高度超过室内净高的1/2的房间。

2.0.9 半地下室——室内地平面低于室外地平面的高度超过室内净高的1/3,且不超过1/2的房间。

2.0.10 架空层——仅有结构支撑而无外围护结构的开敞空间层。

2.0.11 走廊——建筑物中的水平交通空间。

2.0.12 架空走廊——专门设置在建筑物的二层或二层以上,作为不同建筑物之间水平交通的空间。

2.0.13 结构层——整体结构体系中承重的楼板层。

2.0.14 落地橱窗——突出外墙面且根基落地的橱窗。

2.0.15 凸窗(飘窗)——凸出建筑物外墙面的窗户。

2.0.16 檐廊——建筑物挑檐下的水平交通空间。

2.0.17 挑廊——挑出建筑物外墙的水平交通空间。

2.0.18 门斗——建筑物入口处两道门之间的空间。

2.0.19 雨篷——建筑出入口上方为遮挡雨水而设置的部件。

2.0.20 门廊——建筑物入口前有顶棚的半围合空间。

2.0.21 楼梯——由连续行走的梯级、休息平台和维护安全的栏杆(或栏板)、扶手以及相应的支托结构组成的作为楼层之间垂直交通使用的建筑部件。

2.0.22 阳台——附设于建筑物外墙,设有栏杆或栏板,可供人活动的室外空间。

2.0.23 主体结构——接受、承担和传递建设工程所有上部荷载,维持上部结构整体性、稳定性和安全性的有机联系的构造。

2.0.24 变形缝——防止建筑物在某些因素作用下引起开裂甚至破坏而预留的构造缝。

2.0.25 骑楼——建筑底层沿街面后退且留出公共人行空间的建筑物。

2.0.26 过街楼——跨越道路上空并与两边建筑相连接的建筑物。

2.0.27 建筑物通道——为穿过建筑物而设置的空间。

2.0.28 露台——设置在屋面、首层地面或雨篷上的供人室外活动的有围护设施的平台。

2.0.29 勒脚——在房屋外墙接近地面部位设置的饰面保护构造。

2.0.30 台阶——联系室内外地坪或同楼层不同标高而设置的阶梯型踏步。

3 计算建筑面积的规定

3.0.1 建筑物的建筑面积应按自然层外墙结构外围水平面积之和计算。结构层高在2.20m及以上的,应计算全面积;结构层高在2.20m以下的,应计算1/2面积。

3.0.2 建筑物内设有局部楼层时,对于局部楼层的二层及以上楼层,有围护结构的应按其围护结构外围水平面积计算,无围护结构的应按其结构底板水平面积计算。结构层高在2.20m及以上的,应计算全面积;结构层高在2.20m以下的,应计算1/2面积。

3.0.3 形成建筑空间的坡屋顶,结构净高在2.10m及以上的部位应计算全面积;结构净高在1.20m及以上至2.10m以下的部位应计算1/2面积;结构净高在1.20m以下的部位不应计算建筑面积。

3.0.4 场馆看台下的建筑空间,结构净高在2.10m及以上的部位应计算全面积;结构净高在1.20m及以上至2.10m以下的部位应计算1/2面积;结构净高在1.20m以下的部位不应计算建筑面积。室内单独设置的有围护设施的悬挑看台,应按看台结构底板水平投影面积计算建筑面积。有顶盖无围护结构的场馆看台应按其顶盖水平投影面积的1/2计算面积。

3.0.5 地下室、半地下室应按其结构外围水平面积计算。结构层高在2.20m及以上的,应计算全面积;结构层高在2.20m以下的,应计算1/2面积。

3.0.6 出入口外墙外侧坡道有顶盖的部位,应按其外墙结构外围水平面积的1/2计算面积。

3.0.7 建筑物架空层及坡地建筑物吊脚架空层,应按其顶板水平投影计算建筑面积。结构层高在2.20m及以上的,应计算全面积;结构层高在2.20m以下的,应计算1/2面积。

3.0.8 建筑物的门厅、大厅按一层计算建筑面积。门厅、大厅内设置的走廊应按其结构底板水平投影面积计算建筑面积。结构层高在2.20m及以上的,应计算全面积;结构层高在2.20m以下的,应计算1/2面积。

3.0.9 建筑物间的架空走廊,有顶盖和围护结构的,应按其围护结构外围水平面积计算全面积;无围护结构、有围护设施的,应按其结构底板水平投影面积计算1/2面积。

3.0.10 立体书库、立体仓库、立体车库,有围护结构的,应按其围护结构外围水平面积计算建筑面积;无围护结构、有围护设施的,应按其结构底板水平投影面积计算建筑面积。无结构层的应按一层计算,有结构层的应按其结构层面积分别计算。结构层高在2.20m及以上的,应计算全面积;结构层高在2.20m以下的,应计算1/2面积。

3.0.11 有围护结构的舞台灯光控制室,应按其围护结构外围水平面积计算。结构层高在2.20m及以上的,应计算全面积;结构层高在2.20m以下的,应计算1/2面积。

3.0.12 附属在建筑物外墙的落地橱窗,应按其围护结构外围水平面积计算。结构层高在2.20m及以上的,应计算全面积;结构层高在2.20m以下的,应计算1/2面积。

3.0.13 窗台与室内楼地面高差在0.45m以下且结构净高在2.1m及以上的凸(飘)窗,应按其围护结构外围水平面积计算1/2面积。

3.0.14 有围护设施的室外走廊(挑廊),应按其结构底板水平投影面积计算1/2面积;有围护设施(或柱)的檐廊,应按其围护设施(或柱)外围水平面积计算1/2面积。

3.0.15 门斗应按其围护结构外围水平面积计算建筑面积。结构层高在2.20m及以上的,应计算全面积;结构层高在2.20m以下的,应计算1/2面积。

3.0.16 门廊应按其顶板水平投影面积的1/2计算建筑面积;有柱雨篷应按其结构板水平投影面积的1/2计算建筑面积;无柱雨篷的结构外边线至外墙结构外边线的宽度在2.10m及以上的,应按雨篷结构板的水平投影面积的1/2计算建筑面积。

3.0.17 设在建筑物顶部的、有围护结构的楼梯间、水箱间、电梯机房等,结构层高在2.20m及以上的,应计算全面积;结构层高在2.20m以下的,应计算1/2面积。

3.0.18 围护结构不垂直于水平面的楼层,应按其底板面的外墙外围水平面积计算。结构净高在2.10m及以上的部位,应计算全面积;结构净高在1.20m及以上至2.10m以下的部位,应计算1/2面积;结构净高在1.20m以下的部位,不应计算建筑面积。

3.0.19 建筑物的室内楼梯、电梯井、提物井、管道井、通风排气竖井、烟道,应并入建筑物的自然层计算建筑面积。有顶盖的采光井应按一层计算建筑面积,结构净高在2.10m及以上的,应计算全面积;结构净高在2.10m以下的,应计算1/2面积。

3.0.20 室外楼梯应并入所依附建筑物自然层,并应按其水平投影面积的1/2计算建筑面积。

3.0.21 在主体结构内的阳台,应按其结构外围水平面积计算全面积;在主体结构外的阳台,应按其结构底板水平投影面积计算1/2面积。

3.0.22 有顶盖无围护结构的车棚、货棚、站台、加油站、收费站等,应按其顶盖水平投影面积的1/2计算建筑面积。

3.0.23 以幕墙作为围护结构的建筑物,应按幕墙外边线计算建筑面积。

3.0.24 建筑物的外墙外保温层,应按其保温材料的水平截面积计算,并计入自然层建筑面积。

3.0.25 与室内相通的变形缝,应按其自然层合并在建筑物建筑面积内计算。对于高低联跨的建筑物,当高低跨内部连通时,其变形缝应计算在低跨面积内。

3.0.26 对于建筑物内的设备层、管道层、避难层等有结构层的楼层,结构层高在2.20m及以上的,应计算全面积;结构层高在2.20m以下的,应计算1/2面积。

3.0.27 下列项目不应计算建筑面积:

1 与建筑物内不相连通的建筑部件;

2 骑楼、过街楼底层的开放公共空间和建筑物通道;

3 舞台及后台悬挂幕布和布景的天桥、挑台等;

4 露台、露天游泳池、花架、屋顶的水箱及装饰性结构构件;

5 建筑物内的操作平台、上料平台、安装箱和罐体的平台;

6 勒脚、附墙柱、垛、台阶、墙面抹灰、装饰面、镶贴块料面层、装饰性幕墙,主体结构外的空调室外机搁板(箱)、构件、配件,挑出宽度在2.10m以下的无柱雨篷和顶盖高度达到或超过两个楼层的无柱雨篷;

7 窗台与室内地面高差在0.45m以下且结构净高在2.10m以下的凸(飘)窗,窗台与室内地面高差在0.45m及以上的凸(飘)窗;

8 室外爬梯、室外专用消防钢楼梯;

9 无围护结构的观光电梯;

10 建筑物以外的地下人防通道,独立的烟囱、烟道、地沟、油(水)罐、气柜、水塔、贮油(水)池、贮仓、栈桥等构筑物。

目　　录

第六章　柱、梁工程

第七章　楼地面、天棚工程

第八章　屋 盖 工 程

第九章　门 窗 工 程

第十章　构筑物工程

第十一章　附属工程及零星项目

第十二章　脚手架、垂直运输、超高施工增加费

第十三章　大型施工机械进(退)场及安拆

附　录

第一章

土 方 工 程

说　　明

一、人工土方已包含在相应基础定额内。

二、机械土方定额适用于地下室等大开挖的基础土方和单独编制概算的机械土方工程。

三、本定额不包括淤泥、流砂等特殊土方及石方工程。如发生,可按《浙江省房屋建筑与装饰工程预算定额》(2018 版)的规定执行。

四、本定额综合考虑了常规施工工艺和技术装备水平及其他相关因素,执行过程中不得调整。

五、余土外运及处置可参照拟建工程当地相关政策文件。

六、挖掘机在有支撑的基坑内挖土,挖土深度 6m 以内时,套用相应定额乘以系数 1.2;挖土深度 6m 以上时,套用相应定额乘以系数 1.4,如发生土方翻运,不再另行计算。

七、本章中的机械土方作业均以天然湿度土壤为准,定额中已包括含水率在 25% 以内的土方所需增加的人工和机械。如含水率超过 25% 时,按照《浙江省房屋建筑与装饰工程预算定额》(2018 版)的规定执行。

八、井管间距应根据地质条件和施工降水要求,按施工组织设计确定,施工组织设计未考虑时,可按轻型井点管距 1.2m、喷射井点管距 2.5m 确定。

九、土壤分一、二类土,三类土,四类土;岩石分极软岩、软岩、较软岩、较坚硬岩、坚硬岩,具体分类见下表。

土壤分类表

土壤分类	土壤名称	开挖方法
一、二类土	粉土、砂土(粉砂、细砂、中砂、粗砂、砾砂)、粉质黏土、弱中盐渍土、软土(淤泥质土、泥炭、泥炭质土)、软塑红黏土、冲填土	用锹、少许用镐、条锄开挖。机械能全部直接铲挖满载者
三类土	黏土、碎石土(圆砾、角砾)混合土、可塑红黏土、硬塑红黏土、强盐渍土、素填土、压实填土	主要用镐、条锄,少许用锹开挖。机械需部分刨松方能铲挖满载者,或可直接铲挖但不能满载者
四类土	碎石土(卵石、碎石、漂石、块石)、坚硬红黏土、超盐渍土、杂填土	全部用镐、条锄挖掘,少许用撬棍挖掘。机械须普遍刨松方能铲挖满载者

注:本表土的名称及其含义按国家标准《岩土工程勘察规范》GB 50021－2001(2009 年局部修订版)定义。

岩石分类表

岩石分类		定性鉴定	代表性岩石	岩石饱和单轴抗压强度 Rc(MPa)
软质岩	极软岩	锤击声哑,无回弹,有较深凹痕,手可捏碎; 浸水后,可捏成团	1. 全风化的各种岩石; 2. 强风化的软岩; 3. 各种半成岩	≤5

续表

岩石分类		定性鉴定	代表性岩石	岩石饱和单轴抗压强度 Rc(MPa)
软质岩	软岩	锤击声哑,无回弹,有凹痕,易击碎; 浸水后,手可掰开	1. 强风化的坚硬岩; 2. 中等(弱)风化～强风化的较坚硬岩; 3. 中等(弱)风化的较软岩; 4. 未风化的泥岩、泥质页岩、绿泥石片岩、绢云母片岩等	15～5
	较软岩	锤击声不清脆,无回弹,较易击碎; 浸水后,指甲可刻出印痕	1. 强风化的坚硬岩; 2. 中等(弱)风化的较坚硬岩; 3. 未风化～微风化的: 凝灰岩、千枚岩、砂质泥岩、泥灰岩、泥质砂岩、粉砂岩、砂质页岩等	30～15
硬质岩	较坚硬岩	锤击声较清脆,有轻微回弹,稍震手,较难击碎; 浸水后,有轻微吸水反应	1. 中等(弱)风化的坚硬岩; 2. 未风化～微风化的: 熔结凝灰岩、大理岩、板岩、白云岩、石灰岩、钙质砂岩、粗晶大理岩等	60～30
	坚硬岩	锤击声清脆,有回弹,震手,难击碎; 浸水后,大多无吸水反应	未风化～微风化的: 花岗岩、正长岩、闪长岩、辉绿岩、玄武岩、安山岩、片麻岩、硅质板岩、石英岩、硅质胶结的砾岩、石英砂岩、硅质石灰岩等	>60

注:本表依据《工程岩体分级标准》GB/T 50218－2014 进行分类。

工程量计算规则

一、土方体积按天然密实体积计算,回填土按设计图示尺寸以体积计算。

二、挖土深度以自然地面标高为准,填土深度以设计室外标高为准。

三、机械土方:

1. 机械挖土工作面:挖地下室、半地下室土方按垫层底宽每边增加1m计算。

2. 放坡系数按下表计算:

机械土方放坡起点深度和放坡系数表

土类	起点深度(>m)	放坡系数		
		基坑内作业	基坑上作业	沟槽上作业
一、二类土	1.20	1:0.33	1:0.75	1:0.50
三类土	1.50	1:0.25	1:0.67	1:0.33
四类土	2.00	1:0.10	1:0.33	1:0.25

注:1. 淤泥、流砂及海涂工程,不适用于本表;
　2. 凡有围护或地下连续墙的部分,不再计算放坡系数。

3. 当挖土有围护设计时,不考虑放坡,按围护设计施工方案计算。

4. 平整场地,按设计图示尺寸以建筑物首层建筑面积(或架空层结构外围面积)的外边线每边各放2m计算,建筑物地下室结构外边线突出首层结构外边线时,其突出部分的面积合并计算。

5. 填土碾压按图示尺寸以"m^3"计算。

四、基础排水:

1. 轻型井点以50根为一套,喷射井点以30根为一套,使用时累计根数轻型井点少于25根,喷射井点少于15根,使用费按相应定额乘以系数0.70。

2. 使用天数以每昼夜(24h)为一天,按常规施工组织要求确定使用天数。

一、机 械 土 方

1. 挖掘机挖一般土方

工作内容:挖土,装车,清底修边,清理机下余土。　　计量单位:1 000m^3

定额编号				1-1	1-2	1-3
项目				挖掘机挖一般土方		
				装车		
				一、二类土	三类土	四类土
基价(元)				**3 671.70**	**4 491.50**	**5 415.30**
其中	人工费(元)			1 097.50	1 621.30	2 267.50
	材料费(元)			—	—	—
	机械费(元)			2 574.20	2 870.20	3 147.80
预算定额编号	项目名称	单位	单价(元)	消耗量		
1-17	挖掘机挖一般土方 装车 一、二类土	100m^3	367.17	10.000 00	—	—
1-18	挖掘机挖一般土方 装车 三类土	100m^3	449.15	—	10.000 00	—
1-19	挖掘机挖一般土方 装车 四类土	100m^3	541.53	—	—	10.000 00
	名称	单位	单价(元)	消耗量		
人工	一类人工	工日	125.00	8.780 00	12.970 00	18.140 00

注:汽车运土另按定额子目 1－11、1－12 计算。

2. 挖掘机挖槽坑土方

工作内容:挖土,装车,清底修边,清理机下余土。　　计量单位:1 000m^3

定额编号				1-4	1-5	1-6
项目				挖掘机挖槽坑土方		
				装车		
				一、二类土	三类土	四类土
基价(元)				**4 330.40**	**5 601.80**	**6 994.80**
其中	人工费(元)			1 685.00	2 651.30	3 757.50
	材料费(元)			—	—	—
	机械费(元)			2 645.40	2 950.50	3 237.30
预算定额编号	项目名称	单位	单价(元)	消耗量		
1-23	挖掘机挖槽坑土方 装车 一、二类土	100m^3	433.04	10.000 00	—	—
1-24	挖掘机挖槽坑土方 装车 三类土	100m^3	560.18	—	10.000 00	—
1-25	挖掘机挖槽坑土方 装车 四类土	100m^3	699.48	—	—	10.000 00
	名称	单位	单价(元)	消耗量		
人工	一类人工	工日	125.00	13.480 00	21.210 00	30.060 00

注:汽车运土另按定额子目 1－11、1－12 计算。

3. 推土机推运土方

工作内容：堆土、弃土，清理机下余土，维护行驶道路。

计量单位：1 000m³

定额编号				1-7	1-8	1-9	1-10
项目				推土机推运土方			
				运距(m)			
				20 以内			100 以内每增运 10
				一、二类土	三类土	四类土	
基价（元）				**2 058.90**	**2 202.40**	**2 561.30**	**574.10**
其中	人工费（元）			480.00	480.00	480.00	—
	材料费（元）			—	—	—	—
	机械费（元）			1 578.90	1 722.40	2 081.30	574.10
预算定额编号	项目名称	单位	单价(元)	消耗量			
1-29	推土机推运土方 运距(m) 20 以内 一、二类土	100m³	205.89	10.000 00	—	—	—
1-30	推土机推运土方 运距(m) 20 以内 三类土	100m³	220.24	—	10.000 00	—	—
1-31	推土机推运土方 运距(m) 20 以内 四类土	100m³	256.13	—	—	10.000 00	—
1-32	推土机推运土方 运距(m) 100 以内 每增运 10	100m³	57.41	—	—	—	10.000 00
名称		单位	单价(元)	消耗量			
人工	一类人工	工日	125.00	3.840 00	3.840 00	3.840 00	—

4. 自卸汽车运土方

工作内容：运土、弃土，维护行驶道路。

计量单位：1 000m³

定额编号				1-11	1-12
项目				自卸汽车运土方	
				运距(m)	
				1 000 以内	每增运 1 000
基价（元）				**6 487.90**	**1 318.40**
其中	人工费（元）			325.00	—
	材料费（元）			—	—
	机械费（元）			6 162.90	1 318.40
预算定额编号	项目名称	单位	单价(元)	消耗量	
1-39	自卸汽车运土方 运距(m) 1 000 以内	100m³	648.79	10.000 00	—
1-40	自卸汽车运土方 运距(m) 每增运 1 000	100m³	131.84	—	10.000 00
名称		单位	单价(元)	消耗量	
人工	一类人工	工日	125.00	2.600 00	—

二、平整与回填

工作内容:1. 机械平整场地:就地挖、填、平整;

2. 填土机械碾压:碎土,5m 以内就地取土,分层填土,洒水,碾压,平整。

计量单位:见表

定额编号					1-13	1-14	1-15
项目					机械平整场地	填土机械碾压	
						两遍	每增加一遍
计量单位					1 000m^2	1 000m^3	
基价(元)					**411.98**	**1 521.40**	**376.30**
其中	人工费(元)				70.00	463.80	—
	材料费(元)				—	66.20	—
	机械费(元)				341.98	991.40	376.30
预算定额编号	项目名称		单位	单价(元)	消耗量		
1-76	平整场地 机械		1 000m^2	411.98	1.000 00	—	—
1-82	填土机械碾压 两遍		100m^3	152.14	—	10.000 00	—
1-83	填土机械碾压 每增加一遍		100m^3	37.63	—	—	10.000 00
	名称		单位	单价(元)	消耗量		
人工	一类人工		工日	125.00	0.560 00	3.710 00	—

三、基础排水

1.轻型井点

工作内容:打拔井点,安装,拆除,抽水,填井点坑及冲管等。

计量单位:见表

定额编号				1-16	1-17
项目				轻型井点	
				安、拆	使用
计量单位				10 根	套·d
基价(元)				**2 351.23**	**331.58**
其中	人工费(元)			937.50	112.50
	材料费(元)			687.50	24.89
	机械费(元)			726.23	194.19
预算定额编号	项目名称	单位	单价(元)	消耗量	
1-85	轻型井点 安、拆	10 根	2 351.23	1.000 00	—
1-86	轻型井点 使用	套·d	331.58	—	1.000 00
	名称	单位	单价(元)	消耗量	
人工	一类人工	工日	125.00	7.500 00	0.900 00
材料	黄砂 毛砂	t	87.38	4.720 00	—
	水	m^3	4.27	53.360 00	—

2. 喷射井点

工作内容：打拔井点，安装，拆除，抽水，填井点坑及冲管等。　　**计量单位**：见表

定额编号				1-18	1-19
项目				喷射井点	
				安、拆	使用
计量单位				10根	套·d
基价（元）				**12 466.96**	**1 291.19**
其中	人工费（元）			4 275.00	375.00
	材料费（元）			3 458.21	67.13
	机械费（元）			4 733.75	849.06
预算定额编号	项目名称	单位	单价（元）	消耗量	
1-87	喷射井点 安、拆	10根	12 466.96	1.000 00	—
1-88	喷射井点 使用	套·d	1 291.19	—	1.000 00
名称		单位	单价（元）	消耗量	
人工	一类人工	工日	125.00	34.200 00	3.000 00
材料	黄砂 毛砂	t	87.38	26.430 00	—
	水	m^3	4.27	261.000 00	—

3. 真空深井降水

工作内容：钻孔，安装井管，管线连接，装水泵，滤砂，孔口封土及拆管，清洗，整理等。　　**计量单位**：见表

定额编号				1-20	1-21	1-22	1-23
项目				真空深井降水（井管深：m）			
				19		每增减1	
				安、拆	使用	安、拆	使用
计量单位				座	座·d	座	座·d
基价（元）				**4 742.98**	**185.78**	**107.59**	**0.38**
其中	人工费（元）			930.00	—	18.75	—
	材料费（元）			1 829.94	5.99	38.55	0.38
	机械费（元）			1 983.04	179.79	50.29	—
预算定额编号	项目名称	单位	单价（元）	消耗量			
1-89	真空深井降水（井管深：m）19 安、拆	座	4 742.98	1.000 00	—	—	—
1-90	真空深井降水（井管深：m）19 使用	座·d	185.78	—	1.000 00	—	—
1-91	真空深井降水（井管深：m）每增减1 安、拆	座	107.59	—	—	1.000 00	—
1-92	真空深井降水（井管深：m）每增减1 使用	座·d	0.38	—	—	—	1.000 00
名称		单位	单价（元）	消耗量			
人工	一类人工	工日	125.00	7.440 00	—	0.150 00	—
材料	黄砂 毛砂	t	87.38	7.070 00	—	0.400 00	—
	水	m^3	4.27	15.850 00	—	0.790 00	—

4. 直流深井降水

工作内容:钻孔,安装井管,管线连接,装水泵,滤砂,孔口封土及拆管,清洗,整理等。 **计量单位:**见表

定额编号				1-24	1-25	1-26
项目				直流深井降水		
				(井管深:20m)(钻孔 D800)		
				安、拆深井	每增减 1m	使用
计量单位				座		座·d
基价(元)				**6 921.97**	**301.51**	**49.76**
其中	人工费(元)			1 155.00	37.50	8.75
	材料费(元)			4 044.96	202.60	—
	机械费(元)			1 722.01	61.41	41.01
预算定额编号	项目名称	单位	单价(元)	消耗量		
1-93	直流深井降水(井管深:20m)(钻孔 D800) 安、拆深井	座	6 921.97	1.000 00	—	—
1-94	直流深井降水(井管深:20m)(钻孔 D800) 每增减 1m	座	301.51	—	1.000 00	—
1-95	直流深井降水(井管深:20m)(钻孔 D800) 使用	座·d	49.76	—	—	1.000 00
名称		单位	单价(元)	消耗量		
人工	一类人工	工日	125.00	9.240 00	0.300 00	0.070 00
材料	黄砂 毛砂	t	87.38	16.000 00	0.800 00	—
	水	m^3	4.27	46.000 00	2.400 00	—

注:直流深井降水成孔直径不同时,只调整相应的粗砂含量,其余不变;PVC-U 加筋管直径不同时,调整管材价格的同时,按管子周长的比例调整相应的密目网及铁丝,并相应调整砂的含量。

第二章
地基处理与边坡支护工程

说　　明

一、本章定额仅适用于地基处理的桩基工程，所列打桩机械规格、型号是按常规施工工艺和方法综合取定的，一般不做换算。

二、桩基施工前的场地平整、压实地表、地下障碍物的清除处理等，本定额均未考虑，发生时另行计算。

三、各类打桩定额均未考虑凿桩费用，发生时另行计算。

四、除水泥搅拌桩、旋喷桩、压密注浆外，定额均考虑了钢筋及钢筋笼的制作、安装。

五、水泥搅拌桩水泥用量按加固土重（1 800kg/m^3）的13%考虑。如设计不同时，则水泥掺量按比例调整，其余不变。空搅（设计不掺水泥）部分的长度按设计桩顶标高至交付地坪标高减去加灌长度计算。

六、喷射混凝土按喷射厚度及边坡坡度不同分别设置。钢筋套用本定额第六章“柱、梁工程”相应子目。

七、地下连续墙已综合考虑了开挖、立模、混凝土浇捣、钢筋制作、安装；连续墙成槽，混凝土浇灌、钢筋网片制作、安装、就位，接头管的安装、拔除、清底置换；连续墙钢筋网片操作平台的制作、安装；泥浆池的建拆；泥浆外运及土方挖、运。泥浆外运按15km考虑，实际运距不同可做调整。

八、单位工程打桩工程量少于下表数量者，相应定额的人工机械费乘以系数1.25。

单位工程打桩工程量表

序号	桩类型	工程量
1	钢板桩	30t
2	水泥搅拌桩、高压旋喷桩	100m^3

九、凡涉及有泥浆的，按固化考虑，如不需固化，概算相关含量调整，另套用相应预算定额子目，或者参照拟建工程当地相关政策文件计价。

十、旋喷桩水泥掺入量按21%考虑，如设计不同时，水泥掺量按比例调整，其余不变。

十一、水泥搅拌桩及旋喷桩中产生的涌土、浮浆的清除，按成桩工程量乘以系数0.20计算，套用本定额第一章“土方工程”相应子目。

十二、钢板桩的使用费另计。

十三、本章说明及规则未提及的定额项目，可参照《浙江省房屋建筑与装饰工程预算定额》（2018版）的说明及规则。

工程量计算规则

一、钢板桩工程量按设计图示计算的重量以“t”计算。

二、圆木桩材积按设计桩长及梢径,按木材材积表计算。

三、水泥搅拌桩工程量按桩长乘以单个圆形截面积以体积计算,不扣除重叠部分面积。加灌长度设计有规定时,按设计要求计算,设计无规定时,按 0.5m 加灌长度计算,若桩长设计桩顶标高至交付地坪高差小于 0.5m 时,加灌长度计算至交付地坪标高。空搅(设计不掺水泥)部分的长度按设计桩顶标高至交付地坪标高减去加灌长度计算。当发生单桩内设计有不同水泥掺量时应分段计算。

四、旋喷桩工程量按桩截面面积乘以设计桩长计算,不扣除桩与桩之间的搭接。当发生单桩内设计有不同水泥掺量时应分段计算。

五、压密注浆按设计图示注明的加固土体体积计算。

六、地下连续墙及导墙工程量按设计长度乘以墙深及墙厚,以“m^3”计算。地下连续墙墙深设计有规定时,按规定时计算,无规定时另加 0.5m。导墙不加。

七、土钉支护钻孔、注浆按设计图示入土长度以延长米计算。土钉制作、安装按设计长度乘以单位理论质量计算。锚杆(锚索)支护钻孔、注浆分不同孔径按设计图示入土长度以延长米计算。锚杆(锚索)制作、安装按设计长度乘以单位理论质量计算,锚索制作、安装按张拉设计长度乘以单位理论质量计算。锚墩、承压板制作、安装,按设计图示以“个”计算。

八、边坡喷射混凝土按不同设计图示尺寸,以面积计算。

一、地基处理

1. 水泥搅拌桩

工作内容：挖导向沟，桩机就位，预拌水泥浆或筛水泥粉，喷射水泥浆或粉并搅拌上升，重复上下搅拌，移位。

计量单位：m^3

定额编号				2-1	2-2	2-3	2-4
项目				单轴		双轴	钉形
				喷粉	喷浆		
基价（元）				154.68	157.72	135.45	171.71
其中	人工费（元）			35.25	35.25	19.09	32.63
	材料费（元）			81.94	83.21	83.21	83.31
	机械费（元）			37.49	39.26	33.15	55.77
预算定额编号	项目名称	单位	单价(元)	消耗量			
2-29	单轴 喷粉	$10m^3$	1 546.84	0.100 00	—	—	—
2-30	单轴 喷浆	$10m^3$	1 577.15	—	0.100 00	—	—
2-31	双轴 喷浆	$10m^3$	1 354.47	—	—	0.100 00	—
2-32	钉形 喷浆	$10m^3$	1 717.04	—	—	—	0.100 00
名称		单位	单价(元)	消耗量			
人工	二类人工	工日	135.00	0.261 10	0.261 10	0.141 40	0.241 70
材料	普通硅酸盐水泥 P·O 42.5 综合	kg	0.34	236.300 00	236.300 00	236.300 00	236.300 00
	水	m^3	4.27	—	0.320 00	0.320 00	0.320 00

2. 旋喷桩

工作内容：1. 准备机具，移动桩机，定位，校测，钻孔；

2. 调制水泥浆、喷射装置定位，分层喷射注浆。

计量单位：m^3

定额编号				2-5	2-6	2-7
项目				单重管	双重管	三重管
基价（元）				272.77	291.32	350.39
其中	人工费（元）			65.44	69.09	73.79
	材料费（元）			159.04	159.73	161.10
	机械费（元）			48.29	62.50	115.50
预算定额编号	项目名称	单位	单价(元)	消耗量		
2-33	单重管	$10m^3$	2 727.70	0.100 00	—	—
2-34	双重管	$10m^3$	2 913.22	—	0.100 00	—
2-35	三重管	$10m^3$	3 503.97	—	—	0.100 00
名称		单位	单价(元)	消耗量		
人工	二类人工	工日	135.00	0.484 70	0.511 80	0.546 60
材料	普通硅酸盐水泥 P·O 42.5 综合	kg	0.34	381.800 00	381.800 00	381.800 00
	水	m^3	4.27	6.542 10	6.630 90	6.723 70

3. 注浆地基

工作内容:1. 定位、钻孔、下注浆管等全部操作过程;
2. 分段压密注浆等全部操作过程。

计量单位:见表

定额编号				2-8	2-9
项目				压密钻孔	压密注浆
计量单位				m	m^3
基价(元)				**29.46**	**88.42**
其中	人工费(元)			24.00	29.16
	材料费(元)			4.82	50.96
	机械费(元)			0.64	8.30
预算定额编号	项目名称	单位	单价(元)	消耗量	
2-36	压密注浆 钻孔	100m	2 946.04	0.010 00	—
2-37	压密注浆 注浆	$10m^3$	884.16	—	0.100 00
	名称	单位	单价(元)	消耗量	
人工	二类人工	工日	135.00	0.177 78	0.216 00
材料	普通硅酸盐水泥 P·O 42.5 综合	kg	0.34	—	144.000 00

4. 树根桩

工作内容:桩机就位,钻孔,安放碎石及注浆管、压注浆、拔管。

计量单位:m^3

定额编号				2-10	2-11
项目				围护	承重
基价(元)				**1 528.57**	**1 638.44**
其中	人工费(元)			550.50	420.76
	材料费(元)			516.57	602.74
	机械费(元)			461.50	614.94
预算定额编号	项目名称	单位	单价(元)	消耗量	
2-38	围护	$10m^3$	15 285.75	0.100 00	—
2-39	承重	$10m^3$	16 384.34	—	0.100 00
	名称	单位	单价(元)	消耗量	
人工	二类人工	工日	135.00	4.077 80	3.116 70
材料	普通硅酸盐水泥 P·O 42.5 综合	kg	0.34	800.000 00	960.000 00
	黄砂 毛砂	t	87.38	—	0.198 00
	碎石 综合	t	102.00	1.550 00	1.655 00
	水	m^3	4.27	2.997 00	2.997 00

5. 松(圆)木桩

工作内容：制作木桩，安装靴及箍，准备机具，移动桩架及轨道，吊装定位、打桩校正、拆桩箍、锯桩头，接桩。

计量单位：见表

定额编号				2-12	2-13	2-14
项目				打桩	送桩	接桩头
计量单位				m^3	m	个
基价（元）				**3 375.76**	**29.61**	**80.29**
其中	人工费（元）			725.25	29.49	42.76
	材料费（元）			2 650.51	0.12	37.53
	机械费（元）			—	—	—
预算定额编号	项目名称	单位	单价(元)	消耗量		
2-40	打桩	$10m^3$	33 757.55	0.100 00	—	—
2-41	送桩	100m	2 960.94	—	0.010 00	—
2-42	接桩头	10个	802.80	—	—	0.100 00
名称		单位	单价(元)	消耗量		
人工	二类人工	工日	135.00	5.372 20	0.218 47	0.316 70
材料	桩木	m^3	2 328.00	1.130 00	—	—

二、基坑与边坡支护

1. 钢板桩

工作内容：准备机具，移动打桩机，吊装定位，校正，打桩，系桩，拔桩，15m以内临时堆放。

计量单位：t

定额编号				2-15	2-16	2-17	2-18
项目				桩长(m)			
				6以内	10以内	15以内	15以上
基价（元）				**444.44**	**360.96**	**308.40**	**273.00**
其中	人工费（元）			84.92	67.85	57.11	49.87
	材料费（元）			29.04	29.04	29.04	29.04
	机械费（元）			330.48	264.07	222.25	194.09
预算定额编号	项目名称	单位	单价(元)	消耗量			
2-65	打、拔钢板桩 桩长(m) 6以内	10t	4 444.36	0.100 00	—	—	—
2-66	打、拔钢板桩 桩长(m) 10以内	10t	3 609.69	—	0.100 00	—	—
2-67	打、拔钢板桩 桩长(m) 15以内	10t	3 084.02	—	—	0.100 00	—
2-68	打、拔钢板桩 桩长(m) 15以上	10t	2 730.00	—	—	—	0.100 00
名称		单位	单价(元)	消耗量			
人工	二类人工	工日	135.00	0.629 00	0.502 60	0.423 00	0.369 40
材料	垫木	m^3	2 328.00	0.000 20	0.000 20	0.000 20	0.000 20
	拉森钢板桩	kg	4.72	5.849 70	5.849 70	5.849 70	5.849 70

2. 钢 支 撑

工作内容:1. 安装:吊车配合、围檩、支撑驳运卸车,定位放样,凿预埋件,牛腿焊接,支撑拼接、焊接栏杆、安装定位,活络接头固定;

2. 拆除:切割、吊出支撑分段,装车及堆放;

3. 支架安装,插立柱桩,安装固檩、预埋件、三角件及横梁,安装支撑件,施加预应力,支撑拆除。

计量单位:t

定额编号				2-19	2-20	2-21
项目				钢支撑安装拆除(m)		预应力钢组合支撑
				15 以内	15 以上	
基价(元)				**1 085.77**	**1 097.90**	**1 268.27**
其中	人工费(元)			448.51	397.79	591.75
	材料费(元)			318.57	253.49	331.08
	机械费(元)			318.69	446.62	345.44
预算定额编号	项目名称	单位	单价(元)	消耗量		
2-91	钢支撑 15m 以内 安装	10t	6 887.41	0.100 00	—	—
2-92	钢支撑 15m 以内 拆除	10t	3 970.22	0.100 00	—	—
2-93	钢支撑 15m 以上 安装	10t	6 779.72	—	0.100 00	—
2-94	钢支撑 15m 以上 拆除	10t	4 199.37	—	0.100 00	—
2-95	预应力型钢组合支撑 安装、拆除	10t	12 682.68	—	—	0.100 00
	名称	单位	单价(元)	消耗量		
人工	二类人工	工日	135.00	3.322 30	2.946 60	4.383 30
材料	型钢 综合	kg	3.84	—	—	27.000 00
	中厚钢板 综合	kg	3.71	7.890 00	4.750 00	3.520 00
	高强螺栓	套	6.90	—	—	26.000 00
	预埋铁件	kg	3.75	11.620 00	7.000 00	7.200 00
	钢管支撑	kg	4.87	27.000 00	27.000 00	—
	钢围檩	kg	3.09	5.250 00	3.180 00	—

3. 土钉支护，土钉制作、安装

工作内容：1. 钻孔，搅拌灰浆或混凝土，灌浆，浇捣端头及锚固件；
2. 钢筋（或钢管）钉体制作、安装、切断、焊接、插入孔内、固定；
3. 钢管钉体制作、安装；切断、焊接、成型、打孔、插入孔内、固定。

计量单位：见表

定额编号				2-22	2-23	2-24	2-25
项目				土钉支护		土钉制作、安装	
				钻孔、灌浆		钢筋	钢管
				钢筋	钢管		
计量单位				m		t	
基价（元）				**23.28**	**21.61**	**4 761.96**	**4 602.04**
其中	人工费（元）			11.61	10.09	437.27	377.19
	材料费（元）			9.92	9.55	4 290.26	4 199.15
	机械费（元）			1.75	1.97	34.43	25.70
预算定额编号	项目名称	单位	单价(元)	消耗量			
2-69	土钉支护 钻孔、注浆 土层 钢筋	100m	2 328.26	0.010 00	—	—	—
2-70	土钉支护 钻孔、注浆 土层 钢管	100m	2 161.34	—	0.010 00	—	—
2-71	土钉制作、安装 钢筋	t	4 761.96	—	—	1.000 00	—
2-72	土钉制作、安装 钢管	t	4 602.04	—	—	—	1.000 00
名称		单位	单价(元)	消耗量			
人工	二类人工	工日	135.00	0.086 00	0.074 72	3.239 00	2.794 00
材料	热轧带肋钢筋 HRB400 综合	t	3 849.00	—	—	1.100 00	—
	普通硅酸盐水泥 P·O 42.5 综合	kg	0.34	13.430 00	13.430 00	—	—
	碳素结构钢焊接钢管 综合	t	3 879.00	—	—	—	1.075 00
	水	t	4.27	0.003 19	0.003 19	—	—

4. 锚杆、锚索支护

工作内容：1. 钻孔机具安拆，钻孔，安、拔防护套管；
2. 搅拌灰浆、灌浆、浇捣端头锚固件保护混凝土。

计量单位：m

定额编号				2-26	2-27	2-28
项目				土层机械钻孔注浆		
				孔径(mm)以内		
				150	200	250
基价（元）				**33.30**	**43.17**	**55.47**
其中	人工费（元）			15.05	18.43	22.63
	材料费（元）			7.08	11.53	17.21
	机械费（元）			11.17	13.21	15.63
预算定额编号	项目名称	单位	单价(元)	消耗量		
2-73	锚杆、锚索支护 孔径(mm) 土层机械钻孔 150 以内	100m	2 150.52	0.010 00	—	—
2-74	锚杆、锚索支护 孔径(mm) 土层机械钻孔 200 以内	100m	2 414.75	—	0.010 00	—
2-75	锚杆、锚索支护 孔径(mm) 土层机械钻孔 250 以内	100m	2 692.06	—	—	0.010 00
2-78	锚杆、锚索支护 孔径(mm) 锚孔注浆 150 以内	100m	1 179.54	0.010 00	—	—
2-79	锚杆、锚索支护 孔径(mm) 锚孔注浆 200 以内	100m	1 901.96	—	0.010 00	—
2-80	锚杆、锚索支护 孔径(mm) 锚孔注浆 250 以内	100m	2 855.21	—	—	0.010 00
名称		单位	单价(元)	消耗量		
人工	二类人工	工日	135.00	0.111 51	0.136 53	0.167 65
材料	非泵送商品混凝土 C25	m^3	421.00	0.001 29	0.001 69	0.002 27
	水泥砂浆 1:1	m^3	294.20	0.020 09	0.034 64	0.053 12

工作内容:1. 钻孔机具安拆,钻孔,安、拔防护套管;
2. 搅拌灰浆、灌浆、浇捣端头锚固件保护混凝土。

计量单位:m

定额编号				2-29	2-30
项目				岩石层钻孔增加	
				孔径(mm)	
				200 以内	200 以上
基价(元)				**62.23**	**77.80**
其中	人工费(元)			33.06	41.53
	材料费(元)			1.47	1.47
	机械费(元)			27.70	34.80
预算定额编号	项目名称	单位	单价(元)	消耗量	
2-76	锚杆、锚索支护 孔径(mm) 岩石层钻孔增加 200 以内	100m	6 223.30	0.010 00	—
2-77	锚杆、锚索支护 孔径(mm) 岩石层钻孔增加 200 以上	100m	7 780.48	—	0.010 00
	名称	单位	单价(元)	消耗量	
人工	二类人工	工日	135.00	0.244 90	0.307 65

5. 锚杆制作、安装

工作内容:1. 除防锈、调直切断、焊接、成型、包裹,穿孔、就位、固定;
2. 锚头制作、安装、张拉、锚固、锁定。

计量单位:见表

定额编号				2-31	2-32	2-33	2-34
项目				锚杆制作、安装		锚索制作、安装及张拉	锚墩、承压板制作、安装
				钢筋	钢管		
计量单位				t			个
基价(元)				**4 875.36**	**4 793.10**	**10 075.83**	**198.22**
其中	人工费(元)			550.67	475.34	3 077.19	119.61
	材料费(元)			4 290.26	4 295.37	5 954.40	78.61
	机械费(元)			34.43	22.39	1 044.24	—
预算定额编号	项目名称	单位	单价(元)	消耗量			
2-81	锚杆制作、安装 钢筋	t	4 875.36	1.000 00	—	—	—
2-82	锚杆制作、安装 钢管	t	4 793.10	—	1.000 00	—	—
2-83	锚索制作、安装及张拉	t	10 075.83	—	—	1.000 00	—
2-84	锚墩、承压板制作、安装	10 个	1 982.22	—	—	—	0.100 00
	名称	单位	单价(元)	消耗量			
人工	二类人工	工日	135.00	4.079 00	3.521 00	22.794 00	0.886 00
材料	热轧带肋钢筋 HRB400 综合	t	3 849.00	1.100 00	0.025 00	—	—
	钢绞线	t	5 336.00	—	—	1.030 00	—
	热轧光圆钢筋 HPB300 ϕ10	kg	3.98	—	—	51.500 00	—
	中厚钢板 综合	kg	3.79	—	—	—	9.828 00
	铁件	kg	3.71	—	—	19.330 00	1.270 00
	非泵送商品混凝土 C30	m^3	438.00	—	—	—	0.043 00
	碳素结构钢焊接钢管 综合	t	3 879.00	—	1.075 00	—	—
	聚氯乙烯软管 $D20\times2.5$	m	0.33	—	—	233.900 00	—

6. 喷射混凝土护坡

工作内容：基层清理、喷射混凝土，收回弹料、找平面层。

计量单位：m^2

定额编号				2-35	2-36	2-37	2-38
项目				坡度<15°		坡度<60°	
				厚度(mm)			
				50	每增加10	50	每增加10
基价（元）				**44.01**	**5.37**	**51.41**	**6.47**
其中	人工费（元）			14.28	0.94	18.79	1.61
	材料费（元）			16.17	3.21	17.75	3.52
	机械费（元）			13.56	1.22	14.87	1.34
预算定额编号	项目名称	单位	单价(元)	消耗量			
2-85	喷射混凝土护坡 坡度<15° 厚度(mm) 50	$100m^2$	4 401.06	0.010 00	—	—	—
2-86	喷射混凝土护坡 坡度<15° 厚度(mm)增减10	$100m^2$	536.56	—	0.010 00	—	—
2-87	喷射混凝土护坡 坡度<60° 厚度(mm) 50	$100m^2$	5 140.38	—	—	0.010 00	—
2-88	喷射混凝土护坡 坡度<60° 厚度(mm)增减10	$100m^2$	646.82	—	—	—	0.010 00
名称		单位	单价(元)	消耗量			
人工	二类人工	工日	135.00	0.105 78	0.006 96	0.139 17	0.011 92
材料	现浇现拌混凝土 C20(16)	m^3	296.00	0.051 50	0.010 30	0.056 50	0.011 30

工作内容：基层清理、喷射混凝土，收回弹料、找平面层。

计量单位：m^2

定额编号				2-39	2-40
项目				坡度>60°	
				厚度(mm)	
				50	每增加10
基价（元）				**58.68**	**7.32**
其中	人工费（元）			22.30	1.91
	材料费（元）			19.79	3.92
	机械费（元）			16.59	1.49
预算定额编号	项目名称	单位	单价(元)	消耗量	
2-89	喷射混凝土护坡 坡度>60° 厚度(mm) 50	$100m^2$	5 867.15	0.010 00	—
2-90	喷射混凝土护坡 坡度>60° 厚度(mm) 每增减10	$100m^2$	732.52	—	0.010 00
名称		单位	单价(元)	消耗量	
人工	二类人工	工日	135.00	0.165 18	0.014 15
材料	现浇现拌混凝土 C20(16)	m^3	296.00	0.063 00	0.012 60

7. 地下连续墙导墙

工作内容:挖、填、运土,钢筋制作、安装及混凝土浇灌。

计量单位:m^3

定额编号				2-41
项目				地下连续导墙
基价(元)				**1 510.42**
其中	人工费(元)			406.04
	材料费(元)			1 006.37
	机械费(元)			98.01
预算定额编号	项目名称	单位	单价(元)	消耗量
1-80	人工就地回填土 夯实	$100m^3$	1 222.95	0.048 70
2-43	导墙开挖、浇捣 开挖	$10m^3$	290.32	0.587 00
2-44	导墙开挖、浇捣 混凝土浇捣	$10m^3$	5 981.59	0.100 00
5-56	地下连续墙钢筋笼制作 圆钢 HPB300	t	5 471.22	0.032 00
5-57	地下连续墙钢筋笼制作 带肋钢筋 HRB400	t	4 844.17	0.074 00
5-96	预埋铁件(kg/块)25 以上	t	7 082.67	0.021 00
	名称	单位	单价(元)	消耗量
人工	一类人工	工日	125.00	0.456 81
	二类人工	工日	135.00	2.584 72
材料	热轧带肋钢筋 HRB400 综合	t	3 849.00	0.077 60
	热轧光圆钢筋 HPB300 综合	t	3 981.00	0.034 76
	型钢 综合	t	3 836.00	0.003 19
	中厚钢板 综合	t	3 750.00	0.013 78
	泵送商品混凝土 C20	m^3	431.00	1.015 00
	钢模板	kg	5.96	3.050 00
	木模板	m^3	1 445.00	0.007 50

8. 钢筋混凝土地下连续墙

工作内容:挖、填、运土,钢筋制作、安装及混凝土浇灌,安装、拆除泥浆池,泥浆固化,土方外运15km。 **计量单位**:m^3

定额编号				2-42	2-43	2-44
项目				钢筋混凝土地下连续墙		
				槽深(m)以内		
				25	35	45
基价(元)				**2 754.21**	**2 832.03**	**3 017.82**
其中	人工费(元)			489.28	537.05	637.13
	材料费(元)			1 770.46	1 690.59	1 632.18
	机械费(元)			494.47	604.39	748.51
预算定额编号	项目名称	单位	单价(元)	消耗量		
1-39	自卸汽车运土方 运距(m) 1 000以内	$100m^3$	648.79	0.010 22	0.010 22	0.010 22
1-40	自卸汽车运土方 运距(m) 每增运1 000	$100m^3$	131.84	0.143 08	0.143 08	0.143 08
2-45	机械成槽 槽深(m) 25以内	$10m^3$	2 280.51	0.102 20	—	—
2-46	机械成槽 槽深(m) 35以内	$10m^3$	2 443.84	—	0.102 00	—
2-47	机械成槽 槽深(m) 45以内	$10m^3$	3 490.15	—	—	0.101 80
2-50	机械成槽 入岩增加	$10m^3$	11 865.16	0.010 00	0.010 00	0.010 00
2-51	锁口管安拔 槽深(m) 25以内	段	2 556.69	0.080 00	—	—
2-52	锁口管安拔 槽深(m) 35以内	段	3 295.69	—	0.103 50	—
2-53	锁口管安拔 槽深(m) 45以内	段	3 525.93	—	—	0.134 50
2-56	清底置换	段	1 692.47	0.080 00	0.103 50	0.134 50
2-57	墙身浇筑混凝土	$10m^3$	5 877.88	0.100 00	0.100 00	0.100 00
3-122	泥浆固化处理	$10m^3$	694.83	0.102 20	0.102 20	0.102 20
5-56	地下连续墙钢筋笼制作 圆钢 HPB300	t	5 471.22	0.007 83	0.007 05	0.006 36
5-57	地下连续墙钢筋笼制作 带肋钢筋 HRB400	t	4 844.17	0.253 17	0.227 95	0.205 64
5-60	地下连续墙钢筋笼吊运就位 深度(m) 25以内	t	509.65	0.212 00	—	—
5-61	地下连续墙钢筋笼吊运就位 深度(m) 35以内	t	564.90	—	0.212 00	—
5-62	地下连续墙钢筋笼吊运就位 深度(m) 45以内	t	593.26	—	—	0.212 00
6-30	钢平台(钢走道)	t	980.83	0.001 00	0.001 00	0.001 00
	名称	单位	单价(元)	消耗量		
人工	一类人工	工日	125.00	0.002 65	0.002 65	0.002 65
	二类人工	工日	135.00	3.617 35	3.971 84	4.712 80
	三类人工	工日	155.00	0.003 78	0.003 78	0.003 78
材料	热轧带肋钢筋 HRB400 综合	t	3 849.00	0.258 26	0.232 56	0.209 71
	热轧光圆钢筋 HPB300 综合	t	3 981.00	0.007 96	0.007 24	0.006 53
	非泵送水下商品混凝土 C30	m^3	462.00	1.213 00	1.213 00	1.213 00
	水	m^3	4.27	3.067 25	3.237 05	3.356 85

工作内容:挖、填、运土,钢筋制作、安装及混凝土浇灌,安装、拆除泥浆池,泥浆固化,土方外运 15km。 **计量单位**:m^3

定额编号				2-45	2-46	2-47
项目				钢筋混凝土地下连续墙		
				槽深(m)		入岩增加费
				55 以内	55 以上	
基价(元)				**3 461.01**	**3 840.26**	**1 186.52**
其中	人工费(元)			741.91	864.48	542.92
	材料费(元)			1 577.34	1 558.40	3.46
	机械费(元)			1 141.76	1 417.38	640.14
预算定额编号	项目名称	单位	单价(元)	消耗量		
1-39	自卸汽车运土方 运距(m) 1 000 以内	$100m^3$	648.79	0.010 22	0.010 22	—
1-40	自卸汽车运土方 运距(m) 每增运 1 000	$100m^3$	131.84	0.143 08	0.143 08	—
2-48	机械成槽 槽深(m) 55 以内	$10m^3$	4 524.93	0.101 60	—	—
2-49	机械成槽 槽深(m) 55 以上	$10m^3$	5 371.22	—	0.101 40	—
2-50	机械成槽 入岩增加	$10m^3$	11 865.16	0.010 00	0.010 00	0.100 00
2-54	锁口管安拔 槽深(m) 55 以内	段	4 732.36	0.174 80	—	—
2-55	锁口管安拔 槽深(m) 55 以上	段	4 907.55	—	0.227 20	—
2-56	清底置换	段	1 692.47	0.174 80	0.227 20	—
2-57	墙身浇筑混凝土	$10m^3$	5 877.88	0.100 00	0.100 00	—
3-122	泥浆固化处理	$10m^3$	694.83	0.102 20	0.102 20	—
5-56	地下连续墙钢筋笼制作 圆钢 HPB300	t	5 471.22	0.005 73	0.005 16	—
5-57	地下连续墙钢筋笼制作 带肋钢筋 HRB400	t	4 844.17	0.185 27	0.166 84	—
5-63	地下连续墙钢筋笼吊运就位 深度(m) 55 以内	t	686.10	0.212 00	—	—
5-64	地下连续墙钢筋笼吊运就位 深度(m) 55 以上	t	734.64	—	0.212 00	—
6-30	钢平台(钢走道)	t	980.83	0.001 00	0.001 00	—
	名称	单位	单价(元)	消耗量		
人工	一类人工	工日	125.00	0.002 65	0.002 65	—
	二类人工	工日	135.00	5.488 71	6.396 94	4.021 60
	三类人工	工日	155.00	0.003 78	0.003 78	—
材料	热轧带肋钢筋 HRB400 综合	t	3 849.00	0.189 01	0.170 14	—
	热轧光圆钢筋 HPB300 综合	t	3 981.00	0.005 81	0.005 30	—
	非泵送水下商品混凝土 C30	m^3	462.00	1.213 00	1.213 00	—
	水	m^3	4.27	3.513 85	3.946 45	0.810 50

9. 水泥土连续墙

计量单位:见表

定额编号				2-48	2-49	2-50
项目				三轴 水泥土搅拌墙	渠式 水泥土搅拌墙	插、拔型钢
计量单位				m^3		t
基价（元）				**215.48**	**616.46**	**817.39**
其中	人工费（元）			17.02	66.74	96.12
	材料费（元）			114.94	214.04	484.39
	机械费（元）			83.52	335.68	236.88
预算定额编号	项目名称	单位	单价(元)	消耗量		
2-58	三轴水泥土搅拌墙	$10m^3$	2 154.81	0.100 00	—	—
2-59	渠式切割水泥土连续墙	$10m^3$	6 164.70	—	0.100 00	—
2-60	插、拔型钢	t	817.39	—	—	1.000 00
	名称	单位	单价(元)	消耗量		
人工	二类人工	工日	135.00	0.126 10	0.494 40	0.712 00
材料	型钢 综合	kg	3.84	—	—	50.000 00
	普通硅酸盐水泥 P·O 42.5 综合	kg	0.34	327.200 00	327.200 00	—
	水	m^3	4.27	0.443 00	0.550 00	—

第三章
打 桩 工 程

说　　明

一、本定额仅适用于陆地上的桩基工程,所列打桩机械规格、型号是按常规施工工艺和方法综合取定,一般不做换算。

二、桩基施工前的场地平整、压实地表、地下障碍物的清除处理等,本定额均未考虑,发生时另行计算。

三、各类打桩定额均已综合凿桩费用。

四、钻(冲)孔、旋挖灌注桩按通长考虑,实际不同时可做调整。

五、钻(冲)孔灌注桩、旋挖灌注桩考虑了建拆泥浆池,泥浆固化、固化后泥浆外运按15km考虑,弃土费用按第一章相关规定计算。

六、钻(冲)孔、旋挖灌注桩无地下室时,相应定额基价乘以系数0.96。

七、预制钢筋混凝土桩、预应力钢筋混凝土管桩定额包括了场内运桩、打桩、接桩费用。非预应力预制钢筋混凝土桩、预应力预制钢筋混凝土桩、预应力钢筋混凝土管桩未包括成品桩的费用,应按成品桩另列项目计算。如实际发生送桩时,按相应预算定额规定执行。

八、预制钢筋混凝土空心方桩套用非预应力钢筋混凝土预制桩定额。

九、钻孔灌注桩、旋挖灌注桩、人工挖孔桩入岩深度按500mm考虑费用。如设计要求不同时,其超过部分按预算定额相应子目调整。

灌注桩定额未包含钢护筒埋设及拆除,需发生时直接套用埋设钢护筒预算定额。

十、单位(群体)工程打桩工程量少于下表数量者,相应定额的人工、机械乘以系数1.25。

桩基工程量表

序号	桩类型	工程量
1	混凝土预制桩	1 000m
2	机械成孔灌注桩	150m^3
3	人工挖孔灌注桩	50m^3

十一、凡涉及有泥浆的,按固化考虑,如不需固化,概算相关含量调整,另套用相应预算定额子目,或者参照拟建工程当地相关政策文件计价。

十二、钻孔灌注桩等泥浆固化处理后的渣土外运处置费用,按拟建工程当地相关政策文件计算。

十三、本章说明及规则未提及的定额项目,可参照《浙江省房屋建筑与装饰工程预算定额》(2018版)的说明及规则。

工程量计算规则

一、打压非预应力钢筋混凝桩(包括空心方桩),按设计桩长(包括桩尖),以长度计算。

二、打压预应力钢筋混凝土桩(包括管桩),按设计桩长(不包括桩尖),以长度计算。

三、钻(冲)孔、旋挖灌注桩工程量按设计长度加上加灌长度后乘以设计桩截面面积计算。当设计无规定时,无论有无地下室,应按不同设计桩长确定:桩长 25m 以内按 0.5m 加灌长度计算,桩长 35m 以内按 0.8m 加灌长度计算,桩长 45m 以内按 1.1m 加灌长度计算,桩长 55m 以内按 1.4m 加灌长度计算,桩长 65m 以内按 1.7m 加灌长度计算,桩长 65m 以上按 2m 加灌长度计算。灌注桩设计要求扩底时,其扩大工程量按设计尺寸以体积计算,并入相应的工程量内。

四、人工挖孔桩工程量按设计图示实体积以“m^3”计算。

五、钻孔灌注桩柱底(侧)后注浆工程量,按设计注入水泥用量计算。

泥浆(渣土)工程量计算表

桩型	泥浆(渣土)工程量	
	泥浆	渣土
转盘式钻机成孔灌注桩	按成孔工程量	—
旋挖钻机成孔灌注桩	按成孔工程量乘以系数 0.20	按成孔工程量
长螺杆钻机成孔灌注桩	—	按成孔工程量
人工挖孔桩	—	按挖孔工程量

一、混凝土预制桩与管桩

1. 非预应力混凝土预制桩

工作内容：准备打桩机具，探桩位，行走打桩机，吊装定位，安卸桩、桩帽，校正，打桩，接桩，回填送桩孔。

计量单位：m

定额编号				3-1	3-2	3-3	3-4
项目				锤击沉桩			
				桩断面周长(m)			
				1.3 以内	1.6 以内	1.9 以内	1.9 以上
基价（元）				**42.89**	**73.57**	**112.69**	**145.00**
其中	人工费（元）			14.49	23.75	39.62	48.60
	材料费（元）			13.34	24.76	40.37	53.44
	机械费（元）			15.06	25.06	32.70	42.96
预算定额编号	项目名称	单位	单价(元)	消耗量			
1-79	人工就地回填土 松填	$100m^3$	533.75	0.000 37	0.000 56	0.000 68	0.000 82
3-1	锤击沉桩 桩断面周长(m) 1.3 以内	100m	1 679.05	0.010 00	—	—	—
3-11	电焊接桩 包钢板	t	9 411.71	0.002 50	0.004 80	0.006 70	0.009 35
3-125	截桩 非预应力混凝土预制桩	10 根	719.21	0.002 50	0.002 50	0.025 00	0.025 00
3-127	凿桩 非预应力混凝土预制桩	$10m^3$	2 471.96	0.000 23	0.000 40	0.000 51	0.000 63
3-2	锤击沉桩 桩断面周长(m) 1.6 以内	100m	2 530.91	—	0.010 00	—	—
3-3	锤击沉桩 桩断面周长(m) 1.9 以内	100m	3 003.15	—	—	0.010 00	—
3-4	锤击沉桩 桩断面周长(m) 1.9 以上	100m	3 702.65	—	—	—	0.010 00
	名称	单位	单价(元)	消耗量			
人工	一类人工	工日	125.00	0.001 71	0.002 56	0.002 99	0.003 42
	二类人工	工日	135.00	0.105 36	0.173 71	0.290 63	0.357 38
材料	非预应力混凝土预制桩	m	—	(1.010 00)	(1.010 00)	(1.010 00)	(1.010 00)
	中厚钢板 综合	t	3 750.00	0.002 65	0.005 09	0.007 10	0.009 96
	垫木	m^3	2 328.00	0.000 26	0.000 41	0.000 61	0.000 75

工作内容:准备打桩机具,探桩位,行走打桩机,吊装定位,安卸桩、桩帽,校正,压桩、回填土。 **计量单位:**m

定额编号				3-5	3-6
项目				静压沉桩	
				桩断面周长(m)	
				1.3 以内	1.6 以内
基价(元)				**44.59**	**71.80**
其中	人工费(元)			12.72	21.11
	材料费(元)			13.34	24.76
	机械费(元)			18.53	25.93
预算定额编号	项目名称	单位	单价(元)	消耗量	
1-79	人工就地回填土 松填	$100m^3$	533.75	0.000 37	0.000 56
3-11	电焊接桩 包钢板	t	9 411.71	0.002 50	0.004 80
3-125	截桩 非预应力混凝土预制桩	10 根	719.21	0.002 50	0.002 50
3-127	凿桩 非预应力混凝土预制桩	$10m^3$	2 471.96	0.000 23	0.000 40
3-5	静压沉桩 桩断面周长(m) 1.3 以内	100m	1 849.53	0.010 00	—
3-6	静压沉桩 桩断面周长(m) 1.6 以内	100m	2 353.48	—	0.010 00
	名称	单位	单价(元)	消耗量	
人工	一类人工	工日	125.00	0.001 71	0.002 56
	二类人工	工日	135.00	0.092 28	0.154 12
材料	非预应力混凝土预制桩	m	—	(1.010 00)	(1.010 00)
	中厚钢板 综合	t	3 750.00	0.002 65	0.005 09
	垫木	m^3	2 328.00	0.000 26	0.000 41

工作内容:准备打桩机具,探桩位,行走打桩机,吊装定位,安卸桩、桩帽,校正,压桩、回填土。 **计量单位:**见表

定额编号				3-7	3-8	3-9
项目				静压沉桩		场内运桩
				桩断面周长(m)		
				1.9 以内	1.9 以上	
计量单位				m		m^3
基价(元)				**94.85**	**128.12**	**57.22**
其中	人工费(元)			27.87	36.61	24.50
	材料费(元)			34.41	47.48	8.93
	机械费(元)			32.57	44.03	23.79
预算定额编号	项目名称	单位	单价(元)	消耗量		
1-79	人工就地回填土 松填	$100m^3$	533.75	0.000 68	0.000 82	—
3-11	电焊接桩 包钢板	t	9 411.71	0.006 70	0.009 35	—
3-125	截桩 非预应力混凝土预制桩	10 根	719.21	0.002 50	0.002 50	—
3-127	凿桩 非预应力混凝土预制桩	$10m^3$	2 471.96	0.000 51	0.000 63	—
3-7	静压沉桩 桩断面周长(m) 1.9 以内	100m	2 837.25	0.010 00	—	—
3-8	静压沉桩 桩断面周长(m) 1.9 以上	100m	3 632.33	—	0.010 00	—
3-9	场内运桩	$10m^3$	572.23	—	—	0.100 00
	名称	单位	单价(元)	消耗量		
人工	一类人工	工日	125.00	0.002 99	0.003 42	—
	二类人工	工日	135.00	0.203 60	0.268 54	0.181 50
材料	非预应力混凝土预制桩	m	—	(1.010 00)	(1.010 00)	—
	中厚钢板 综合	t	3 750.00	0.007 10	0.009 96	—
	垫木	m^3	2 328.00	0.000 61	0.000 75	—

2. 预应力混凝土预制桩

工作内容:准备打桩机具,探桩位,行走打桩机,吊装定位,安卸桩、桩帽,校正,打桩、接桩、回填土。 **计量单位**:m

定额编号				3-10	3-11	3-12	3-13
项目				锤击沉桩			
				桩断面周长(m)			
				1.3 以内	1.6 以内	1.9 以内	1.9 以上
基价(元)				**21.95**	**29.12**	**34.06**	**41.28**
其中	人工费(元)			6.85	7.55	7.80	9.31
	材料费(元)			1.52	2.22	2.92	3.62
	机械费(元)			13.58	19.35	23.34	28.35
预算定额编号	项目名称	单位	单价(元)	消耗量			
1-79	人工就地回填土 松填	100m³	533.75	0.000 37	0.000 56	0.000 68	0.000 82
3-12	锤击沉桩 桩断面周长(m)1.3 以内	100m	2 076.57	0.010 00	—	—	—
3-13	锤击沉桩 桩断面周长(m)1.6 以内	100m	2 782.90	—	0.010 00	—	—
3-14	锤击沉桩 桩断面周长(m)1.9 以内	100m	3 269.29	—	—	0.010 00	—
3-15	锤击沉桩 桩断面周长(m)1.9 以上	100m	3 985.20	—	—	—	0.010 00
3-126	截桩 预应力混凝土预制桩	10 根	396.88	0.002 50	0.002 50	0.002 50	0.002 50
名称		单位	单价(元)	消耗量			
人工	一类人工	工日	125.00	0.001 71	0.002 56	0.002 99	0.003 42
	二类人工	工日	135.00	0.049 28	0.053 72	0.055 06	0.065 72
材料	预应力混凝土预制桩	m	—	(1.010 00)	(1.010 00)	(1.010 00)	(1.010 00)
	垫木	m³	2 328.00	0.000 30	0.000 50	0.000 70	0.000 90

工作内容:准备打桩机具,探桩位,行走打桩机,吊装定位,安卸桩、桩帽,校正,打桩、接桩、回填土。 **计量单位**:m

定额编号				3-14	3-15	3-16	3-17
项目				静压沉桩			
				桩断面周长(m)			
				1.3 以内	1.6 以内	1.9 以内	1.9 以上
基价(元)				**18.75**	**21.47**	**25.70**	**35.10**
其中	人工费(元)			4.33	4.83	5.35	6.51
	材料费(元)			1.52	2.22	2.92	3.62
	机械费(元)			12.90	14.42	17.43	24.97
预算定额编号	项目名称	单位	单价(元)	消耗量			
1-79	人工就地回填土 松填	100m³	533.75	0.000 37	0.000 56	0.000 68	0.000 82
3-16	静压沉桩 桩断面周长(m) 1.3 以内	100m	1 755.56	0.010 00	—	—	—
3-17	静压沉桩 桩断面周长(m) 1.6 以内	100m	2 018.62	—	0.010 00	—	—
3-18	静压沉桩 桩断面周长(m) 1.9 以内	100m	2 434.16	—	—	0.010 00	—
3-19	静压沉桩 桩断面周长(m) 1.9 以上	100m	3 366.08	—	—	—	0.010 00
3-126	截桩 预应力混凝土预制桩	10 根	396.88	0.002 50	0.002 50	0.002 50	0.002 50
名称		单位	单价(元)	消耗量			
人工	一类人工	工日	125.00	0.001 71	0.002 56	0.002 99	0.003 42
	二类人工	工日	135.00	0.030 61	0.033 56	0.036 95	0.044 95
材料	预应力混凝土预制桩	m	—	(1.010 00)	(1.010 00)	(1.010 00)	(1.010 00)
	垫木	m³	2 328.00	0.000 30	0.000 50	0.000 70	0.000 90

3. 预应力混凝土管桩

工作内容:准备打桩机具,探桩位,行走打桩机,吊装定位,安卸桩、桩帽,校正,静压成品桩,接桩,送桩,灌芯、钢筋笼制作、安装,回填土。

计量单位:m

定额编号				3-18	3-19	3-20	3-21
项目				静压沉桩			
				桩径(mm)			
				400 以内	500 以内	600 以内	600 以上
基价(元)				**33.88**	**41.62**	**50.93**	**69.93**
其中	人工费(元)			7.65	9.64	11.73	15.92
	材料费(元)			11.29	14.59	17.88	23.35
	机械费(元)			14.94	17.39	21.32	30.66
预算定额编号	项目名称	单位	单价(元)	消耗量			
1-79	人工就地回填土 松填	$100m^3$	533.75	0.000 22	0.000 39	0.000 59	0.001 06
3-16	静压沉桩 桩断面周长(m)1.3 以内	100m	1 755.56	0.010 00	—	—	—
3-17	静压沉桩 桩断面周长(m)1.6 以内	100m	2 018.62	—	0.010 00	—	—
3-18	静压沉桩 桩断面周长(m)1.9 以内	100m	2 434.16	—	—	0.010 00	—
3-19	静压沉桩 桩断面周长(m)1.9 以上	100m	3 366.08	—	—	—	0.010 00
3-116	灌注桩芯混凝土	$10m^3$	4 834.02	0.000 30	0.000 40	0.000 50	0.000 60
3-126	截桩 预应力混凝土预制桩	10 根	396.88	0.002 50	0.002 50	0.002 50	0.002 50
3-127	凿桩 非预应力混凝土预制桩	$10m^3$	2 471.96	0.000 16	0.000 25	0.000 35	0.000 48
5-54	混凝土灌注桩钢筋笼 圆钢 HPB300	t	4 743.88	0.001 00	0.001 00	0.001 00	0.001 00
5-95	预埋铁件(kg/块)25 以内	t	8 627.97	0.001 00	0.001 50	0.002 00	0.003 00
	名称	单位	单价(元)	消耗量			
人工	一类人工	工日	125.00	0.000 85	0.001 71	0.002 56	0.004 70
	二类人工	工日	135.00	0.056 44	0.070 67	0.085 34	0.114 07
材料	预应力混凝土预制桩	m	—	(1.010 00)	(1.010 00)	(1.010 00)	(1.010 00)
	热轧带肋钢筋 HRB400 综合	t	3 849.00	0.000 20	0.000 30	0.000 40	0.000 61
	热轧光圆钢筋 HPB300 综合	t	3 981.00	0.001 17	0.001 25	0.001 32	0.001 48
	型钢 综合	t	3 836.00	0.000 10	0.000 15	0.000 20	0.000 30
	中厚钢板 综合	t	3 750.00	0.000 56	0.000 83	0.001 11	0.001 67
	非泵送商品混凝土 C25	m^3	421.00	0.003 05	0.004 06	0.005 08	0.006 09
	垫木	m^3	2 328.00	0.000 30	0.000 50	0.000 70	0.000 90

二、灌　注　桩

1. 钻孔灌注桩

工作内容：准备机具、移钻机、安卷扬机，泥浆池建造，泥浆固化、装卸渣土运输 15km；出渣、清孔、混凝土搅拌；钻孔、灌注、钢筋笼制作与安装、回填土。

计量单位：m^3

定额编号				3-22	3-23	3-24
项目				转盘式		
				桩径(mm)		
				600	800	1 000
基价（元）				**1 522.58**	**1 349.19**	**1 238.91**
其中	人工费（元）			249.28	200.82	154.38
	材料费（元）			967.30	895.12	868.39
	机械费（元）			306.00	253.25	216.14
预算定额编号	项目名称	单位	单价(元)	消耗量		
1-39	自卸汽车运土方 运距(m) 1 000 以内	$100m^3$	648.79	0.012 39	0.012 47	0.012 51
1-40	自卸汽车运土方 运距(m) 每增运 1 000	$100m^3$	131.84	0.173 46	0.174 58	0.175 14
1-79	人工就地回填土 松填	$100m^3$	533.75	0.000 50	0.000 50	0.000 50
3-101	灌注混凝土 钻孔桩	$10m^3$	5 719.26	0.100 00	0.100 00	0.100 00
3-121	泥浆池建造和拆除	$10m^3$	54.86	0.061 95	0.062 33	0.062 70
3-122	泥浆固化处理	$10m^3$	694.83	0.123 90	0.124 65	0.125 10
3-128	凿桩 灌注桩	$10m^3$	2 053.61	0.002 50	0.002 50	0.002 50
3-40	转盘式钻孔桩机成孔 桩径(mm) 600 以内	$10m^3$	3 362.62	0.123 90	—	—
3-41	转盘式钻孔桩机成孔 桩径(mm) 800 以内	$10m^3$	2 521.65	—	0.124 65	—
3-42	转盘式钻孔桩机成孔 桩径(mm) 1 000 以内	$10m^3$	1 838.91	—	—	0.125 40
3-45	转盘钻孔机岩石层成孔增加费 桩径(mm) 600 以内	$10m^3$	12 596.97	0.002 10	—	—
3-46	转盘钻孔机岩石层成孔增加费 桩径(mm) 800 以内	$10m^3$	11 215.19	—	0.001 80	—
3-47	转盘钻孔机岩石层成孔增加费 桩径(mm) 1 000 以内	$10m^3$	10 362.26	—	—	0.001 60
4-81	砂石垫层 天然级配	$10m^3$	1 221.73	0.010 00	0.010 00	0.010 00
5-54	混凝土灌注桩钢筋笼 圆钢 HPB300	t	4 743.88	0.018 00	0.014 00	0.013 00
5-55	混凝土灌注桩钢筋笼 带肋钢筋 HRB400	t	4 658.36	0.061 00	0.051 00	0.047 00
名称		单位	单价(元)	消耗量		
人工	一类人工	工日	125.00	0.005 36	0.005 39	0.005 39
	二类人工	工日	135.00	1.878 33	1.519 73	1.175 34
材料	热轧带肋钢筋 HRB400 综合	t	3 849.00	0.062 53	0.052 28	0.048 18
	热轧光圆钢筋 HPB300 综合	t	3 981.00	0.018 36	0.014 28	0.013 26
	砂砾 天然级配	t	36.89	0.380 00	0.380 00	0.380 00
	混凝土实心砖 240×115×53 MU10	千块	388.00	0.003 10	0.003 12	0.003 14
	非泵送水下商品混凝土 C30	m^3	462.00	1.200 00	1.200 00	1.200 00
	垫木	m^3	2 328.00	0.014 87	0.008 73	0.006 27
	水	m^3	4.27	3.896 27	3.787 29	3.726 57

注：抗拔桩、围护桩钢筋含量按设计要求调整。

工作内容:准备机具、移钻机、安卷扬机,泥浆池建造,泥浆固化、装卸渣土运输 15km;出渣、清孔、混凝土搅拌;钻孔、灌注、钢筋笼制作与安装、回填土。

计量单位:m^3

定额编号				3-25	3-26
项目				转盘式	
				桩径(mm)	
				1 200	1 500
基价(元)				**1 162.91**	**1 096.14**
其中	人工费(元)			132.52	117.48
	材料费(元)			836.88	801.85
	机械费(元)			193.51	176.81
预算定额编号	项目名称	单位	单价(元)	消耗量	
1-39	自卸汽车运土方 运距(m) 1 000 以内	$100m^3$	648.79	0.012 61	0.012 68
1-40	自卸汽车运土方 运距(m) 每增运 1 000	$100m^3$	131.84	0.176 54	0.177 52
1-79	人工就地回填土 松填	$100m^3$	533.75	0.000 50	0.000 50
3-101	灌注混凝土 钻孔桩	$10m^3$	5 719.26	0.100 00	0.100 00
3-121	泥浆池建造和拆除	$10m^3$	54.86	0.063 05	0.063 05
3-122	泥浆固化处理	$10m^3$	694.83	0.126 10	0.126 80
3-128	凿桩 灌注桩	$10m^3$	2 053.61	0.002 50	0.002 50
3-43	转盘式钻孔桩机成孔 桩径(mm) 1 200 以内	$10m^3$	1 508.76	0.126 10	—
3-44	转盘式钻孔桩机成孔 桩径(mm) 1 500 以内	$10m^3$	1 296.21	—	0.126 80
3-48	转盘钻孔机岩石层成孔增加费 桩径(mm) 1 200 以内	$10m^3$	9 101.07	0.001 40	—
3-49	转盘钻孔机岩石层成孔增加费 桩径(mm) 1 500 以内	$10m^3$	7 206.79	—	0.001 20
4-81	砂石垫层 天然级配	$10m^3$	1 221.73	0.010 00	0.010 00
5-54	混凝土灌注桩钢筋笼 圆钢 HPB300	t	4 743.88	0.011 00	0.009 00
5-55	混凝土灌注桩钢筋笼 带肋钢筋 HRB400	t	4 658.36	0.042 00	0.036 00
	名称	单位	单价(元)	消耗量	
人工	一类人工	工日	125.00	0.005 41	0.005 44
	二类人工	工日	135.00	1.013 43	0.901 97
材料	热轧带肋钢筋 HRB400 综合	t	3 849.00	0.043 05	0.036 90
	热轧光圆钢筋 HPB300 综合	t	3 981.00	0.011 22	0.009 18
	砂砾 天然级配	t	36.89	0.380 00	0.380 00
	混凝土实心砖 240×115×53 MU10	千块	388.00	0.003 16	0.003 16
	非泵送水下商品混凝土 C30	m^3	462.00	1.200 00	1.200 00
	垫木	m^3	2 328.00	0.005 04	0.005 07
	水	m^3	4.27	3.715 87	3.172 80

工作内容：安拆泥浆系统，造浆，准备机具，桩机就位，泥浆池建造，泥浆固化、装卸渣土运输 15km；钻孔、提钻、出渣，清孔，混凝土搅拌、灌注、安钢筋笼。

计量单位：m^3

定额编号				3-27	3-28	3-29
项目				旋挖式		
				桩径(mm)		
				800 以内	1 000 以内	1 500 以内
基价（元）				**1 436.03**	**1 287.03**	**1 123.91**
其中	人工费（元）			184.07	136.50	102.84
	材料费（元）			825.49	793.94	767.22
	机械费（元）			426.47	356.59	253.85
预算定额编号	项目名称	单位	单价(元)	消耗量		
1-39	自卸汽车运土方 运距(m) 1 000 以内	$100m^3$	648.79	0.015 64	0.015 05	0.014 47
1-40	自卸汽车运土方 运距(m) 每增运 1 000	$100m^3$	131.84	0.218 90	0.210 67	0.202 61
1-79	人工就地回填土 松填	$100m^3$	533.75	0.000 50	0.000 50	0.000 50
3-101	灌注混凝土 钻孔桩	$10m^3$	5 719.26	0.100 00	0.100 00	0.100 00
3-121	泥浆池建造和拆除	$10m^3$	54.86	0.026 06	0.025 08	0.024 12
3-122	泥浆固化处理	$10m^3$	694.83	0.026 06	0.025 08	0.024 12
3-128	凿桩 灌注桩	$10m^3$	2 053.61	0.002 50	0.002 50	0.002 50
3-50	旋挖钻机成孔 桩径(mm) 800 以内	$10m^3$	3 937.97	0.130 30	—	—
3-51	旋挖钻机成孔 桩径(mm) 1 000 以内	$10m^3$	3 195.09	—	0.125 40	—
3-52	旋挖钻机成孔 桩径(mm) 1 500 以内	$10m^3$	2 228.75	—	—	0.120 60
3-55	旋挖钻机岩石层成孔增加费 桩径(mm) 800 以内	$10m^3$	14 237.00	0.000 14	—	—
3-56	旋挖钻机岩石层成孔增加费 桩径(mm) 1 000 以内	$10m^3$	12 097.68	—	0.000 13	—
3-57	旋挖钻机岩石层成孔增加费 桩径(mm) 1 500 以内	$10m^3$	8 374.72	—	—	0.000 12
4-81	砂石垫层 天然级配	$10m^3$	1 221.73	0.010 00	0.010 00	0.010 00
5-54	混凝土灌注桩钢筋笼 圆钢 HPB300	t	4 743.88	0.011 36	0.010 10	0.009 00
5-55	混凝土灌注桩钢筋笼 带肋钢筋 HRB400	t	4 658.36	0.047 00	0.041 00	0.036 00
名称		单位	单价(元)	消耗量		
人工	一类人工	工日	125.00	0.006 19	0.006 06	0.005 91
	二类人工	工日	135.00	1.393 72	1.041 80	0.792 90
材料	热轧带肋钢筋 HRB400 综合	t	3 849.00	0.048 18	0.042 03	0.036 90
	热轧光圆钢筋 HPB300 综合	t	3 981.00	0.011 63	0.010 30	0.009 18
	砂砾 天然级配	t	36.89	0.380 00	0.380 00	0.380 00
	混凝土实心砖 240×115×53 MU10	千块	388.00	0.001 31	0.001 26	0.001 21
	非泵送水下商品混凝土 C30	m^3	462.00	1.200 00	1.200 00	1.200 00
	水	m^3	4.27	3.012 35	2.849 20	2.692 98

工作内容:安拆泥浆系统,造浆,准备机具,桩机就位,泥浆池建造,泥浆固化、装卸渣土运输 15km;
钻孔、提钻、出渣,清孔,混凝土搅拌、灌注、安钢筋笼。

计量单位:m^3

定额编号				3-30	3-31
项目				旋挖式	
				桩径(mm)	
				2 000 以内	2 000 以上
基价(元)				**1 070.78**	**1 014.62**
其中	人工费(元)			88.29	79.13
	材料费(元)			745.15	723.58
	机械费(元)			237.34	211.91
预算定额编号	项目名称	单位	单价(元)	消耗量	
1-39	自卸汽车运土方 运距(m) 1 000 以内	$100m^3$	648.79	0.013 90	0.015 22
1-40	自卸汽车运土方 运距(m) 每增运 1 000	$100m^3$	131.84	0.194 54	0.213 02
1-79	人工就地回填土 松填	$100m^3$	533.75	0.000 50	0.000 50
3-101	灌注混凝土 钻孔桩	$10m^3$	5 719.26	0.100 00	0.100 00
3-121	泥浆池建造和拆除	$10m^3$	54.86	0.023 16	0.022 86
3-122	泥浆固化处理	$10m^3$	694.83	0.023 16	0.022 86
3-128	凿桩 灌注桩	$10m^3$	2 053.61	0.002 50	0.002 50
3-53	旋挖钻机成孔 桩径(mm) 2 000 以内	$10m^3$	2 083.79	0.115 80	—
3-54	旋挖钻机成孔 桩径(mm) 2 000 以上	$10m^3$	1 799.19	—	0.114 30
3-58	旋挖钻机岩石层成孔增加费 桩径(mm) 2 000 以内	$10m^3$	8 059.55	0.000 11	—
3-59	旋挖钻机岩石层成孔增加费 桩径(mm) 2 000 以上	$10m^3$	6 904.61	—	0.000 10
4-81	砂石垫层 天然级配	$10m^3$	1 221.73	0.010 00	0.010 00
5-54	混凝土灌注桩钢筋笼 圆钢 HPB300	t	4 743.88	0.008 00	0.007 00
5-55	混凝土灌注桩钢筋笼 带肋钢筋 HRB400	t	4 658.36	0.032 00	0.028 00
	名称	单位	单价(元)	消耗量	
人工	一类人工	工日	125.00	0.005 75	0.006 09
	二类人工	工日	135.00	0.685 38	0.617 31
材料	热轧带肋钢筋 HRB400 综合	t	3 849.00	0.032 80	0.028 70
	热轧光圆钢筋 HPB300 综合	t	3 981.00	0.008 16	0.007 14
	砂砾 天然级配	t	36.89	0.380 00	0.380 00
	混凝土实心砖 240×115×53 MU10	千块	388.00	0.001 16	0.001 15
	非泵送水下商品混凝土 C30	m^3	462.00	1.200 00	1.200 00
	水	m^3	4.27	2.530 07	2.432 74

2. 冲孔灌注桩

工作内容:准备机具、移桩机、安卷扬机,泥浆池建造,泥浆固化、装卸渣土运输15km;冲孔、出渣、加黏土、清孔,混凝土搅拌、灌注、钢筋笼制作与安装、回填土。

计量单位:m^3

定额编号				3-32	3-33	3-34
项目				孔深15m以内		
				砂黏土层	碎卵石层	岩石层
基价(元)				**1 319.12**	**1 750.17**	**3 523.53**
其中	人工费(元)			173.34	355.02	1 168.49
	材料费(元)			925.21	952.61	916.12
	机械费(元)			220.57	442.54	1 438.92
预算定额编号	项目名称	单位	单价(元)	消耗量		
1-39	自卸汽车运土方 运距(m) 1 000以内	$100m^3$	648.79	0.011 97	0.011 97	0.011 97
1-40	自卸汽车运土方 运距(m) 每增运1 000	$100m^3$	131.84	0.167 58	0.167 58	0.167 58
1-79	人工就地回填土 松填	$100m^3$	533.75	0.000 50	0.000 50	0.000 50
3-103	灌注混凝土 冲孔桩	$10m^3$	6 562.24	0.100 00	0.100 00	0.100 00
3-121	泥浆池建造和拆除	$10m^3$	54.86	0.119 70	0.119 70	0.119 70
3-122	泥浆固化处理	$10m^3$	694.83	0.119 70	0.119 70	0.119 70
3-128	凿桩 灌注桩	$10m^3$	2 053.61	0.002 50	0.002 50	0.002 50
3-76	冲击锤成孔 孔深15m以内 砂黏土层	$10m^3$	2 419.92	0.119 70	—	—
3-77	冲击锤成孔 孔深15m以内 碎卵石层	$10m^3$	6 020.99	—	0.119 70	—
3-78	冲击锤成孔 孔深15m以内 岩石层	$10m^3$	21 089.75	—	—	0.119 70
4-81	砂石垫层 天然级配	$10m^3$	1 221.73	0.010 00	0.010 00	0.010 00
5-54	混凝土灌注桩钢筋笼 圆钢 HPB300	t	4 743.88	0.014 40	0.014 40	0.008 00
5-55	混凝土灌注桩钢筋笼 带肋钢筋 HRB400	t	4 658.36	0.036 00	0.036 00	0.036 00
名称		单位	单价(元)	消耗量		
人工	一类人工	工日	125.00	0.005 26	0.005 26	0.005 26
	二类人工	工日	135.00	1.315 94	2.661 73	8.687 45
材料	热轧带肋钢筋 HRB400 综合	t	3 849.00	0.036 90	0.036 90	0.036 90
	热轧光圆钢筋 HPB300 综合	t	3 981.00	0.014 69	0.014 69	0.008 16
	砂砾 天然级配	t	36.89	0.380 00	0.380 00	0.380 00
	混凝土实心砖 240×115×53 MU10	千块	388.00	0.005 99	0.005 99	0.005 99
	非泵送水下商品混凝土 C30	m^3	462.00	1.350 00	1.350 00	1.350 00
	水	m^3	4.27	2.435 08	2.583 03	2.804 71

工作内容: 准备机具、移桩机、安卷扬机,泥浆池建造,泥浆固化、装卸渣土运输 15km;冲孔、出渣、加黏土、清孔,混凝土搅拌、灌注、钢筋笼制作与安装、回填土。

计量单位:m^3

定额编号				3-35	3-36	3-37
项目				孔深 30m 以内		
				砂黏土层	碎卵石层	岩石层
基价(元)				**1 355.08**	**1 887.61**	**4 121.25**
其中	人工费(元)			197.53	424.78	1 443.47
	材料费(元)			904.70	932.58	901.72
	机械费(元)			252.85	530.25	1 776.06
预算定额编号	项目名称	单位	单价(元)	消耗量		
1-39	自卸汽车运土方 运距(m) 1 000 以内	$100m^3$	648.79	0.012 18	0.012 18	0.012 18
1-40	自卸汽车运土方 运距(m) 每增运 1 000	$100m^3$	131.84	0.170 52	0.170 52	0.170 52
1-79	人工就地回填土 松填	$100m^3$	533.75	0.000 50	0.000 50	0.000 50
3-103	灌注混凝土 冲孔桩	$10m^3$	6 562.24	0.100 00	0.100 00	0.100 00
3-121	泥浆池建造和拆除	$10m^3$	54.86	0.121 80	0.121 80	0.121 80
3-122	泥浆固化处理	$10m^3$	694.83	0.121 80	0.121 80	0.121 80
3-128	凿桩 灌注桩	$10m^3$	2 053.61	0.002 50	0.002 50	0.002 50
3-79	冲击锤成孔 孔深 30m 以内 砂黏土层	$10m^3$	2 864.47	0.121 80	—	—
3-80	冲击锤成孔 孔深 30m 以内 碎卵石层	$10m^3$	7 236.56	—	0.121 80	—
3-81	冲击锤成孔 孔深 30m 以内 岩石层	$10m^3$	25 769.95	—	—	0.121 80
4-81	砂石垫层 天然级配	$10m^3$	1 221.73	0.010 00	0.010 00	0.010 00
5-54	混凝土灌注桩钢筋笼 圆钢 HPB300	t	4 743.88	0.012 00	0.012 00	0.007 00
5-55	混凝土灌注桩钢筋笼 带肋钢筋 HRB400	t	4 658.36	0.033 00	0.033 00	0.033 00
	名称	单位	单价(元)	消耗量		
人工	一类人工	工日	125.00	0.005 31	0.005 31	0.005 31
	二类人工	工日	135.00	1.495 10	3.178 38	10.724 28
材料	热轧带肋钢筋 HRB400 综合	t	3 849.00	0.033 83	0.033 83	0.033 83
	热轧光圆钢筋 HPB300 综合	t	3 981.00	0.012 24	0.012 24	0.007 14
	砂砾 天然级配	t	36.89	0.380 00	0.380 00	0.380 00
	混凝土实心砖 240×115×53 MU10	千块	388.00	0.006 09	0.006 09	0.006 09
	非泵送水下商品混凝土 C30	m^3	462.00	1.350 00	1.350 00	1.350 00
	水	m^3	4.27	2.471 05	2.621 60	2.847 23

工作内容:准备机具,移桩机,安拆泥浆系统,造浆,准备机具,桩机就位,泥浆固化、装卸渣土运输15km;冲孔、出渣,加黏土、清孔,混凝土搅拌、灌注、安钢筋笼。

计量单位:m^3

定额编号				3-38	3-39	3-40
项目				孔深30m以上		
				砂黏土层	碎卵石层	岩石层
基价(元)				**1 389.95**	**2 014.57**	**4 664.45**
其中	人工费(元)			221.86	490.44	1 695.23
	材料费(元)			885.84	914.20	887.31
	机械费(元)			282.25	609.93	2 081.91
预算定额编号	项目名称	单位	单价(元)	消耗量		
1-39	自卸汽车运土方 运距(m) 1 000以内	$100m^3$	648.79	0.012 39	0.012 39	0.012 39
1-40	自卸汽车运土方 运距(m) 每增运1 000	$100m^3$	131.84	0.173 46	0.173 46	0.173 46
1-79	人工就地回填土 松填	$100m^3$	533.75	0.005 00	0.005 00	0.005 00
3-103	灌注混凝土 冲孔桩	$10m^3$	6 562.24	0.100 00	0.100 00	0.100 00
3-121	泥浆池建造和拆除	$10m^3$	54.86	0.123 90	0.123 90	0.123 90
3-122	泥浆固化处理	$10m^3$	694.83	0.123 90	0.123 90	0.123 90
3-128	凿桩 灌注桩	$10m^3$	2 053.61	0.002 50	0.002 50	0.002 50
3-82	冲击锤成孔 孔深30m以上 砂黏土层	$10m^3$	3 250.36	0.123 90	—	—
3-83	冲击锤成孔 孔深30m以上 碎卵石层	$10m^3$	8 291.70	—	0.123 90	—
3-84	冲击锤成孔 孔深30m以上 岩石层	$10m^3$	29 832.11	—	—	0.123 90
4-81	砂石垫层 天然级配	$10m^3$	1 221.73	0.010 00	0.010 00	0.010 00
5-54	混凝土灌注桩钢筋笼 圆钢 HPB300	t	4 743.88	0.010 00	0.010 00	0.006 00
5-55	混凝土灌注桩钢筋笼 带肋钢筋 HRB400	t	4 658.36	0.030 00	0.030 00	0.030 00
名称		单位	单价(元)	消耗量		
人工	一类人工	工日	125.00	0.024 57	0.024 57	0.024 57
	二类人工	工日	135.00	1.657 44	3.646 90	12.571 30
材料	热轧带肋钢筋 HRB400综合	t	3 849.00	0.030 75	0.030 75	0.030 75
	热轧光圆钢筋 HPB300综合	t	3 981.00	0.010 20	0.010 20	0.006 12
	砂砾 天然级配	t	36.89	0.380 00	0.380 00	0.380 00
	混凝土实心砖 240×115×53 MU10	千块	388.00	0.006 20	0.006 20	0.006 20
	非泵送水下商品混凝土 C30	m^3	462.00	1.350 00	1.350 00	1.350 00
	水	m^3	4.27	2.507 05	2.660 19	2.889 74

3. 长 螺 杆 桩

工作内容: 准备机具,移桩机,装卸渣土运输 15km;钻孔、测量、清理钻孔泥土、就地弃土 5m 内。混凝土搅拌、灌注、安装钢筋笼、回填土。

计量单位: m^3

定额编号				3-41	3-42
项目				桩长 12m 以内	桩长 12m 以上
基价(元)				**1 197.88**	**1 140.62**
其中	人工费(元)			241.05	219.00
	材料费(元)			792.83	780.87
	机械费(元)			164.00	140.75
预算定额编号	项目名称	单位	单价(元)	消耗量	
1-39	自卸汽车运土方 运距(m) 1 000 以内	$100m^3$	648.79	0.012 50	0.012 50
1-40	自卸汽车运土方 运距(m) 每增运 1 000	$100m^3$	131.84	0.175 00	0.175 00
1-79	人工就地回填土 松填	$100m^3$	533.75	0.005 00	0.005 00
3-104	灌注混凝土 长螺旋桩	$10m^3$	5 547.63	0.100 00	0.100 00
3-128	凿桩 灌注桩	$10m^3$	2 053.61	0.002 50	0.002 50
3-85	长螺旋钻机成孔 桩长(m) 12 以内	$10m^3$	2 376.59	0.125 00	—
3-86	长螺旋钻机成孔 桩长(m) 12 以上	$10m^3$	2 028.91	—	0.125 00
4-81	砂石垫层 天然级配	$10m^3$	1 221.73	0.010 00	0.010 00
5-54	混凝土灌注桩钢筋笼 圆钢 HPB300	t	4 743.88	0.016 00	0.018 00
5-55	混凝土灌注桩钢筋笼 带肋钢筋 HRB400	t	4 658.36	0.047 00	0.042 00
名称		单位	单价(元)	消耗量	
人工	一类人工	工日	125.00	0.024 60	0.024 60
	二类人工	工日	135.00	1.799 58	1.636 24
材料	热轧带肋钢筋 HRB400 综合	t	3 849.00	0.048 18	0.043 05
	热轧光圆钢筋 HPB300 综合	t	3 981.00	0.016 32	0.018 36
	砂砾 天然级配	t	36.89	0.380 00	0.380 00
	非泵送商品混凝土 C30	m^3	438.00	1.200 00	1.200 00
	水	m^3	4.27	0.364 84	0.364 46

4. 人工挖孔桩

工作内容:孔内挖土,弃运土方,孔内照明,抽水,修整清理,安拆模板,混凝土护壁制作、安装,混凝土搅拌,运输,灌注,振实,钢筋笼制作、安装。

计量单位:m^3

定额编号				3-43	3-44	3-45
项目				桩径 1 000mm 内		
				孔深(m)		
				6 以内	10 以内	10 以上
基价(元)				**1 286.96**	**1 311.72**	**1 343.21**
其中	人工费(元)			322.06	358.28	400.68
	材料费(元)			896.37	884.26	872.11
	机械费(元)			68.53	69.18	70.42
预算定额编号	项目名称	单位	单价(元)	消耗量		
1-79	人工就地回填土 松填	$100m^3$	533.75	0.000 75	0.000 75	0.000 75
3-107	人工挖孔 桩径 1 000mm 以内 孔深(m) 6 以内	$10m^3$	934.01	0.131 30	—	—
3-108	人工挖孔 桩径 1 000mm 以内 孔深(m) 10 以内	$10m^3$	1 261.70	—	0.131 30	—
3-109	人工挖孔 桩径 1 000mm 以内 孔深(m) 10 以上	$10m^3$	1 649.50	—	—	0.131 30
3-114	人工挖孔增加费 入岩石层	$10m^3$	1 535.30	0.007 95	0.006 60	0.004 50
3-115	制作安设混凝土护壁	$10m^3$	11 576.69	0.023 90	0.023 90	0.023 90
3-116	灌注桩芯混凝土	$10m^3$	4 834.02	0.100 00	0.100 00	0.100 00
3-128	凿桩 灌注桩	$10m^3$	2 053.61	0.005 50	0.004 50	0.003 50
5-36	圆钢 HPB300 ≤ϕ10	t	4 810.68	0.012 50	0.012 50	0.012 50
5-37	圆钢 HPB300 ≤ϕ18	t	4 637.53	0.012 50	0.012 50	0.012 50
5-54	混凝土灌注桩钢筋笼 圆钢 HPB300	t	4 743.88	0.016 00	0.014 00	0.012 00
5-55	混凝土灌注桩钢筋笼 带肋钢筋 HRB400	t	4 658.36	0.040 00	0.039 00	0.038 00
名称		单位	单价(元)	消耗量		
人工	一类人工	工日	125.00	0.003 42	0.003 42	0.003 42
	二类人工	工日	135.00	2.383 18	2.650 97	2.965 05
材料	热轧光圆钢筋 HPB300 ϕ10	t	3 981.00	0.012 75	0.012 75	0.012 75
	热轧光圆钢筋 HPB300 ϕ18	t	3 981.00	0.012 81	0.012 81	0.012 81
	热轧光圆钢筋 HPB300 综合	t	3 981.00	0.016 32	0.014 28	0.012 24
	热轧带肋钢筋 HRB400 综合	t	3 849.00	0.041 00	0.039 98	0.038 95
	非泵送商品混凝土 C20	m^3	412.00	0.243 78	0.243 78	0.243 78
	非泵送商品混凝土 C25	m^3	421.00	1.015 00	1.015 00	1.015 00
	水	m^3	4.27	0.006 01	0.005 84	0.005 67
	木模板	m^3	1 445.00	0.020 08	0.020 08	0.020 08

工作内容:孔内挖土,弃运土方,孔内照明,抽水,修整清理,安折模板,混凝土护壁制作、安装,混凝土搅拌,运输,灌注,振实,钢筋笼制作、安装。

计量单位:m^3

定额编号				3-46	3-47	3-48
项目				桩径 1 000mm 上		
				孔深(m)		
				6 以内	10 以内	10 以上
基价(元)				**1 182.63**	**1 183.99**	**1 195.75**
其中	人工费(元)			291.36	307.56	329.02
	材料费(元)			820.96	804.81	792.77
	机械费(元)			70.31	71.62	73.96
预算定额编号	项目名称	单位	单价(元)	消耗量		
1-79	人工就地回填土 松填	100m^3	533.75	0.001 37	0.001 37	0.001 37
3-110	人工挖孔 桩径 1 000mm 以上 孔深(m) 6 以内	10m^3	814.80	0.131 30	—	—
3-111	人工挖孔 桩径 1 000mm 以上 孔深(m) 10 以内	10m^3	999.79	—	0.131 30	—
3-112	人工挖孔 桩径 1 000mm 以上 孔深(m) 10 以上	10m^3	1 236.61	—	—	0.131 30
3-114	人工挖孔增加费 入岩石层	10m^3	1 535.30	0.007 95	0.006 60	0.004 50
3-115	制作安设混凝土护壁	10m^3	11 576.69	0.023 90	0.023 90	0.023 90
3-116	灌注桩芯混凝土	10m^3	4 834.02	0.100 00	0.100 00	0.100 00
3-128	凿桩 灌注桩	10m^3	2 053.61	0.004 50	0.003 50	0.002 50
5-36	圆钢 HPB300 ≤ϕ10	t	4 810.68	0.009 25	0.009 25	0.009 25
5-37	圆钢 HPB300 ≤ϕ18	t	4 637.53	0.009 25	0.009 25	0.009 25
5-54	混凝土灌注桩钢筋笼 圆钢 HPB300	t	4 743.88	0.012 00	0.010 00	0.009 00
5-55	混凝土灌注桩钢筋笼 带肋钢筋 HRB400	t	4 658.36	0.032 00	0.030 00	0.028 00
	名称	单位	单价(元)	消耗量		
人工	一类人工	工日	125.00	0.005 98	0.005 98	0.005 98
	二类人工	工日	135.00	2.153 76	2.273 23	2.432 21
材料	热轧光圆钢筋 HPB300 ϕ10	t	3 981.00	0.009 49	0.009 49	0.009 49
	热轧光圆钢筋 HPB300 ϕ18	t	3 981.00	0.009 53	0.009 53	0.009 53
	热轧光圆钢筋 HPB300 综合	t	3 981.00	0.012 24	0.010 20	0.009 18
	热轧带肋钢筋 HRB400 综合	t	3 849.00	0.032 80	0.030 75	0.028 70
	非泵送商品混凝土 C20	m^3	412.00	0.243 78	0.243 78	0.243 78
	非泵送商品混凝土 C25	m^3	421.00	1.015 00	1.015 00	1.015 00
	水	m^3	4.27	0.004 67	0.004 42	0.004 20
	木模板	m^3	1 445.00	0.020 08	0.020 08	0.020 08

三、预埋管及桩底注浆

工作内容:1. 制作,焊接,埋设,清洗注浆管或声测管;
2. 准备机具,配浆、压浆。

计量单位:见表

定额编号				3-49	3-50	3-51	3-52
项目				注浆管埋设	声测钢管埋设	声测钢质波纹管埋设	桩底注浆
计量单位				m			t
基价(元)				**11.90**	**29.72**	**34.04**	**906.35**
其中	人工费(元)			2.70	1.34	1.34	365.99
	材料费(元)			8.87	28.38	32.70	403.26
	机械费(元)			0.33	—	—	137.10
预算定额编号	项目名称	单位	单价(元)	消耗量			
3-117	注浆管埋设	100m	1 190.01	0.010 00	—	—	—
3-118	声测管埋设 钢管	100m	2 971.90	—	0.010 00	—	—
3-119	声测管埋设 钢质波纹管	100m	3 403.63	—	—	0.010 00	—
3-120	桩底(侧)后注浆	t	906.35	—	—	—	1.000 00
名称		单位	单价(元)	消耗量			
人工	二类人工	工日	135.00	0.046 60	0.023 14	0.023 14	2.711 00
材料	普通硅酸盐水泥 P·O 42.5 综合	t	346.00	—	—	—	1.000 00
	声测钢管 *D*50 × 3.5	m	22.59	—	2.469 80	—	—
	钢质波纹管 *DN*60	m	25.86	—	—	2.469 80	—
	套接管 *DN*60	个	25.41	—	—	0.279 60	—
	无缝钢管 ϕ32 × 2.5	m	8.58	2.353 30	—	—	—

第四章
基 础 工 程

说　明

一、本章定额综合了挖土、运土、回填土、原土夯实、素混凝土垫层、碎石垫层、防潮层等工作内容，混凝土及钢筋混凝土基础还综合了模板和钢筋的制作与安装。满堂基础（地下室底板）定额未包括土方挖、运、填等工作内容，发生时另按本定额第一章“土方工程”相应定额计算。

二、基础土方已综合考虑了放坡系数、工作面及土壤类别等因素，但未考虑挖淤泥、流沙、井点排水及土方外运费用，实际发生时按有关规定另行计算。人力车运土运距按200m考虑。

三、砖基础定额已综合了土方的挖、填、运及湿土排水的工作内容，如设计为混凝土基础（底板）上单独砌砖基础的，其定额基价应扣除土方、垫层相应内容的费用。

四、砖基础定额按混凝土实心砖、混凝土多孔砖分类。

五、有梁式、无梁式满堂基础（地下室底板）已考虑了下翻构件的砖胎膜。

六、基础土方定额按三类土考虑，如实际不同，不做调整。

工程量计算规则

一、砖基础与墙身的划分以设计室内地坪为界,有地下室则以地下室室内设计地面为界;当基础与墙身采用不同材料、位于室内地坪 ±300mm 以内时,以不同材料为界;超过 ±300mm 时,仍按设计室内地坪为界。混凝土基础与上部结构的划分以混凝土基础上表面为界。

二、砖基础、块石基础、钢筋混凝土带形基础工程量按设计断面面积乘以长度计算。带形基础长度:外墙按中心线计算,内墙按内墙净长计算;独立柱基间带形基础按基底净长计算;其余基础工程量按设计图示尺寸计算。

三、计算砖(石)基础长度时,附墙垛凸出部分按折加长度合并计算。

一、砖 石 基 础

1. 混凝土实心砖基础

工作内容：挖、填、运土及工作面内排水，混凝土垫层，碎石垫层，防潮层，砖、块石砌筑。 计量单位：m^3

定额编号				4-1	4-2	4-3
项目				混凝土实心砖基础		
				墙厚(mm)		
				240	190	120
基价（元）				**957.98**	**1 132.59**	**1 392.75**
其中	人工费（元）			484.28	584.80	1 392.75
	材料费（元）			456.20	526.75	535.97
	机械费（元）			17.50	21.04	29.98
预算定额编号	项目名称	单位	单价(元)	消耗量		
1-12	人力车运土方 运距(m)50以内	$100m^3$	1 518.75	0.006 92	0.005 55	0.001 69
1-13	人力车运土方 运距(m)500以内每增运50	$100m^3$	290.00	0.020 76	0.016 65	0.005 07
1-77	原土打夯 二遍	$1\,000m^2$	713.41	0.003 43	0.004 13	0.006 07
1-8H	挖地槽、地坑 深3m以内 三类土	$100m^3$	4 448.60	0.023 40	0.028 42	0.042 48
1-8	挖地槽、地坑 深3m以内 三类土	$100m^3$	3 770.00	0.035 10	0.042 63	0.063 72
1-80	人工就地回填土 夯实	$100m^3$	1 222.95	0.051 57	0.065 50	0.104 51
1-96	湿土排水	$100m^3$	709.49	0.023 40	0.028 42	0.042 48
4-1	混凝土实心砖基础 墙厚1砖	$10m^3$	4 078.04	0.100 00	—	—
4-2	混凝土实心砖基础 墙厚1/2砖	$10m^3$	4 485.86	—	—	0.100 00
4-3	混凝土实心砖基础 墙厚190	$10m^3$	4 788.98	—	0.100 00	—
4-87	碎石垫层 干铺	$10m^3$	2 352.17	0.021 77	0.024 38	0.032 00
5-1	垫层	$10m^3$	4 503.40	0.014 51	0.016 25	0.021 11
5-97	基础垫层	$100m^2$	3 801.89	0.007 26	0.009 17	0.014 51
9-43	防水砂浆 立面	$100m^2$	2 225.17	0.020 83	0.026 32	0.041 66
9-44	防水砂浆 砖基础上	$100m^2$	1 183.37	0.020 78	0.022 08	0.025 73
	名称	单位	单价(元)	消耗量		
人工	一类人工	工日	125.00	2.573 31	3.097 52	4.565 16
	二类人工	工日	135.00	1.204 53	1.463 80	1.897 45
材料	复合硅酸盐水泥 P·C 32.5R 综合	kg	0.32	0.051 10	0.064 40	0.101 50
	黄砂 净砂	t	92.23	0.000 12	0.000 16	0.000 25
	碎石 综合	t	102.00	0.394 14	0.441 15	0.578 56
	混凝土实心砖 190×90×53 MU10	千块	296.00	—	0.834 00	—
	混凝土实心砖 240×115×53 MU10	千块	388.00	0.529 00	—	0.555 00
	非泵送商品混凝土 C15	m^3	399.00	0.146 45	0.164 63	0.213 11
	水	m^3	4.27	0.215 36	0.248 31	0.339 47
	复合模板 综合	m^2	32.33	0.128 66	0.162 15	0.255 56
	木模板	m^3	1 445.00	0.001 97	0.002 48	0.003 92

2. 混凝土多孔砖基础

工作内容:挖、填、运土及工作面内排水,混凝土垫层,碎石垫层,防潮层,砖、块石砌筑。　　**计量单位**:m^3

定额编号				4-4	4-5
项目				混凝土多孔砖基础	
				墙厚(mm)	
				240	120
基价(元)				**870.06**	**1 289.40**
其中	人工费(元)			457.82	791.94
	材料费(元)			395.23	467.98
	机械费(元)			17.01	29.48
预算定额编号	项目名称	单位	单价(元)	消耗量	
1-12	人力车运土方 运距(m)50 以内	$100m^3$	1 518.75	0.006 92	0.001 69
1-13	人力车运土方 运距(m)500 以内每增运 50	$100m^3$	290.00	0.020 76	0.005 07
1-77	原土打夯 二遍	$1\ 000m^2$	713.41	0.003 43	0.006 07
1-8H	挖地槽、地坑 深 3m 以内 三类土	$100m^3$	4 448.60	0.023 40	0.042 48
1-8	挖地槽、地坑 深 3m 以内 三类土	$100m^3$	3 770.00	0.035 10	0.063 72
1-80	人工就地回填土 夯实	$100m^3$	1 222.95	0.051 57	0.104 51
1-96	湿土排水	$100m^3$	709.49	0.023 40	0.042 48
4-4	混凝土多孔砖基础 墙厚 1 砖	$10m^3$	3 198.96	0.100 00	—
4-5	混凝土多孔砖基础 墙厚 1/2 砖	$10m^3$	3 460.05	—	0.100 00
4-87	碎石垫层 干铺	$10m^3$	2 352.17	0.021 77	0.031 67
5-1	垫层	$10m^3$	4 503.40	0.014 51	0.021 11
5-97	基础垫层	$100m^2$	3 801.89	0.007 26	0.014 51
9-43	防水砂浆 立面	$100m^2$	2 225.17	0.020 83	0.041 66
9-44	防水砂浆 砖基础上	$100m^2$	1 183.37	0.020 78	0.025 73
名称		单位	单价(元)	消耗量	
人工	一类人工	工日	125.00	2.573 31	4.565 16
	二类人工	工日	135.00	1.008 53	1.639 23
材料	复合硅酸盐水泥 P·C 32.5R 综合	kg	0.32	0.051 10	0.101 50
	黄砂 净砂	t	92.23	0.000 12	0.000 25
	碎石 综合	t	102.00	0.394 14	0.573 14
	混凝土多孔砖 240×115×90 MU10	千块	491.00	0.336 00	0.346 00
	非泵送商品混凝土 C15	m^3	399.00	0.146 45	0.213 11
	水	m^3	4.27	0.215 36	0.339 47
	复合模板 综合	m^2	32.33	0.128 66	0.255 56
	木模板	m^3	1 445.00	0.001 97	0.003 92

3. 块石基础

工作内容：挖、填、运土及工作面内排水，混凝土垫层，碎石垫层，防潮层，砖、块石砌筑。　　**计量单位**：m^3

定额编号				4-6	4-7	4-8
项目				块石基础		
				浆砌	干砌	灌混凝土
基价（元）				**651.95**	**568.64**	**650.15**
其中	人工费（元）			288.97	287.62	281.28
	材料费（元）			350.58	270.30	359.59
	机械费（元）			12.40	10.72	9.28
预算定额编号	项目名称	单位	单价(元)	消耗量		
1-12	人力车运土方 运距(m)50以内	$100m^3$	1 518.75	0.010 31	0.010 57	0.010 31
1-13	人力车运土方 运距(m)500以内每增运50	$100m^3$	290.00	0.030 93	0.031 71	0.030 93
1-77	原土打夯 二遍	$1\ 000m^2$	713.41	0.001 83	0.002 56	0.001 83
1-8H	挖地槽、地坑 深3m以内 三类土	$100m^3$	4 448.60	0.016 41	0.018 57	0.016 41
1-8	挖地槽、地坑 深3m以内 三类土	$100m^3$	3 770.00	0.010 94	0.012 38	0.010 94
1-80	人工就地回填土 夯实	$100m^3$	1 222.95	0.017 04	0.020 38	0.017 04
1-96	湿土排水	$100m^3$	709.49	0.016 41	0.018 57	0.016 41
4-69	块石基础 浆砌	$10m^3$	3 856.93	0.100 00	—	—
4-70	块石基础 干砌	$10m^3$	2 530.32	—	0.100 00	—
4-71	块石基础 灌混凝土	$10m^3$	3 838.72	—	—	0.100 00
4-87	碎石垫层 干铺	$10m^3$	2 352.17	0.015 17	0.019 33	0.015 17
5-1	垫层	$10m^3$	4 503.40	0.010 11	0.012 89	0.010 11
5-97	基础垫层	$100m^2$	3 801.89	0.003 26	0.004 64	0.003 26
名称		单位	单价(元)	消耗量		
人工	一类人工	工日	125.00	1.314 25	1.478 96	1.314 25
	二类人工	工日	135.00	0.923 63	0.761 11	0.866 63
材料	复合硅酸盐水泥 P·C 32.5R 综合	kg	0.32	0.023 10	0.032 20	0.023 10
	碎石 综合	t	102.00	0.274 82	0.548 94	0.274 82
	块石 200～500	t	77.67	1.730 00	1.800 00	1.730 00
	非泵送商品混凝土 C15	m^3	399.00	0.102 01	0.130 29	0.102 01
	泵送商品混凝土 C15	m^3	422.00	—	—	0.360 00
	水	m^3	4.27	0.119 90	0.050 96	0.139 90
	复合模板 综合	m^2	32.33	0.058 16	0.081 08	0.058 16
	木模板	m^3	1 445.00	0.000 89	0.001 24	0.000 89

二、混凝土及钢筋混凝土基础

工作内容:挖、填、运土及工作面内排水,碎石垫层,混凝土垫层,模板、钢筋制作、安装及混凝土浇捣。 **计量单位:**m^3

定额编号				4-9	4-10	4-11
项目				素混凝土基础	钢筋混凝土带形基础	
					无梁式	有梁式
基价(元)				**1 332.91**	**1 242.96**	**1 659.63**
其中	人工费(元)			572.87	328.79	583.86
	材料费(元)			731.12	896.48	1 044.40
	机械费(元)			28.92	17.69	31.37
预算定额编号	项目名称	单位	单价(元)	消耗量		
1-12	人力车运土方 运距(m)50 以内	$100m^3$	1 518.75	0.009 59	0.008 12	0.015 06
1-13	人力车运土方 运距(m)500 以内每增运 50	$100m^3$	290.00	0.028 77	0.024 36	0.045 18
1-77	原土打夯 二遍	$1\ 000m^2$	713.41	0.007 49	0.002 20	0.005 45
1-8H	挖地槽、地坑 深 3m 以内 三类土	$100m^3$	4 448.60	0.049 43	0.024 35	0.045 18
1-8	挖地槽、地坑 深 3m 以内 三类土	$100m^3$	3 770.00	0.032 95	0.016 24	0.030 12
1-80	人工就地回填土 夯实	$100m^3$	1 222.95	0.072 78	0.032 47	0.060 24
1-96	湿土排水	$100m^3$	709.49	0.049 43	0.024 35	0.045 18
4-87	碎石垫层 干铺	$10m^3$	2 352.17	0.054 33	0.016 50	0.039 45
5-1	垫层	$10m^3$	4 503.40	0.036 22	0.011 00	0.026 30
5-101	带形基础 有梁式 复合木模	$100m^2$	3 664.55	—	—	0.021 70
5-3	基础 混凝土	$10m^3$	4 916.53	0.100 00	0.100 00	0.100 00
5-36	圆钢 HPB300 ≤ϕ10	t	4 810.68	—	0.026 45	0.026 45
5-40	螺纹钢筋 HRB400 以内 ≤ϕ25	t	4 286.52	—	0.059 80	0.064 40
5-97	基础垫层	$100m^2$	3 801.89	0.014 18	0.001 52	0.003 63
5-99	带形基础 无梁式 复合木模	$100m^2$	3 526.67	—	0.007 40	—
	名称	单位	单价(元)	消耗量		
人工	一类人工	工日	125.00	3.759 37	1.878 04	3.490 75
	二类人工	工日	135.00	0.762 60	0.696 57	1.092 72
材料	热轧带肋钢筋 HRB400 ϕ25	t	3 759.00	—	0.061 30	0.066 01
	热轧光圆钢筋 HPB300 ϕ10	t	3 981.00	—	0.027 03	0.027 03
	复合硅酸盐水泥 P·C 32.5R 综合	kg	0.32	0.099 40	0.062 30	0.177 10
	黄砂 净砂	t	92.23	0.000 24	0.000 15	0.000 43
	碎石 综合	t	102.00	0.981 74	0.298 32	0.714 16
	泵送商品混凝土 C30	m^3	461.00	1.010 00	1.010 00	1.010 00
	非泵送商品混凝土 C15	m^3	399.00	0.365 62	0.111 10	0.265 63
	钢支撑	kg	3.97	—	—	0.613 24
	水	m^3	4.27	0.254 09	0.160 12	0.220 99
	复合模板 综合	m^2	32.33	0.250 28	0.179 14	0.508 21
	木模板	m^3	1 445.00	0.003 83	0.002 51	0.006 59

工作内容：挖、填、运土及工作面内排水，碎石垫层，混凝土垫层，模板、钢筋制作、安装及混凝土浇捣。　**计量单位：**m^3

定额编号				4-12	4-13
项目				钢筋混凝土	
				独立基础	杯形基础
基价（元）				**1 582.72**	**1 271.20**
其中	人工费（元）			572.98	500.15
	材料费（元）			980.81	746.25
	机械费（元）			28.93	24.80
预算定额编号	项目名称	单位	单价（元）	消耗量	
1-12	人力车运土方 运距(m)50 以内	$100m^3$	1 518.75	0.018 50	0.016 88
1-13	人力车运土方 运距(m)500 以内每增运 50	$100m^3$	290.00	0.055 50	0.050 64
1-77	原土打夯 二遍	$1\ 000m^2$	713.41	0.007 04	0.003 72
1-8H	挖地槽、地坑 深 3m 以内 三类土	$100m^3$	4 448.60	0.044 40	0.040 50
1-8	挖地槽、地坑 深 3m 以内 三类土	$100m^3$	3 770.00	0.029 60	0.027 00
1-80	人工就地回填土 夯实	$100m^3$	1 222.95	0.055 50	0.050 63
1-96	湿土排水	$100m^3$	709.49	0.044 40	0.040 50
4-87	碎石垫层 干铺	$10m^3$	2 352.17	0.051 00	0.027 00
5-1	垫层	$10m^3$	4 503.40	0.034 00	0.018 00
5-103	独立基础 复合木模	$100m^2$	3 543.40	0.018 80	—
5-105	杯形基础 复合木模	$100m^2$	3 835.73	—	0.017 50
5-3	基础 混凝土	$10m^3$	4 916.53	0.100 00	0.100 00
5-36	圆钢 HPB300 ≤ϕ10	t	4 810.68	0.018 40	0.009 20
5-40	螺纹钢筋 HRB400 以内 ≤ϕ25	t	4 286.52	0.043 70	0.023 00
5-97	基础垫层	$100m^2$	3 801.89	0.004 69	0.002 48
名称		单位	单价（元）	消耗量	
人工	一类人工	工日	125.00	3.474 74	3.656 43
	二类人工	工日	135.00	1.026 94	0.782 23
材料	热轧带肋钢筋 HRB400 ϕ25	t	3 759.00	0.044 79	0.023 58
	热轧光圆钢筋 HPB300 ϕ10	t	3 981.00	0.018 77	0.009 38
	复合硅酸盐水泥 P·C 32.5R 综合	kg	0.32	0.164 50	0.140 00
	黄砂 净砂	t	92.23	0.000 40	0.000 34
	碎石 综合	t	102.00	0.922 08	0.488 16
	泵送商品混凝土 C30	m^3	461.00	1.010 00	1.010 00
	非泵送商品混凝土 C15	m^3	399.00	0.343 40	0.181 80
	钢支撑	kg	3.97	0.072 19	0.173 78
	水	m^3	4.27	0.249 47	0.184 34
	复合模板 综合	m^2	32.33	0.531 86	0.416 95
	木模板	m^3	1 445.00	0.006 65	0.005 68

工作内容:挖、填、运土及工作面内排水,混凝土垫层,碎石垫层,模板、钢筋制作、安装及混凝土浇捣。 **计量单位**:m³

定额编号				4-14	4-15
项目				钢筋混凝土满堂基础、地下室底板	
				无梁式	有梁式
基价(元)				**1 445.45**	**1 707.35**
其中	人工费(元)			189.64	265.96
	材料费(元)			1 248.56	1 431.80
	机械费(元)			7.25	9.59
预算定额编号	项目名称	单位	单价(元)	消耗量	
10-8	聚苯乙烯泡沫保温板	100m²	2 892.96	0.020 00	0.020 00
12-26	零星抹灰 14+6	100m²	4 312.17	0.010 26	0.020 52
4-2	混凝土实心砖基础 墙厚 1/2 砖	10m³	4 485.86	0.005 90	0.011 80
4-87	碎石垫层 干铺	10m³	2 352.17	0.039 00	0.028 50
5-1	垫层	10m³	4 503.40	0.026 00	0.019 00
5-107	地下室底板、满堂基础 有梁式 复合木模	100m²	3 626.46	—	0.012 90
5-109	地下室底板、满堂基础 无梁式 复合木模	100m²	3 854.18	0.004 60	—
5-36	圆钢 HPB300 ≤ϕ10	t	4 810.68	0.035 20	0.066 70
5-40	螺纹钢筋 HRB400 以内 ≤ϕ25	t	4 286.52	0.083 60	0.100 05
5-4	满堂基础地下室底板	10m³	4 892.69	0.100 00	0.100 00
5-97	基础垫层	100m²	3 801.89	0.003 59	0.002 62
9-59	高分子卷材 胶粘法一层 平面	100m²	2 985.89	0.020 00	0.020 00
	名称	单位	单价(元)	消耗量	
人工	二类人工	工日	135.00	1.038 23	1.356 54
	三类人工	工日	155.00	0.320 21	0.533 73
材料	热轧带肋钢筋 HRB400 ϕ25	t	3 759.00	0.085 69	0.102 60
	热轧光圆钢筋 HPB300 ϕ10	t	3 981.00	0.035 90	0.068 03
	复合硅酸盐水泥 P·C 32.5R 综合	kg	0.32	0.057 40	0.108 50
	黄砂 净砂	t	92.23	0.000 14	0.000 26
	碎石 综合	t	102.00	0.705 12	0.515 28
	混凝土实心砖 240×115×53 MU10	千块	388.00	0.032 75	0.065 49
	泵送防水商品混凝土 C30/P8 坍落度(12±3)cm	m³	460.00	1.010 00	1.010 00
	非泵送商品混凝土 C15	m³	399.00	0.262 60	0.191 90
	钢支撑	kg	3.97	—	0.159 32
	水	m³	4.27	0.313 23	0.295 17
	复合模板 综合	m²	32.33	0.148 52	0.304 99
	木模板	m³	1 445.00	0.002 48	0.001 63

工作内容：挖、填、运土及工作面内排水，混凝土垫层，碎石垫层，模板、钢筋制作、安装及混凝土浇捣。　**计量单位**：m^3

定额编号				4-16
项目				钢筋混凝土基础梁
基价（元）				**1 542.81**
其中	人工费（元）			304.65
	材料费（元）			1 215.43
	机械费（元）			22.73
预算定额编号	项目名称	单位	单价（元）	消耗量
1-12	人力车运土方 运距（m）50 以内	$100m^3$	1 518.75	0.001 98
1-13	人力车运土方 运距（m）500 以内每增运 50	$100m^3$	290.00	0.005 94
1-77	原土打夯 二遍	$1\ 000m^2$	713.41	0.001 44
1-8H	挖地槽、地坑 深 3m 以内 三类土	$100m^3$	4 448.60	0.005 94
1-8	挖地槽、地坑 深 3m 以内 三类土	$100m^3$	3 770.00	0.003 96
1-80	人工就地回填土 夯实	$100m^3$	1 222.95	0.007 92
1-96	湿土排水	$100m^3$	709.49	0.005 94
4-87	碎石垫层 干铺	$10m^3$	2 352.17	0.010 50
5-1	垫层	$10m^3$	4 503.40	0.007 00
5-127	基础梁 复合木模	$100m^2$	4 304.53	0.064 00
5-36	圆钢 HPB300 ≤ϕ10	t	4 810.68	0.043 70
5-40	螺纹钢筋 HRB400 以内 ≤ϕ25	t	4 286.52	0.102 35
5-8	基础梁	$10m^3$	4 974.93	0.100 00
5-97	基础垫层	$100m^2$	3 801.89	0.000 96
	名称	单位	单价（元）	消耗量
人工	一类人工	工日	125.00	0.462 49
	二类人工	工日	135.00	1.828 51
材料	热轧带肋钢筋 HRB400 ϕ25	t	3 759.00	0.104 91
	热轧光圆钢筋 HPB300 ϕ10	t	3 981.00	0.044 57
	复合硅酸盐水泥 P·C 32.5R 综合	kg	0.32	0.454 72
	黄砂 净砂	t	92.23	0.001 10
	碎石 综合	t	102.00	0.189 84
	泵送商品混凝土 C30	m^3	461.00	1.010 00
	非泵送商品混凝土 C15	m^3	399.00	0.070 70
	钢支撑	kg	3.97	3.613 44
	水	m^3	4.27	0.341 18
	复合模板 综合	m^2	32.33	1.331 35
	木模板	m^3	1 445.00	0.022 98

工作内容:挖、运,回填土方,混凝土垫层,碎石垫层,模板、钢筋制作、安装及混凝土浇捣。 **计量单位**:m^3

定额编号				4-17	4-18
项目				设备基础	
				钢筋混凝土	素混凝土
基价(元)				**1 245.71**	**989.67**
其中	人工费(元)			405.17	308.69
	材料费(元)			822.64	668.25
	机械费(元)			17.90	12.73
预算定额编号	项目名称	单位	单价(元)	消耗量	
1-12	人力车运土方 运距(m)50 以内	100m^3	1 518.75	0.006 92	0.011 50
1-13	人力车运土方 运距(m)500 以内每增运 50	100m^3	290.00	0.020 76	0.034 50
1-77	原土打夯 二遍	1 000m^2	713.41	0.002 70	0.002 97
1-8H	挖地槽、地坑 深 3m 以内 三类土	100m^3	4 448.60	0.025 20	0.018 90
1-8	挖地槽、地坑 深 3m 以内 三类土	100m^3	3 770.00	0.016 80	0.012 60
1-80	人工就地回填土 夯实	100m^3	1 222.95	0.051 57	0.020 00
1-96	湿土排水	100m^3	709.49	0.025 20	0.018 90
4-87	碎石垫层 干铺	10m^3	2 352.17	0.027 00	0.029 70
5-1	垫层	10m^3	4 503.40	0.018 00	0.019 80
5-112	设备基础 单个块体体积(m^3) 5 以内 复合木模	100m^2	4 104.12	—	0.023 42
5-114	设备基础 单个块体体积(m^3) 5 以上 复合木模	100m^2	4 000.97	0.023 42	—
5-3	基础 混凝土	10m^3	4 916.53	0.100 00	0.100 00
5-36	圆钢 HPB300 ≤ϕ10	t	4 810.68	0.036 80	—
5-5	设备基础二次灌浆	10m^3	6 312.70	0.008 63	0.005 30
5-97	基础垫层	100m^2	3 801.89	0.002 48	0.002 73
名称		单位	单价(元)	消耗量	
人工	一类人工	工日	125.00	2.085 64	1.514 25
	二类人工	工日	135.00	1.070 13	0.884 53
材料	热轧光圆钢筋 HPB300 ϕ10	t	3 981.00	0.037 54	—
	复合硅酸盐水泥 P·C 32.5R 综合	kg	0.32	0.017 50	0.018 90
	碎石 综合	t	102.00	0.488 16	0.536 98
	泵送商品混凝土 C30	m^3	461.00	1.010 00	1.010 00
	非泵送商品混凝土 C15	m^3	399.00	0.181 80	0.199 98
	非泵送商品混凝土 C30	m^3	438.00	0.086 86	0.053 53
	钢支撑	kg	3.97	0.228 85	0.307 24
	水	m^3	4.27	0.208 00	0.205 21
	复合模板 综合	m^2	32.33	0.502 37	0.505 90
	木模板	m^3	1 445.00	0.012 35	0.008 61

第五章
墙 体 工 程

说 明

一、本章定额包括一般砖墙、框架墙、钢筋混凝土墙、钢筋混凝土地下室墙、装配式混凝土墙、幕墙、墙面变形缝、隔断、隔墙、钢结构墙面板、墙面装饰等。

二、一般砖外墙包括砌墙、现浇钢筋混凝土构造柱、圈梁、过梁、墙内钢筋加固、局部挂钢丝网、内墙面抹灰,砖内墙包括砌墙、钢筋混凝土圈梁、构造柱、过梁、墙内钢筋加固、局部挂钢丝网、双面抹灰。

三、框架外墙包括砌墙、钢筋混凝土过梁、局部挂钢丝网、内墙面抹灰,框架内墙包括砌墙、钢筋混凝土构造柱、过梁、局部挂钢丝网、双面抹灰。

四、钢筋混凝土外墙包括模板、钢筋、混凝土、内墙面抹灰,钢筋混凝土内墙包括模板、钢筋、混凝土、双面抹灰,钢筋混凝土地下室墙包括模板、钢筋、混凝土、外墙面防水、内墙面抹灰。

五、装配式混凝土墙构件按成品购入构件考虑,包括构件安装、套筒注浆、嵌缝打胶、内墙面抹灰。装配式混凝土墙构件吊装机械综合取定,按本定额第十二章“脚手架、垂直运输、超高运输增加费”相关说明及计算规则执行。

墙板安装定额不分是否带有门窗洞口,均按相应定额执行。凸(飘)窗安装定额适用于单独预制的凸(飘)窗安装,依附于外墙板制作的凸(飘)窗,其工程量并入外墙板计算,该板块安装整体套用墙板安装定额,人工和机械用量乘以系数 1.30。

外挂墙板安装定额已综合考虑了不同的连接方式,按构件不同类型及厚度套用相应定额。

六、幕墙包括预埋件、幕墙骨架及幕墙面层,未包括防火封堵。

七、钢结构墙面板安装已包括需要的包角、包边、窗台返水等用量。

八、硅酸钙板墙面板双面隔墙厚度按 180mm,镀锌钢龙骨按 15kg/m^{2}编制,设计与定额不同时材料换算调整。本章保温岩棉板铺设仅限于硅酸钙板墙面板配套使用。

九、外墙墙体定额均未包括外墙外面抹灰、防水。

十、墙面装饰包括基层及面层。

十一、外墙装饰抹灰及装饰块料定额已包括门窗洞口侧面、窗台线、腰线、勒脚的工作内容。

十二、内墙面抹灰、贴面子目中已扣除墙体子目所综合的内墙抹灰数量。

十三、定额中的砌筑砂浆、抹灰砂浆、界面剂的厚度及配合比按综合考虑取定,设计与定额不同时,不予调整。

十四、变形缝适用于伸缩缝、沉降缝、抗震缝。

工程量计算规则

一、一般砖墙:

1. 墙身长度:外墙按中心线计算,内墙按净长计算。

2. 墙身高度:

(1)外墙高度:坡屋面算至屋面板底,现浇平屋面算至屋面板板面,女儿墙(含压顶)自板面算至压顶面。

(2)内墙高度:内墙位于屋架下者,其高度算至屋架底;无屋架有天棚者算至天棚底再加 120mm。平屋面、坡屋面和有楼层者算至梁(板)顶面。如同一墙体高度不同时,按平均高度计算。前后墙高度不同时,按平均高度计算。

3. 墙身工程量应扣除门窗洞口及 $0.3m^2$ 以上的孔洞所占的面积,不扣除构造柱、圈(过)梁、檐口梁、雨篷梁、梁垫、楼(屋)面板的板头所占的面积;突出墙面的虎头砖、腰线等也不增加。

二、框架墙:

1. 墙身面积:外墙按框架墙中心线乘以高度,内墙按墙面间的净长乘以高度,墙身高度计算方法同一般砖墙。

2. 框架墙身面积不扣除框架柱、梁等所占的面积,但应扣除门窗洞口及 $0.3m^2$ 以上的孔洞所占的面积。

三、钢筋混凝土墙及钢筋混凝土地下室墙:

1. 墙面积按墙身长度乘以层高计算,应扣除门窗洞口及 $0.3m^2$ 以上的孔洞所占的面积。

2. 钢筋混凝土地下室墙按面积计算,墙体应扣除门窗洞口及 $0.3m^2$ 以上的孔洞所占的面积,墙身高度应算至地下室顶板面。

四、装配式混凝土墙:

1. 装配式混凝土墙构件安装工程量按成品构件设计图示尺寸的实体积以"m^3"计算,依附于构件制作的各类保温层,饰面层体积并入相应的构件安装中计算,不扣除构件内钢筋、预埋铁件、配管、套管、线盒及单个 $0.3m^3$ 以内的孔洞、线箱等所占体积,外露钢筋体积亦不再增加。概算定额已综合考虑套筒注浆,不再另行计算。

2. 轻质挑板隔墙安装工程量按构件图示尺寸以"m^2"计算,应扣除门窗洞口、过人洞、空圈、嵌入墙板内的钢筋混凝土柱、梁、圈梁、挑梁、过梁、止水翻边及凹进墙内的壁龛、消火栓箱及单个 $0.3m^2$ 以上的孔洞所占的面积,不扣除梁头、板头及 $0.3m^2$ 以内的孔洞所占面积。

3. 预制烟道、通风道安装工程量按图示长度以"m"计算,排烟(气)止回阀、成品风帽安装工程量按图示个数以"个"计算。

五、幕墙面积按设计图示尺寸以外围面积计算。

六、隔断、隔墙按设计图示尺寸以外围面积计算,扣除门窗洞口及 $0.3m^2$ 以上的孔洞所占的面积,成品卫生间隔断以"间"计算。

七、钢结构墙面板:

1. 压型钢板、彩钢夹心板、采光板墙面板、墙面玻纤保温棉按设计图示尺寸以铺挂面积计算,不扣除单个面积小于或等于 $0.3m^2$ 孔洞所占的面积。墙面玻纤保温棉面积同单层压型钢板墙面板面积。

2. 硅酸钙板墙面板按设计图示尺寸的墙面面积以"m^2"计算,不扣除单个面积小于或等于 $0.3m^2$ 孔洞所占的面积。保温岩棉铺设、EPS 混凝土浇灌按设计图示尺寸的铺设或浇灌体积以"m^3"计算,不扣除单个 0.3m^2孔洞所占的体积。

八、墙面装饰：墙(柱、梁)面镶贴块料，内墙按设计图示尺寸以实铺面积计算，外墙按外墙面积计算。

九、变形缝按“延长米”计算。

一、一 般 砖 墙

1.外 墙

工作内容:砌墙,浇捣钢筋混凝土构造柱、圈过梁,墙内钢筋加固,局部挂钢丝网,内墙面抹灰。 **计量单位:**m^2

定额编号				5-1	5-2	5-3	5-4
项目				混凝土实心砖外墙		混凝土多孔砖外墙	
				1 砖厚	1/2 砖厚	1 砖厚	1/2 砖厚
				内面普通抹灰			
基价(元)				**221.55**	**104.43**	**208.81**	**94.18**
其中	人工费(元)			72.58	45.25	68.57	41.47
	材料费(元)			147.27	58.49	138.60	52.07
	机械费(元)			1.70	0.69	1.64	0.64
预算定额编号	项目名称	单位	单价(元)	消耗量			
12-1	内墙 14+6	$100m^2$	2 563.39	0.010 00	0.010 00	0.010 00	0.010 00
12-8	挂钢丝网	$100m^2$	1 077.65	0.001 17	0.001 17	0.001 17	0.001 17
4-22	混凝土多孔砖 墙厚 1 砖	$10m^3$	3 571.88	—	—	0.014 30	—
4-23	混凝土多孔砖 墙厚 1/2 砖	$10m^3$	3 840.69	—	—	—	0.010 00
4-6	混凝土实心砖 墙厚 1 砖	$10m^3$	4 464.06	0.014 30	—	—	—
4-8	混凝土实心砖 墙厚 1/2 砖	$10m^3$	4 866.03	—	0.010 00	—	—
5-10	圈梁、过梁、拱形梁	$10m^3$	5 331.36	0.004 30	0.001 50	0.004 30	0.001 50
5-123	矩形柱 复合木模	$100m^2$	4 058.34	0.003 61	—	0.003 61	—
5-140	直形圈过梁 复合木模	$100m^2$	4 261.10	0.003 58	0.002 50	0.003 58	0.002 50
5-39	螺纹钢筋 HRB400 以内 ≤ϕ18	t	4 467.54	0.007 00	0.001 00	0.007 00	0.001 00
5-46	箍筋圆钢 ≤ϕ10	t	5 214.57	0.003 00	—	0.003 00	—
5-53	砌体内加固钢筋	t	5 762.87	—	0.001 00	—	0.001 00
5-7	构造柱	$10m^3$	5 754.93	0.005 40	—	0.005 40	—
	名称	单位	单价(元)	消耗量			
人工	二类人工	工日	135.00	0.423 40	0.220 67	0.393 66	0.192 67
	三类人工	工日	155.00	0.099 83	0.099 83	0.099 83	0.099 83
材料	热轧带肋钢筋 HRB400 ϕ18	t	3 759.00	0.007 18	0.001 03	0.007 18	0.001 03
	热轧光圆钢筋 HPB300 ϕ10	t	3 981.00	0.003 06	—	0.003 06	—
	热轧光圆钢筋 HPB300 ϕ6	t	3 981.00	—	0.001 02	—	0.001 02
	复合硅酸盐水泥 P·C 32.5R 综合	kg	0.32	0.010 80	0.007 50	0.010 80	0.007 50
	混凝土多孔砖 240×115×90 MU10	千块	491.00	—	—	0.048 48	0.035 40
	混凝土实心砖 240×115×53 MU10	千块	388.00	0.076 08	0.055 70	—	—
	非泵送商品混凝土 C25	m^3	421.00	0.097 97	0.015 15	0.097 97	0.015 15
	钢支撑	kg	3.97	0.163 75	—	0.163 75	—
	水	m^3	4.27	0.038 67	0.014 38	0.038 67	0.014 38
	复合模板 综合	m^2	32.33	0.167 15	0.054 39	0.167 15	0.054 39
	木模板	m^3	1 445.00	0.002 82	0.000 54	0.002 82	0.000 54

工作内容：砌墙，浇捣钢筋混凝土构造柱、圈过梁，墙内钢筋加固，局部挂钢丝网，内墙面抹灰。　　计量单位：m^2

定额编号				5-5	5-6	5-7	5-8
项目				非黏土烧结实心砖外墙		非黏土烧结多孔砖外墙	
				1 砖厚	1/2 砖厚	1 砖厚	1/2 砖厚
				内面普通抹灰			
基价（元）				**223.86**	**105.81**	**214.26**	**98.04**
其中	人工费（元）			72.12	44.60	68.10	41.04
	材料费（元）			150.04	60.52	144.52	56.36
	机械费（元）			1.70	0.69	1.64	0.64
预算定额编号	项目名称	单位	单价(元)	消耗量			
12-1	内墙 14 +6	$100m^2$	2 563.39	0.010 00	0.010 00	0.010 00	0.010 00
12-8	挂钢丝网	$100m^2$	1 077.65	0.001 17	0.001 17	0.001 17	0.001 17
4-27	非黏土烧结实心砖 墙厚 1 砖	$10m^3$	4 625.31	0.014 30	—	—	—
4-29	非黏土烧结实心砖 墙厚 1/2 砖	$10m^3$	5 004.38	—	0.010 00	—	—
4-41	非黏土烧结多孔砖 墙厚 1 砖	$10m^3$	3 954.50	—	—	0.014 30	—
4-42	非黏土烧结多孔砖 墙厚 1/2 砖	$10m^3$	4 226.33	—	—	—	0.010 00
5-10	圈梁、过梁、拱形梁	$10m^3$	5 331.36	0.004 30	0.001 50	0.004 30	0.001 50
5-123	矩形柱 复合木模	$100m^2$	4 058.34	0.003 61	—	0.003 61	—
5-140	直形圈过梁 复合木模	$100m^2$	4 261.10	0.003 58	0.002 50	0.003 58	0.002 50
5-39	螺纹钢筋 HRB400 以内 ≤ϕ18	t	4 467.54	0.007 00	0.001 00	0.007 00	0.001 00
5-46	箍筋圆钢 ≤ϕ10	t	5 214.57	0.003 00	—	0.003 00	—
5-53	砌体内加固钢筋	t	5 762.87	—	0.001 00	—	0.001 00
5-7	构造柱	$10m^3$	5 754.93	0.005 40	—	0.005 40	—
名称		单位	单价(元)	消耗量			
人工	二类人工	工日	135.00	0.419 97	0.215 87	0.390 23	0.189 47
	三类人工	工日	155.00	0.099 83	0.099 83	0.099 83	0.099 83
材料	热轧带肋钢筋 HRB400 ϕ18	t	3 759.00	0.007 18	0.001 03	0.007 18	0.001 03
	热轧光圆钢筋 HPB300 ϕ10	t	3 981.00	0.003 06	—	0.003 06	—
	热轧光圆钢筋 HPB300 ϕ6	t	3 981.00	—	0.001 02	—	0.001 02
	复合硅酸盐水泥 P·C 32.5R 综合	kg	0.32	0.010 80	0.007 50	0.010 80	0.007 50
	非黏土烧结页岩多孔砖 240×115×90	千块	612.00	—	—	0.048 19	0.035 20
	非黏土烧结实心砖 240×115×53	千块	426.00	0.075 65	0.055 40	—	—
	非泵送商品混凝土 C25	m^3	421.00	0.097 97	0.015 15	0.097 97	0.015 15
	钢支撑	kg	3.97	0.163 75	—	0.163 75	—
	水	m^3	4.27	0.052 97	0.024 38	0.052 97	0.024 38
	复合模板 综合	m^2	32.33	0.167 15	0.054 39	0.167 15	0.054 39
	木模板	m^3	1 445.00	0.002 82	0.000 54	0.002 82	0.000 54

工作内容:砌墙,浇捣钢筋混凝土构造柱、圈过梁,墙内钢筋加固,局部挂钢丝网,内墙面抹灰。 **计量单位:**m^2

定额编号				5-9	5-10	5-11	5-12
项目				蒸压实心砖外墙		蒸压多孔砖外墙	
				1 砖厚	1/2 砖厚	1 砖厚	1/2 砖厚
				内面普通抹灰			
基价(元)				**219.38**	**102.55**	**202.86**	**89.71**
其中	人工费(元)			71.65	44.28	67.81	40.73
	材料费(元)			146.03	57.58	133.42	48.34
	机械费(元)			1.70	0.69	1.63	0.64
预算定额编号	项目名称	单位	单价(元)	消耗量			
12-1	内墙 14+6	$100m^2$	2 563.39	0.010 00	0.010 00	0.010 00	0.010 00
12-8	挂钢丝网	$100m^2$	1 077.65	0.001 17	0.001 17	0.001 17	0.001 17
4-47	蒸压实心砖 1 砖	$10m^3$	4 312.53	0.014 30	—	—	—
4-48	蒸压实心砖 1/2 砖	$10m^3$	4 677.85	—	0.010 00	—	—
4-51	蒸压多孔砖 1 砖	$10m^3$	3 157.45	—	—	0.014 30	—
4-52	蒸压多孔砖 1/2 砖	$10m^3$	3 393.36	—	—	—	0.010 00
5-10	圈梁、过梁、拱形梁	$10m^3$	5 331.36	0.004 30	0.001 50	0.004 30	0.001 50
5-123	矩形柱 复合木模	$100m^2$	4 058.34	0.003 61	—	0.003 61	—
5-140	直形圈过梁 复合木模	$100m^2$	4 261.10	0.003 58	0.002 50	0.003 58	0.002 50
5-39	螺纹钢筋 HRB400 以内 $\leqslant\phi18$	t	4 467.54	0.007 00	0.001 00	0.007 00	0.001 00
5-46	箍筋圆钢 $\leqslant\phi10$	t	5 214.57	0.003 00	—	0.003 00	—
5-53	砌体内加固钢筋	t	5 762.87	—	0.001 00	—	0.001 00
5-7	构造柱	$10m^3$	5 754.93	0.005 40	—	0.005 40	—
名称		单位	单价(元)	消耗量			
人工	二类人工	工日	135.00	0.416 54	0.213 47	0.388 08	0.187 17
	三类人工	工日	155.00	0.099 83	0.099 83	0.099 83	0.099 83
材料	热轧带肋钢筋 HRB400 $\phi18$	t	3 759.00	0.007 18	0.001 03	0.007 18	0.001 03
	热轧光圆钢筋 HPB300 $\phi10$	t	3 981.00	0.003 06	—	0.003 06	—
	热轧光圆钢筋 HPB300 $\phi6$	t	3 981.00	—	0.001 02	—	0.001 02
	复合硅酸盐水泥 P·C 32.5R 综合	kg	0.32	0.010 80	0.007 50	0.010 80	0.007 50
	蒸压灰砂多孔砖 240×115×90	千块	388.00	—	—	0.048 48	0.035 40
	蒸压灰砂砖 240×115×53	千块	371.00	0.076 22	0.055 80	—	—
	非泵送商品混凝土 C25	m^3	421.00	0.097 97	0.015 15	0.097 97	0.015 15
	钢支撑	kg	3.97	0.163 75	—	0.163 75	—
	水	m^3	4.27	0.038 67	0.014 38	0.038 67	0.014 38
	复合模板 综合	m^2	32.33	0.167 15	0.054 39	0.167 15	0.054 39
	木模板	m^3	1 445.00	0.002 82	0.000 54	0.002 82	0.000 54

2. 内　墙

工作内容：砌墙，浇捣钢筋混凝土构造柱、圈过梁，墙内钢筋加固，局部挂钢丝网，内墙面抹灰。　　**计量单位**：m^2

定额编号				5-13	5-14	5-15	5-16
项目				混凝土实心砖内墙		混凝土多孔砖内墙	
				1 砖厚	1/2 砖厚	1 砖厚	1/2 砖厚
				双面普通抹灰			
基价（元）				**212.87**	**128.94**	**196.45**	**118.38**
其中	人工费（元）			78.93	59.41	73.76	55.51
	材料费（元）			132.40	68.64	121.24	62.03
	机械费（元）			1.54	0.89	1.45	0.84
预算定额编号	项目名称	单位	单价(元)	消耗量			
12-1	内墙 14+6	$100m^2$	2 563.39	0.020 00	0.020 00	0.020 00	0.020 00
12-8	挂钢丝网	$100m^2$	1 077.65	0.002 23	0.002 23	0.002 23	0.002 23
4-22	混凝土多孔砖 墙厚 1 砖	$10m^3$	3 571.88	—	—	0.018 40	—
4-23	混凝土多孔砖 墙厚 1/2 砖	$10m^3$	3 840.69	—	—	—	0.010 30
4-6	混凝土实心砖 墙厚 1 砖	$10m^3$	4 464.06	0.018 40	—	—	—
4-8	混凝土实心砖 墙厚 1/2 砖	$10m^3$	4 866.03	—	0.010 30	—	—
5-10	圈梁、过梁、拱形梁	$10m^3$	5 331.36	0.003 60	0.001 20	0.003 60	0.001 20
5-123	矩形柱 复合木模	$100m^2$	4 058.34	0.001 30	—	0.001 30	—
5-140	直形圈过梁 复合木模	$100m^2$	4 261.10	0.003 00	0.002 00	0.003 00	0.002 00
5-39	螺纹钢筋 HRB400 以内 ≤ϕ18	t	4 467.54	0.004 00	0.001 00	0.004 00	0.001 00
5-46	箍筋圆钢 ≤ϕ10	t	5 214.57	0.002 00	—	0.002 00	—
5-53	砌体内加固钢筋	t	5 762.87	—	0.001 00	—	0.001 00
5-7	构造柱	$10m^3$	5 754.93	0.002 00	—	0.002 00	—
名称		单位	单价(元)	消耗量			
人工	二类人工	工日	135.00	0.355 91	0.211 33	0.317 64	0.182 49
	三类人工	工日	155.00	0.199 13	0.199 13	0.199 13	0.199 13
材料	热轧带肋钢筋 HRB400 ϕ18	t	3 759.00	0.004 10	0.001 03	0.004 10	0.001 03
	热轧光圆钢筋 HPB300 ϕ10	t	3 981.00	0.002 04	—	0.002 04	—
	热轧光圆钢筋 HPB300 ϕ6	t	3 981.00	—	0.001 02	—	0.001 02
	复合硅酸盐水泥 P·C 32.5R 综合	kg	0.32	0.009 00	0.006 00	0.009 00	0.006 00
	混凝土多孔砖 240×115×90 MU10	千块	491.00	—	—	0.062 38	0.036 46
	混凝土实心砖 240×115×53 MU10	千块	388.00	0.097 89	0.057 37	—	—
	非泵送商品混凝土 C25	m^3	421.00	0.056 56	0.012 12	0.056 56	0.012 12
	钢支撑	kg	3.97	0.059 13	—	0.059 13	—
	水	m^3	4.27	0.035 58	0.020 16	0.035 58	0.020 16
	复合模板 综合	m^2	32.33	0.097 35	0.043 51	0.097 35	0.043 51
	木模板	m^3	1 445.00	0.001 38	0.000 43	0.001 38	0.000 43

工作内容:砌墙,浇捣钢筋混凝土构造柱、圈过梁,墙内钢筋加固,局部挂钢丝网,内墙面抹灰。 **计量单位**:m^2

定额编号				5-17	5-18	5-19	5-20
项目				非黏土烧结实心砖内墙		非黏土烧结多孔砖内墙	
				1 砖厚	1/2 砖厚	1 砖厚	1/2 砖厚
				双面普通抹灰			
基价(元)				**215.84**	**130.37**	**203.49**	**122.35**
其中	人工费(元)			78.33	58.74	73.16	55.07
	材料费(元)			135.97	70.74	128.87	66.44
	机械费(元)			1.54	0.89	1.46	0.84
预算定额编号	项目名称	单位	单价(元)	消耗量			
12-1	内墙 14+6	$100m^2$	2 563.39	0.020 00	0.020 00	0.020 00	0.020 00
12-8	挂钢丝网	$100m^2$	1 077.65	0.002 23	0.002 23	0.002 23	0.002 23
4-27	非黏土烧结实心砖 墙厚 1 砖	$10m^3$	4 625.31	0.018 40	—	—	—
4-29	非黏土烧结实心砖 墙厚 1/2 砖	$10m^3$	5 004.38	—	0.010 30	—	—
4-41	非黏土烧结多孔砖 墙厚 1 砖	$10m^3$	3 954.50	—	—	0.018 40	—
4-42	非黏土烧结多孔砖 墙厚 1/2 砖	$10m^3$	4 226.33	—	—	—	0.010 30
5-10	圈梁、过梁、拱形梁	$10m^3$	5 331.36	0.003 60	0.001 20	0.003 60	0.001 20
5-123	矩形柱 复合木模	$100m^2$	4 058.34	0.001 30	—	0.001 30	—
5-140	直形圈过梁 复合木模	$100m^2$	4 261.10	0.003 00	0.002 00	0.003 00	0.002 00
5-39	螺纹钢筋 HRB400 以内 ≤ϕ18	t	4 467.54	0.004 00	0.001 00	0.004 00	0.001 00
5-46	箍筋圆钢 ≤ϕ10	t	5 214.57	0.002 00	—	0.002 00	—
5-53	砌体内加固钢筋	t	5 762.87	—	0.001 00	—	0.001 00
5-7	构造柱	$10m^3$	5 754.93	0.002 00	—	0.002 00	—
名称		单位	单价(元)	消耗量			
人工	二类人工	工日	135.00	0.351 50	0.206 38	0.313 22	0.179 19
	三类人工	工日	155.00	0.199 13	0.199 13	0.199 13	0.199 13
材料	热轧带肋钢筋 HRB400 ϕ18	t	3 759.00	0.004 10	0.001 03	0.004 10	0.001 03
	热轧光圆钢筋 HPB300 ϕ10	t	3 981.00	0.002 04	—	0.002 04	—
	热轧光圆钢筋 HPB300 ϕ6	t	3 981.00	—	0.001 02	—	0.001 02
	复合硅酸盐水泥 P·C 32.5R 综合	kg	0.32	0.009 00	0.006 00	0.009 00	0.006 00
	非黏土烧结页岩多孔砖 240×115×90	千块	612.00	—	—	0.062 01	0.036 26
	非黏土烧结实心砖 240×115×53	千块	426.00	0.097 34	0.057 06	—	—
	非泵送商品混凝土 C25	m^3	421.00	0.056 56	0.012 12	0.056 56	0.012 12
	钢支撑	kg	3.97	0.059 13	—	0.059 13	—
	水	m^3	4.27	0.053 98	0.030 46	0.053 98	0.030 46
	复合模板 综合	m^2	32.33	0.097 35	0.043 51	0.097 35	0.043 51
	木模板	m^3	1 445.00	0.001 38	0.000 43	0.001 38	0.000 43

工作内容：砌墙，浇捣钢筋混凝土构造柱、圈过梁，墙内钢筋加固，局部挂钢丝网，内墙面抹灰。　　**计量单位**：m^2

定额编号				5-21	5-22	5-23	5-24
项目				蒸压砖内墙		蒸压多孔砖内墙	
				1砖厚	1/2砖厚	1砖厚	1/2砖厚
				双面普通抹灰			
基价（元）				**210.08**	**127.01**	**188.83**	**113.78**
其中	人工费（元）			77.73	58.41	72.79	54.75
	材料费（元）			130.81	67.71	114.59	58.19
	机械费（元）			1.54	0.89	1.45	0.84
预算定额编号	项目名称	单位	单价（元）	消耗量			
12-1	内墙 14+6	$100m^2$	2 563.39	0.020 00	0.020 00	0.020 00	0.020 00
12-8	挂钢丝网	$100m^2$	1 077.65	0.002 23	0.002 23	0.002 23	0.002 23
4-47	蒸压实心砖 1砖	$10m^3$	4 312.53	0.018 40	—	—	—
4-48	蒸压实心砖 1/2砖	$10m^3$	4 677.85	—	0.010 30	—	—
4-51	蒸压多孔砖 1砖	$10m^3$	3 157.45	—	—	0.018 40	—
4-52	蒸压多孔砖 1/2砖	$10m^3$	3 393.36	—	—	—	0.010 30
5-10	圈梁、过梁、拱形梁	$10m^3$	5 331.36	0.003 60	0.001 20	0.003 60	0.001 20
5-123	矩形柱 复合木模	$100m^2$	4 058.34	0.001 30	—	0.001 30	—
5-140	直形圈过梁 复合木模	$100m^2$	4 261.10	0.003 00	0.002 00	0.003 00	0.002 00
5-39	螺纹钢筋 HRB400 以内 ≤ϕ18	t	4 467.54	0.004 00	0.001 00	0.004 00	0.001 00
5-46	箍筋圆钢 ≤ϕ10	t	5 214.57	0.002 00	—	0.002 00	—
5-53	砌体内加固钢筋	t	5 762.87	—	0.001 00	—	0.001 00
5-7	构造柱	$10m^3$	5 754.93	0.002 00	—	0.002 00	—
名称		单位	单价（元）	消耗量			
人工	二类人工	工日	135.00	0.347 08	0.203 91	0.310 46	0.176 82
	三类人工	工日	155.00	0.199 13	0.199 13	0.199 13	0.199 13
材料	热轧带肋钢筋 HRB400 ϕ18	t	3 759.00	0.004 10	0.001 03	0.004 10	0.001 03
	热轧光圆钢筋 HPB300 ϕ10	t	3 981.00	0.002 04	—	0.002 04	—
	热轧光圆钢筋 HPB300 ϕ6	t	3 981.00	—	0.001 02	—	0.001 02
	复合硅酸盐水泥 P·C 32.5R 综合	kg	0.32	0.009 00	0.006 00	0.009 00	0.006 00
	蒸压灰砂多孔砖 240×115×90	千块	388.00	—	—	0.062 38	0.036 46
	蒸压灰砂砖 240×115×53	千块	371.00	0.098 07	0.057 47	—	—
	非泵送商品混凝土 C25	m^3	421.00	0.056 56	0.012 12	0.056 56	0.012 12
	钢支撑	kg	3.97	0.059 13	—	0.059 13	—
	水	m^3	4.27	0.035 58	0.020 16	0.035 58	0.020 16
	复合模板 综合	m^2	32.33	0.097 35	0.043 51	0.097 35	0.043 51
	木模板	m^3	1 445.00	0.001 38	0.000 43	0.001 38	0.000 43

二、框 架 墙

1. 外 墙

工作内容:砌墙,浇捣钢筋混凝土过梁,局部挂钢丝网,内墙面抹灰。 **计量单位**:m²

定额编号				5-25	5-26	5-27	5-28	5-29	5-30
项目				框架混凝土实心砖外墙			框架混凝土多孔砖外墙		
				1 砖厚	1/2 砖厚	190 厚	1 砖厚	1/2 砖厚	190 厚
				内面普通抹灰					
基价(元)				**122.32**	**85.76**	**116.76**	**106.16**	**76.94**	**84.95**
其中	人工费(元)			45.12	38.19	44.58	40.03	34.94	34.45
	材料费(元)			76.35	46.79	71.38	65.37	41.26	49.83
	机械费(元)			0.85	0.78	0.80	0.76	0.74	0.67
预算定额编号	项目名称	单位	单价(元)	消耗量					
12-1	内墙 14+6	100m²	2 563.39	0.010 00	0.010 00	0.010 00	0.010 00	0.010 00	0.010 00
12-8	挂钢丝网	100m²	1 077.65	0.001 17	0.001 17	0.001 17	0.001 17	0.001 17	0.001 17
4-16	混凝土实心砖 墙厚 190	10m³	5 276.72	—	—	0.014 40	—	—	—
4-22	混凝土多孔砖 墙厚 1 砖	10m³	3 571.88	—	—	—	0.018 10	—	—
4-23	混凝土多孔砖 墙厚 1/2 砖	10m³	3 840.69	—	—	—	—	0.008 60	—
4-24	混凝土多孔砖 墙厚 190	10m³	3 067.97	—	—	—	—	—	0.014 40
4-6	混凝土实心砖 墙厚 1 砖	10m³	4 464.06	0.018 10	—	—	—	—	—
4-8	混凝土实心砖 墙厚 1/2 砖	10m³	4 866.03	—	0.008 60	—	—	—	—
5-10	圈梁、过梁、拱形梁	10m³	5 331.36	0.001 00	0.000 60	0.000 80	0.001 00	0.000 60	0.000 80
5-131	直形圈过梁 复合木模	100m²	5 392.35	0.000 83	0.001 67	0.000 89	0.000 83	0.001 67	0.000 89
5-36	圆钢 HPB300 ≤ϕ10	t	4 810.68	0.001 00	0.001 00	0.001 00	0.001 00	0.001 00	0.001 00
名称		单位	单价(元)	消耗量					
人工	二类人工	工日	135.00	0.218 94	0.169 06	0.215 91	0.181 30	0.144 98	0.140 89
	三类人工	工日	155.00	0.099 83	0.099 83	0.099 83	0.099 83	0.099 83	0.099 83
材料	热轧光圆钢筋 HPB300 ϕ10	t	3 981.00	0.001 02	0.001 02	0.001 02	0.001 02	0.001 02	0.001 02
	复合硅酸盐水泥 P·C 32.5R 综合	kg	0.32	0.005 60	0.011 90	0.006 30	0.005 60	0.011 90	0.006 30
	混凝土多孔砖 190×190×90 MU10	千块	517.00	—	—	—	—	—	0.038 45
	混凝土多孔砖 240×115×90 MU10	千块	491.00	—	—	—	0.061 36	0.030 44	—
	混凝土实心砖 190×90×53 MU10	千块	296.00	—	—	0.120 82	—	—	—
	混凝土实心砖 240×115×53 MU10	千块	388.00	0.096 29	0.047 90	—	—	—	—
	非泵送商品混凝土 C25	m³	421.00	0.010 10	0.006 06	0.008 08	0.010 10	0.006 06	0.008 08
	钢支撑	kg	3.97	0.055 30	0.117 50	0.062 21	0.055 30	0.117 50	0.062 21
	水	m³	4.27	0.012 97	0.010 35	0.011 76	0.012 97	0.010 35	0.011 76
	复合模板 综合	m²	32.33	0.016 48	0.035 01	0.018 53	0.016 48	0.035 01	0.018 53
	木模板	m³	1 445.00	0.000 25	0.000 52	0.000 28	0.000 25	0.000 52	0.000 28

工作内容：砌墙，浇捣钢筋混凝土过梁，局部挂钢丝网，内墙面抹灰。　　**计量单位**：m^2

定额编号				5-31	5-32	5-33	5-34
项目				框架非黏土烧结实心砖外墙		框架非黏土烧结多孔砖外墙	
				1砖厚	1/2砖厚	1砖厚	1/2砖厚
				内面普通抹灰			
基价（元）				**125.23**	**86.94**	**113.09**	**80.25**
其中	人工费（元）			44.53	37.63	39.45	34.56
	材料费（元）			79.85	48.53	72.87	44.95
	机械费（元）			0.85	0.78	0.77	0.74
预算定额编号	项目名称	单位	单价(元)	消耗量			
12-1	内墙 14+6	$100m^2$	2 563.39	0.010 00	0.010 00	0.010 00	0.010 00
12-8	挂钢丝网	$100m^2$	1 077.65	0.001 17	0.001 17	0.001 17	0.001 17
4-27	非黏土烧结实心砖 墙厚1砖	$10m^3$	4 625.31	0.018 10	—	—	—
4-29	非黏土烧结实心砖 墙厚1/2砖	$10m^3$	5 004.38	—	0.008 60	—	—
4-41	非黏土烧结多孔砖 墙厚1砖	$10m^3$	3 954.50	—	—	0.018 10	—
4-42	非黏土烧结多孔砖 墙厚1/2砖	$10m^3$	4 226.33	—	—	—	0.008 60
5-10	圈梁、过梁、拱形梁	$10m^3$	5 331.36	0.001 00	0.000 60	0.001 00	0.000 60
5-131	直形圈过梁 复合木模	$100m^2$	5 392.35	0.000 83	0.001 67	0.000 83	0.001 67
5-36	圆钢 HPB300 ≤ϕ10	t	4 810.68	0.001 00	0.001 00	0.001 00	0.001 00
	名称	单位	单价(元)	消耗量			
人工	二类人工	工日	135.00	0.214 60	0.164 93	0.176 95	0.142 23
	三类人工	工日	155.00	0.099 83	0.099 83	0.099 83	0.099 83
材料	热轧光圆钢筋 HPB300 ϕ10	t	3 981.00	0.001 02	0.001 02	0.001 02	0.001 02
	复合硅酸盐水泥 P·C 32.5R 综合	kg	0.32	0.005 60	0.011 90	0.005 60	0.011 90
	非黏土烧结页岩多孔砖 240×115×90	千块	612.00	—	—	0.061 00	0.030 27
	非黏土烧结实心砖 240×115×53	千块	426.00	0.095 75	0.047 64	—	—
	非泵送商品混凝土 C25	m^3	421.00	0.010 10	0.006 06	0.010 10	0.006 06
	钢支撑	kg	3.97	0.055 30	0.117 50	0.055 30	0.117 50
	水	m^3	4.27	0.031 07	0.018 95	0.031 07	0.018 95
	复合模板 综合	m^2	32.33	0.016 48	0.035 01	0.016 48	0.035 01
	木模板	m^3	1 445.00	0.000 25	0.000 52	0.000 25	0.000 52

工作内容:砌墙,浇捣钢筋混凝土过梁,局部挂钢丝网,内墙面抹灰。　　　　**计量单位**:m^2

定额编号				5-35	5-36	5-37	5-38
项目				框架蒸压实心砖外墙		框架蒸压多孔砖外墙	
				1 砖厚	1/2 砖墙	1 砖厚	1/2 砖厚
				内面普通抹灰			
基价(元)				**119.57**	**84.14**	**98.66**	**73.10**
其中	人工费(元)			43.94	37.35	39.08	34.30
	材料费(元)			74.78	46.01	58.82	38.06
	机械费(元)			0.85	0.78	0.76	0.74
预算定额编号	项目名称	单位	单价(元)	消耗量			
12-1	内墙 14 +6	$100m^2$	2 563.39	0.010 00	0.010 00	0.010 00	0.010 00
12-8	挂钢丝网	$100m^2$	1 077.65	0.001 17	0.001 17	0.001 17	0.001 17
4-47	蒸压实心砖 1 砖	$10m^3$	4 312.53	0.018 10	—	—	—
4-48	蒸压实心砖 1/2 砖	$10m^3$	4 677.85	—	0.008 60	—	—
4-51	蒸压多孔砖 1 砖	$10m^3$	3 157.45	—	—	0.018 10	—
4-52	蒸压多孔砖 1/2 砖	$10m^3$	3 393.36	—	—	—	0.008 60
5-10	圈梁、过梁、拱形梁	$10m^3$	5 331.36	0.001 00	0.000 60	0.001 00	0.000 60
5-131	直形圈过梁 复合木模	$100m^2$	5 392.35	0.000 83	0.001 67	0.000 83	0.001 67
5-36	圆钢 HPB300 ≤ϕ10	t	4 810.68	0.001 00	0.001 00	0.001 00	0.001 00
	名称	单位	单价(元)	消耗量			
人工	二类人工	工日	135.00	0.210 26	0.162 87	0.174 24	0.140 25
	三类人工	工日	155.00	0.099 83	0.099 83	0.099 83	0.099 83
材料	热轧光圆钢筋 HPB300 ϕ10	t	3 981.00	0.001 02	0.001 02	0.001 02	0.001 02
	复合硅酸盐水泥 P·C 32.5R 综合	kg	0.32	0.005 60	0.011 90	0.005 60	0.011 90
	蒸压灰砂多孔砖 240×115×90	千块	388.00	—	—	0.061 36	0.030 44
	蒸压灰砂砖 240×115×53	千块	371.00	0.096 47	0.047 99	—	—
	非泵送商品混凝土 C25	m^3	421.00	0.010 10	0.006 06	0.010 10	0.006 06
	钢支撑	kg	3.97	0.055 30	0.117 50	0.055 30	0.117 50
	水	m^3	4.27	0.012 97	0.010 35	0.012 97	0.010 35
	复合模板 综合	m^2	32.33	0.016 48	0.035 01	0.016 48	0.035 01
	木模板	m^3	1 445.00	0.000 25	0.000 52	0.000 25	0.000 52

工作内容：砌墙，浇捣钢筋混凝土过梁，局部挂钢丝网，内墙面抹灰。 计量单位：m^2

定额编号				5-39	5-40	5-41
项目				框架轻集料(陶粒)混凝土小型空心砌块外墙		
				240 厚	190 厚	120 厚
				内面普通抹灰		
基价（元）				**116.86**	**103.69**	**82.50**
其中	人工费（元）			34.54	33.71	32.13
	材料费（元）			81.69	69.38	49.67
	机械费（元）			0.63	0.60	0.70
预算定额编号	项目名称	单位	单价(元)	消耗量		
12-1	内墙 14+6	$100m^2$	2 563.39	0.010 00	0.010 00	0.010 00
12-8	挂钢丝网	$100m^2$	1 077.65	0.001 17	0.001 17	0.001 17
4-54	轻集料(陶粒)混凝土小型空心砌块 墙厚(mm) 240	$10m^3$	4 162.39	0.018 10	—	—
4-55	轻集料(陶粒)混凝土小型空心砌块 墙厚(mm) 190	$10m^3$	4 369.67	—	0.014 40	—
4-56	轻集料(陶粒)混凝土小型空心砌块 墙厚(mm) 120	$10m^3$	4 486.95	—	—	0.008 60
5-10	圈梁、过梁、拱形梁	$10m^3$	5 331.36	0.001 00	0.000 80	0.000 60
5-131	直形圈过梁 复合木模	$100m^2$	5 392.35	0.000 83	0.000 89	0.001 67
5-36	圆钢 HPB300 ≤ϕ10	t	4 810.68	0.001 00	0.001 00	0.001 00
名称		单位	单价(元)	消耗量		
人工	二类人工	工日	135.00	0.140 57	0.135 42	0.124 17
	三类人工	工日	155.00	0.099 83	0.099 83	0.099 83
材料	热轧光圆钢筋 HPB300 ϕ10	t	3 981.00	0.001 02	0.001 02	0.001 02
	复合硅酸盐水泥 P·C 32.5R 综合	kg	0.32	0.005 60	0.006 30	0.011 90
	陶粒混凝土实心砖 190×90×53	千块	241.00	—	0.018 86	—
	陶粒混凝土实心砖 240×115×53	千块	323.00	0.015 02	—	0.007 48
	陶粒混凝土小型砌块 390×120×190	m^3	328.00	—	—	0.068 71
	陶粒混凝土小型砌块 390×190×190	m^3	328.00	—	0.115 06	—
	陶粒混凝土小型砌块 390×240×190	m^3	328.00	0.144 62	—	—
	非泵送商品混凝土 C25	m^3	421.00	0.010 10	0.008 08	0.006 06
	钢支撑	kg	3.97	0.055 30	0.062 21	0.117 50
	水	m^3	4.27	0.012 97	0.011 76	0.010 35
	复合模板 综合	m^2	32.33	0.016 48	0.018 53	0.035 01
	木模板	m^3	1 445.00	0.000 25	0.000 28	0.000 52

工作内容:砌墙,浇捣钢筋混凝土过梁,局部挂钢丝网,内墙面抹灰。 **计量单位:**m^2

定额编号				5-42	5-43	5-44
项目				框架非黏土烧结空心砌块外墙		
				240 厚	190 厚	120 厚
				内面普通抹灰		
基价(元)				**118.16**	**102.43**	**81.99**
其中	人工费(元)			33.93	31.73	30.60
	材料费(元)			83.64	70.13	50.70
	机械费(元)			0.59	0.57	0.69
预算定额编号	项目名称	单位	单价(元)	消耗量		
12-1	内墙 14+6	$100m^2$	2 563.39	0.010 00	0.010 00	0.010 00
12-8	挂钢丝网	$100m^2$	1 077.65	0.001 17	0.001 17	0.001 17
4-57	非黏土烧结空心砌块 墙厚(卧砌) 240	$10m^3$	4 234.54	0.018 10	—	—
4-58	非黏土烧结空心砌块 墙厚(卧砌) 190	$10m^3$	4 281.79	—	0.014 40	—
4-59	非黏土烧结空心砌块 墙厚(卧砌) 120	$10m^3$	4 428.69	—	—	0.008 60
5-10	圈梁、过梁、拱形梁	$10m^3$	5 331.36	0.001 00	0.000 80	0.000 60
5-131	直形圈过梁 复合木模	$100m^2$	5 392.35	0.000 83	0.000 89	0.001 67
5-36	圆钢 HPB300 ≤ϕ10	t	4 810.68	0.001 00	0.001 00	0.001 00
	名称	单位	单价(元)	消耗量		
人工	二类人工	工日	135.00	0.136 05	0.120 73	0.112 90
	三类人工	工日	155.00	0.099 83	0.099 83	0.099 83
材料	热轧光圆钢筋 HPB300 ϕ10	t	3 981.00	0.001 02	0.001 02	0.001 02
	复合硅酸盐水泥 P·C 32.5R 综合	kg	0.32	0.005 60	0.006 30	0.011 90
	非黏土烧结页岩空心砌块 290×115×190 MU10	m^3	332.00	—	—	0.079 55
	非黏土烧结页岩空心砌块 290×190×190 MU10	m^3	332.00	—	0.133 20	—
	非黏土烧结页岩空心砌块 290×240×190 MU10	m^3	332.00	0.167 43	—	—
	非泵送商品混凝土 C25	m^3	421.00	0.010 10	0.008 08	0.006 06
	钢支撑	kg	3.97	0.055 30	0.062 21	0.117 50
	水	m^3	4.27	0.031 07	0.026 16	0.018 95
	复合模板 综合	m^2	32.33	0.016 48	0.018 53	0.035 01
	木模板	m^3	1 445.00	0.000 25	0.000 28	0.000 52

工作内容：砌筑、铺浆、找平、校正、切割部分砌块，刚性材料嵌缝，局部挂钢丝网，内墙面抹灰。　　计量单位：m²

定额编号				5-45	5-46	5-47
项目				框架蒸压加气混凝土砌块外墙		
				150 厚	200 厚	300 厚
				内面普通抹灰		
基价（元）				**105.10**	**118.26**	**149.64**
其中	人工费（元）			42.94	43.39	48.35
	材料费（元）			61.57	74.32	100.72
	机械费（元）			0.59	0.55	0.57
预算定额编号	项目名称	单位	单价(元)	消耗量		
12-1	内墙 14+6	100m²	2 563.39	0.010 00	0.010 00	0.010 00
12-8	挂钢丝网	100m²	1 077.65	0.001 17	0.001 17	0.001 17
12-20	干粉型界面剂	100m²	509.14	0.020 00	0.020 00	0.020 00
4-60	蒸压加气混凝土砌块 墙厚(mm 以内) 150 砂浆	10m³	3 871.22	0.006 00	—	—
4-61	蒸压加气混凝土砌块 墙厚(mm 以内) 150 黏结剂	10m³	3 801.44	0.006 00	—	—
4-62	蒸压加气混凝土砌块 墙厚(mm 以内) 200 砂浆	10m³	3 674.62	—	0.008 00	—
4-63	蒸压加气混凝土砌块 墙厚(mm 以内) 200 黏结剂	10m³	3 623.64	—	0.008 00	—
4-64	蒸压加气混凝土砌块 墙厚(mm 以内) 300 砂浆	10m³	3 605.77	—	—	0.012 00
4-65	蒸压加气混凝土砌块 墙厚(mm 以内) 300 黏结剂	10m³	3 554.79	—	—	0.012 00
4-67	加气混凝土砌块 L 型专用连接件	100 个	486.60	0.007 50	0.007 50	0.007 50
5-10	圈梁、过梁、拱形梁	10m³	5 331.36	0.000 60	0.000 80	0.001 20
5-131	直形圈过梁 复合木模	100m²	5 392.35	0.001 07	0.000 80	0.000 67
5-36	圆钢 HPB300 ≤ϕ10	t	4 810.68	0.000 75	0.001 00	0.001 50
5-53	砌体内加固钢筋	t	5 762.87	0.001 00	0.001 00	0.001 00
名称		单位	单价(元)	消耗量		
人工	二类人工	工日	135.00	0.148 41	0.150 73	0.188 21
	三类人工	工日	155.00	0.148 73	0.148 73	0.148 73
材料	热轧光圆钢筋 HPB300 ϕ10	t	3 981.00	0.000 82	0.001 02	0.001 53
	热轧光圆钢筋 HPB300 ϕ6	t	3 981.00	0.001 02	0.001 02	0.001 02
	复合硅酸盐水泥 P·C 32.5R 综合	kg	0.32	0.007 70	0.005 60	0.004 90
	蒸压砂加气混凝土砌块 B06 A3.5	m³	259.00	0.118 92	0.158 56	0.237 84
	非泵送商品混凝土 C25	m³	421.00	0.006 06	0.008 08	0.012 12
	钢支撑	kg	3.97	0.076 03	0.055 30	0.048 38
	水	m³	4.27	0.062 49	0.064 32	0.067 99
	复合模板 综合	m²	32.33	0.022 65	0.016 48	0.014 42
	木模板	m³	1 445.00	0.000 34	0.000 25	0.000 22

工作内容:砌筑、铺浆、找平、校正、切割部分砌块,刚性材料嵌缝,局部挂钢丝网,内墙面抹灰。　　**计量单位:**m^2

定额编号				5-48
项目				框架陶粒增强加气砌块外墙
				200 厚
				内面普通抹灰
基价（元）				**155.28**
其中	人工费（元）			42.40
	材料费（元）			112.40
	机械费（元）			0.48
预算定额编号	项目名称	单位	单价(元)	消耗量
12-1	内墙 14+6	$100m^2$	2 563.39	0.010 00
12-8	挂钢丝网	$100m^2$	1 077.65	0.001 17
12-20	干粉型界面剂	$100m^2$	509.14	0.020 00
4-66	陶粒增强加气砌块	$10m^3$	5 962.68	0.016 00
4-67	加气混凝土砌块 L 型专用连接件	100 个	486.60	0.007 50
5-10	圈梁、过梁、拱形梁	$10m^3$	5 331.36	0.000 80
5-131	直形圈过梁 复合木模	$100m^2$	5 392.35	0.000 80
5-36	圆钢 HPB300 ≤ϕ10	t	4 810.68	0.001 00
5-53	砌体内加固钢筋	t	5 762.87	0.001 00
	名称	单位	单价(元)	消耗量
人工	二类人工	工日	135.00	0.143 37
	三类人工	工日	155.00	0.148 73
材料	热轧光圆钢筋 HPB300 ϕ10	t	3 981.00	0.001 02
	热轧光圆钢筋 HPB300 ϕ6	t	3 981.00	0.001 02
	复合硅酸盐水泥 P·C 32.5R 综合	kg	0.32	0.005 60
	陶粒增强加气砌块 600×240×200	m^3	483.00	0.160 00
	非泵送商品混凝土 C25	m^3	421.00	0.008 08
	钢支撑	kg	3.97	0.055 30
	水	m^3	4.27	0.063 52
	复合模板 综合	m^2	32.33	0.016 48
	木模板	m^3	1 445.00	0.000 25

2. 内　　墙

工作内容：砌墙，浇捣钢筋混凝土构造柱、过梁，局部挂钢丝网，内墙面抹灰。　　**计量单位：**m^2

定额编号				5-49	5-50	5-51	5-52	5-53	5-54
项目				框架混凝土实心砖内墙			框架混凝土多孔砖内墙		
				1 砖厚	1/2 砖厚	190 厚	1 砖厚	1/2 砖厚	190 厚
				双面普通抹灰					
基　价（元）				**182.80**	**106.13**	**172.32**	**167.02**	**96.90**	**141.18**
其中	人工费（元）			67.16	50.15	65.80	62.19	46.75	55.88
	材料费（元）			114.21	55.16	105.22	103.48	49.38	84.13
	机械费（元）			1.43	0.82	1.30	1.35	0.77	1.17
预算定额编号	项目名称	单位	单价(元)	消耗量					
12-1	内墙 14+6	$100m^2$	2 563.39	0.020 00	0.020 00	0.020 00	0.020 00	0.020 00	0.020 00
12-8	挂钢丝网	$100m^2$	1 077.65	0.002 33	0.002 33	0.002 33	0.002 33	0.002 33	0.002 33
4-16	混凝土实心砖 墙厚 190	$10m^3$	5 276.72	—	—	0.014 10	—	—	—
4-22	混凝土多孔砖 墙厚 1 砖	$10m^3$	3 571.88	—	—	—	0.017 70	—	—
4-23	混凝土多孔砖 墙厚 1/2 砖	$10m^3$	3 840.69	—	—	—	—	0.009 00	—
4-24	混凝土多孔砖 墙厚 190	$10m^3$	3 067.97	—	—	—	—	—	0.014 10
4-6	混凝土实心砖 墙厚 1 砖	$10m^3$	4 464.06	0.017 70	—	—	—	—	—
4-8	混凝土实心砖 墙厚 1/2 砖	$10m^3$	4 866.03	—	0.009 00	—	—	—	—
5-10	圈梁、过梁、拱形梁	$10m^3$	5 331.36	0.000 50	0.000 20	0.000 40	0.000 50	0.000 20	0.000 40
5-123	矩形柱 复合木模	$100m^2$	4 058.34	0.001 30	—	0.001 20	0.001 30	—	0.001 20
5-131	直形圈过梁 复合木模	$100m^2$	5 392.35	0.000 42	0.000 56	0.000 44	0.000 42	0.000 56	0.000 44
5-39	螺纹钢筋 HRB400 以内 $\leqslant\phi18$	t	4 467.54	0.004 00	0.001 00	0.003 00	0.004 00	0.001 00	0.003 00
5-46	箍筋圆钢 $\leqslant\phi10$	t	5 214.57	0.002 00	—	0.002 00	0.002 00	—	0.002 00
5-7	构造柱	$10m^3$	5 754.93	0.002 00	—	0.001 90	0.002 00	—	0.001 90
名称		单位	单价(元)	消耗量					
人工	二类人工	工日	135.00	0.267 99	0.143 45	0.257 41	0.231 18	0.118 25	0.183 95
	三类人工	工日	155.00	0.199 39	0.199 39	0.199 39	0.199 39	0.199 39	0.199 39
材料	热轧带肋钢筋 HRB400 $\phi18$	t	3 759.00	0.004 10	0.001 03	0.003 08	0.004 10	0.001 03	0.003 08
	热轧光圆钢筋 HPB300 $\phi10$	t	3 981.00	0.002 04	—	0.002 04	0.002 04	—	0.002 04
	复合硅酸盐水泥 P·C 32.5R 综合	kg	0.32	0.002 80	0.004 20	0.002 80	0.002 80	0.004 20	0.002 80
	混凝土多孔砖 190×190×90 MU10	千块	517.00	—	—	—	—	—	0.037 65
	混凝土多孔砖 240×115×90 MU10	千块	491.00	—	—	—	0.060 00	0.031 86	—
	混凝土实心砖 190×90×53 MU10	千块	296.00	—	—	0.118 30	—	—	—
	混凝土实心砖 240×115×53 MU10	千块	388.00	0.094 16	0.050 13	—	—	—	—
	非泵送商品混凝土 C25	m^3	421.00	0.025 25	0.002 02	0.023 23	0.025 25	0.002 02	0.023 23
	钢支撑	kg	3.97	0.086 78	0.041 47	0.082 23	0.086 78	0.041 47	0.082 23
	水	m^3	4.27	0.022 63	0.015 87	0.021 50	0.022 63	0.015 87	0.021 50
	复合模板 综合	m^2	32.33	0.040 32	0.012 36	0.037 85	0.040 32	0.012 36	0.037 85
	木模板	m^3	1 445.00	0.000 86	0.000 18	0.000 80	0.000 86	0.000 18	0.000 80

工作内容:砌墙,浇捣钢筋混凝土构造柱、过梁,局部挂钢丝网,内墙面抹灰。 **计量单位:**m²

定额编号				5-55	5-56	5-57	5-58	5-59
项目				框架非黏土烧结实心砖内墙		框架非黏土烧结多孔砖内墙		
				1 砖厚	1/2 砖厚	1 砖厚	1/2 砖厚	90 厚
				双面普通抹灰				
基价(元)				**185.66**	**107.38**	**173.79**	**100.37**	**99.88**
其中	人工费(元)			66.59	49.57	61.62	46.36	44.13
	材料费(元)			117.64	56.99	110.82	53.24	55.01
	机械费(元)			1.43	0.82	1.35	0.77	0.74
预算定额编号	项目名称	单位	单价(元)	消耗量				
12-1	内墙 14+6	100m²	2 563.39	0.020 00	0.020 00	0.020 00	0.020 00	0.020 00
12-8	挂钢丝网	100m²	1 077.65	0.002 33	0.002 33	0.002 33	0.002 33	0.002 33
4-27	非黏土烧结实心砖 墙厚 1 砖	10m³	4 625.31	0.017 70	—	—	—	—
4-29	非黏土烧结实心砖 墙厚 1/2 砖	10m³	5 004.38	—	0.009 00	—	—	—
4-41	非黏土烧结多孔砖 墙厚 1 砖	10m³	3 954.50	—	—	0.017 70	—	—
4-42	非黏土烧结多孔砖 墙厚 1/2 砖	10m³	4 226.33	—	—	—	0.009 00	—
4-43	非黏土烧结多孔砖 墙厚 90 厚	10m³	5 528.25	—	—	—	—	0.007 00
5-10	圈梁、过梁、拱形梁	10m³	5 331.36	0.000 50	0.000 20	0.000 50	0.000 20	0.000 15
5-123	矩形柱 复合木模	100m²	4 058.34	0.001 30	—	0.001 30	—	—
5-131	直形圈过梁 复合木模	100m²	5 392.35	0.000 42	0.000 56	0.000 42	0.000 56	0.000 56
5-39	螺纹钢筋 HRB400 以内 ≤ϕ18	t	4 467.54	0.004 00	0.001 00	0.004 00	0.001 00	0.000 80
5-46	箍筋圆钢 ≤ϕ10	t	5 214.57	0.002 00	—	0.002 00	—	—
5-7	构造柱	10m³	5 754.93	0.002 00	—	0.002 00	—	—
	名称	单位	单价(元)	消耗量				
人工	二类人工	工日	135.00	0.263 75	0.139 13	0.226 93	0.115 37	0.099 19
	三类人工	工日	155.00	0.199 39	0.199 39	0.199 39	0.199 39	0.199 39
材料	热轧带肋钢筋 HRB400 ϕ18	t	3 759.00	0.004 10	0.001 03	0.004 10	0.001 03	0.000 82
	热轧光圆钢筋 HPB300 ϕ10	t	3 981.00	0.002 04	—	0.002 04	—	—
	复合硅酸盐水泥 P·C 32.5R 综合	kg	0.32	0.002 80	0.004 20	0.002 80	0.004 20	0.004 20
	非黏土烧结页岩多孔砖 190×90×90	千块	586.00	—	—	—	—	0.039 34
	非黏土烧结页岩多孔砖 240×115×90	千块	612.00	—	—	0.059 65	0.031 68	—
	非黏土烧结实心砖 240×115×53	千块	426.00	0.093 63	0.049 86	—	—	—
	非泵送商品混凝土 C25	m³	421.00	0.025 25	0.002 02	0.025 25	0.002 02	0.002 02
	钢支撑	kg	3.97	0.086 78	0.041 47	0.086 78	0.041 47	0.041 47
	水	m³	4.27	0.040 33	0.024 87	0.040 33	0.024 87	0.022 65
	复合模板 综合	m²	32.33	0.040 32	0.012 36	0.040 32	0.012 36	0.012 36
	木模板	m³	1 445.00	0.000 86	0.000 18	0.000 86	0.000 18	0.000 18

工作内容：砌墙，浇捣钢筋混凝土构造柱、过梁，局部挂钢丝网，内墙面抹灰。

计量单位：m^2

定额编号				5-60	5-61	5-62	5-63
项目				框架蒸压实心砖内墙		框架蒸压多孔砖内墙	
				1 砖厚	1/2 砖厚	1 砖厚	1/2 砖厚
				双面普通抹灰			
基价（元）				**180.13**	**104.44**	**159.68**	**92.87**
其中	人工费（元）			66.02	49.28	61.26	46.08
	材料费（元）			112.68	54.34	97.08	46.02
	机械费（元）			1.43	0.82	1.34	0.77
预算定额编号	项目名称	单位	单价(元)	消耗量			
12-1	内墙 14+6	$100m^2$	2 563.39	0.020 00	0.020 00	0.020 00	0.020 00
12-8	挂钢丝网	$100m^2$	1 077.65	0.002 33	0.002 33	0.002 33	0.002 33
4-47	蒸压实心砖 1 砖	$10m^3$	4 312.53	0.017 70	—	—	—
4-48	蒸压实心砖 1/2 砖	$10m^3$	4 677.85	—	0.009 00	—	—
4-51	蒸压多孔砖 1 砖	$10m^3$	3 157.45	—	—	0.017 70	—
4-52	蒸压多孔砖 1/2 砖	$10m^3$	3 393.36	—	—	—	0.009 00
5-10	圈梁、过梁、拱形梁	$10m^3$	5 331.36	0.000 50	0.000 20	0.000 50	0.000 20
5-123	矩形柱 复合木模	$100m^2$	4 058.34	0.001 30	—	0.001 30	—
5-131	直形圈过梁 复合木模	$100m^2$	5 392.35	0.000 42	0.000 56	0.000 42	0.000 56
5-39	螺纹钢筋 HRB400 以内 ≤ϕ18	t	4 467.54	0.004 00	0.001 00	0.004 00	0.001 00
5-46	箍筋圆钢 ≤ϕ10	t	5 214.57	0.002 00	—	0.002 00	—
5-7	构造柱	$10m^3$	5 754.93	0.002 00	—	0.002 00	—
名称		单位	单价(元)	消耗量			
人工	二类人工	工日	135.00	0.259 50	0.136 97	0.224 28	0.113 30
	三类人工	工日	155.00	0.199 39	0.199 39	0.199 39	0.199 39
材料	热轧带肋钢筋 HRB400 ϕ18	t	3 759.00	0.004 10	0.001 03	0.004 10	0.001 03
	热轧光圆钢筋 HPB300 ϕ10	t	3 981.00	0.002 04	—	0.002 04	—
	复合硅酸盐水泥 P·C 32.5R 综合	kg	0.32	0.002 80	0.004 20	0.002 80	0.004 20
	蒸压灰砂多孔砖 240×115×90	千块	388.00	—	—	0.060 00	0.031 86
	蒸压灰砂砖 240×115×53	千块	371.00	0.094 34	0.050 22	—	—
	非泵送商品混凝土 C25	m^3	421.00	0.025 25	0.002 02	0.025 25	0.002 02
	钢支撑	kg	3.97	0.086 78	0.041 47	0.086 78	0.041 47
	水	m^3	4.27	0.022 63	0.015 87	0.022 63	0.015 87
	复合模板 综合	m^2	32.33	0.040 32	0.012 36	0.040 32	0.012 36
	木模板	m^3	1 445.00	0.000 86	0.000 18	0.000 86	0.000 18

工作内容:砌墙,浇捣钢筋混凝土构造柱、过梁,局部挂钢丝网,内墙面抹灰。

计量单位:m^2

定额编号				5-64	5-65	5-66
项目				框架轻集料(陶粒)混凝土小型空心砌块内墙		
				240 厚	190 厚	120 厚
				双面普通抹灰		
基价(元)				**177.47**	**159.54**	**102.71**
其中	人工费(元)			56.82	55.16	43.81
	材料费(元)			119.44	103.27	58.17
	机械费(元)			1.21	1.11	0.73
预算定额编号	项目名称	单位	单价(元)	消耗量		
12-1	内墙 14+6	100m²	2 563.39	0.020 00	0.020 00	0.020 00
12-8	挂钢丝网	100m²	1 077.65	0.002 33	0.002 33	0.002 33
4-54	轻集料(陶粒)混凝土小型空心砌块 墙厚(mm) 240	10m³	4 162.39	0.017 70	—	—
4-55	轻集料(陶粒)混凝土小型空心砌块 墙厚(mm) 190	10m³	4 369.67	—	0.014 10	—
4-56	轻集料(陶粒)混凝土小型空心砌块 墙厚(mm) 120	10m³	4 486.95	—	—	0.009 00
5-10	圈梁、过梁、拱形梁	10m³	5 331.36	0.000 50	0.000 40	0.000 20
5-123	矩形柱 复合木模	100m²	4 058.34	0.001 30	0.001 20	—
5-131	直形圈过梁 复合木模	100m²	5 392.35	0.000 42	0.000 44	0.000 56
5-39	螺纹钢筋 HRB400 以内 ≤ϕ18	t	4 467.54	0.004 00	0.003 00	0.001 00
5-46	箍筋圆钢 ≤ϕ10	t	5 214.57	0.002 00	0.002 00	—
5-7	构造柱	10m³	5 754.93	0.002 00	0.001 90	—
	名称	单位	单价(元)	消耗量		
人工	二类人工	工日	135.00	0.191 35	0.178 59	0.096 47
	三类人工	工日	155.00	0.199 39	0.199 39	0.199 39
材料	热轧带肋钢筋 HRB400 ϕ18	t	3 759.00	0.004 10	0.003 08	0.001 03
	热轧光圆钢筋 HPB300 ϕ10	t	3 981.00	0.002 04	0.002 04	—
	复合硅酸盐水泥 P·C 32.5R 综合	kg	0.32	0.002 80	0.002 80	0.004 20
	陶粒混凝土实心砖 190×90×53	千块	241.00	—	0.018 47	—
	陶粒混凝土实心砖 240×115×53	千块	323.00	0.014 69	—	0.007 83
	陶粒混凝土小型砌块 390×120×190	m³	328.00	—	—	0.071 91
	陶粒混凝土小型砌块 390×190×190	m³	328.00	—	0.112 66	—
	陶粒混凝土小型砌块 390×240×190	m³	328.00	0.141 42	—	—
	非泵送商品混凝土 C25	m³	421.00	0.025 25	0.023 23	0.002 02
	钢支撑	kg	3.97	0.086 78	0.082 23	0.041 47
	水	m³	4.27	0.022 63	0.021 50	0.015 87
	复合模板 综合	m²	32.33	0.040 32	0.037 85	0.012 36
	木模板	m³	1 445.00	0.000 86	0.000 80	0.000 18

工作内容：砌墙、浇捣钢筋混凝土构造柱、过梁，局部挂钢丝网，内墙面抹灰。　　计量单位：m^2

定额编号				5-67	5-68	5-69
项目				框架非黏土烧结空心砌块内墙		
				240 厚	190 厚	120 厚
				双面普通抹灰		
基价（元）				**178.75**	**158.30**	**102.19**
其中	人工费（元）			56.22	53.22	42.22
	材料费（元）			121.35	104.00	59.25
	机械费（元）			1.18	1.08	0.72
预算定额编号	项目名称	单位	单价(元)	消耗量		
12-1	内墙 14+6	$100m^2$	2 563.39	0.020 00	0.020 00	0.020 00
12-8	挂钢丝网	$100m^2$	1 077.65	0.002 33	0.002 33	0.002 33
4-57	非黏土烧结空心砌块 墙厚(卧砌) 240	$10m^3$	4 234.54	0.017 70	—	—
4-58	非黏土烧结空心砌块 墙厚(卧砌) 190	$10m^3$	4 281.79	—	0.014 10	—
4-59	非黏土烧结空心砌块 墙厚(卧砌) 120	$10m^3$	4 428.69	—	—	0.009 00
5-10	圈梁、过梁、拱形梁	$10m^3$	5 331.36	0.000 50	0.000 40	0.000 20
5-123	矩形柱 复合木模	$100m^2$	4 058.34	0.001 30	0.001 20	—
5-131	直形圈过梁 复合木模	$100m^2$	5 392.35	0.000 42	0.000 44	0.000 56
5-39	螺纹钢筋 HRB400 以内 ≤ϕ18	t	4 467.54	0.004 00	0.003 00	0.001 00
5-46	箍筋圆钢 ≤ϕ10	t	5 214.57	0.002 00	0.002 00	—
5-7	构造柱	$10m^3$	5 754.93	0.002 00	0.001 90	—
	名称	单位	单价(元)	消耗量		
人工	二类人工	工日	135.00	0.186 93	0.164 21	0.084 68
	三类人工	工日	155.00	0.199 39	0.199 39	0.199 39
材料	热轧带肋钢筋 HRB400 ϕ18	t	3 759.00	0.004 10	0.003 08	0.001 03
	热轧光圆钢筋 HPB300 ϕ10	t	3 981.00	0.002 04	0.002 04	—
	复合硅酸盐水泥 P·C 32.5R 综合	kg	0.32	0.002 80	0.002 80	0.004 20
	非黏土烧结页岩空心砌块 290×115×190 MU10	m^3	332.00	—	—	0.083 25
	非黏土烧结页岩空心砌块 290×190×190 MU10	m^3	332.00	—	0.130 43	—
	非黏土烧结页岩空心砌块 290×240×190 MU10	m^3	332.00	0.163 73	—	—
	非泵送商品混凝土 C25	m^3	421.00	0.025 25	0.023 23	0.002 02
	钢支撑	kg	3.97	0.086 78	0.082 23	0.041 47
	水	m^3	4.27	0.040 33	0.035 60	0.024 87
	复合模板 综合	m^2	32.33	0.040 32	0.037 85	0.012 36
	木模板	m^3	1 445.00	0.000 86	0.000 80	0.000 18

工作内容：砌筑、铺浆、找平、校正、切割部分砌块，刚性材料嵌缝，浇捣钢筋混凝土构造柱、过梁，局部挂钢丝网，内墙面抹灰。

计量单位：m^2

定额编号				5-70	5-71	5-72
项目				框架蒸压加气混凝土砌块内墙		
				150 厚	200 厚	300 厚
				双面普通抹灰		
基价（元）				**151.17**	**172.04**	**220.23**
其中	人工费（元）			61.81	64.51	73.51
	材料费（元）			88.38	106.46	145.43
	机械费（元）			0.98	1.07	1.29
预算定额编号	项目名称	单位	单价(元)	消耗量		
12-1	内墙 14+6	$100m^2$	2 563.39	0.020 00	0.020 00	0.020 00
12-8	挂钢丝网	$100m^2$	1 077.65	0.002 33	0.002 33	0.002 33
12-20	干粉型界面剂	$100m^2$	509.14	0.020 00	0.020 00	0.020 00
4-60	蒸压加气混凝土砌块 墙厚(mm 以内) 150 砂浆	$10m^3$	3 871.22	0.005 60	—	—
4-61	蒸压加气混凝土砌块 墙厚(mm 以内) 150 黏结剂	$10m^3$	3 801.44	0.005 60	—	—
4-62	蒸压加气混凝土砌块 墙厚(mm 以内) 200 砂浆	$10m^3$	3 674.62	—	0.007 50	—
4-63	蒸压加气混凝土砌块 墙厚(mm 以内) 200 黏结剂	$10m^3$	3 623.64	—	0.007 50	—
4-64	蒸压加气混凝土砌块 墙厚(mm 以内) 300 砂浆	$10m^3$	3 605.77	—	—	0.011 30
4-65	蒸压加气混凝土砌块 墙厚(mm 以内) 300 黏结剂	$10m^3$	3 554.79	—	—	0.011 30
4-67	加气混凝土砌块 L 型专用连接件	100 个	486.60	0.007 50	0.007 50	0.007 50
5-10	圈梁、过梁、拱形梁	$10m^3$	5 331.36	0.000 30	0.000 40	0.000 60
5-123	矩形柱 复合木模	$100m^2$	4 058.34	0.000 90	0.001 20	0.001 80
5-131	直形圈过梁 复合木模	$100m^2$	5 392.35	0.000 53	0.000 40	0.000 27
5-39	螺纹钢筋 HRB400 以内 ≤ϕ18	t	4 467.54	0.002 30	0.003 00	0.004 60
5-46	箍筋圆钢 ≤ϕ10	t	5 214.57	0.001 50	0.002 00	0.003 10
5-53	砌体内加固钢筋	t	5 762.87	0.001 00	0.001 00	0.001 00
5-7	构造柱	$10m^3$	5 754.93	0.001 50	0.001 90	0.003 00
	名称	单位	单价(元)	消耗量		
人工	二类人工	工日	135.00	0.171 99	0.192 70	0.260 05
	三类人工	工日	155.00	0.248 29	0.248 29	0.248 29
材料	热轧带肋钢筋 HRB400 ϕ18	t	3 759.00	0.002 36	0.003 08	0.004 72
	热轧光圆钢筋 HPB300 ϕ10	t	3 981.00	0.001 53	0.002 04	0.003 16
	热轧光圆钢筋 HPB300 ϕ6	t	3 981.00	0.001 02	0.001 02	0.001 02
	复合硅酸盐水泥 P·C 32.5R 综合	kg	0.32	0.003 50	0.002 80	0.002 10
	蒸压砂加气混凝土砌块 B06 A3.5	m^3	259.00	0.110 99	0.148 65	0.223 97
	非泵送商品混凝土 C25	m^3	421.00	0.018 18	0.023 23	0.036 36
	钢支撑	kg	3.97	0.075 50	0.082 23	0.102 61
	水	m^3	4.27	0.071 53	0.073 84	0.079 12
	复合模板 综合	m^2	32.33	0.032 50	0.037 85	0.050 59
	木模板	m^3	1 445.00	0.000 67	0.000 80	0.001 11

工作内容：砌筑、铺浆、找平、校正、切割部分砌块，刚性材料嵌缝，浇捣钢筋混凝土构造柱、过梁，局部挂钢丝网，内墙面抹灰。

计量单位：m^2

定额编号				5-73
项目				框架陶粒增强加气砌块内墙
				200厚
				双面普通抹灰
基价（元）				**206.74**
其中	人工费（元）			63.58
	材料费（元）			142.16
	机械费（元）			1.00
预算定额编号	项目名称	单位	单价(元)	消耗量
12-1	内墙 14+6	$100m^2$	2 563.39	0.020 00
12-8	挂钢丝网	$100m^2$	1 077.65	0.002 33
12-20	干粉型界面剂	$100m^2$	509.14	0.020 00
4-66	陶粒增强加气砌块	$10m^3$	5 962.68	0.015 00
4-67	加气混凝土砌块L型专用连接件	100个	486.60	0.007 50
5-10	圈梁、过梁、拱形梁	$10m^3$	5 331.36	0.000 40
5-123	矩形柱 复合木模	$100m^2$	4 058.34	0.001 20
5-131	直形圈过梁 复合木模	$100m^2$	5 392.35	0.000 40
5-39	螺纹钢筋 HRB400以内 ≤ϕ18	t	4 467.54	0.003 00
5-46	箍筋圆钢 ≤ϕ10	t	5 214.57	0.002 00
5-53	砌体内加固钢筋	t	5 762.87	0.001 00
5-7	构造柱	$10m^3$	5 754.93	0.001 90
名称		单位	单价(元)	消耗量
人工	二类人工	工日	135.00	0.185 80
	三类人工	工日	155.00	0.248 29
材料	热轧带肋钢筋 HRB400 ϕ18	t	3 759.00	0.003 08
	热轧光圆钢筋 HPB300 ϕ10	t	3 981.00	0.002 04
	热轧光圆钢筋 HPB300 ϕ6	t	3 981.00	0.001 02
	复合硅酸盐水泥 P·C 32.5R 综合	kg	0.32	0.002 80
	陶粒增强加气砌块 600×240×200	m^3	483.00	0.150 00
	非泵送商品混凝土 C25	m^3	421.00	0.023 23
	钢支撑	kg	3.97	0.082 23
	水	m^3	4.27	0.073 09
	复合模板 综合	m^2	32.33	0.037 85
	木模板	m^3	1 445.00	0.000 80

三、钢筋混凝土墙

工作内容:模板、钢筋制作、安装,浇捣钢筋混凝土墙,内墙面抹灰。

计量单位:m^2

定额编号				5-74	5-75	5-76	5-77	5-78	5-79
项目				钢筋混凝土外墙			钢筋混凝土内墙		
				200 厚					
				组合钢模	铝模	复合木模	组合钢模	铝模	复合木模
				内面普通抹灰			双面普通抹灰		
基价(元)				**345.90**	**362.98**	**334.77**	**375.66**	**392.75**	**364.56**
其中	人工费(元)			104.66	114.27	89.60	122.38	132.00	107.33
	材料费(元)			235.05	242.46	241.27	246.47	253.88	252.70
	机械费(元)			6.19	6.25	3.90	6.81	6.87	4.53
预算定额编号	项目名称	单位	单价(元)	消耗量					
12-1	内墙 14+6	$100m^2$	2 563.39	0.010 00	0.010 00	0.010 00	0.020 00	0.020 00	0.020 00
12-19	墙柱面界面剂喷涂	$100m^2$	413.27	0.010 00	0.010 00	0.010 00	0.020 00	0.020 00	0.020 00
5-13	直形、弧形墙 墙厚(cm) 10 以内	$10m^3$	5 227.52	0.006 00	0.006 00	0.006 00	0.006 00	0.006 00	0.006 00
5-14	直形、弧形墙 墙厚(cm) 10 以上	$10m^3$	5 166.45	0.014 00	0.014 00	0.014 00	0.014 00	0.014 00	0.014 00
5-153	直形墙 组合钢模	$100m^2$	3 927.41	0.024 18	—	—	0.024 18	—	—
5-154	直形墙 铝模	$100m^2$	4 633.85	—	0.024 18	—	—	0.024 18	—
5-155	直形墙 复合木模	$100m^2$	3 467.73	—	—	0.024 18	—	—	0.024 18
5-36	圆钢 HPB300 ≤ϕ10	t	4 810.68	0.006 60	0.006 60	0.006 60	0.006 60	0.006 60	0.006 60
5-38	螺纹钢筋 HRB400 以内 ≤ϕ10	t	4 632.41	0.013 20	0.013 20	0.013 20	0.013 20	0.013 20	0.013 20
5-39	螺纹钢筋 HRB400 以内 ≤ϕ18	t	4 467.54	0.005 50	0.005 50	0.005 50	0.005 50	0.005 50	0.005 50
	名称	单位	单价(元)	消耗量					
人工	二类人工	工日	135.00	0.644 34	0.715 64	0.532 73	0.644 34	0.715 64	0.532 73
	三类人工	工日	155.00	0.114 34	0.114 34	0.114 34	0.228 68	0.228 68	0.228 68
材料	热轧带肋钢筋 HRB400 ϕ10	t	3 938.00	0.013 46	0.013 46	0.013 46	0.013 46	0.013 46	0.013 46
	热轧带肋钢筋 HRB400 ϕ18	t	3 759.00	0.005 64	0.005 64	0.005 64	0.005 64	0.005 64	0.005 64
	热轧光圆钢筋 HPB300 ϕ10	t	3 981.00	0.006 73	0.006 73	0.006 73	0.006 73	0.006 73	0.006 73
	普通硅酸盐水泥 P·O 42.5 综合	kg	0.34	0.734 40	0.734 40	0.734 40	1.468 80	1.468 80	1.468 80
	黄砂 净砂(细砂)	t	102.00	0.000 73	0.000 73	0.000 73	0.001 46	0.001 46	0.001 46
	泵送商品混凝土 C30	m^3	461.00	0.202 00	0.202 00	0.202 00	0.202 00	0.202 00	0.202 00
	钢支撑	kg	3.97	0.842 40	—	0.842 40	0.842 40	—	0.842 40
	斜支撑杆件 ϕ48×3.5	套	155.00	—	0.006 05	—	—	0.006 05	—
	水	m^3	4.27	0.024 51	0.024 51	0.024 51	0.031 51	0.031 51	0.031 51
	复合模板 综合	m^2	32.33	—	—	0.486 52	—	—	0.486 52
	钢模板	kg	5.96	2.027 23	—	—	2.027 23	—	—
	铝模板	kg	34.99	—	0.828 12	—	—	0.828 12	—
	木模板	m^3	1 445.00	0.000 92	—	0.001 79	0.000 92	—	0.001 79

工作内容：模板，钢筋制作、安装，浇捣钢筋混凝土墙、内墙面抹灰。　　计量单位：m^2

定额编号					5-80	5-81	5-82
项目					商品钢筋混凝土墙		
					厚度每增减 10mm		
					组合钢模	铝模	复合木模
基价（元）					**15.03**	**15.89**	**14.48**
其中	人工费（元）				4.24	4.72	3.49
	材料费（元）				10.53	10.90	10.84
	机械费（元）				0.26	0.27	0.15
预算定额编号	项目名称		单位	单价(元)	消耗量		
5-13	直形、弧形墙 墙厚(cm) 10 以内		$10m^3$	5 227.52	0.000 30	0.000 30	0.000 30
5-14	直形、弧形墙 墙厚(cm) 10 以上		$10m^3$	5 166.45	0.000 70	0.000 70	0.000 70
5-153	直形墙 组合钢模		$100m^2$	3 927.41	0.001 21	—	—
5-154	直形墙 铝模		$100m^2$	4 633.85	—	0.001 21	—
5-155	直形墙 复合木模		$100m^2$	3 467.73	—	—	0.001 21
5-38	螺纹钢筋 HRB400 以内 ≤ϕ10		t	4 632.41	0.001 10	0.001 10	0.001 10
名称			单位	单价(元)	消耗量		
人工	二类人工		工日	135.00	0.031 23	0.034 77	0.025 70
材料	热轧带肋钢筋 HRB400 ϕ10		t	3 938.00	0.001 12	0.001 12	0.001 12
	泵送商品混凝土 C30		m^3	461.00	0.010 10	0.010 10	0.010 10
	钢支撑		kg	3.97	0.041 77	—	0.041 77
	斜支撑杆件 ϕ48×3.5		套	155.00	—	0.000 30	—
	水		m^3	4.27	0.000 84	0.000 84	0.000 84
	复合模板 综合		m^2	32.33	—	—	0.024 12
	钢模板		kg	5.96	0.100 52	—	—
	铝模板		kg	34.99	—	0.041 06	—

四、钢筋混凝土地下室墙

工作内容:模板,钢筋制作、安装,浇捣钢筋混凝土墙,内墙面抹灰。 **计量单位:**m^2

定额编号				5-83	5-84	5-85	5-86
项目				商品钢筋混凝土地下室外墙			
				300 厚		厚度每增减 10mm	
				组合钢模	复合木模	组合钢模	复合木模
				外墙面防水处理			
基价(元)				**580.27**	**576.43**	**12.54**	**12.42**
其中	人工费(元)			149.95	140.83	2.64	2.34
	材料费(元)			423.59	429.98	9.72	9.93
	机械费(元)			6.73	5.62	0.18	0.15
预算定额编号	项目名称	单位	单价(元)	消耗量			
10-9	附墙铺贴沥青珍珠岩板 厚度(mm) 50	$100m^2$	4 209.31	0.010 00	0.010 00	—	—
12-1	内墙 14+6	$100m^2$	2 563.39	0.010 00	0.010 00	—	—
12-2	外墙 14+6	$100m^2$	3 216.87	0.010 00	0.010 00	—	—
12-19	墙柱面界面剂喷涂	$100m^2$	413.27	0.020 00	0.020 00	—	—
5-15	挡土墙	$10m^3$	5 046.65	0.030 00	0.030 00	0.001 00	0.001 00
5-156	直形地下室外墙 组合钢模	$100m^2$	3 797.28	0.020 49	—	0.000 68	—
5-157	直形地下室外墙 复合木模	$100m^2$	3 610.27	—	0.020 49	—	0.000 68
5-36	圆钢 HPB300 ≤ϕ10	t	4 810.68	0.011 00	0.011 00	—	—
5-39	螺纹钢筋 ≤ϕ18	t	4 467.54	0.022 00	0.022 00	0.001 10	0.001 10
5-40	螺纹钢筋 ≤ϕ25	t	4 286.52	0.004 40	0.004 40	—	—
9-134	钢板止水带	100m	6 248.23	0.002 86	0.002 86	—	—
9-52	改性沥青自粘卷材 自粘法一层 立面	$100m^2$	3 177.99	0.010 00	0.010 00	—	—
9-92	非固化橡胶沥青 厚度(mm) 2.0	$100m^2$	2 318.35	0.010 00	0.010 00	—	—
	名称	单位	单价(元)	消耗量			
人工	二类人工	工日	135.00	0.701 86	0.634 27	0.054 94	0.052 63
	三类人工	工日	155.00	0.356 65	0.356 65	—	—
材料	热轧带肋钢筋 HRB400 ϕ18	t	3 759.00	0.022 55	0.022 55	0.011 28	0.011 28
	热轧带肋钢筋 HRB400 ϕ25	t	3 759.00	0.004 51	0.004 51	—	—
	热轧光圆钢筋 HPB300 ϕ10	t	3 981.00	0.011 22	0.011 22	—	—
	普通硅酸盐水泥 P·O 42.5 综合	kg	0.34	1.468 80	1.468 80	—	—
	黄砂 净砂(细砂)	t	102.00	0.001 46	0.001 46	—	—
	泵送防水商品混凝土 C30/P8 坍落度(12±3)cm	m^3	460.00	0.303 00	0.303 00	0.010 10	0.010 10
	钢支撑	kg	3.97	0.532 18	0.532 18	0.018 17	0.018 17
	复合模板 综合	m^2	32.33	—	0.406 39	—	0.013 88
	钢模板	kg	5.96	1.440 95	—	0.049 20	—
	木模板	m^3	1 445.00	0.000 98	0.001 76	0.000 03	0.000 06

五、装配式混凝土墙

1. 墙　　体

工作内容：安装预制墙板，灌浆，嵌缝、打胶，内墙面抹灰。　　**计量单位：**m^3

定额编号				5-87	5-88	5-89	5-90
项目				实心剪力墙			
				外墙板		内墙板	
				厚 200 以内	厚 200 以上	厚 200 以内	厚 200 以上
基价（元）				**559.51**	**453.88**	**662.94**	**543.74**
其中	人工费（元）			381.31	303.51	430.39	348.10
	材料费（元）			173.01	146.03	224.26	188.71
	机械费（元）			5.19	4.34	8.29	6.93
预算定额编号	项目名称	单位	单价（元）	消耗量			
12-1	内墙 14+6	$100m^2$	2 563.39	0.050 00	0.041 70	0.100 00	0.083 40
12-19	墙柱面界面剂喷涂	$100m^2$	413.27	0.050 00	0.041 70	0.100 00	0.083 40
5-197	实心剪力墙 外墙板 墙厚(mm) 200 以内	$10m^3$	3 043.06	0.100 00	—	—	—
5-198	实心剪力墙 外墙板 墙厚(mm) 200 以上	$10m^3$	2 411.27	—	0.100 00	—	—
5-199	实心剪力墙 内墙板 墙厚(mm) 200 以内	$10m^3$	2 588.99	—	—	0.100 00	—
5-200	实心剪力墙 内墙板 墙厚(mm) 200 以上	$10m^3$	2 068.70	—	—	—	0.100 00
5-227	套筒注浆(钢筋直径 mm) ϕ18 以内	10 个	77.45	0.240 00	0.200 00	0.240 00	0.200 00
5-229	嵌缝、打胶	100m	2 543.03	0.034 52	0.028 76	0.034 52	0.028 76
名称		单位	单价（元）	消耗量			
人工	三类人工	工日	155.00	2.459 95	1.958 40	2.776 55	2.246 10
材料	预制混凝土内墙板	m^3	—	—	—	(1.005 00)	(1.005 00)
	预制混凝土外墙板	m^3	—	(1.005 00)	(1.005 00)	—	—
	普通硅酸盐水泥 P·O 42.5 综合	kg	0.34	3.672 00	3.062 45	7.344 00	6.124 90
	黄砂 净砂(细砂)	t	102.00	0.003 65	0.003 04	0.007 30	0.006 09
	垫木	m^3	2 328.00	0.001 20	0.001 20	0.001 00	0.001 00
	斜支撑杆件 $\phi48\times3.5$	套	155.00	0.048 70	0.037 30	0.037 70	0.028 90
	水	m^3	4.27	0.169 40	0.141 19	0.204 40	0.170 38

工作内容:安装预制墙板,灌浆,嵌缝、打胶,内墙面抹灰。 **计量单位**:m^3

定额编号				5-91	5-92	5-93	5-94
项目				夹心保温剪力墙外墙板		双叶叠合剪力墙	
				墙厚(mm)		外墙板	内墙板
				300 以内	300 以上		
基价(元)				**411.06**	**368.87**	**497.40**	**547.07**
其中	人工费(元)			279.87	249.85	360.55	370.08
	材料费(元)			127.70	116.02	133.46	171.53
	机械费(元)			3.49	3.00	3.39	5.46
预算定额编号	项目名称	单位	单价(元)	消耗量			
12-1	内墙 14 +6	$100m^2$	2 563.39	0.033 33	0.028 57	0.033 33	0.066 66
12-19	墙柱面界面剂喷涂	$100m^2$	413.27	0.033 33	0.028 57	0.033 33	0.066 66
5-201	夹心保温剪力墙外墙板 墙厚(mm) 300 以内	$10m^3$	2 409.67	0.100 00	—	—	—
5-202	夹心保温剪力墙外墙板 墙厚(mm) 300 以上	$10m^3$	2 230.65	—	0.100 00	—	—
5-203	双叶叠合剪力墙 外墙板	$10m^3$	3 273.03	—	—	0.100 00	—
5-204	双叶叠合剪力墙 内墙板	$10m^3$	2 777.65	—	—	—	0.100 00
5-227	套筒注浆(钢筋直径 mm) φ18 以内	10 个	77.45	0.160 00	0.137 00	0.160 00	0.160 00
5-229	嵌缝、打胶	100m	2 543.03	0.023 00	0.019 72	0.023 00	0.023 00
	名称	单位	单价(元)	消耗量			
人工	三类人工	工日	155.00	1.805 25	1.612 12	2.325 75	2.388 05
材料	预制混凝土夹心保温外墙板	m^3	—	(1.005 00)	(1.005 00)	—	—
	预制混凝土双叶叠合墙板	m^3	—	—	—	(1.005 00)	(1.005 00)
	普通硅酸盐水泥 P·O 42.5 综合	kg	0.34	2.445 55	2.100 38	2.445 55	4.898 45
	黄砂 净砂(细砂)	t	102.00	0.002 43	0.002 09	0.002 43	0.004 87
	垫木	m^3	2 328.00	0.001 50	0.001 50	0.001 30	0.001 30
	斜支撑杆件 φ48 ×3.5	套	155.00	0.036 00	0.032 70	0.035 00	0.035 00
	水	m^3	4.27	0.112 91	0.096 74	0.112 91	0.136 29

工作内容:安装预制墙板,灌浆,嵌缝、打胶,内墙面抹灰。 **计量单位**:m^3

定额编号				5-95	5-96
项目				外墙面板(PCF 板)	外挂墙板
基价(元)				**520.36**	**398.88**
其中	人工费(元)			397.08	303.27
	材料费(元)			121.20	95.51
	机械费(元)			2.08	0.10
预算定额编号	项目名称	单位	单价(元)	消耗量	
5-205	外墙面板(PCF 板)	$10m^3$	4 578.75	0.100 00	—
5-206	外挂墙板 墙厚(mm) 200 以内	$10m^3$	3 744.10	—	0.080 00
5-207	外挂墙板 墙厚(mm) 200 以上	$10m^3$	2 772.56	—	0.020 00
5-227	套筒注浆(钢筋直径 mm) φ18 以内	10 个	77.45	0.240 00	—
5-229	嵌缝、打胶	100m	2 543.03	0.017 26	0.017 26
	名称	单位	单价(元)	消耗量	
人工	三类人工	工日	155.00	2.562 06	1.956 82
材料	预制混凝土外挂墙板	m^3	—	—	(1.005 00)
	预制混凝土外墙面板(PCF 板)	m^3	—	(1.005 00)	—
	垫木	m^3	2 328.00	0.001 50	0.002 00
	斜支撑杆件 φ48 ×3.5	套	155.00	0.083 20	0.077 64
	水	m^3	4.27	0.134 40	—

2. 飘窗及其他

工作内容：安装预制构件，灌浆，嵌缝、打胶。　　　　计量单位：m^3

定额编号				5-97	5-98	5-99
项目				凸(飘)窗	女儿墙	压顶
基价（元）				**459.14**	**599.85**	**378.98**
其中	人工费（元）			328.61	430.99	304.73
	材料费（元）			125.14	160.32	73.84
	机械费（元）			5.39	8.54	0.41
预算定额编号	项目名称	单位	单价(元)	消耗量		
5-212	凸(飘)窗	$10m^3$	3 497.14	0.100 00	—	—
5-214	女儿墙 墙高(mm) 600 以内	$10m^3$	4 819.18	—	0.050 00	—
5-215	女儿墙 墙高(mm) 1 400 以内	$10m^3$	3 595.39	—	0.050 00	—
5-216	压顶	$10m^3$	3 789.73	—	—	0.100 00
5-227	套筒注浆(钢筋直径 mm) ϕ18 以内	10 个	77.45	0.240 00	0.671 00	—
5-229	嵌缝、打胶	100m	2 543.03	0.035 72	0.050 00	—
	名称	单位	单价(元)	消耗量		
人工	三类人工	工日	155.00	2.119 96	2.780 57	1.966 00
材料	预制混凝土女儿墙	m^3	—	—	(1.005 00)	—
	预制混凝土凸(飘)窗	m^3	—	(1.005 00)	—	—
	预制混凝土压顶	m^3	—	—	—	(1.005 00)
	垫木	m^3	2 328.00	0.002 10	0.001 65	0.001 00
	钢支撑及配件	kg	3.97	—	—	2.192 00
	斜支撑杆件 $\phi48\times3.5$	套	155.00	0.036 00	0.055 45	—
	水	m^3	4.27	0.134 40	0.375 76	—

3. 轻质条板隔墙

工作内容：轻质条板隔墙安装、局部挂钢丝网、内墙面抹灰。　　　　计量单位：m^2

定额编号				5-100	5-101	5-102	5-103
项目				轻质条板 板厚(mm 以内)			
				100	120	150	200
基价（元）				**148.33**	**157.37**	**168.68**	**182.77**
其中	人工费（元）			55.80	59.26	61.33	63.62
	材料费（元）			92.04	97.61	106.85	118.64
	机械费（元）			0.49	0.50	0.50	0.51
预算定额编号	项目名称	单位	单价(元)	消耗量			
12-1	内墙 14 +6	$100m^2$	2 563.39	0.020 00	0.020 00	0.020 00	0.020 00
12-8	挂钢丝网	$100m^2$	1 077.65	0.002 33	0.002 33	0.002 33	0.002 33
12-20	干粉型界面剂	$100m^2$	509.14	0.020 00	0.020 00	0.020 00	0.020 00
5-217	轻质条板 板厚(mm) 100 以内	$100m^2$	8 436.50	0.010 00	—	—	—
5-218	轻质条板 板厚(mm) 120 以内	$100m^2$	9 339.97	—	0.010 00	—	—
5-219	轻质条板 板厚(mm) 150 以内	$100m^2$	10 472.77	—	—	0.010 00	—
5-220	轻质条板 板厚(mm) 200 以内	$100m^2$	11 880.70	—	—	—	0.010 00
	名称	单位	单价(元)	消耗量			
人工	三类人工	工日	155.00	0.359 89	0.382 23	0.395 62	0.410 35
材料	非泵送商品混凝土 C15	m^3	399.00	0.002 61	0.002 91	0.003 35	0.004 09
	轻质空心隔墙条板 δ100	m^2	56.90	1.020 00	—	—	—
	轻质空心隔墙条板 δ120	m^2	61.21	—	1.020 00	—	—
	轻质空心隔墙条板 δ150	m^2	68.10	—	—	1.020 00	—
	轻质空心隔墙条板 δ200	m^2	76.72	—	—	—	1.020 00
	水	m^3	4.27	0.064 00	0.064 00	0.064 00	0.064 00

4. 烟道、通风道及风帽

计量单位:m

定额编号				5-104	5-105	5-106
项目				烟道、通风道		
				断面周长(m 以内)		
				1.5	2.0	2.5
基价(元)				**139.90**	**161.84**	**196.22**
其中	人工费(元)			39.65	45.74	53.41
	材料费(元)			100.05	115.84	142.48
	机械费(元)			0.20	0.26	0.33
预算定额编号	项目名称	单位	单价(元)	消耗量		
5-221	烟道、通风道 断面周长(m) 1.5 以内	10m	1 399.01	0.100 00	—	—
5-222	烟道、通风道 断面周长(m) 2.0 以内	10m	1 618.41	—	0.100 00	—
5-223	烟道、通风道 断面周长(m) 2.5 以内	10m	1 962.21	—	—	0.100 00
名称		单位	单价(元)	消耗量		
人工	三类人工	工日	155.00	0.255 80	0.295 10	0.344 60
材料	钢丝网水泥排气道(400×500)	m	81.03	—	1.020 00	—
	钢丝网水泥排气道(450×300)	m	73.28	1.020 00	—	—
	钢丝网水泥排气道(550×600)	m	99.14	—	—	1.020 00

计量单位:个

定额编号				5-107	5-108	5-109
项目				成品风帽		排烟(气)止回阀
				混凝土	钢制	
基价(元)				**176.72**	**311.56**	**61.96**
其中	人工费(元)			66.73	37.28	7.75
	材料费(元)			109.93	274.28	54.21
	机械费(元)			0.06	—	—
预算定额编号	项目名称	单位	单价(元)	消耗量		
5-224	成品风帽 混凝土	10个	1 767.13	0.100 00	—	—
5-225	成品风帽 钢制	10个	3 115.55	—	0.100 00	—
5-226	排烟(气)止回阀	10个	619.56	—	—	0.100 00
名称		单位	单价(元)	消耗量		
人工	三类人工	工日	155.00	0.430 50	0.240 50	0.050 00
材料	排烟(气)止回阀	个	51.72	—	—	1.020 00
	不锈钢风帽	个	259.00	—	1.001 00	—
	混凝土风帽	个	103.00	1.001 00	—	—

六、幕 墙

1. 带骨架玻璃幕墙

工作内容：骨架制作、安装，玻璃面板安装。

计量单位：m^2

定额编号				5-110	5-111	5-112	5-113
项目				玻璃幕墙			幕墙成品单元式
				全隐框	半隐框	明框	
基价（元）				**579.65**	**503.79**	**510.13**	**975.96**
其中	人工费（元）			221.80	184.34	177.63	60.33
	材料费（元）			347.73	309.39	322.41	892.50
	机械费（元）			10.12	10.06	10.09	23.13
预算定额编号	项目名称	单位	单价(元)	消耗量			
12-177	幕墙龙骨及基层 铝合金龙骨	t	27 320.88	0.013 00	0.011 00	0.012 00	—
12-178	槽式埋件	百个	2 561.19	—	—	—	0.003 00
12-182	玻璃幕墙面层 全隐框	$100m^2$	21 544.01	0.010 00	—	—	—
12-183	玻璃幕墙面层 半隐框	$100m^2$	19 422.03	—	0.010 00	—	—
12-184	玻璃幕墙面层 明框	$100m^2$	17 323.05	—	—	0.010 00	—
12-187	幕墙 成品单元式	$100m^2$	96 785.85	—	—	—	0.010 00
14-111	金属面 防锈漆 一遍	$100m^2$	722.73	0.000 58	0.000 58	0.000 58	0.000 58
5-95	预埋铁件(kg/块)25 以内	t	8 627.97	0.001 00	0.001 00	0.001 00	—
名称		单位	单价(元)	消耗量			
人工	二类人工	工日	135.00	0.018 90	0.018 90	0.018 90	—
	三类人工	工日	155.00	1.414 61	1.172 92	1.129 62	0.389 28
材料	热轧带肋钢筋 HRB400 综合	t	3 849.00	0.000 20	0.000 20	0.000 20	—
	热轧光圆钢筋 HPB300 综合	t	3 981.00	0.000 15	0.000 15	0.000 15	—
	型钢 综合	t	3 836.00	0.000 10	0.000 10	0.000 10	—
	中厚钢板 综合	t	3 750.00	0.000 56	0.000 56	0.000 56	—
	铝合金型材 骨架、龙骨	t	15 259.00	0.013 78	0.011 66	0.012 72	—
	中空玻璃 5+9A+5	m^2	86.21	1.037 60	1.018 90	0.999 90	—
	单元式幕墙 6+12+6 双层真空玻璃	m^2	879.00	—	—	—	1.002 00

2. 带骨架金属板幕墙

工作内容:骨架制作、安装,金属面板安装。 **计量单位**:m²

定额编号				5-114	5-115
项目				金属板幕墙	内衬板、遮梁板
				铝单板	
基价(元)				**502.82**	**471.82**
其中	人工费(元)			153.50	122.50
	材料费(元)			343.46	343.46
	机械费(元)			5.86	5.86
预算定额编号	项目名称	单位	单价(元)	消耗量	
12-176	幕墙龙骨及基层 钢龙骨	t	9 281.93	0.017 00	0.017 00
12-185	金属板面层 铝单板	100m²	31 789.04	0.010 00	—
12-186	幕墙内衬板、遮梁板 铝单板	100m²	28 688.73	—	0.010 00
14-111	金属面 防锈漆 一遍	100m²	722.73	0.001 74	0.001 74
5-95	预埋铁件(kg/块)25 以内	t	8 627.97	0.003 00	0.003 00
	名称	单位	单价(元)	消耗量	
人工	二类人工	工日	135.00	0.056 70	0.056 70
	三类人工	工日	155.00	0.940 79	0.740 77
材料	热轧带肋钢筋 HRB400 综合	t	3 849.00	0.000 61	0.000 61
	热轧光圆钢筋 HPB300 综合	t	3 981.00	0.000 46	0.000 46
	型钢 综合	t	3 836.00	0.000 30	0.000 30
	型钢(幕墙用)	t	3 647.00	0.018 02	0.018 02
	中厚钢板 综合	t	3 750.00	0.001 67	0.001 67

3. 全玻幕墙

工作内容:骨架制作、安装,玻璃面板安装。 **计量单位**:m²

定额编号				5-116	5-117	5-118	5-119
项目				全玻幕墙			
				吊挂式		点支式	
				平板玻璃	弧形玻璃	弦杆式	拉索式
基价(元)				**260.91**	**272.55**	**323.49**	**881.61**
其中	人工费(元)			78.52	89.69	79.83	105.76
	材料费(元)			176.10	176.10	237.00	770.58
	机械费(元)			6.29	6.76	6.66	5.27
预算定额编号	项目名称	单位	单价(元)	消耗量			
12-192	吊挂式 平板玻璃	100m²	25 186.13	0.010 00	—	—	—
12-193	吊挂式 弧形玻璃	100m²	26 350.10	—	0.010 00	—	—
12-194	点支式 弦杆式	100m²	31 444.35	—	—	0.010 00	—
12-195	点支式 拉索式	100m²	87 256.24	—	—	—	0.010 00
14-111	金属面 防锈漆 一遍	100m²	722.73	0.000 58	0.000 58	0.000 58	0.000 58
5-95	预埋铁件(kg/块)25 以内	t	8 627.97	0.001 00	0.001 00	0.001 00	0.001 00
	名称	单位	单价(元)	消耗量			
人工	二类人工	工日	135.00	0.018 90	0.018 90	0.018 90	0.018 90
	三类人工	工日	155.00	0.490 18	0.562 28	0.498 65	0.665 95
材料	热轧带肋钢筋 HRB400 综合	t	3 849.00	0.000 20	0.000 20	0.000 20	0.000 20
	热轧光圆钢筋 HPB300 综合	t	3 981.00	0.000 15	0.000 15	0.000 15	0.000 15
	型钢 综合	t	3 836.00	0.000 10	0.000 10	0.000 10	0.000 10
	中厚钢板 综合	t	3 750.00	0.000 56	0.000 56	0.000 56	0.000 56
	钢化玻璃 δ15	m²	112.00	1.050 00	1.050 00	1.050 00	1.050 00

注:钢架另计,套用幕墙骨架定额。

4. 带骨架石材幕墙

工作内容：骨架制作、安装，石材面板安装。 **计量单位**：m^2

定额编号				5-120	5-121	5-122	5-123
项目				石材幕墙			
				干挂式		背栓式	
				嵌缝	开放式	嵌缝	开放式
基价（元）				**520.70**	**507.53**	**522.34**	**552.39**
其中	人工费（元）			200.49	212.86	204.78	217.79
	材料费（元）			314.08	288.54	311.24	328.28
	机械费（元）			6.13	6.13	6.32	6.32
预算定额编号	项目名称	单位	单价（元）	消耗量			
12-176	幕墙龙骨及基层 钢龙骨	t	9 281.93	0.024 20	0.024 20	0.024 20	0.024 20
12-188	石材幕墙面层 干挂 嵌缝	$100m^2$	26 893.12	0.010 00	—	—	—
12-189	石材幕墙面层 干挂 开放式	$100m^2$	25 576.33	—	0.010 00	—	—
12-190	石材幕墙面层 背栓 嵌缝	$100m^2$	27 057.25	—	—	0.010 00	—
12-191	石材幕墙面层 背栓 开放式	$100m^2$	30 062.60	—	—	—	0.010 00
14-111	金属面 防锈漆 一遍	$100m^2$	722.73	0.001 74	0.001 74	0.001 74	0.001 74
5-95	预埋铁件（kg/块）25 以内	t	8 627.97	0.003 00	0.003 00	0.003 00	0.003 00
	名称	单位	单价（元）	消耗量			
人工	二类人工	工日	135.00	0.056 70	0.056 70	0.056 70	0.056 70
	三类人工	工日	155.00	1.243 97	1.323 76	1.271 62	1.355 56
材料	热轧带肋钢筋 HRB400 综合	t	3 849.00	0.000 61	0.000 61	0.000 61	0.000 61
	热轧光圆钢筋 HPB300 综合	t	3 981.00	0.000 46	0.000 46	0.000 46	0.000 46
	型钢 综合	t	3 836.00	0.000 30	0.000 30	0.000 30	0.000 30
	型钢（幕墙用）	t	3 647.00	0.025 65	0.025 65	0.025 65	0.025 65
	中厚钢板 综合	t	3 750.00	0.001 67	0.001 67	0.001 67	0.001 67
	不锈钢石材干挂挂件	套	4.31	5.610 00	5.610 00	—	—
	不锈钢背栓挂件	套	2.16	—	—	8.420 00	8.420 00
	石材（综合）	m^2	138.00	0.990 00	0.980 00	0.990 00	0.980 00

七、墙面变形缝

工作内容：沥青麻丝填缝，铺贴铁皮。 **计量单位**：m

定额编号				5-124	5-125	5-126
项目				墙面变形缝		
				金属板	铝合金盖板	不锈钢盖板
基价（元）				**95.60**	**128.25**	**149.46**
其中	人工费（元）			23.19	32.42	32.42
	材料费（元）			72.41	95.83	117.04
	机械费（元）			—	—	—
预算定额编号	项目名称	单位	单价（元）	消耗量		
9-119	油浸麻丝 缝断面（mm^2）30×150 立面	100m	1 743.00	0.010 00	0.010 00	0.010 00
9-127	金属板盖缝 展开宽度（mm）500 立面	100m	3 556.10	0.010 00	—	—
9-129	铝合金盖板 厚度（mm）0.8 立面	100m	6 820.58	—	0.010 00	—
9-131	不锈钢盖板 厚度（mm）1.0 立面	100m	8 942.10	—	—	0.010 00
9-137	膨胀止水条 规格（mm^2）30×20	100m	4 261.05	0.010 00	0.010 00	0.010 00
	名称	单位	单价（元）	消耗量		
人工	二类人工	工日	135.00	0.171 76	0.240 14	0.240 14
材料	板枋材	m^3	2 069.00	0.003 03	0.003 03	0.003 03

八、隔断、隔墙

1. 隔　　断

工作内容:1. 安装龙骨、面层、面层油漆;

2. 安装龙骨、安装玻璃。

计量单位:见表

定额编号				5-127	5-128	5-129
项目				硬木框隔断	全玻璃隔断钢化玻璃	成品卫生间隔断
计量单位				m^2		间
基价(元)				**146.94**	**153.83**	**1 267.18**
其中	人工费(元)			76.64	29.19	229.91
	材料费(元)			70.30	124.64	1 037.27
	机械费(元)			—	—	—
预算定额编号	项目名称	单位	单价(元)	消耗量		
12-197	硬木框隔断 半玻	$100m^2$	10 434.32	0.005 00	—	—
12-198	硬木框隔断 全玻	$100m^2$	11 551.08	0.005 00	—	—
12-199	全玻璃隔断 钢化玻璃	$100m^2$	15 383.21	—	0.010 00	—
12-207	成品卫生间隔断	$100m^2$	21 084.43	—	—	0.060 10
14-76	其他木材面 调和漆底油一遍、刮腻子、调和漆二遍	$100m^2$	2 243.23	0.016 50	—	—
	名称	单位	单价(元)	消耗量		
人工	三类人工	工日	155.00	0.494 44	0.188 35	1.483 27
材料	杉木枋 30×40	m^3	1 800.00	0.022 95	—	—
	钢化玻璃 δ12	m^2	94.83	—	1.080 00	—
	钢化玻璃 δ5	m^2	28.00	0.806 00	—	—
	成品卫生间隔断	m^2	172.00	—	—	6.010 00

工作内容:1. 安装龙骨、面层、面层油漆;

2. 安装龙骨、安装玻璃。

计量单位:m^2

定额编号				5-130	5-131	5-132
项目				玻璃砖隔断	成品可折叠隔断	成品铝合金玻璃隔断(夹百叶)
基价(元)				**464.25**	**284.60**	**270.28**
其中	人工费(元)			32.86	24.51	27.00
	材料费(元)			431.10	260.09	243.28
	机械费(元)			0.29	—	—
预算定额编号	项目名称	单位	单价(元)	消耗量		
12-212	玻璃砖隔断 分格嵌缝	$100m^2$	49 268.17	0.005 00	—	—
12-213	玻璃砖隔断 全砖	$100m^2$	43 583.07	0.005 00	—	—
12-214	成品可折叠隔断	$100m^2$	28 460.03	—	0.010 00	—
12-215	成品铝合金玻璃隔断(夹百叶)	$100m^2$	27 028.27	—	—	0.010 00
	名称	单位	单价(元)	消耗量		
人工	三类人工	工日	155.00	0.212 00	0.158 10	0.174 19
材料	硬木板枋材(进口)	m^3	3 276.00	0.003 42	—	—
	玻璃砖 190×190×95	块	12.93	26.100 90	—	—
	成品铝合金玻璃隔断 夹百叶	m^2	207.00	—	—	1.000 00
	成品可折叠隔断	m^2	259.00	—	1.000 00	—

2. 隔　墙

工作内容：安装龙骨、内置保温吸音棉、安装基层。

计量单位：m^2

定额编号				5-133	5-134	5-135
项目				轻钢龙骨		
				木夹板隔墙	石膏板隔墙	FC 板隔墙
基价（元）				**122.95**	**109.87**	**175.47**
其中	人工费（元）			33.34	37.69	40.87
	材料费（元）			89.61	72.18	134.60
	机械费（元）			—	—	—
预算定额编号	项目名称	单位	单价(元)	消耗量		
10-56	天棚保温吸音层 50 厚 袋装玻璃(矿渣)棉	$100m^2$	2 403.36	0.010 00	0.010 00	0.010 00
12-123	木夹板基层	$100m^2$	3 077.60	0.020 00	—	—
12-124	石膏板基层	$100m^2$	1 992.78	—	0.020 00	—
12-125	FC 板基层	$100m^2$	5 703.94	—	—	0.020 00
12-216	轻钢龙骨 中距(mm 以内) 竖 600 横 1 500	$100m^2$	3 735.80	0.010 00	0.010 00	0.010 00
14-100	板缝贴胶带、点锈	$100m^2$	431.30	—	0.020 00	—
	名称	单位	单价(元)	消耗量		
人工	二类人工	工日	135.00	0.021 60	0.021 60	0.021 60
	三类人工	工日	155.00	0.196 26	0.224 34	0.244 88
材料	矿渣棉 δ50	m^2	—	(1.020 00)	(1.020 00)	(1.020 00)
	细木工板 δ15	m^2	21.12	2.100 00	—	—
	纸面石膏板 1 200×2 400×12	m^2	10.34	—	2.120 00	—
	FC 板 300×600×8	m^2	41.90	—	—	2.120 00
	镀锌轻钢龙骨 75×40	m	4.96	1.060 00	1.060 00	1.060 00
	镀锌轻钢龙骨 75×50	m	5.09	1.987 50	1.987 50	1.987 50

九、钢结构墙面板

工作内容：安装墙面板，安装保温棉。

计量单位：m^2

定额编号				5-136	5-137	5-138	5-139
项目				墙面板			墙面玻纤保温棉
				彩钢夹芯板	采光板	压型钢板	50mm 厚
基价（元）				**121.28**	**94.40**	**67.90**	**25.65**
其中	人工费（元）			19.39	17.37	17.37	3.35
	材料费（元）			100.95	76.09	49.59	21.36
	机械费（元）			0.94	0.94	0.94	0.94
预算定额编号	项目名称	单位	单价(元)	消耗量			
6-59	墙面板 彩钢夹芯板	$100m^2$	12 128.83	0.010 00	—	—	—
6-60	墙面板 采光板	$100m^2$	9 440.16	—	0.010 00	—	—
6-61	墙面板 压型钢板	$100m^2$	6 790.16	—	—	0.010 00	—
6-62	墙面玻纤保温棉 50mm 厚	$100m^2$	2 565.58	—	—	—	0.010 00
	名称	单位	单价(元)	消耗量			
人工	三类人工	工日	155.00	0.125 10	0.112 08	0.112 08	0.021 60
材料	压型彩钢板(平面展开) 0.5	m^2	17.54	0.100 00	0.200 00	0.200 00	—
	压型钢板 0.5	m^2	31.03	—	—	1.060 00	—
	聚酯采光板 δ1.2	m^2	56.03	—	1.060 00	—	—
	彩钢夹芯板 δ75	m^2	72.41	1.060 00	—	—	—
	袋装玻璃棉 δ50	m^2	19.48	—	—	—	1.060 00

工作内容:安装龙骨、面层、油漆。 **计量单位**:m²

定额编号				5-140	5-141	5-142	5-143
项目				预制轻钢龙骨隔墙板			增加一道硅酸钙板
				板厚(mm 以内)			
				80	100	150	
基价(元)				**122.99**	**145.24**	**176.14**	**45.62**
其中	人工费(元)			17.99	21.59	23.75	3.13
	材料费(元)			102.86	121.18	149.56	42.00
	机械费(元)			2.14	2.47	2.83	0.49
预算定额编号	项目名称	单位	单价(元)	消耗量			
6-63	预制轻钢龙骨隔墙板 板厚(mm) 80 以内	100m²	12 299.81	0.010 00	—	—	—
6-64	预制轻钢龙骨隔墙板 板厚(mm) 100 以内	100m²	14 523.47	—	0.010 00	—	—
6-65	预制轻钢龙骨隔墙板 板厚(mm) 150 以内	100m²	17 614.51	—	—	0.010 00	—
6-66	增加一道硅酸钙板	100m²	4 562.46	—	—	—	0.010 00
	名称	单位	单价(元)	消耗量			
人工	三类人工	工日	155.00	0.116 07	0.139 29	0.153 22	0.020 20
材料	硅酸钙板 δ10	m²	40.78	—	—	—	1.020 00
	预制轻钢龙骨内隔墙板 δ80	m²	94.83	1.020 00	—	—	—
	预制轻钢龙骨内隔墙板 δ100	m²	112.00	—	1.020 00	—	—
	预制轻钢龙骨内隔墙板 δ150	m²	138.00	—	—	1.020 00	—

工作内容:安装轻钢龙骨、墙面板、保温岩棉,灌浆。 **计量单位**:见表

定额编号				5-144	5-145	5-146
项目				硅酸钙板灌浆墙面板		
				双面隔墙	保温岩棉铺设	EPS 混凝土浇灌
计量单位				m²	m³	
基价(元)				**231.50**	**780.45**	**480.24**
其中	人工费(元)			56.31	289.14	148.30
	材料费(元)			156.30	491.31	273.54
	机械费(元)			18.89	—	58.40
预算定额编号	项目名称	单位	单价(元)	消耗量		
6-67	硅酸钙板灌浆墙面板 双面隔墙	100m²	23 149.59	0.010 00	—	—
6-68	硅酸钙板灌浆墙面板 保温岩棉铺设	10m³	7 804.43	—	0.100 00	—
6-69	硅酸钙板灌浆墙面板 EPS 混凝土浇灌	10m³	4 802.40	—	—	0.100 00
	名称	单位	单价(元)	消耗量		
人工	三类人工	工日	155.00	0.363 27	1.865 40	0.956 80
材料	硅酸钙板 δ10	m²	40.78	1.060 00	—	—
	硅酸钙板 δ8	m²	31.90	1.060 00	—	—
	EPS 灌浆料	m³	259.00	—	—	1.050 00
	岩棉板 δ50	m³	466.00	—	1.040 00	—

工作内容：安装轻钢龙骨、墙面板、保温岩棉，灌浆。

计量单位：m^2

定额编号				5-147	5-148
项目				硅酸钙板包柱、包梁	蒸压砂加气保温块贴面
基价（元）				**113.81**	**68.64**
其中	人工费（元）			54.21	40.22
	材料费（元）			59.04	28.42
	机械费（元）			0.56	—
预算定额编号	项目名称	单位	单价（元）	消耗量	
6-70	硅酸钙板包柱、包梁	$100m^2$	11 380.91	0.010 00	—
6-71	蒸压砂加气保温块贴面	$100m^2$	6 863.83	—	0.010 00
	名称	单位	单价（元）	消耗量	
人工	三类人工	工日	155.00	0.349 76	0.259 47
材料	蒸压砂加气混凝土砌块 B06 A5.0	m^3	328.00	—	0.058 30
	硅酸钙板 δ8	m^2	31.90	1.150 00	—

十、其　他

工作内容：角铁支架制作、安装，大理石面板加工、安装。

计量单位：见表

定额编号				5-149	5-150	5-151	5-152	5-153
项目				大理石洗漱台		镜面玻璃	墙柱面界面剂喷涂	干粉型界面剂
				单孔	双孔			
计量单位				套		m^2		
基价（元）				**259.33**	**432.21**	**127.09**	**4.14**	**5.09**
其中	人工费（元）			125.55	209.25	32.55	2.74	3.79
	材料费（元）			133.78	222.96	94.54	1.00	1.30
	机械费（元）			—	—	—	0.40	—
预算定额编号	项目名称	单位	单价（元）	消耗量				
12-19	墙柱面界面剂喷涂	$100m^2$	413.27	—	—	—	0.010 00	—
12-20	干粉型界面剂	$100m^2$	509.14	—	—	—	—	0.010 00
15-100	大理石洗漱台 台上盆	$10m^2$	3 124.07	0.040 50	0.067 50	—	—	—
15-101	大理石洗漱台 台下盆	$10m^2$	3 279.07	0.040 50	0.067 50	—	—	—
15-102	镜面玻璃 无框	$10m^2$	1 198.02	—	—	0.060 00	—	—
15-103	镜面玻璃 带木框	$10m^2$	1 405.61	—	—	0.030 00	—	—
15-104	镜面玻璃 带金属框	$10m^2$	1 304.46	—	—	0.010 00	—	—
	名称	单位	单价（元）	消耗量				
人工	三类人工	工日	155.00	0.810 00	1.350 00	0.210 00	0.017 68	0.024 45
材料	杉板枋材	m^3	1 625.00	0.000 81	0.001 35	0.001 00	—	—
	胶合板 δ3	m^2	13.10	—	—	1.050 00	—	—
	茶色镜面玻璃 δ5	m^2	56.03	—	—	1.180 00	—	—
	大理石板	m^2	119.00	0.826 20	1.377 00	—	—	—
	界面剂	kg	1.73	—	—	—	0.370 80	—
	胶粘剂 干粉型	kg	2.24	—	—	—	—	0.520 00
	水	m^3	4.27	—	—	—	—	0.025 00

十一、墙 面 装 饰

1. 外 墙 面

工作内容:墙面、门窗洞口侧面、窗台线、腰线、勒脚、分格分层抹灰。 计量单位:m²

定额编号				5-154	5-155	5-156	5-157
项目				外墙面			
				一般抹灰	水刷石	干粘白石子	斩假石
基价(元)				**38.40**	**46.84**	**41.03**	**69.57**
其中	人工费(元)			25.07	33.53	28.06	57.55
	材料费(元)			13.08	13.08	12.76	11.78
	机械费(元)			0.25	0.23	0.21	0.24
预算定额编号	项目名称	单位	单价(元)	消耗量			
12-2	外墙 14+6	100m²	3 216.87	0.010 17	—	—	—
12-8	挂钢板网	100m²	1 077.65	0.001 99	0.001 99	0.001 99	0.001 99
12-10	水刷石	100m²	3 827.24	—	0.010 17	—	—
12-11	干粘白石子	100m²	3 335.42	—	—	0.010 17	—
12-12	斩假石	100m²	5 792.21	—	—	—	0.010 17
12-21	柱(梁) 14+6	100m²	3 134.91	0.001 13	—	—	—
12-23	水刷石	100m²	5 110.14	—	0.001 13	—	—
12-24	干粘白石子	100m²	4 391.58	—	—	0.001 13	—
12-25	斩假石	100m²	7 535.89	—	—	—	0.001 13
	名称	单位	单价(元)	消耗量			
人工	三类人工	工日	155.00	0.161 75	0.216 08	0.180 83	0.370 97
材料	白石子 综合	t	187.00	—	—	0.008 58	—
	水	m³	4.27	0.008 01	0.035 70	0.010 83	0.009 29
	干混抹灰砂浆 DP M15.0	m³	446.85	0.026 15	—	—	—
	干混抹灰砂浆 DP M20.0	m³	446.95	—	0.014 53	0.021 81	0.015 66

工作内容:墙面、门窗洞口侧面、窗台线、腰线、勒脚、分格分层抹灰。 计量单位:m²

定额编号				5-158	5-159	5-160
项目				外墙面保温砂浆(30mm 厚)		泡沫玻璃
				聚苯颗粒保温砂浆	无机轻集料保温砂浆	25mm 厚
基价(元)				**33.96**	**49.76**	**52.79**
其中	人工费(元)			21.10	20.52	10.68
	材料费(元)			12.47	28.69	42.08
	机械费(元)			0.39	0.55	0.03
预算定额编号	项目名称	单位	单价(元)	消耗量		
10-1	聚苯颗粒保温砂浆 厚度(mm) 25	100m²	2 546.90	0.011 30	—	—
10-2	聚苯颗粒保温砂浆 厚度(mm) 每增减 5	100m²	458.01	0.011 30	—	—
10-3	无机轻集料保温砂浆 厚度(mm) 25	100m²	3 716.88	—	0.011 30	—
10-4	无机轻集料保温砂浆 厚度(mm) 每增减 5	100m²	686.99	—	0.011 30	—
10-5	泡沫玻璃 厚度(mm) 25	100m²	4 671.73	—	—	0.011 30
	名称	单位	单价(元)	消耗量		
人工	三类人工	工日	155.00	0.136 10	0.132 40	0.068 88
材料	胶粉聚苯颗粒保温砂浆	m³	328.00	0.037 63	—	—
	聚合物黏结砂浆	kg	1.60	—	—	3.688 32
	膨胀玻化微珠保温浆料	m³	759.00	—	0.037 63	—
	水	m³	4.27	0.007 91	0.007 91	0.029 15

工作内容:基层清理,粘贴保温板,板面找平。

计量单位:m^2

定额编号				5-161	5-162	5-163	5-164
项目				外墙面保温			
				聚苯乙烯泡沫板	干铺岩棉板	酚醛保温板	发泡水泥板
				厚度(mm)			
				30	50		20
基价(元)				**28.94**	**34.62**	**74.35**	**41.99**
其中	人工费(元)			8.11	8.65	8.29	10.24
	材料费(元)			20.80	25.97	66.03	31.71
	机械费(元)			0.03	—	0.03	0.04
预算定额编号	项目名称	单位	单价(元)	消耗量			
10-8	聚苯乙烯泡沫保温板	$100m^2$	2 892.96	0.010 00	—	—	—
10-17	干铺岩棉板 厚度(mm) 50	$100m^2$	3 461.88	—	0.010 00	—	—
10-18	酚醛保温板 厚度(mm) 50	$100m^2$	7 434.49	—	—	0.010 00	—
10-19	发泡水泥板 厚度(mm) 20	$100m^2$	4 198.96	—	—	—	0.010 00
	名称	单位	单价(元)	消耗量			
人工	三类人工	工日	155.00	0.052 30	0.055 80	0.053 49	0.066 09
材料	岩棉板 δ50	m^3	466.00	—	0.051 00	—	—
	酚醛保温板 δ50	m^2	51.72	—	—	1.080 00	—
	聚苯乙烯泡沫板 δ30	m^2	15.13	1.020 00	—	—	—
	发泡水泥板 δ20	m^2	12.07	—	—	—	1.030 00
	水	m^3	4.27	0.025 80	—	—	—

工作内容:1. 抹抗裂砂浆,铺贴和压嵌网格布,抹平;

2. 锚固钢丝网,抹抗裂砂浆并抹平。

计量单位:m^2

定额编号				5-165	5-166	5-167
项目				抗裂保护层		
				耐碱玻纤网格布	增加一层网格布	热镀锌钢丝网
				4mm 厚	2mm 厚	8mm 厚
基价(元)				**22.50**	**10.92**	**45.95**
其中	人工费(元)			11.98	5.06	19.79
	材料费(元)			10.47	5.84	26.07
	机械费(元)			0.05	0.02	0.09
预算定额编号	项目名称	单位	单价(元)	消耗量		
10-22	抗裂保护层 耐碱玻纤网格布 厚度(mm) 4	$100m^2$	2 250.04	0.010 00	—	—
10-23	抗裂保护层 增加一层网格布 厚度(mm) 2	$100m^2$	1 092.12	—	0.010 00	—
10-24	抗裂保护层 热镀锌钢丝网 厚度(mm) 8	$100m^2$	4 596.02	—	—	0.010 00
	名称	单位	单价(元)	消耗量		
人工	三类人工	工日	155.00	0.077 32	0.032 63	0.127 69
材料	抗裂抹面砂浆	kg	1.60	5.508 00	2.754 00	11.016 00
	水	m^3	4.27	0.039 60	0.000 60	0.040 80

工作内容:墙面、门窗洞口侧面、窗台线、腰线、勒脚、分格分层抹灰、刷涂料。

计量单位:m²

定额编号				5-168	5-169	5-170	5-171	5-172
项目				外墙面				
				丙烯酸涂料	弹性涂料	仿石型涂料	氟碳涂料	金属漆
基价(元)				**75.24**	**83.44**	**135.39**	**82.06**	**94.11**
其中	人工费(元)			47.53	53.15	56.53	47.46	63.71
	材料费(元)			27.46	30.04	78.61	34.35	30.15
	机械费(元)			0.25	0.25	0.25	0.25	0.25
预算定额编号	项目名称	单位	单价(元)	消耗量				
12-2	外墙 14+6	100m²	3 216.87	0.011 30	0.011 30	0.011 30	0.011 30	0.011 30
12-9	挂钢板网	100m²	1 558.60	0.001 99	0.001 99	0.001 99	0.001 99	0.001 99
14-140	批刮腻子(满刮两遍) 混凝土面	100m²	1 288.27	0.005 65	0.005 65	0.005 65	—	0.005 65
14-141	批刮腻子(满刮两遍) 抹灰面	100m²	1 170.71	0.005 65	0.005 65	0.005 65	—	0.005 65
14-146	外墙涂料 丙烯酸涂料	100m²	1 938.04	0.011 30	—	—	—	—
14-147	外墙涂料 弹性涂料	100m²	2 663.07	—	0.011 30	—	—	—
14-148	外墙涂料 仿石型涂料	100m²	7 260.73	—	—	0.011 30	—	—
14-149	外墙涂料 氟碳涂料	100m²	3 771.38	—	—	—	0.011 30	—
14-150	金属漆	100m²	3 607.49	—	—	—	—	0.011 30
	名称	单位	单价(元)	消耗量				
人工	三类人工	工日	155.00	0.237 72	0.273 95	0.295 78	0.306 24	0.342 07
材料	水	m³	4.27	0.007 91	0.007 91	0.007 91	0.007 91	0.007 91
	干混抹灰砂浆 DP M15.0	m³	446.85	0.026 22	0.026 22	0.026 22	0.026 22	0.026 22

工作内容:墙面、门窗洞口侧面、窗台线、腰线、勒脚抹底层、结合层、贴块料面层。

计量单位:m²

定额编号				5-173	5-174	5-175
项目				外墙面		
				面砖周长(mm)		
				300 以内	600 以内	600 以上
基价(元)				**118.06**	**123.20**	**136.34**
其中	人工费(元)			77.35	68.98	60.38
	材料费(元)			40.49	54.00	75.75
	机械费(元)			0.22	0.22	0.21
预算定额编号	项目名称	单位	单价(元)	消耗量		
12-9	挂钢板网	100m²	1 558.60	0.001 99	0.001 99	0.001 99
12-16	打底找平 厚 15	100m²	1 741.42	0.011 30	0.011 30	0.011 30
12-53	外墙面砖(干混砂浆) 周长(mm) 300 以内	100m²	7 836.46	0.005 65	—	—
12-54	外墙面砖(干混砂浆) 周长(mm) 600 以内	100m²	8 288.94	—	0.005 65	—
12-55	外墙面砖(干混砂浆) 周长(mm) 600 以上	100m²	9 469.33	—	—	0.005 65
12-56	外墙面砖(干粉型黏结剂) 周长(mm) 300 以内	100m²	9 026.95	0.005 65	—	—
12-57	外墙面砖(干粉型黏结剂) 周长(mm) 600 以内	100m²	9 484.87	—	0.005 65	—
12-58	外墙面砖(干粉型黏结剂) 周长(mm) 600 以上	100m²	10 630.33	—	—	0.005 65
	名称	单位	单价(元)	消耗量		
人工	三类人工	工日	155.00	0.502 74	0.448 28	0.392 34
材料	瓷质外墙砖 45×95	m²	21.55	0.915 08	—	—
	瓷质外墙砖 50×230	m²	34.48	—	0.973 45	—
	瓷质外墙砖 200×200	m²	51.72	—	—	1.080 38
	水	m³	4.27	0.018 05	0.018 05	0.018 05
	干混抹灰砂浆 DP M15.0	m³	446.85	0.017 97	0.017 97	0.017 97
	干混抹灰砂浆 DP M20.0	m³	446.95	0.005 16	0.004 69	0.003 85

工作内容：墙面、门窗洞口侧面、窗台线、腰线、勒脚抹底层、结合层、贴块料面层。　　计量单位：m^2

定额编号				5-176	5-177	5-178
项目				外墙面		
				文化石	凹凸毛石板	马赛克
基价（元）				**159.74**	**151.30**	**184.27**
其中	人工费（元）			61.76	59.68	79.70
	材料费（元）			97.77	91.41	104.37
	机械费（元）			0.21	0.21	0.20
预算定额编号	项目名称	单位	单价(元)	消耗量		
12-9	挂钢板网	$100m^2$	1 558.60	—	—	0.001 99
12-16	打底找平 厚15	$100m^2$	1 741.42	0.011 30	0.011 30	0.011 30
12-60	文化石 干混砂浆	$100m^2$	11 849.08	0.005 65	—	—
12-61	文化石 干粉型黏结剂	$100m^2$	12 941.67	0.005 65	—	—
12-62	凹凸毛石板 干混砂浆	$100m^2$	11 103.41	—	0.005 65	—
12-63	凹凸毛石板 干粉型黏结剂	$100m^2$	12 192.45	—	0.005 65	—
12-64	马赛克 干混砂浆	$100m^2$	13 685.25	—	—	0.005 65
12-65	马赛克 干粉型黏结剂	$100m^2$	14 897.79	—	—	0.005 65
	名称	单位	单价(元)	消耗量		
人工	三类人工	工日	155.00	0.401 35	0.387 82	0.518 05
材料	凹凸毛石板	m^2	63.45	—	1.162 80	—
	玻璃锦砖 300×300	m^2	73.28	—	—	1.162 80
	文化石	m^2	68.97	1.162 80	—	—
	水	m^3	4.27	0.024 32	0.023 41	0.017 82
	干混抹灰砂浆 DP M15.0	m^3	446.85	0.017 97	0.017 97	0.017 97
	干混抹灰砂浆 DP M20.0	m^3	446.95	0.003 49	0.003 49	0.002 91

2. 内墙(柱)面抹灰、贴砖差价

工作内容:基层抹灰、龙骨安装、面层挂贴。　　计量单位:m²

定额编号				5-179	5-180	5-181	5-182
项目				内墙面			背栓式干挂瓷砖
				瓷砖周长(mm)			
				650 以内	1 200 以内	1 200 以上	
基价(元)				**86.87**	**79.92**	**78.57**	**343.83**
其中	人工费(元)			52.93	45.98	39.03	113.20
	材料费(元)			33.77	33.77	39.37	227.07
	机械费(元)			0.17	0.17	0.17	3.56
预算定额编号	项目名称	单位	单价(元)	消耗量			
12-1	内墙 14 + 6	100m²	2 563.39	-0.010 00	-0.010 00	-0.010 00	-0.010 00
12-16	打底找平 厚 15	100m²	1 741.42	0.011 30	0.011 30	0.011 30	0.011 30
12-19	墙柱面界面剂喷涂	100m²	413.27	0.005 00	0.005 00	0.005 00	—
12-20	干粉型界面剂	100m²	509.14	0.005 00	0.005 00	0.005 00	—
12-47	瓷砖(干混砂浆) 周长(mm) 650 以内	100m²	8 196.88	0.005 00	—	—	—
12-48	瓷砖(干混砂浆) 周长(mm) 1 200 以内	100m²	7 512.25	—	0.005 00	—	—
12-49	瓷砖(干混砂浆) 周长(mm) 1 200 以上	100m²	7 387.85	—	—	0.005 00	—
12-50	瓷砖(干粉型黏结剂) 周长(mm) 650 以内	100m²	9 444.95	0.005 00	—	—	—
12-51	瓷砖(干粉型黏结剂) 周长(mm) 1 200 以内	100m²	8 739.70	—	0.005 00	—	—
12-52	瓷砖(干粉型黏结剂) 周长(mm) 1 200 以上	100m²	8 595.79	—	—	0.005 00	—
12-59	背栓式干挂瓷砖	100m²	21 911.08	—	—	—	0.010 00
12-67	内墙(柱、梁)骨架及基层 钢龙骨	t	7 686.62	—	—	—	0.017 00
	名称	单位	单价(元)	消耗量			
人工	三类人工	工日	155.00	0.341 46	0.296 62	0.251 82	0.730 33
材料	普通硅酸盐水泥 P·O 42.5 综合	kg	0.34	0.367 20	0.367 20	0.367 20	—
	白色硅酸盐水泥 425# 二级白度	kg	0.59	0.206 00	0.206 00	0.206 00	—
	黄砂 净砂(细砂)	t	102.00	0.000 37	0.000 37	0.000 37	—
	瓷砖 150 × 220	m²	25.86	—	1.020 00	—	—
	瓷砖 152 × 152	m²	25.86	1.020 00	—	—	—
	瓷砖 500 × 500	m²	31.03	—	—	1.030 00	—
	墙面砖 600 × 800	m²	56.03	—	—	—	1.040 00
	水	m³	4.27	0.022 43	0.022 43	0.022 43	0.016 13

工作内容：龙骨制作、安装，铺贴面层、油漆。 计量单位：m^2

定额编号				5-183	5-184	5-185
项目				内墙面		
				石材挂贴	石材粘贴	薄型石材粘贴
基价（元）				**225.17**	**211.13**	**206.65**
其中	人工费（元）			64.10	56.57	56.13
	材料费（元）			160.43	154.38	150.34
	机械费（元）			0.64	0.18	0.18
预算定额编号	项目名称	单位	单价(元)	消耗量		
12-1	内墙 14+6	$100m^2$	2 563.39	-0.010 00	-0.010 00	-0.010 00
12-16	打底找平 厚15	$100m^2$	1 741.42	0.011 30	0.011 30	0.011 30
12-19	墙柱面界面剂喷涂	$100m^2$	413.27	0.010 00	0.005 00	0.005 00
12-20	干粉型界面剂	$100m^2$	509.14	—	0.005 00	0.005 00
12-38	石材 挂贴	$100m^2$	22 700.06	0.010 00	—	—
12-39	石材 粘贴 干混砂浆	$100m^2$	20 559.68	—	0.005 00	—
12-40	石材 粘贴 干粉型黏结剂	$100m^2$	21 934.18	—	0.005 00	—
12-41	薄型石材(12以内) 粘贴 干混砂浆	$100m^2$	20 370.26	—	—	0.005 00
12-42	薄型石材(12以内) 粘贴 干粉型黏结剂	$100m^2$	21 227.69	—	—	0.005 00
	名称	单位	单价(元)	消耗量		
人工	三类人工	工日	155.00	0.413 54	0.364 94	0.362 10
材料	普通硅酸盐水泥 P·O 42.5 综合	kg	0.34	0.734 40	0.367 20	0.367 20
	白色硅酸盐水泥 425# 二级白度	kg	0.59	0.154 50	0.154 50	0.154 50
	黄砂 净砂(细砂)	t	102.00	0.000 73	0.000 37	0.000 37
	石材 综合	m^2	138.00	1.020 00	1.020 00	1.020 00
	水	m^3	4.27	0.016 03	0.022 42	0.021 90

工作内容：龙骨制作、安装，铺贴面层、油漆。 计量单位：m^2

定额编号				5-186	5-187
项目				内墙面	
				石材干挂	膨胀螺栓干挂
基价（元）				**378.44**	**239.10**
其中	人工费（元）			125.67	67.29
	材料费（元）			248.89	171.81
	机械费（元）			3.88	—
预算定额编号	项目名称	单位	单价(元)	消耗量	
12-1	内墙 14+6	$100m^2$	2 563.39	-0.010 00	—
12-43	干挂石材 内墙面 密缝	$100m^2$	22 853.19	0.004 00	—
12-44	干挂石材 内墙面 嵌缝	$100m^2$	24 045.68	0.004 00	—
12-45	干挂石材 内墙面 开放式	$100m^2$	23 688.09	0.002 00	—
12-46	膨胀螺栓干挂	$100m^2$	23 910.12	—	0.010 00
12-67	内墙(柱、梁)骨架及基层 钢龙骨	t	7 686.62	0.022 00	—
	名称	单位	单价(元)	消耗量	
人工	三类人工	工日	155.00	0.810 79	0.434 15
材料	型钢(幕墙用)	t	3 647.00	0.023 32	—
	石材 综合	m^2	138.00	1.004 00	1.020 00
	水	m^3	4.27	-0.007 00	—

3. 墙(柱)面饰面差价

工作内容：龙骨制作、安装，铺贴面层、油漆。　　　　计量单位：m^2

定额编号				5-188	5-189	5-190	5-191
项目				装饰夹板面层			
				普通		拼花	
				基层			
				木龙骨	木夹板	木龙骨	木夹板
基价（元）				**69.34**	**71.51**	**74.12**	**76.28**
其中	人工费（元）			25.29	23.13	27.56	25.39
	材料费（元）			44.27	48.60	46.78	51.11
	机械费（元）			-0.22	-0.22	-0.22	-0.22
预算定额编号	项目名称	单位	单价(元)	消耗量			
12-1	内墙 14+6	$100m^2$	2 563.39	-0.010 00	-0.010 00	-0.010 00	-0.010 00
12-111	断面 $7.5cm^2$ 以内 木龙骨平均中距(cm) 30 以内	$100m^2$	2 397.20	0.001 00	—	0.001 00	—
12-112	断面 $7.5cm^2$ 以内 木龙骨平均中距(cm) 40 以内	$100m^2$	1 944.85	0.001 50	—	0.001 50	—
12-113	断面 $13cm^2$ 以内 木龙骨平均中距(cm) 30 以内	$100m^2$	3 131.48	0.001 00	—	0.001 00	—
12-114	断面 $13cm^2$ 以内 木龙骨平均中距(cm) 40 以内	$100m^2$	2 505.99	0.001 50	—	0.001 50	—
12-115	断面 $13cm^2$ 以内 木龙骨平均中距(cm) 45 以内	$100m^2$	2 326.69	0.001 00	—	0.001 00	—
12-116	断面 $20cm^2$ 以内 木龙骨平均中距(cm) 30 以内	$100m^2$	4 390.42	0.001 00	—	0.001 00	—
12-117	断面 $20cm^2$ 以内 木龙骨平均中距(cm) 40 以内	$100m^2$	3 555.38	0.001 00	—	0.001 00	—
12-118	断面 $20cm^2$ 以内 木龙骨平均中距(cm) 45 以内	$100m^2$	3 318.84	0.001 00	—	0.001 00	—
12-119	断面 $20cm^2$ 以内 木龙骨平均中距(cm) 50 以内	$100m^2$	2 811.32	0.001 00	—	0.001 00	—
12-123	木夹板基层	$100m^2$	3 077.60	—	0.010 00	—	0.010 00
12-126	装饰夹板面层 普通 木(或夹板)基层上	$100m^2$	3 555.58	0.010 00	0.010 00	—	—
12-127	装饰夹板面层 拼花 木(或夹板)基层上	$100m^2$	4 033.67	—	—	0.010 00	0.010 00
14-62	其他木材面 聚酯混漆 三遍	$100m^2$	3 080.04	0.010 00	0.010 00	0.010 00	0.010 00
	名称	单位	单价(元)	消耗量			
人工	三类人工	工日	155.00	0.163 15	0.149 20	0.177 78	0.163 83
材料	板枋材 杉木	m^3	2 069.00	0.008 68	—	0.008 68	—
	红榉夹板 δ3	m^2	24.36	1.050 00	1.050 00	1.150 00	1.150 00
	细木工板 δ15	m^2	21.12	—	1.050 00	—	1.050 00
	水	m^3	4.27	-0.007 00	-0.007 00	-0.007 00	-0.007 00

工作内容：1. 铺钉基层板，基层铺胶，安装玻璃；
2. 铺钉基层板，基层铺胶，面层安装。

计量单位：m^2

定额编号				5-192	5-193
项目				镜面玻璃	
				夹板基层上	抹灰面基层上
基价（元）				**82.46**	**79.91**
其中	人工费（元）			7.95	19.17
	材料费（元）			74.73	60.74
	机械费（元）			-0.22	—
预算定额编号	项目名称	单位	单价(元)	消耗量	
12-1	内墙 14+6	$100m^2$	2 563.39	-0.010 00	—
12-123	木夹板基层	$100m^2$	3 077.60	0.010 00	—
12-128	镜面玻璃 夹板基层上	$100m^2$	7 730.35	0.010 00	—
12-129	镜面玻璃 抹灰面基层上	$100m^2$	7 990.98	—	0.010 00
	名称	单位	单价(元)	消耗量	
人工	三类人工	工日	155.00	0.051 26	0.123 65
材料	细木工板 δ15	m^2	21.12	1.050 00	—
	镜面玻璃 δ6	m^2	47.41	1.050 00	1.050 00
	水	m^3	4.27	-0.007 00	—

工作内容：1. 铺钉基层板，基层铺胶，安装玻璃；
2. 铺钉基层板，基层铺胶，面层安装。

计量单位：m^2

定额编号				5-194	5-195	5-196	5-197
项目				夹板基层上			
				贴人造革	贴丝绒	织物	
						软包	硬包
基价（元）				**110.96**	**59.39**	**136.08**	**120.06**
其中	人工费（元）			38.37	7.57	35.50	33.16
	材料费（元）			72.81	52.04	100.80	87.12
	机械费（元）			-0.22	-0.22	-0.22	-0.22
预算定额编号	项目名称	单位	单价(元)	消耗量			
12-1	内墙 14+6	$100m^2$	2 563.39	-0.010 00	-0.010 00	-0.010 00	-0.010 00
12-123	木夹板基层	$100m^2$	3 077.60	0.010 00	0.010 00	0.010 00	0.010 00
12-130	贴人造革	$100m^2$	10 581.48	0.010 00	—	—	—
12-131	贴丝绒	$100m^2$	5 424.06	—	0.010 00	—	—
12-132	织物 软包	$100m^2$	13 092.86	—	—	0.010 00	—
12-133	织物 硬包	$100m^2$	11 491.40	—	—	—	0.010 00
	名称	单位	单价(元)	消耗量			
人工	三类人工	工日	155.00	0.247 56	0.048 85	0.229 03	0.213 91
材料	细木工板 δ15	m^2	21.12	1.050 00	1.050 00	1.050 00	2.100 00
	丝绒面料	m^2	27.59	—	1.120 00	—	—
	装饰布	m^2	39.66	—	—	1.180 00	1.180 00
	水	m^3	4.27	-0.007 00	-0.007 00	-0.007 00	-0.007 00

工作内容:铺钉基层板,铺钉面层,嵌缝等。　　**计量单位**:m^2

定额编号				5-198	5-199	5-200	5-201	5-202
项目				夹板基层上				
				硬木条吸音墙面	硬木板条墙面	硅钙板	竹片内墙面	塑料板
基价（元）				**179.16**	**61.48**	**61.46**	**60.68**	**29.31**
其中	人工费（元）			35.38	27.31	5.18	23.66	2.69
	材料费（元）			144.00	34.39	56.50	37.24	26.84
	机械费（元）			-0.22	-0.22	-0.22	-0.22	-0.22
预算定额编号	项目名称	单位	单价(元)	消耗量				
12-1	内墙 14+6	$100m^2$	2 563.39	-0.010 00	-0.010 00	-0.010 00	-0.010 00	-0.010 00
12-123	木夹板基层	$100m^2$	3 077.60	0.010 00	0.010 00	0.010 00	0.010 00	0.010 00
12-134	硬木条吸音墙面	$100m^2$	17 401.09	0.010 00	—	—	—	—
12-135	硬木板条墙面	$100m^2$	5 633.44	—	0.010 00	—	—	—
12-136	硅钙板	$100m^2$	5 631.10	—	—	0.010 00	—	—
12-137	竹片内墙面	$100m^2$	5 553.68	—	—	—	0.010 00	—
12-138	塑料板	$100m^2$	2 416.19	—	—	—	—	0.010 00
名称		单位	单价(元)	消耗量				
人工	三类人工	工日	155.00	0.228 27	0.176 17	0.033 39	0.152 67	0.017 35
材料	塑料板 E16	m^2	13.02	—	—	—	—	1.050 00
	细木工板 δ15	m^2	21.12	1.050 00	1.050 00	1.050 00	1.050 00	1.050 00
	半圆竹片 *DN*20	m^2	22.35	—	—	—	1.050 00	—
	硅酸钙板 δ10	m^2	40.78	—	—	1.070 00	—	—
	木条吸音板	m^2	112.00	1.050 00	—	—	—	—
	超细玻璃棉毡	kg	12.57	1.052 60	—	—	—	—
	水	m^3	4.27	-0.007 00	-0.007 00	-0.007 00	-0.007 00	-0.007 00

工作内容:安装龙骨,铺钉基层板,铺钉面层,嵌缝等。　　**计量单位**:m^2

定额编号				5-203	5-204	5-205	5-206
项目				轻钢龙骨基层		木夹板基层	
				电化铝板	铝合金条板	铝塑板	不锈钢面板
基价（元）				**119.36**	**148.58**	**108.70**	**210.31**
其中	人工费（元）			20.18	27.48	19.34	41.17
	材料费（元）			99.40	121.32	89.58	169.36
	机械费（元）			-0.22	-0.22	-0.22	-0.22
预算定额编号	项目名称	单位	单价(元)	消耗量			
12-1	内墙 14+6	$100m^2$	2 563.39	-0.010 00	-0.010 00	-0.010 00	-0.010 00
12-120	轻钢龙骨 中距(mm 以内) 竖 600 横 1 500	$100m^2$	4 346.01	0.010 00	0.010 00	—	—
12-123	木夹板基层	$100m^2$	3 077.60	—	—	0.010 00	0.010 00
12-139	电化铝板	$100m^2$	10 153.36	0.010 00	—	—	—
12-140	铝合金装饰板	$100m^2$	13 074.37	—	0.010 00	—	—
12-141	铝塑板	$100m^2$	10 354.94	—	—	0.010 00	—
12-142	不锈钢面板	$100m^2$	20 516.40	—	—	—	0.010 00
名称		单位	单价(元)	消耗量			
人工	三类人工	工日	155.00	0.130 22	0.177 26	0.124 77	0.265 59
材料	不锈钢板 304 δ1.2	m^2	142.00	—	—	—	1.050 00
	细木工板 δ15	m^2	21.12	—	—	1.050 00	1.050 00
	铝合金扣板	m^2	67.24	1.100 00	—	—	—
	铝合金条板	m^2	77.59	—	1.100 00	—	—
	铝塑板 2 440×1 220×3	m^2	58.62	—	—	1.100 00	—
	水	m^3	4.27	-0.007 00	-0.007 00	-0.007 00	-0.007 00

工作内容:铺钉基层板,干挂面层,嵌缝等。

计量单位:m^2

定额编号				5-207	5-208	5-209	5-210
项目				搪瓷钢板	合成饰面板	GRC 板	
				干挂		粘贴	背栓干挂
基价(元)				**735.59**	**277.80**	**151.33**	**329.68**
其中	人工费(元)			94.45	78.58	7.87	118.46
	材料费(元)			638.19	196.27	143.68	207.34
	机械费(元)			2.95	2.95	-0.22	3.88
预算定额编号	项目名称	单位	单价(元)	消耗量			
12-1	内墙 14+6	$100m^2$	2 563.39	-0.010 00	-0.010 00	-0.010 00	-0.010 00
12-67	内墙(柱、梁)骨架及基层 钢龙骨	t	7 686.62	0.017 00	0.017 00	—	0.022 00
12-123	木夹板基层	$100m^2$	3 077.60	—	—	0.010 00	—
12-143	搪瓷钢板 干挂	$100m^2$	63 054.93	0.010 00	—	—	—
12-144	合成饰面板 干挂	$100m^2$	17 276.05	—	0.010 00	—	—
12-145	GRG 板 粘贴	$100m^2$	14 617.83	—	—	0.010 00	—
12-146	GRG 板 背栓干挂	$100m^2$	18 621.14	—	—	—	0.010 00
	名称	单位	单价(元)	消耗量			
人工	三类人工	工日	155.00	0.609 39	0.506 99	0.050 77	0.764 28
材料	型钢(幕墙用)	t	3 647.00	0.018 02	0.018 02	—	0.023 32
	细木工板 δ15	m^2	21.12	—	—	1.050 00	—
	搪瓷钢板(含背栓件)	m^2	569.00	1.010 00	—	—	—
	合成饰面板	m^2	129.00	—	1.030 00	—	—
	玻璃纤维增强石膏装饰板	m^2	121.00	—	—	1.010 00	1.010 00
	水	m^3	4.27	-0.007 00	-0.007 00	-0.007 00	-0.007 00

工作内容:安装龙骨,铺钉基层板,铺钉面层,嵌缝等。

计量单位:m^2

定额编号				5-211	5-212	5-213	5-214
项目				成品木饰面		成品织物包板	
				粘贴	挂贴	粘贴	挂贴
基价(元)				**230.72**	**240.05**	**321.62**	**343.21**
其中	人工费(元)			9.50	12.47	4.24	10.54
	材料费(元)			221.44	227.80	317.60	332.89
	机械费(元)			-0.22	-0.22	-0.22	-0.22
预算定额编号	项目名称	单位	单价(元)	消耗量			
12-1	内墙 14+6	$100m^2$	2 563.39	-0.010 00	-0.010 00	-0.010 00	-0.010 00
12-123	木夹板基层	$100m^2$	3 077.60	0.010 00	0.010 00	0.010 00	0.010 00
12-147	成品木饰面 粘贴	$100m^2$	22 556.72	0.010 00	—	—	—
12-148	成品木饰面 挂贴	$100m^2$	23 490.28	—	0.010 00	—	—
12-149	成品织物包板 粘贴	$100m^2$	31 647.62	—	—	0.010 00	—
12-150	成品织物包板 挂贴	$100m^2$	33 806.31	—	—	—	0.010 00
	名称	单位	单价(元)	消耗量			
人工	三类人工	工日	155.00	0.061 27	0.080 47	0.027 37	0.068 02
材料	细木工板 δ15	m^2	21.12	1.050 00	1.050 00	1.050 00	1.050 00
	成品木饰面(平板)	m^2	198.00	1.010 00	1.010 00	—	—
	成品织物包板 δ15	m^2	302.00	—	—	1.010 00	1.010 00
	水	m^3	4.27	-0.007 00	-0.007 00	-0.007 00	-0.007 00

4. 抹灰面油漆、涂料

工作内容：刮腻子、刷油漆、乳胶漆、涂料、硅藻泥涂料。 **计量单位**：m^2

定额编号				5-215	5-216	5-217	5-218
项目				调和漆三遍	乳胶漆三遍	涂料三遍	硅藻泥涂料
基价（元）				**26.99**	**28.87**	**20.89**	**66.65**
其中	人工费（元）			19.86	19.04	17.29	59.06
	材料费（元）			7.13	9.83	3.60	7.59
	机械费（元）			—	—	—	—
预算定额编号	项目名称	单位	单价(元)	消耗量			
14-122	调和漆 墙、柱、天棚面等 二遍	$100m^2$	993.06	0.010 00	—	—	—
14-123	调和漆 墙、柱、天棚面等 每增减一遍	$100m^2$	476.48	0.010 00	—	—	—
14-128	乳胶漆 墙、柱、天棚面 二遍	$100m^2$	1 108.92	—	0.010 00	—	—
14-129	乳胶漆 墙、柱、天棚面 每增减一遍	$100m^2$	548.44	—	0.010 00	—	—
14-130	涂料 墙、柱、天棚面 二遍	$100m^2$	624.75	—	—	0.010 00	—
14-131	涂料 墙、柱、天棚面 每增减一遍	$100m^2$	234.97	—	—	0.010 00	—
14-132	硅藻泥涂料 喷	$100m^2$	5 001.54	—	—	—	0.005 00
14-133	硅藻泥涂料 刮	$100m^2$	5 870.20	—	—	—	0.005 00
14-140	批刮腻子(满刮两遍) 混凝土面	$100m^2$	1 288.27	0.005 00	0.005 00	0.005 00	0.005 00
14-141	批刮腻子(满刮两遍) 抹灰面	$100m^2$	1 170.71	0.005 00	0.005 00	0.005 00	0.005 00
	名称	单位	单价(元)	消耗量			
人工	三类人工	工日	155.00	0.128 12	0.122 84	0.111 56	0.381 04
材料	成品腻子粉	kg	0.86	3.150 00	3.150 00	3.150 00	3.150 00
	水	m^3	4.27	0.000 40	0.000 40	0.000 40	0.001 50

5. 抹灰面裱糊

工作内容：刮腻子、贴面纸。 **计量单位**：m^2

定额编号				5-219	5-220	5-221
项目				普通墙纸	金属墙纸	织物墙纸
基价（元）				**53.28**	**91.38**	**50.13**
其中	人工费（元）			19.06	20.60	25.01
	材料费（元）			34.22	70.78	25.12
	机械费（元）			—	—	—
预算定额编号	项目名称	单位	单价(元)	消耗量		
14-140	批刮腻子(满刮两遍) 混凝土面	$100m^2$	1 288.27	0.005 00	0.005 00	0.005 00
14-141	批刮腻子(满刮两遍) 抹灰面	$100m^2$	1 170.71	0.005 00	0.005 00	0.005 00
14-145	墙纸基膜	$100m^2$	404.21	0.010 00	0.010 00	0.010 00
14-151	墙纸 不对花 墙面	$100m^2$	3 536.15	0.006 40	—	—
14-152	墙纸 不对花 柱面	$100m^2$	3 986.87	0.001 60	—	—
14-154	墙纸 对花 墙面	$100m^2$	3 871.88	0.001 60	—	—
14-155	墙纸 对花 柱面	$100m^2$	4 345.85	0.000 40	—	—
14-157	金属墙纸 墙面	$100m^2$	7 366.81	—	0.008 00	—
14-158	金属墙纸 柱面	$100m^2$	8 052.24	—	0.002 00	—
14-160	织物 墙面	$100m^2$	3 288.09	—	—	0.008 00
14-161	织物 柱面	$100m^2$	3 744.95	—	—	0.002 00
	名称	单位	单价(元)	消耗量		
人工	三类人工	工日	155.00	0.122 98	0.132 88	0.161 38

第六章

柱、梁工程

说　　明

一、柱、梁工程包括砖、石柱，现浇钢筋混凝土柱、梁，装配式混凝土柱、梁，钢柱、钢梁及钢柱、钢梁油漆等项目。

二、定额综合的内容：

1. 砖、石柱是指独立柱，包括了基础顶面以上的砖、石砌筑，抹灰、勾缝。

2. 现浇钢筋混凝土柱、梁包括模板、钢筋制作、安装，混凝土浇捣及柱梁面抹灰，柱、梁面抹灰按干混砂浆考虑。

3. 现场制作钢柱、钢梁包括现场制作、安装，喷砂除锈，场内转运、清理。

三、依附在框架间墙体内的柱、梁，其抹灰已综合在相应墙体定额内，但不包括涂料、油漆、块料等装饰面层，也不包括钢构件的防火漆。

四、斜梁按坡度 $10° < \alpha \leq 30°$ 综合编制。坡度 $\leq 10°$ 的斜梁执行普通梁项目；坡度 $30° < \alpha \leq 45°$ 时，人工乘以系数 1.05；坡度在 45°以上时，按墙相应定额执行。

五、本章定额中混凝土除另有注明外均按泵送商品混凝土编制，实际采用非泵送商品混凝土、现场搅拌混凝土时仍套用泵送定额，混凝土价格按实际使用的种类换算，混凝土浇捣人工乘以下表相应系数，其余不变。现场搅拌的混凝土还应按混凝土消耗量执行现场搅拌调整费定额。

建筑物人工调整系数表

序号	项目名称	人工调整系数
1	基础	1.50
2	柱	1.05
3	梁	1.40
4	墙、板	1.30
5	楼梯、雨篷、阳台、栏板及其他	1.05

六、现浇钢筋混凝土柱、梁的支模高度按层高 3.6m 以内编制，超过 3.6m 时，按《浙江省房屋建筑与装饰工程预算定额》(2018 版)的规定执行。

七、装配式混凝土构件按成品购入编制，构件价格已包含了构件运输至施工现场指定区域、卸车、堆放发生的费用。

八、装配式混凝土柱按成品购入构件考虑，包括构件安装、套筒注浆、抹灰。装配式混凝土梁按成品购入构件考虑，包括构件安装、抹灰。

九、预制钢构件均按购入成品到场考虑，不再考虑场外运输费用。

十、现场制作钢柱、钢梁适用于非工厂制作的构件，按直线型构件编制。

工程量计算规则

一、砖、石柱按基础顶面至楼面或屋面高度乘以柱结构断面尺寸,以“m^3”为单位计算。

二、混凝土柱:按设计图示尺寸以体积计算。

1.柱高按基础顶面或楼板上表面算至柱顶面或上一层楼板上表面。

2.无梁板柱高按基础顶面(或楼板上表面)算至柱帽下表面。

3.依附柱上的牛腿并入柱身体积内计算。

三、混凝土梁:按设计图示尺寸以体积计算,伸入砖墙内的梁头、梁垫并入梁体积内。梁与柱、次梁与主梁、梁与混凝土墙交接时,按中心线长度计算。

四、装配式混凝土柱、梁工程量按设计图示尺寸的实体积以“m^3”计算。

五、高强螺栓、栓钉、花篮螺栓等安装配件工程量按设计图示节点工程量计算。

六、预制钢构件安装、现场制作钢柱、梁工程量按设计图示尺寸以质量计算,不扣除单个 0.3m^2以内的孔洞质量,焊缝、铆钉、螺栓等不另增加质量。

七、钢柱、钢梁油漆工程量按设计图示尺寸以展开面积计算。

一、砖、石柱

1.砖　　柱

工作内容：调制砂浆、砌筑、抹灰（勾缝）。

计量单位：m^3

定额编号				6-1	6-2	6-3	6-4
项目				混凝土实心砖	混凝土多孔砖	非黏土烧结实心砖	非黏土烧结多孔砖
				干混砂浆面			
基价（元）				**857.74**	**755.60**	**872.24**	**792.36**
其中	人工费（元）			429.51	392.92	424.11	387.52
	材料费（元）			423.48	358.50	443.38	400.64
	机械费（元）			4.75	4.18	4.75	4.20
预算定额编号	项目名称	单位	单价（元）	消耗量			
12-21	柱（梁）14+6	$100m^2$	3 134.91	0.114 05	0.114 05	0.114 05	0.114 05
4-10	混凝土实心砖 方柱	$10m^3$	5 001.95	0.100 00	—	—	—
4-25	混凝土多孔砖 方柱	$10m^3$	3 980.72	—	0.100 00	—	—
4-31	非黏土烧结实心砖 方柱	$10m^3$	5 146.92	—	—	0.100 00	—
4-44	非黏土烧结多孔砖 方柱	$10m^3$	4 348.30	—	—	—	0.100 00
	名称	单位	单价（元）	消耗量			
人工	二类人工	工日	135.00	1.411 00	1.140 00	1.371 00	1.100 00
	三类人工	工日	155.00	1.542 75	1.542 75	1.542 75	1.542 75
材料	非黏土烧结页岩多孔砖 240×115×90	千块	612.00	—	—	—	0.346 00
	非黏土烧结实心砖 240×115×53	千块	426.00	—	—	0.543 00	—
	混凝土多孔砖 240×115×90 MU10	千块	491.00	—	0.348 00	—	—
	混凝土实心砖 240×115×53 MU10	千块	388.00	0.546 00	—	—	—
	水	m^3	4.27	0.100 14	0.100 14	0.200 14	0.200 14
	干混砌筑砂浆 DM M7.5	m^3	413.73	0.231 00	0.173 00	0.231 00	0.175 00

2.石　　柱

工作内容：调制砂浆、砌筑、抹灰（勾缝）。

计量单位：m^3

定额编号				6-5
项目				方整石
				干混砂浆勾缝
基价（元）				**698.61**
其中	人工费（元）			357.68
	材料费（元）			339.55
	机械费（元）			1.38
预算定额编号	项目名称	单位	单价（元）	消耗量
12-15	干混砂浆勾缝	$100m^2$	943.20	0.114 05
4-79	方整石柱	$10m^3$	5 910.39	0.100 00
	名称	单位	单价（元）	消耗量
人工	二类人工	工日	135.00	1.874 00
	三类人工	工日	155.00	0.675 70
材料	水	m^3	4.27	0.096 51
	干混砌筑砂浆 DM M5.0	m^3	397.23	0.136 00

二、现浇钢筋混凝土柱

工作内容:模板、钢筋制作、安装,混凝土浇捣、养护,柱面抹灰。　　　　计量单位:m³

定额编号				6-6	6-7	6-8
项目				矩形柱		
				组合钢模	铝模	复合木模
				干混砂浆面		
基价(元)				2 089.66	2 138.24	2 078.33
其中	人工费(元)			646.29	667.56	608.65
	材料费(元)			1 412.89	1 440.23	1 443.12
	机械费(元)			30.48	30.45	26.56
预算定额编号	项目名称	单位	单价(元)	消耗量		
12-21	柱(梁) 14+6	100m²	3 134.91	0.084 70	0.084 70	0.084 70
5-117	矩形柱 组合钢模	100m²	4 467.05	0.084 70	—	—
5-118	矩形柱 铝模	100m²	5 040.57	—	0.084 70	—
5-119	矩形柱 复合木模	100m²	4 333.21	—	—	0.084 70
5-39	螺纹钢筋 HRB400 以内 ≤ϕ18	t	4 467.54	0.093 17	0.093 17	0.093 17
5-40	螺纹钢筋 HRB400 以内 ≤ϕ25	t	4 286.52	0.039 93	0.039 93	0.039 93
5-48	箍筋螺纹钢筋 HRB400 以内 ≤ϕ10	t	5 243.90	0.057 20	0.057 20	0.057 20
5-6	矩形柱、异型柱、圆形柱	10m³	5 584.19	0.100 00	0.100 00	0.100 00
	名称	单位	单价(元)	消耗量		
人工	二类人工	工日	135.00	3.472 43	3.629 97	3.193 60
	三类人工	工日	155.00	1.145 23	1.145 23	1.145 23
材料	热轧带肋钢筋 HRB400 ϕ10	t	3 938.00	0.058 34	0.058 34	0.058 34
	热轧带肋钢筋 HRB400 ϕ18	t	3 759.00	0.095 53	0.095 53	0.095 53
	热轧带肋钢筋 HRB400 ϕ25	t	3 759.00	0.040 90	0.040 90	0.040 90
	泵送商品混凝土 C30	m³	461.00	1.010 00	1.010 00	1.010 00
	钢支撑	kg	3.97	3.634 48	—	3.634 48
	斜支撑杆件 ϕ48×3.5	套	155.00	—	0.022 02	—
	水	m³	4.27	1.184 03	1.184 03	1.184 03
	复合模板 综合	m²	32.33	—	—	1.558 14
	钢模板	kg	5.96	6.102 64	—	—
	铝模板	kg	34.99	—	2.845 92	—
	木模板	m³	1 445.00	0.011 27	—	0.021 09

工作内容：模板、钢筋制作、安装，混凝土浇捣、养护，柱面抹灰。

计量单位：m^3

定额编号				6-9	6-10	6-11
项目				异型柱		异型柱(圆形柱)
				组合钢模	铝模	复合木模
				干混砂浆面		
基价（元）				**2 371.20**	**2 318.89**	**2 306.59**
其中	人工费（元）			876.71	792.73	750.87
	材料费（元）			1 460.10	1 492.31	1 527.18
	机械费（元）			34.39	33.85	28.54
预算定额编号	项目名称	单位	单价(元)	消耗量		
12-21	柱(梁) 14 +6	$100m^2$	3 134.91	0.090 55	0.090 55	0.090 55
5-120	异型柱 组合钢模	$100m^2$	6 806.97	0.090 55	—	—
5-121	异型柱 铝模	$100m^2$	6 229.38	—	0.090 55	—
5-122	异型柱、圆形柱 复合木模	$100m^2$	6 093.62	—	—	0.090 55
5-39	螺纹钢筋 HRB400 以内 ≤ϕ18	t	4 467.54	0.096 25	0.096 25	0.096 25
5-40	螺纹钢筋 HRB400 以内 ≤ϕ25	t	4 286.52	0.041 25	0.041 25	0.041 25
5-48	箍筋螺纹钢筋 HRB400 以内 ≤ϕ10	t	5 243.90	0.058 30	0.058 30	0.058 30
5-6	矩形柱、异型柱、圆形柱	$10m^3$	5 584.19	0.100 00	0.100 00	0.100 00
	名称	单位	单价(元)	消耗量		
人工	二类人工	工日	135.00	5.090 66	4.468 24	4.158 02
	三类人工	工日	155.00	1.225 00	1.225 00	1.225 00
材料	热轧带肋钢筋 HRB400 ϕ10	t	3 938.00	0.059 47	0.059 47	0.059 47
	热轧带肋钢筋 HRB400 ϕ18	t	3 759.00	0.098 71	0.098 71	0.098 71
	热轧带肋钢筋 HRB400 ϕ25	t	3 759.00	0.042 33	0.042 33	0.042 33
	泵送商品混凝土 C30	m^3	461.00	1.010 00	1.010 00	1.010 00
	钢支撑	kg	3.97	4.390 48	—	2.833 06
	斜支撑杆件 $\phi48\times3.5$	套	155.00	—	0.024 46	—
	水	m^3	4.27	1.189 27	1.189 27	1.189 27
	复合模板 综合	m^2	32.33	—	—	1.215 13
	钢模板	kg	5.96	7.373 03	—	—
	铝模板	kg	34.99	—	3.440 08	—
	木模板	m^3	1 445.00	0.013 59	—	0.070 31

三、现浇钢筋混凝土梁

工作内容：模板、钢筋制作、安装，混凝土浇捣、养护，梁面抹灰。

计量单位：m^3

定额编号				6-12	6-13	6-14	6-15	6-16
项目				矩形梁			异型梁	
				组合钢模	铝模	复合木模	铝模	复合木模
				干混砂浆面				
基价（元）				2 063.81	2 071.44	2 127.07	2 215.51	2 292.29
其中	人工费（元）			591.45	626.84	628.33	703.01	704.88
	材料费（元）			1 434.27	1 418.04	1 465.48	1 483.78	1 564.28
	机械费（元）			38.09	26.56	33.26	28.72	23.13
预算定额编号	项目名称	单位	单价(元)	消耗量				
12-21	柱(梁) 14+6	$100m^2$	3 134.91	0.087 95	0.087 95	0.087 95	0.087 70	0.087 70
5-129	矩形梁 组合钢模	$100m^2$	4 672.97	0.087 95	—	—	—	—
5-130	矩形梁 铝模	$100m^2$	4 759.91	—	0.087 95	—	—	—
5-131	矩形梁 复合木模	$100m^2$	5 392.35	—	—	0.087 95	—	—
5-132	异型梁 铝模	$100m^2$	5 731.63	—	—	—	0.087 70	—
5-133	异型梁 木模板	$100m^2$	6 607.12	—	—	—	—	0.087 70
5-39	螺纹钢筋 HRB400 以内 ≤φ18	t	4 467.54	0.080 52	0.080 52	0.080 52	0.086 46	0.086 46
5-40	螺纹钢筋 HRB400 以内 ≤φ25	t	4 286.52	0.053 68	0.053 68	0.053 68	0.057 64	0.057 64
5-48	箍筋螺纹钢筋 HRB400 以内 ≤φ10	t	5 243.90	0.058 30	0.058 30	0.058 30	0.061 60	0.061 60
5-9	矩形梁、异型梁、弧形梁	$10m^3$	5 068.96	0.095 00	0.095 00	0.095 00	0.095 00	0.095 00
	名称	单位	单价(元)	消耗量				
人工	二类人工	工日	135.00	3.025 68	3.288 01	3.298 28	3.854 24	3.868 09
	三类人工	工日	155.00	1.189 85	1.189 85	1.189 85	1.185 79	1.185 79
材料	热轧带肋钢筋 HRB400 φ10	t	3 938.00	0.059 47	0.059 47	0.059 47	0.062 83	0.062 83
	热轧带肋钢筋 HRB400 φ18	t	3 759.00	0.082 51	0.082 51	0.082 51	0.088 66	0.088 66
	热轧带肋钢筋 HRB400 φ25	t	3 759.00	0.055 35	0.055 35	0.055 04	0.059 04	0.059 04
	复合硅酸盐水泥 P·C 32.5R 综合	kg	0.32	0.616 00	—	0.616 00	—	0.175 40
	黄砂 净砂	t	92.23	0.001 50	—	0.001 50	—	0.000 35
	泵送商品混凝土 C30	m^3	461.00	0.989 80	0.989 80	0.989 80	0.989 80	0.989 80
	钢支撑	kg	3.97	6.082 56	—	6.082 56	—	—
	立支撑杆件 φ48×3.5	套	129.00	—	0.077 44	—	0.080 68	—
	水	m^3	4.27	0.340 44	0.340 44	0.340 41	0.341 40	0.341 40
	复合模板 综合	m^2	32.33	—	—	1.812 27	—	—
	钢模板	kg	5.96	7.221 28	—	—	—	—
	铝模板	kg	34.99	—	2.902 24	—	3.267 70	—
	木模板	m^3	1 445.00	0.018 39	—	0.027 10	—	0.140 14

工作内容：模板、钢筋制作、安装，混凝土浇捣、养护，梁面抹灰。　　计量单位：m^3

定额编号				6-17	6-18	6-19
项目				弧形梁	拱形梁	斜梁
				木模板		复合木模
				干混砂浆面		
基价（元）				**2 266.48**	**2 383.86**	**2 345.24**
其中	人工费（元）			703.99	774.22	701.47
	材料费（元）			1 539.39	1 583.82	1 609.18
	机械费（元）			23.10	25.82	34.59
预算定额编号	项目名称	单位	单价（元）	消耗量		
12-21	柱（梁）14+6	$100m^2$	3 134.91	0.087 30	0.076 20	0.087 95
5-134	弧形梁 木模板	$100m^2$	7 052.73	0.087 30	—	—
5-135	拱形梁 木模板	$100m^2$	8 546.67	—	0.076 20	—
5-136	斜梁 复合木模	$100m^2$	6 119.74	—	—	0.087 95
5-39	螺纹钢筋 HRB400 以内 ≤ϕ18	t	4 467.54	0.080 52	0.089 10	0.100 98
5-40	螺纹钢筋 HRB400 以内 ≤ϕ25	t	4 286.52	0.053 68	0.059 40	0.067 32
5-48	箍筋螺纹钢筋 HRB400 以内 ≤ϕ10	t	5 243.90	0.058 30	0.063 80	0.058 30
5-9	矩形梁、异型梁、弧形梁	$10m^3$	5 068.96	0.095 00	—	—
5-10	圈梁、过梁、拱形梁	$10m^3$	5 331.36	—	0.095 00	—
5-11	斜梁	$10m^3$	5 114.43	—	—	0.095 00
	名称	单位	单价（元）	消耗量		
人工	二类人工	工日	135.00	3.867 65	4.574 15	4.004 07
	三类人工	工日	155.00	1.180 38	1.030 30	1.189 85
材料	热轧带肋钢筋 HRB400 ϕ10	t	3 938.00	0.059 47	0.065 08	0.070 69
	热轧带肋钢筋 HRB400 ϕ18	t	3 759.00	0.082 51	0.091 33	0.118 08
	热轧带肋钢筋 HRB400 ϕ25	t	3 759.00	0.055 04	0.060 89	0.078 72
	复合硅酸盐水泥 P·C 32.5R 综合	kg	0.32	0.611 10	0.533 40	0.487 52
	黄砂 净砂	t	92.23	0.001 48	0.001 30	0.001 23
	泵送商品混凝土 C30	m^3	461.00	0.989 80	—	0.989 80
	非泵送商品混凝土 C25	m^3	421.00	—	0.989 80	—
	钢支撑	kg	3.97	—	—	6.114 24
	水	m^3	4.27	0.339 86	0.485 74	0.465 15
	复合模板 综合	m^2	32.33	—	—	2.171 40
	木模板	m^3	1 445.00	0.158 54	0.169 55	0.041 89

四、现场搅拌混凝土调整费

工作内容：骨料冲洗、配料计量、输送，搅拌、混凝土输送、设备清洗等。　　计量单位：m^3

定额编号				6-20
项目				现场搅拌混凝土调整费
基价（元）				**59.57**
其中	人工费（元）			52.95
	材料费（元）			0.16
	机械费（元）			6.46
预算定额编号	项目名称	单位	单价（元）	消耗量
5-35	现场搅拌混凝土调整费	$10m^3$	595.70	0.100 00
	名称	单位	单价（元）	消耗量
人工	二类人工	工日	135.00	0.392 22

五、后张法预应力钢丝束

工作内容:制作、编束、穿筋、张拉、锚固、放张、切断等。　　**计量单位:**t

定额编号				6-21	6-22	6-23	6-24
项目				钢丝束		钢绞线	
				有黏结	无黏结	有黏结	无黏结
基价(元)				5 883.66	5 884.48	6 140.48	6 155.20
其中	人工费(元)			472.23	427.95	472.23	427.95
	材料费(元)			5 370.80	5 415.90	5 627.62	5 686.62
	机械费(元)			40.63	40.63	40.63	40.63
预算定额编号	项目名称	单位	单价(元)	消耗量			
5-65	钢丝束 有黏结	t	5 883.66	1.000 00	—	—	—
5-66	钢丝束 无黏结	t	5 884.48	—	1.000 00	—	—
5-67	钢绞线 有黏结	t	6 140.48	—	—	1.000 00	—
5-68	钢绞线 无黏结	t	6 155.20	—	—	—	1.000 00
名称		单位	单价(元)	消耗量			
人工	二类人工	工日	135.00	3.498 00	3.170 00	3.498 00	3.170 00
材料	无黏结钢丝束	t	5 164.00	—	1.025 00	—	—
	钢丝束 综合	t	5 121.00	1.025 00	—	—	—
	钢绞线 综合	t	5 336.00	—	—	1.025 00	—
	无黏结钢绞线	t	5 379.00	—	—	—	1.025 00

工作内容:制作、编束、穿筋、张拉、锚固、放张、切断等。　　**计量单位:**t

定额编号				6-25
项目				预应力钢丝束(钢绞线)张拉
基价(元)				1 727.77
其中	人工费(元)			740.88
	材料费(元)			—
	机械费(元)			986.89
预算定额编号	项目名称	单位	单价(元)	消耗量
5-69	预应力钢丝束(钢绞线)张拉	t	1 727.77	1.000 00
名称		单位	单价(元)	消耗量
人工	二类人工	工日	135.00	5.488 00

工作内容：锚具安装、张拉、波纹管安装、孔道灌浆等。　　　　**计量单位：**见表

定额编号				6-26	6-27	6-28
项目				锚具安装		预埋管孔道铺设灌浆
				单锚	群锚	
计量单位				套		m
基价（元）				**111.73**	**507.20**	**55.47**
其中	人工费（元）			60.35	101.93	22.95
	材料费（元）			49.93	217.10	32.39
	机械费（元）			1.45	188.17	0.13
预算定额编号	项目名称	单位	单价(元)	消耗量		
5-70	锚具安装 单锚	套	111.73	1.000 00	—	—
5-71	锚具安装 群锚	套	507.20	—	1.000 00	—
5-72	预埋管孔道铺设灌浆	m	55.47	—	—	1.000 00
	名称	单位	单价(元)	消耗量		
人工	二类人工	工日	135.00	0.447 00	0.755 00	0.170 00
材料	单孔锚具	套	19.83	2.000 00	—	—
	群锚锚具 3 孔	套	101.00	—	2.000 00	—
	钢质波纹管 *DN*60	m	25.86	—	—	1.122 00

六、装配式混凝土柱

工作内容：支撑杆连接件预埋，装配式柱安装，套筒注浆，搭设及拆除钢支撑，抹灰。　　　　**计量单位：**m^3

定额编号				6-29
项目				实心柱
基价（元）				**659.86**
其中	人工费（元）			457.47
	材料费（元）			187.77
	机械费（元）			14.62
预算定额编号	项目名称	单位	单价(元)	消耗量
12-21	柱(梁) 14+6	$100m^2$	3 134.91	0.084 70
5-192	实心柱	$10m^3$	2 670.31	0.100 00
5-227	套筒注浆钢筋直径(mm) ϕ18 以内	10 个	77.45	1.100 00
5-228	套筒注浆钢筋直径(mm) ϕ18 以上	10 个	105.27	0.400 00
	名称	单位	单价(元)	消耗量
人工	三类人工	工日	155.00	2.951 43
材料	预制混凝土柱	m^3	—	(1.005 00)
	垫木	m^3	2 328.00	0.001 00
	斜支撑杆件 $\phi48\times3.5$	套	155.00	0.034 00
	水	m^3	4.27	1.062 91

七、装配式混凝土梁

工作内容:装配式梁安装,搭设及拆除钢支撑,抹灰。 计量单位:m^3

定额编号				6-30	6-31
项目				单梁	叠合梁
基价(元)				**518.94**	**572.14**
其中	人工费(元)			381.64	440.54
	材料费(元)			135.37	129.67
	机械费(元)			1.93	1.93
预算定额编号	项目名称	单位	单价(元)	消耗量	
12-21	柱(梁) 14+6	$100m^2$	3 134.91	0.087 95	0.087 95
5-193	单梁	$10m^3$	2 432.22	0.100 00	—
5-194	叠合梁	$10m^3$	2 964.17	—	0.100 00
	名称	单位	单价(元)	消耗量	
人工	三类人工	工日	155.00	2.462 85	2.842 85
材料	预制混凝土单梁	m^3	—	(1.005 00)	—
	预制混凝土叠合梁	m^3	—	—	(1.005 00)
	垫木	m^3	2 328.00	0.001 40	0.002 00
	钢支撑	kg	3.97	1.000 00	1.429 00
	立支撑杆件 $\phi48\times3.5$	套	129.00	0.104 00	0.149 00
	水	m^3	4.27	0.069 52	0.069 52

八、预制厂库房钢构件安装

1. 钢柱

工作内容:钢柱场内转运、安装、零星除锈、补漆、清理等。 计量单位:t

定额编号				6-32	6-33	6-34	6-35
项目				钢柱			
				质量(t 以内)			
				3	8	15	25
基价(元)				**575.32**	**485.14**	**566.17**	**653.46**
其中	人工费(元)			288.77	234.36	215.14	252.81
	材料费(元)			156.30	137.50	115.63	121.36
	机械费(元)			130.25	113.28	235.40	279.29
预算定额编号	项目名称	单位	单价(元)	消耗量			
6-18	钢柱 质量(t) 3 以内	t	575.32	1.000 00	—	—	—
6-19	钢柱 质量(t) 8 以内	t	485.14	—	1.000 00	—	—
6-20	钢柱 质量(t) 15 以内	t	566.17	—	—	1.000 00	—
6-21	钢柱 质量(t) 25 以内	t	653.46	—	—	—	1.000 00
	名称	单位	单价(元)	消耗量			
人工	三类人工	工日	155.00	1.863 00	1.512 00	1.388 00	1.631 00
材料	钢柱	t	—	(1.000 00)	(1.000 00)	(1.000 00)	(1.000 00)
	垫木	m^3	2 328.00	0.011 00	0.011 00	0.011 00	0.011 00

2. 钢　　梁

工作内容：钢梁场内转运、安装、零星除锈、补漆、清理等。　　**计量单位：**t

定额编号				6-36	6-37	6-38	6-39
项目				钢梁			
				质量(t以内)			
				1.5	3	8	15
基价(元)				**584.77**	**470.73**	**442.83**	**547.64**
其中	人工费(元)			200.11	175.62	135.01	153.76
	材料费(元)			171.17	150.86	125.39	144.48
	机械费(元)			213.49	144.25	182.43	249.40
预算定额编号	项目名称	单位	单价(元)	消耗量			
6-22	钢梁 质量(t) 1.5以内	t	584.77	1.000 00	—	—	—
6-23	钢梁 质量(t) 3以内	t	470.73	—	1.000 00	—	—
6-24	钢梁 质量(t) 8以内	t	442.83	—	—	1.000 00	—
6-25	钢梁 质量(t) 15以内	t	547.64	—	—	—	1.000 00
名称		单位	单价(元)	消耗量			
人工	三类人工	工日	155.00	1.291 00	1.133 00	0.871 00	0.992 00
材料	钢梁	t	—	(1.000 00)	(1.000 00)	(1.000 00)	(1.000 00)
	垫木	m^3	2 328.00	0.012 00	0.012 00	0.012 00	0.012 00

3. 钢吊车梁

工作内容：钢吊车梁场内转运、安装、零星除锈、补漆、清理等。　　**计量单位：**t

定额编号				6-40	6-41	6-42	6-43
项目				钢吊车梁			
				质量(t以内)			
				3	8	15	25
基价(元)				**637.57**	**520.35**	**528.90**	**704.21**
其中	人工费(元)			234.83	171.90	133.92	185.85
	材料费(元)			146.98	125.69	125.69	142.15
	机械费(元)			255.76	222.76	269.29	376.21
预算定额编号	项目名称	单位	单价(元)	消耗量			
6-26	钢吊车梁 质量(t) 3以内	t	637.57	1.000 00	—	—	—
6-27	钢吊车梁 质量(t) 8以内	t	520.35	—	1.000 00	—	—
6-28	钢吊车梁 质量(t) 15以内	t	528.90	—	—	1.000 00	—
6-29	钢吊车梁 质量(t) 25以内	t	704.21	—	—	—	1.000 00
名称		单位	单价(元)	消耗量			
人工	三类人工	工日	155.00	1.515 00	1.109 00	0.864 00	1.199 00
材料	钢吊车梁	t	—	(1.000 00)	(1.000 00)	(1.000 00)	(1.000 00)
	垫木	m^3	2 328.00	0.011 00	0.011 00	0.011 00	0.011 00

4. 其他钢构件

工作内容：钢构件场内转运、安装、零星除锈、补漆、清理等。　　**计量单位：**t

定额编号				6-44	6-45
项目				钢支撑等其他构件	钢墙架(挡风架)
基价（元）				**682.37**	**742.87**
其中	人工费（元）			315.74	393.55
	材料费（元）			194.83	192.13
	机械费（元）			171.80	157.19
预算定额编号	项目名称	单位	单价(元)	消耗量	
6-33	钢支撑等其他构件	t	682.37	1.000 00	—
6-34	钢墙架(挡风架)	t	742.87	—	1.000 00
	名称	单位	单价(元)	消耗量	
人工	三类人工	工日	155.00	2.037 00	2.539 00
材料	钢墙架	t	—	—	(1.000 00)
	钢支撑	t	—	(1.000 00)	—
	垫木	m^3	2 328.00	0.014 00	0.023 00

5. 现场拼装平台摊销

工作内容：场内转运、卸料、检验、划线、切割、组立、焊接及超探检验、翻身、校正、调平、清理、拆除、整理等。　　**计量单位：**t

定额编号				6-46
项目				现场拼装平台摊销
基价（元）				**502.74**
其中	人工费（元）			176.39
	材料费（元）			267.03
	机械费（元）			59.32
预算定额编号	项目名称	单位	单价(元)	消耗量
6-36	现场拼装平台摊销	t	502.74	1.000 00
	名称	单位	单价(元)	消耗量
人工	三类人工	工日	155.00	1.138 00
材料	型钢 综合	kg	3.84	38.160 00
	中厚钢板 综合	kg	3.71	5.300 00
	垫木	m^3	2 328.00	0.032 00

九、预制住宅钢构件安装

1. 钢 柱

工作内容：钢柱场内转运、安装、零星除锈、补漆、清理等。 计量单位：t

定额编号				6-47	6-48	6-49	6-50
项目				钢柱			
				质量(t 以内)			
				3	5	10	15
基价（元）				739.52	664.37	610.77	619.91
其中	人工费（元）			449.19	404.40	363.94	350.61
	材料费（元）			195.63	168.45	158.89	175.52
	机械费（元）			94.70	91.52	87.94	93.78
预算定额编号	项目名称	单位	单价(元)	消耗量			
6-37	钢柱 质量(t) 3 以内	t	739.52	1.000 00	—	—	—
6-38	钢柱 质量(t) 5 以内	t	664.37	—	1.000 00	—	—
6-39	钢柱 质量(t) 10 以内	t	610.77	—	—	1.000 00	—
6-40	钢柱 质量(t) 15 以内	t	619.91	—	—	—	1.000 00
	名称	单位	单价(元)	消耗量			
人工	三类人工	工日	155.00	2.898 00	2.609 00	2.348 00	2.262 00
材料	钢柱	t	—	(1.000 00)	(1.000 00)	(1.000 00)	(1.000 00)
	垫木	m^3	2 328.00	0.011 00	0.011 00	0.011 00	0.011 00

2. 钢 梁

工作内容：钢梁场内转运、安装、零星除锈、补漆、清理等。 计量单位：t

定额编号				6-51	6-52	6-53	6-54
项目				钢梁			
				质量(t 以内)			
				0.5	1.5	3	5
基价（元）				674.45	630.22	572.88	514.03
其中	人工费（元）			407.50	370.45	325.35	274.97
	材料费（元）			168.80	164.41	157.61	150.47
	机械费（元）			98.15	95.36	89.92	88.59
预算定额编号	项目名称	单位	单价(元)	消耗量			
6-41	钢梁 质量(t) 0.5 以内	t	674.45	1.000 00	—	—	—
6-42	钢梁 质量(t) 1.5 以内	t	630.22	—	1.000 00	—	—
6-43	钢梁 质量(t) 3 以内	t	572.88	—	—	1.000 00	—
6-44	钢梁 质量(t) 5 以内	t	514.03	—	—	—	1.000 00
	名称	单位	单价(元)	消耗量			
人工	三类人工	工日	155.00	2.629 00	2.390 00	2.099 00	1.774 00
材料	钢梁	t	—	(1.000 00)	(1.000 00)	(1.000 00)	(1.000 00)
	垫木	m^3	2 328.00	0.012 00	0.012 00	0.012 00	0.012 00

3.钢 支 撑

工作内容:钢支撑场内转运、安装、零星除锈、补漆、清理等。 计量单位:t

定额编号				6-55	6-56	6-57	6-58
项目				钢支撑			
				质量(t 以内)			
				1.5	3	5	8
基价(元)				864.60	829.76	748.38	742.77
其中	人工费(元)			539.09	539.09	485.15	460.97
	材料费(元)			220.84	192.77	171.18	179.92
	机械费(元)			104.67	97.90	92.05	101.88
预算定额编号	项目名称	单位	单价(元)	消耗量			
6-45	钢支撑 质量(t) 1.5 以内	t	864.60	1.000 00	—	—	—
6-46	钢支撑 质量(t) 3 以内	t	829.76	—	1.000 00	—	—
6-47	钢支撑 质量(t) 5 以内	t	748.38	—	—	1.000 00	—
6-48	钢支撑 质量(t) 8 以内	t	742.77	—	—	—	1.000 00
	名称	单位	单价(元)	消耗量			
人工	三类人工	工日	155.00	3.478 00	3.478 00	3.130 00	2.974 00
材料	钢支撑	t	—	(1.000 00)	(1.000 00)	(1.000 00)	(1.000 00)
	垫木	m^3	2 328.00	0.014 00	0.014 00	0.014 00	0.014 00

十、现场制作钢柱、钢梁

工作内容:钢柱、钢梁现场制作、安装,喷砂除锈,场内转运、清理等。 计量单位:t

定额编号				6-59	6-60	6-61	6-62
项目				钢柱		钢梁	
				钢板	型钢	钢板	型钢
基价(元)				6 583.86	6 921.16	6 593.31	6 930.61
其中	人工费(元)			1 422.91	1 809.17	1 334.25	1 720.51
	材料费(元)			4 648.26	4 556.58	4 663.13	4 571.45
	机械费(元)			512.69	555.41	595.93	638.65
预算定额编号	项目名称	单位	单价(元)	消耗量			
6-18	钢柱 质量(t) 3 以内	t	575.32	1.000 00	1.000 00	—	—
6-22	钢梁 质量(t) 1.5 以内	t	584.77	—	—	1.000 00	1.000 00
6-72	钢柱、钢梁、钢屋架 钢板	t	5 772.67	1.000 00	—	1.000 00	—
6-73	钢柱、钢梁、钢屋架 型钢	t	6 109.97	—	1.000 00	—	1.000 00
6-75	喷砂除锈	t	235.87	1.000 00	1.000 00	1.000 00	1.000 00
	名称	单位	单价(元)	消耗量			
人工	三类人工	工日	155.00	9.180 00	11.672 00	8.608 00	11.100 00
材料	钢梁	t	—	—	—	(1.000 00)	(1.000 00)
	钢柱	t	—	(1.000 00)	(1.000 00)	—	—
	型钢 综合	t	3 836.00	0.113 00	0.866 00	0.113 00	0.866 00
	中厚钢板 综合	t	3 750.00	0.947 00	0.194 00	0.947 00	0.194 00
	垫木	m^3	2 328.00	0.011 00	0.011 00	0.012 00	0.012 00

十一、钢柱、钢梁油漆

工作内容：钢柱、钢梁面除锈、清扫、补缝、刷漆等全过程。　　　**计量单位**：100m²

定额编号				6-63	6-64	6-65	6-66
项目				钢柱、钢梁面			
				红丹防锈漆	环氧富锌	醇酸漆	
				一遍		二遍	每增减一遍
基价（元）				**722.73**	**1 054.43**	**1 486.52**	**766.45**
其中	人工费（元）			606.98	667.90	1 167.46	606.98
	材料费（元）			115.75	386.53	319.06	159.47
	机械费（元）			—	—	—	—
预算定额编号	项目名称	单位	单价(元)	消耗量			
14-111	金属面 防锈漆 一遍	100m²	722.73	1.000 00	—	—	—
14-112	金属面 醇酸漆 二遍	100m²	1 486.52	—	—	1.000 00	—
14-113	金属面 醇酸漆 每增减一遍	100m²	766.45	—	—	—	1.000 00
14-118	金属面 环氧富锌防锈漆一遍	100m²	1 054.43	—	1.000 00	—	—
名称		单位	单价(元)	消耗量			
人工	三类人工	工日	155.00	3.916 00	4.309 00	7.532 00	3.916 00

工作内容：钢柱、钢梁面除锈、清扫、补缝、刷漆等全过程。　　　**计量单位**：100m²

定额编号				6-67	6-68	6-69	6-70
项目				钢柱、钢梁面			
				银粉漆		氟碳漆	
				二遍	每增减一遍	二遍	每增减一遍
基价（元）				**1 496.00**	**747.37**	**2 880.29**	**1 281.58**
其中	人工费（元）			1 038.35	518.63	1 468.78	485.93
	材料费（元）			457.65	228.74	1 411.51	795.65
	机械费（元）			—	—	—	—
预算定额编号	项目名称	单位	单价(元)	消耗量			
14-114	金属面 银粉漆 二遍	100m²	1 496.00	1.000 00	—	—	—
14-115	金属面 银粉漆 每增减一遍	100m²	747.37	—	1.000 00	—	—
14-116	金属面 氟碳漆 二遍	100m²	2 880.29	—	—	1.000 00	—
14-117	金属面 氟碳漆 每增减一遍	100m²	1 281.58	—	—	—	1.000 00
名称		单位	单价(元)	消耗量			
人工	三类人工	工日	155.00	6.699 00	3.346 00	9.476 00	3.135 00

工作内容:钢柱、钢梁面除锈、清扫、补缝、刷涂料等全过程。　　　　**计量单位**:100m²

定额编号				6-71	6-72
项目				钢柱、钢梁面	
				防火涂料	
				耐火极限	
				1.00h	每增 0.50h
基价(元)				**3 814.52**	**1 352.60**
其中	人工费(元)			1 249.46	468.72
	材料费(元)			2 565.06	883.88
	机械费(元)			—	—
预算定额编号	项目名称	单位	单价(元)	消耗量	
14-119	金属面 防火涂料 耐火极限 1.00h	100m²	3 814.52	1.000 00	—
14-120	金属面 防火涂料 耐火极限每增 0.50h	100m²	1 352.60	—	1.000 00
	名称	单位	单价(元)	消耗量	
人工	三类人工	工日	155.00	8.061 00	3.024 00

十二、钢筋量差调整

工作内容:钢筋(网片)制作、绑扎、安装及浇捣时钢筋看护等全过程。　　　　**计量单位**:t

定额编号				6-73	6-74	6-75	6-76
项目				直筋		箍筋	钢筋网片
				带肋钢筋 HRB400 以内			
				直径(mm 以内)			
				18	25	10	
基价(元)				**4 467.54**	**4 286.52**	**5 243.90**	**7 003.99**
其中	人工费(元)			477.50	328.05	1 103.09	795.15
	材料费(元)			3 922.42	3 903.47	4 084.41	6 037.86
	机械费(元)			67.62	55.00	56.40	170.98
预算定额编号	项目名称	单位	单价(元)	消耗量			
5-39	螺纹钢筋 HRB400 以内 ≤ϕ18	t	4 467.54	1.000 00	—	—	—
5-40	螺纹钢筋 HRB400 以内 ≤ϕ25	t	4 286.52	—	1.000 00	—	—
5-48	箍筋螺纹钢筋 HRB400 以内 ≤ϕ10	t	5 243.90	—	—	1.000 00	—
5-52	钢筋网片	t	7 003.99	—	—	—	1.000 00
	名称	单位	单价(元)	消耗量			
人工	二类人工	工日	135.00	3.536 90	2.430 10	8.170 90	5.889 90
材料	热轧带肋钢筋 HRB400 ϕ10	t	3 938.00	—	—	1.020 00	—
	热轧带肋钢筋 HRB400 ϕ18	t	3 759.00	1.025 00	—	—	—
	热轧带肋钢筋 HRB400 ϕ25	t	3 759.00	—	1.025 00	—	—
	钢筋点焊网片	t	5 862.00	—	—	—	1.030 00
	水	m³	4.27	0.143 80	0.093 20	—	—

第七章
楼地面、天棚工程

说　　明

一、本章定额包括地面基层，楼地面面层，钢筋混凝土板，钢筋混凝土楼梯，钢筋混凝土阳台及雨篷，钢梯，天棚吊顶等项目。

二、定额综合的内容：

1. 本章各小节定额子目均按常规做法编制，具体参照了浙江省建筑标准设计图集2000浙J37《建筑地面》、国家建筑标准图集12J304《楼地面建筑构造》、12J502－2《内装修　室内吊顶》、15G366－1《桁架钢筋混凝土叠合板(60mm厚底板)》、15G367－1《预制钢筋混凝土板式楼梯》、15G368－1《预制钢筋混凝土阳台板、空调板及女儿墙》等图集。地面基层中的土方，除采用地下室满堂基础以外，均已在基础工程中综合考虑。

2. 楼地面均已综合了基层龙骨、找平层、面层、踢脚线、油漆及涂料等基层与面层的内容。

3. 钢筋混凝土板包括平板、无梁板、斜平板、阶梯形楼板、装配式混凝土整体板、装配式混凝土叠合板、装配式混凝土叠合板现浇混凝土层、现浇混凝土自承式钢楼板、现浇混凝土压型钢板楼板。钢筋混凝土板综合了混凝土、钢筋、模板等。装配式混凝土构件按成品购入编制。现浇混凝土自承式钢楼板、现浇混凝土压型钢板楼板综合了钢楼板、混凝土、钢筋等。

4. 超危支撑架的适用范围及包含的内容请参见《浙江省房屋建筑与装饰工程预算定额》(2018版)第五章相关说明。

5. 无梁板定额中已综合了柱帽含量。

6. 楼梯包括钢筋混凝土楼梯、装配式混凝土楼梯和踏步式钢楼梯。钢筋混凝土楼梯综合了混凝土、钢筋、模板、木扶手及油漆、防滑条及楼梯底(即天棚)面一般抹灰，楼梯面层综合了面层及踢脚线，楼梯栏杆综合了油漆等内容。

7. 阳台包括钢筋混凝土阳台及装配式混凝土阳台。钢筋混凝土阳台综合了混凝土、钢筋、模板。装配式混凝土构件按成品购入编制。

8. 雨篷包括钢筋混凝土雨篷及玻璃雨篷。钢筋混凝土雨篷综合了混凝土、钢筋、模板等。

9. 踏步式钢梯综合了钢梯及油漆。

10. 阳台栏板外侧、雨篷相应的抹灰、涂料、油漆等套用本定额第五章墙面相应子目。

11. 天棚综合了天棚龙骨基层、面层、涂料或油漆等。

三、阳台、雨篷挑出宽度超过1.8m或为柱式雨篷时，应按相应混凝土板、柱等定额项目计算。

工程量计算规则

一、地面基层、楼地面整体面层、块料面层、木地板、卷材面层、织物面层等的工程量均按墙中心线面积以“m^2”计算;计算工程量时应扣除凸出地面的构筑物、设备基础、室内基础、室内地沟、浴缸、大小便槽等所占面积(不需做面层的地沟盖板所占面积也应扣除),不扣除柱、垛、间壁墙、附墙烟囱 0.3m^2以内孔洞所占面积,但门洞、空圈、暖气包槽、壁龛的开口部分也不增加。

二、钢筋混凝土斜平板的工程量按墙中心线斜面面积以“m^2”计算,无梁板按板外围面积以“m^2”计算;装配式混凝土整体板、装配式混凝土叠合板按成品购入,按实际工程量以“m^3”计算,其他板按墙中心线面积以“m^2”计算。

三、超危支撑架的工程量计算规则请参见《浙江省房屋建筑与装饰工程预算定额》(2018 版)第五章相关计算规则。

四、钢筋混凝土楼梯按水平投影面积以“m^2”计算,楼梯包括楼梯段、休息平台、平台梁、楼梯与楼板连接的梁(不包括与楼层走道连接的楼板)不扣除宽度小于 500mm 的楼梯井,伸入墙身内的部分不另增加。

五、踏步式钢梯按梯段斜面积以“m^2”计算。

六、钢筋混凝土阳台、雨篷均按水平投影面积以“m^2”计算,包括伸出墙外的梁、封口梁、栏板和雨篷翻边。装配式混凝土阳台板按成品购入,按实际工程量以“m^3”计算。

七、天棚抹灰、天棚吊顶中平面天棚及跌级天棚的平面部分(含龙骨、基层及面层)的工程量按墙中心线面积以“m^2”计算,不扣除柱、垛、检查洞、通风洞、间壁墙、附墙烟囱及 0.3m^2以内孔洞所占面积,但门洞、空圈的开口部分也不增加。跌级天棚的侧面部分(含龙骨、基层及面层)的工程量按跌级高度乘以相应长度以面积计算。

一、地面基层

工作内容：基底夯实，碎石垫层，混凝土基层铺设。　　　　**计量单位：**m^2

定额编号				7-1	7-2	7-3	7-4
项目				混凝土基层70mm厚		混凝土基层每增减10mm	碎石垫层每增减10mm
				碎石垫层80mm厚			
				不带防潮层	带防潮层		
基价（元）				**46.82**	**79.02**	**4.19**	**2.19**
其中	人工费（元）			6.36	8.93	0.38	0.46
	材料费（元）			40.33	69.96	3.80	1.72
	机械费（元）			0.13	0.13	0.01	0.01
预算定额编号	项目名称	单位	单价(元)	消耗量			
4-87	碎石垫层 干铺	$10m^3$	2 352.17	0.007 44	0.007 44	—	0.000 93
5-1	垫层	$10m^3$	4 503.40	0.006 51	0.006 51	0.000 93	—
9-88	聚氨酯防水涂料 厚度(mm) 1.5 平面	$100m^2$	3 462.52	—	0.009 30	—	—
	名称	单位	单价(元)	消耗量			
人工	二类人工	工日	135.00	0.046 91	0.065 97	0.002 73	0.003 31
材料	碎石 综合	t	102.00	0.133 79	0.133 79	—	0.016 27
	非泵送商品混凝土 C15	m^3	399.00	0.065 65	0.065 65	0.009 09	—
	水	m^3	4.27	0.025 68	0.025 68	0.003 56	—

工作内容：基底夯实、拌和、铺设垫层、找平压实、调制砂浆、灌浆。　　　　**计量单位：**m^2

定额编号				7-5	7-6	7-7	7-8
项目				块石垫层(mm)			
				150	每增减10	150	每增减10
				灌浆		干铺	
基价（元）				**46.77**	**3.11**	**31.20**	**2.07**
其中	人工费（元）			12.44	0.83	8.16	0.54
	材料费（元）			33.85	2.25	22.88	1.52
	机械费（元）			0.48	0.03	0.16	0.01
预算定额编号	项目名称	单位	单价(元)	消耗量			
4-85	块石垫层 干铺	$10m^3$	2 352.17	—	—	0.014 00	0.000 93
4-86	块石垫层 灌浆	$10m^3$	3 340.59	0.014 00	0.000 93	—	—
	名称	单位	单价(元)	消耗量			
人工	二类人工	工日	135.00	0.092 12	0.005 92	0.060 48	0.004 02
材料	碎石 综合	t	102.00	—	—	0.023 94	0.001 59
	水	m^3	4.27	0.014 00	0.000 90	—	—
	干混砌筑砂浆 DM M5.0	m^3	397.23	0.033 60	0.002 16	—	—

二、楼地面面层

工作内容:清理基层、面层、踢脚线等。

计量单位:m²

定额编号				7-9	7-10	7-11	7-12
项目				干混砂浆随捣随抹	干混砂浆楼地面		干混砂浆楼地面
					混凝土或硬基层上	填充材料上	每增减 1mm
					20mm		
基价(元)				37.65	26.24	31.58	0.59
其中	人工费(元)			18.57	15.43	18.58	0.15
	材料费(元)			18.99	10.60	12.74	0.43
	机械费(元)			0.09	0.21	0.26	0.01
预算定额编号	项目名称	单位	单价(元)	消耗量			
11-4	素水泥浆一道	100m²	180.25	—	0.009 30	0.009 30	—
11-5	细石混凝土找平层 30mm 厚	100m²	2 467.82	0.009 30	—	—	—
11-6	细石混凝土找平层 每增减 1mm	100m²	47.39	0.093 00	—	—	—
11-7	混凝土面上干混砂浆随捣随抹	100m²	501.95	0.009 30	—	—	—
11-8	干混砂浆楼地面 混凝土或硬基层上 20mm 厚	100m²	2 036.90	—	0.009 30	—	—
11-9	干混砂浆楼地面 填充材料上 20mm 厚	100m²	2 611.78	—	—	0.009 30	—
11-10	干混砂浆楼地面 每增减 1mm	100m²	62.85	—	—	—	0.009 30
11-95	干混砂浆	100m²	4 684.29	0.001 20	0.001 20	0.001 20	—
	名称	单位	单价(元)	消耗量			
人工	三类人工	工日	155.00	0.119 81	0.099 53	0.119 89	0.000 95
材料	非泵送商品混凝土 C20	m³	412.00	0.037 57	—	—	—
	水	m³	4.27	0.014 44	0.038 62	0.038 62	—
	干混地面砂浆 DS M15.0	m³	443.08	0.001 82	0.001 82	0.001 82	—
	干混地面砂浆 DS M20.0	m³	443.08	0.003 07	0.020 18	0.024 93	0.000 95

工作内容:清理基层、面层、踢脚线等。

计量单位:m²

定额编号				7-13	7-14	7-15	7-16
项目				聚氨酯防水涂料防潮层		水泥基自流平砂浆	
				厚度(mm)			
				1.5	每增减 0.1	面层 4	每增减 1
基价(元)				33.93	2.23	32.85	4.67
其中	人工费(元)			2.71	0.18	20.35	2.19
	材料费(元)			31.22	2.05	12.37	2.48
	机械费(元)			—	—	0.13	—
预算定额编号	项目名称	单位	单价(元)	消耗量			
11-15	水泥基自流平砂浆 面层 4mm 厚	100m²	2 498.46	—	—	0.009 80	—
11-16	水泥基自流平砂浆 每增减 1mm	100m²	476.95	—	—	—	0.009 80
11-95	干混砂浆	100m²	4 684.29	—	—	0.001 20	—
11-157	自流平面层打蜡	100m²	279.76	—	—	0.009 80	—
9-88	聚氨酯防水涂料 厚度(mm) 1.5 平面	100m²	3 462.52	0.009 80	—	—	—
9-90	聚氨酯防水涂料 厚度(mm) 每增减 0.1 平面	100m²	228.11	—	0.009 80	—	—
	名称	单位	单价(元)	消耗量			
人工	二类人工	工日	135.00	0.020 08	0.001 34	—	—
	三类人工	工日	155.00	—	—	0.131 27	0.014 11

工作内容：清理基层、面层、踢脚线等。　　计量单位：m^2

定额编号				7-17	7-18
项目				环氧地坪涂料	
				底涂一道、中涂一道、面涂一道	中涂每增加一道
基价（元）				**35.14**	**6.73**
其中	人工费（元）			18.97	3.51
	材料费（元）			13.92	2.78
	机械费（元）			2.25	0.44
预算定额编号	项目名称	单位	单价（元）	消耗量	
11-17	环氧地坪涂料 底涂一道	$100m^2$	974.49	0.009 80	—
11-18	环氧地坪涂料 中涂一道	$100m^2$	945.64	0.009 80	—
11-19	环氧地坪涂料 中涂增加一道	$100m^2$	687.50	—	0.009 80
11-20	环氧地坪涂料 面涂一道	$100m^2$	1 091.96	0.009 80	—
11-95	干混砂浆	$100m^2$	4 684.29	0.001 20	—
名称		单位	单价（元）	消耗量	
人工	三类人工	工日	155.00	0.122 36	0.022 64

工作内容：清理基层，抹找平层、面层、踢脚线等。　　计量单位：m^2

定额编号				7-19	7-20	7-21
项目				剁假石楼地面	干混砂浆礓礤地面	金刚砂地面
						厚度 2.5mm
基价（元）				**57.19**	**63.89**	**47.92**
其中	人工费（元）			45.03	48.76	20.26
	材料费（元）			11.80	14.85	25.17
	机械费（元）			0.36	0.28	2.49
预算定额编号	项目名称	单位	单价（元）	消耗量		
11-1	干混砂浆找平层 混凝土或硬基层上 20mm 厚	$100m^2$	1 746.27	—	—	0.009 30
11-11	剁假石楼地面	$100m^2$	5 544.67	0.009 30	—	—
11-12	干混砂浆礓礤面层	$100m^2$	6 264.84	—	0.009 30	—
11-13	金刚砂耐磨地坪 2.5mm 厚	$100m^2$	2 802.20	—	—	0.009 30
11-95	干混砂浆	$100m^2$	4 684.29	0.001 20	0.001 20	0.001 20
名称		单位	单价（元）	消耗量		
人工	三类人工	工日	155.00	0.290 50	0.314 56	0.130 70
材料	普通硅酸盐水泥 P·O 42.5 综合	kg	0.34	—	—	1.815 83
	水	m^3	4.27	0.025 78	0.041 41	0.008 86
	木模板	m^3	1 445.00	—	0.000 28	—

工作内容:清理基层,抹找平层、面层、踢脚线。 **计量单位**:m^2

定额编号				7-22	7-23	7-24	7-25	7-26
项目				本色水磨石面层	本色水磨石面层		环氧自流平涂料地面	
				带嵌条 12mm	不带嵌条	每增减 1mm	底涂1道、中涂1道、面涂1道、	中涂每增加1道
基价(元)				**104.95**	**91.95**	**0.68**	**113.22**	**8.97**
其中	人工费(元)			81.38	69.08	0.16	51.22	2.85
	材料费(元)			20.78	20.08	0.42	58.56	5.28
	机械费(元)			2.79	2.79	0.10	3.44	0.84
预算定额编号	项目名称	单位	单价(元)	消耗量				
11-1	干混砂浆找平层 混凝土或硬基层上 20mm 厚	$100m^2$	1 746.27	0.009 30	0.009 30	—	—	—
11-5	细石混凝土找平层 30mm 厚	$100m^2$	2 467.82	—	—	—	0.009 30	—
11-6	细石混凝土找平层 每增减 1mm	$100m^2$	47.39	—	—	—	0.009 30	—
11-21	环氧自流平涂料 底涂一道	$100m^2$	1 722.59	—	—	—	0.009 30	—
11-22	环氧自流平涂料 中涂一道	$100m^2$	3 623.83	—	—	—	0.009 30	—
11-23	环氧自流平涂料 中涂增加一道	$100m^2$	965.53	—	—	—	—	0.009 30
11-24	环氧自流平涂料 面涂一道	$100m^2$	3 708.20	—	—	—	0.009 30	—
11-25	本色水磨石 带嵌条 12mm 厚	$100m^2$	8 934.44	0.009 30	—	—	—	—
11-26	本色水磨石 不带嵌条 12mm 厚	$100m^2$	7 537.82	—	0.009 30	—	—	—
11-27	本色水磨石 每增减 1mm	$100m^2$	73.62	—	—	0.009 30	—	—
11-95	干混砂浆	$100m^2$	4 684.29	0.001 20	0.001 20	—	0.001 20	—
	名称	单位	单价(元)	消耗量				
人工	三类人工	工日	155.00	0.525 05	0.445 71	0.001 04	0.330 46	0.018 41
材料	复合硅酸盐水泥 P·C 32.5R 综合	kg	0.32	0.241 80	0.241 80	—	—	—
	非泵送商品混凝土 C20	m^3	412.00	—	—	—	0.029 12	—
	水	m^3	4.27	0.062 80	0.062 80	—	0.008 86	—
	干混地面砂浆 DS M15.0	m^3	443.08	0.001 82	0.001 82	—	0.001 82	—
	干混地面砂浆 DS M20.0	m^3	443.08	0.020 18	0.020 18	—	0.001 21	—
	水泥白石子浆 1:2	m^3	435.67	0.013 30	0.013 30	0.000 95	—	—

工作内容：清理基层，抹找平层、面层、踢脚线等。　　计量单位：m²

定额编号				7-27	7-28	7-29
项目				彩色水磨石(厚度 mm)		
				18		每增减 1
				带图案	不带图案	
基价（元）				**130.72**	**122.51**	**0.94**
其中	人工费（元）			94.73	86.52	0.16
	材料费（元）			29.65	29.65	0.68
	机械费（元）			6.34	6.34	0.10
预算定额编号	项目名称	单位	单价(元)	消耗量		
11-1	干混砂浆找平层 混凝土或硬基层上 20mm 厚	100m²	1 746.27	0.009 30	0.009 30	—
11-28	彩色水磨石 有嵌条 带图案 18mm 厚	100m²	11 705.75	0.009 30	—	—
11-29	彩色水磨石 有嵌条 不带图案 18mm 厚	100m²	10 822.87	—	0.009 30	—
11-30	彩色水磨石 每增减 1mm	100m²	100.90	—	—	0.009 30
11-95	干混砂浆	100m²	4 684.29	0.001 20	0.001 20	—
名称		单位	单价(元)	消耗量		
人工	三类人工	工日	155.00	0.611 18	0.558 21	0.001 04
材料	白色硅酸盐水泥 425# 二级白度	kg	0.59	0.241 80	0.241 80	—
	水	m³	4.27	0.062 80	0.062 80	—
	干混地面砂浆 DS M15.0	m³	443.08	0.001 82	0.001 82	—
	干混地面砂浆 DS M20.0	m³	443.08	0.020 18	0.020 18	—

工作内容：清理基层，抹找平层、面层、踢脚线等。　　计量单位：m²

定额编号				7-30	7-31
项目				石材楼地面	
				干混砂浆铺贴	黏结剂铺贴
基价（元）				**234.63**	**223.95**
其中	人工费（元）			44.24	33.14
	材料费（元）			190.01	190.63
	机械费（元）			0.38	0.18
预算定额编号	项目名称	单位	单价(元)	消耗量	
11-1	干混砂浆找平层 混凝土或硬基层上 20mm 厚	100m²	1 746.27	0.009 30	0.009 30
11-31	石材楼地面 干混砂浆铺贴	100m²	20 626.79	0.009 30	—
11-32	石材楼地面 黏结剂铺贴	100m²	19 557.26	—	0.009 30
11-96	石材 干混砂浆铺贴	100m²	22 131.70	0.001 20	—
11-98	石材 黏结剂铺贴	100m²	21 525.76	—	0.001 20
名称		单位	单价(元)	消耗量	
人工	三类人工	工日	155.00	0.285 40	0.213 80
材料	白色硅酸盐水泥 425# 二级白度	kg	0.59	0.112 00	0.017 14
	天然石材饰面板	m²	159.00	1.073 40	1.073 40
	水	m³	4.27	0.027 75	0.015 74
	干混地面砂浆 DS M15.0	m³	443.08	0.015 44	—
	干混地面砂浆 DS M20.0	m³	443.08	0.024 33	0.018 97

工作内容:清理基层,抹找平层、面层、踢脚线。 **计量单位**:m^2

定额编号				7-32	7-33	7-34	7-35
项目				石材楼地面			
				拼花		碎拼	
				干混砂浆铺贴	黏结剂铺贴	干混砂浆铺贴	黏结剂铺贴
基价(元)				**210.72**	**195.62**	**153.91**	**146.82**
其中	人工费(元)			56.22	40.70	46.14	38.63
	材料费(元)			154.12	154.74	107.39	108.01
	机械费(元)			0.38	0.18	0.38	0.18
预算定额编号	项目名称	单位	单价(元)	消耗量			
11-1	干混砂浆找平层 混凝土或硬基层上 20mm 厚	$100m^2$	1 746.27	0.009 30	0.009 30	0.009 30	0.009 30
11-33	石材楼地面 拼花 干混砂浆铺贴	$100m^2$	18 055.39	0.009 30	—	—	—
11-34	石材楼地面 拼花 黏结剂铺贴	$100m^2$	16 510.67	—	0.009 30	—	—
11-96	石材 干混砂浆铺贴	$100m^2$	22 131.70	0.001 20	—	0.001 20	—
11-98	石材 黏结剂铺贴	$100m^2$	21 525.76	—	0.001 20	—	0.001 20
11-35	石材楼地面 碎拼 干混砂浆铺贴	$100m^2$	11 947.23	—	—	0.009 30	—
11-36	石材楼地面 碎拼 黏结剂铺贴	$100m^2$	11 264.47	—	—	—	0.009 30
名称		单位	单价(元)	消耗量			
人工	三类人工	工日	155.00	0.362 69	0.262 57	0.297 65	0.249 26
材料	白色硅酸盐水泥 425# 二级白度	kg	0.59	0.112 93	0.017 14	0.112 93	0.017 14
	天然石材饰面板	m^2	159.00	0.124 80	0.124 80	0.124 80	0.124 80
	天然石材饰面板 拼花	m^2	119.00	0.967 20	0.967 20	—	—
	水	m^3	4.27	0.027 75	0.015 74	0.027 75	0.015 74
	干混地面砂浆 DS M15.0	m^3	443.08	0.015 44	—	0.015 44	—
	干混地面砂浆 DS M20.0	m^3	443.08	0.024 33	0.018 97	0.024 33	0.018 97
	天然石材饰面板 碎拼	m^2	70.69	—	—	0.967 20	0.967 20

工作内容：清理基层，抹找平层、面层、踢脚线。　　　　计量单位：m^2

定额编号				7-36	7-37
项目				地砖楼地面	
				干混砂浆铺贴(周长 mm 以内)	
				1 200	2 000
基价(元)				**108.85**	**115.41**
其中	人工费(元)			43.38	44.97
	材料费(元)			65.09	70.06
	机械费(元)			0.38	0.38
预算定额编号	项目名称	单位	单价(元)	消耗量	
11-1	干混砂浆找平层 混凝土或硬基层上 20mm 厚	$100m^2$	1 746.27	0.009 30	0.009 30
11-44	地砖楼地面(干混砂浆铺贴) 周长(mm) 1 200 以内 密缝	$100m^2$	8 882.48	0.004 65	—
11-45	地砖楼地面(干混砂浆铺贴) 周长(mm) 2 000 以内 密缝	$100m^2$	9 347.87	—	0.004 65
11-52	地砖楼地面(干混砂浆铺贴) 周长(mm) 1 200 以内 离缝	$100m^2$	8 456.33	0.004 65	—
11-53	地砖楼地面(干混砂浆铺贴) 周长(mm) 2 000 以内 离缝	$100m^2$	9 403.73	—	0.004 65
11-97	陶瓷地面砖 干混砂浆铺贴	$100m^2$	9 985.65	0.001 20	0.001 20
名称		单位	单价(元)	消耗量	
人工	三类人工	工日	155.00	0.281 89	0.292 27
材料	白色硅酸盐水泥 425# 二级白度	kg	0.59	0.112 08	0.112 08
	地砖 300×300	m^2	44.83	0.938 92	—
	地砖 500×500	m^2	50.00	—	0.942 91
	陶瓷地砖 综合	m^2	32.76	0.124 80	0.124 80
	水	m^3	4.27	0.029 39	0.029 39
	干混地面砂浆 DS M15.0	m^3	443.08	0.015 59	0.015 59
	干混地面砂浆 DS M20.0	m^3	443.08	0.024 38	0.024 38
	干混地面砂浆 DS M25.0	m^3	460.16	0.000 20	0.000 15

工作内容:清理基层,抹找平层、面层、踢脚线。 **计量单位**:m²

定额编号				7-38	7-39
项目				地砖楼地面	
				干混砂浆铺贴(周长 mm)	
				2 400 以内	2 400 以外
基价(元)				**118.79**	**140.74**
其中	人工费(元)			44.93	46.05
	材料费(元)			73.48	94.31
	机械费(元)			0.38	0.38
预算定额编号	项目名称	单位	单价(元)	消耗量	
11-1	干混砂浆找平层 混凝土或硬基层上 20mm 厚	100m²	1 746.27	0.009 30	0.009 30
11-46	地砖楼地面(干混砂浆铺贴) 周长(mm) 2 400 以内 密缝	100m²	9 815.44	0.004 65	—
11-47	地砖楼地面(干混砂浆铺贴) 周长(mm) 2 400 以外 密缝	100m²	12 256.52	—	0.004 65
11-54	地砖楼地面(干混砂浆铺贴) 周长(mm) 2 400 以内 离缝	100m²	9 662.93	0.004 65	—
11-55	地砖楼地面(干混砂浆铺贴) 周长(mm) 2 400 以外 离缝	100m²	11 940.31	—	0.004 65
11-97	陶瓷地面砖 干混砂浆铺贴	100m²	9 985.65	0.001 20	0.001 20
	名称	单位	单价(元)	消耗量	
人工	三类人工	工日	155.00	0.292 00	0.299 29
材料	白色硅酸盐水泥 425# 二级白度	kg	0.59	0.113 49	0.113 49
	地砖 600×600	m²	53.45	0.946 91	—
	地砖 800×800	m²	75.00	—	0.955 65
	陶瓷地砖 综合	m²	32.76	0.124 80	0.124 80
	水	m³	4.27	0.029 39	0.029 39
	干混地面砂浆 DS M15.0	m³	443.08	0.015 59	0.015 59
	干混地面砂浆 DS M20.0	m³	443.08	0.024 38	0.024 38
	干混地面砂浆 DS M25.0	m³	460.16	0.000 13	0.000 09

工作内容:清理基层,抹找平层、面层、踢脚线。 **计量单位**:m²

定额编号				7-40	7-41
项目				地砖楼地面	
				黏结剂铺贴(周长 mm 以内)	
				1 200	2 000
基价(元)				**86.72**	**91.11**
其中	人工费(元)			29.23	28.62
	材料费(元)			57.31	62.31
	机械费(元)			0.18	0.18
预算定额编号	项目名称	单位	单价(元)	消耗量	
11-1	干混砂浆找平层 混凝土或硬基层上 20mm 厚	100m²	1 746.27	0.009 30	0.009 30
11-48	地砖楼地面(黏结剂铺贴) 周长(mm) 1 200 以内 密缝	100m²	6 947.37	0.004 65	—
11-49	地砖楼地面(黏结剂铺贴) 周长(mm) 2 000 以内 密缝	100m²	7 413.23	—	0.004 65
11-56	地砖楼地面(黏结剂铺贴) 周长(mm) 1 200 以内 离缝	100m²	6 611.44	0.004 65	—
11-57	地砖楼地面(黏结剂铺贴) 周长(mm) 2 000 以内 离缝	100m²	7 091.00	—	0.004 65
11-99	陶瓷地面砖 黏结剂铺贴	100m²	6 195.92	0.001 20	0.001 20
	名称	单位	单价(元)	消耗量	
人工	三类人工	工日	155.00	0.189 88	0.185 94
材料	白色硅酸盐水泥 425# 二级白度	kg	0.59	0.017 14	0.017 14
	地砖 300×300	m²	44.83	0.938 92	—
	地砖 500×500	m²	50.00	—	0.942 91
	陶瓷地砖 综合	m²	32.76	0.124 80	0.124 80
	水	m³	4.27	0.010 45	0.010 45
	干混地面砂浆 DS M20.0	m³	443.08	0.018 97	0.018 97

工作内容：清理基层，抹找平层、面层、踢脚线。

计量单位：m^2

定额编号				7-42	7-43
项目				地砖楼地面	
				黏结剂铺贴（周长 mm）	
				2 400 以内	2 400 以外
基价（元）				**95.56**	**117.70**
其中	人工费（元）			29.64	30.94
	材料费（元）			65.74	86.58
	机械费（元）			0.18	0.18
预算定额编号	项目名称	单位	单价（元）	消耗量	
11-1	干混砂浆找平层 混凝土或硬基层上 20mm 厚	$100m^2$	1 746.27	0.009 30	0.009 30
11-50	地砖楼地面（黏结剂铺贴）周长（mm）2 400 以内 密缝	$100m^2$	7 880.18	0.004 65	—
11-51	地砖楼地面（黏结剂铺贴）周长（mm）2 400 以外 密缝	$100m^2$	10 318.98	—	0.004 65
11-58	地砖楼地面（黏结剂铺贴）周长（mm）2 400 以内 离缝	$100m^2$	7 579.24	0.004 65	—
11-59	地砖楼地面（黏结剂铺贴）周长（mm）2 400 以外 离缝	$100m^2$	9 902.64	—	0.004 65
11-99	陶瓷地面砖 黏结剂铺贴	$100m^2$	6 195.92	0.001 20	0.001 20
名称		单位	单价（元）	消耗量	
人工	三类人工	工日	155.00	0.192 54	0.201 06
材料	白色硅酸盐水泥 425# 二级白度	kg	0.59	0.017 14	0.017 14
	地砖 600×600	m^2	53.45	0.946 91	—
	地砖 800×800	m^2	75.00	—	0.955 65
	陶瓷地砖 综合	m^2	32.76	0.124 80	0.124 80
	水	m^3	4.27	0.010 45	0.010 45
	干混地面砂浆 DS M20.0	m^3	443.08	0.018 97	0.018 97

工作内容:清理基层,抹找平层、面层、踢脚线。 **计量单位**:m²

定额编号				7-44	7-45	7-46
项目				镭射玻璃砖		缸砖楼地面
				单层钢化砖 8mm 厚	夹层钢化砖 (8+5)mm 厚	干混砂浆铺贴
基价(元)				**216.39**	**272.82**	**78.36**
其中	人工费(元)			42.95	41.33	40.38
	材料费(元)			173.26	231.31	37.60
	机械费(元)			0.18	0.18	0.38
预算定额编号	项目名称	单位	单价(元)	消耗量		
11-1	干混砂浆找平层 混凝土或硬基层上 20mm 厚	100m²	1 746.27	0.009 30	0.009 30	0.009 30
11-60	镭射玻璃砖 单层钢化砖 8mm 厚	100m²	18 791.96	0.009 30	—	—
11-61	镭射玻璃砖 夹层钢化砖(8+5)mm 厚	100m²	24 860.88	—	0.009 30	—
11-62	缸砖楼地面 干混砂浆铺贴 勾缝	100m²	5 460.89	—	—	0.004 65
11-63	缸砖楼地面 干混砂浆铺贴 不勾缝	100m²	5 323.55	—	—	0.004 65
11-97	陶瓷地面砖 干混砂浆铺贴	100m²	9 985.65	—	—	0.001 20
11-100	玻璃 黏结剂铺贴	100m²	21 151.22	0.001 20	0.001 20	—
	名称	单位	单价(元)	消耗量		
人工	三类人工	工日	155.00	0.277 08	0.266 66	0.262 35
材料	白色硅酸盐水泥 425# 二级白度	kg	0.59	—	—	0.113 02
	镭射夹层玻璃 (8+5)厚 600×600	m²	203.00	—	0.957 90	—
	镭射玻璃 600×600×8	m²	142.00	1.082 70	0.124 80	—
	缸砖	m²	15.60	—	—	0.909 36
	陶瓷地砖 综合	m²	32.76	—	—	0.124 80
	水	m³	4.27	0.003 72	0.003 72	0.030 80
	干混地面砂浆 DS M15.0	m³	443.08	—	—	0.015 59
	干混地面砂浆 DS M20.0	m³	443.08	0.018 97	0.018 97	0.024 38
	干混地面砂浆 DS M25.0	m³	460.16	—	—	0.000 47

工作内容:清理基层,抹找平层、面层、踢脚线。 **计量单位**:m²

定额编号				7-47	7-48
项目				陶瓷锦砖(马赛克)楼地面	
				不拼花	拼花
				干混砂浆铺贴	
基价(元)				**148.04**	**155.44**
其中	人工费(元)			52.54	58.58
	材料费(元)			95.12	96.48
	机械费(元)			0.38	0.38
预算定额编号	项目名称	单位	单价(元)	消耗量	
11-1	干混砂浆找平层 混凝土或硬基层上 20mm 厚	100m²	1 746.27	0.009 30	0.009 30
11-64	陶瓷锦砖(马赛克)楼地面 干混砂浆铺贴 不拼花	100m²	12 883.24	0.009 30	—
11-65	陶瓷锦砖(马赛克)楼地面 干混砂浆铺贴 拼花	100m²	13 679.87	—	0.009 30
11-97	陶瓷地面砖 干混砂浆铺贴	100m²	9 985.65	0.001 20	0.001 20
	名称	单位	单价(元)	消耗量	
人工	三类人工	工日	155.00	0.338 96	0.377 96
材料	白色硅酸盐水泥 425# 二级白度	kg	0.59	0.208 72	0.208 72
	玻璃锦砖 300×300	m²	73.28	0.948 60	0.967 20
	陶瓷地砖 综合	m²	32.76	0.124 80	0.124 80
	水	m³	4.27	0.030 54	0.030 54
	干混地面砂浆 DS M15.0	m³	443.08	0.015 44	0.015 44
	干混地面砂浆 DS M20.0	m³	443.08	0.019 58	0.019 58
	干混地面砂浆 DS M25.0	m³	460.16	0.009 39	0.009 39

工作内容:清理基层,抹找平层、面层、踢脚线。　　　　**计量单位**:m^2

定额编号				7-49
项目				缸砖楼地面
				黏结剂铺贴
基价(元)				**60.45**
其中	人工费(元)			30.35
	材料费(元)			29.92
	机械费(元)			0.18
预算定额编号	项目名称	单位	单价(元)	消耗量
11-1	干混砂浆找平层 混凝土或硬基层上 20mm 厚	$100m^2$	1 746.27	0.009 30
11-66	缸砖楼地面 黏结剂铺贴 勾缝	$100m^2$	3 907.40	0.004 65
11-67	缸砖楼地面 黏结剂铺贴 不勾缝	$100m^2$	4 002.43	0.004 65
11-99	陶瓷地面砖 黏结剂铺贴	$100m^2$	6 195.92	0.001 20
	名称	单位	单价(元)	消耗量
人工	三类人工	工日	155.00	0.197 17
材料	白色硅酸盐水泥 425# 二级白度	kg	0.59	0.017 14
	缸砖	m^2	15.60	0.909 36
	陶瓷地砖 综合	m^2	32.76	0.124 80
	水	m^3	4.27	0.005 04
	干混地面砂浆 DS M20.0	m^3	443.08	0.018 97

工作内容:清理基层,抹找平层、面层、踢脚线。　　　　**计量单位**:m^2

定额编号				7-50	7-51
项目				陶瓷锦砖(马赛克)楼地面	
				不拼花	拼花
				黏结剂铺贴	
基价(元)				**116.62**	**119.39**
其中	人工费(元)			31.11	32.52
	材料费(元)			85.33	86.69
	机械费(元)			0.18	0.18
预算定额编号	项目名称	单位	单价(元)	消耗量	
11-1	干混砂浆找平层 混凝土或硬基层上 20mm 厚	$100m^2$	1 746.27	0.009 30	0.009 30
11-68	陶瓷锦砖(马赛克)楼地面 黏结剂铺贴 不拼花	$100m^2$	9 994.27	0.009 30	—
11-69	陶瓷锦砖(马赛克)楼地面 黏结剂铺贴 拼花	$100m^2$	10 292.11	—	0.009 30
11-99	陶瓷地面砖 黏结剂铺贴	$100m^2$	6 195.92	0.001 20	0.001 20
	名称	单位	单价(元)	消耗量	
人工	三类人工	工日	155.00	0.200 73	0.209 80
材料	白色硅酸盐水泥 425# 二级白度	kg	0.59	0.017 14	0.017 14
	玻璃锦砖 300×300	m^2	73.28	0.948 60	0.967 20
	陶瓷地砖 综合	m^2	32.76	0.124 80	0.124 80
	水	m^3	4.27	0.005 04	0.005 04
	干混地面砂浆 DS M20.0	m^3	443.08	0.018 97	0.018 97

工作内容:清理基层,抹找平层、面层、踢脚线。　　　　计量单位:m^2

定额编号				7-52	7-53	7-54	7-55
项目				水泥花砖楼地面	广场砖楼地面		鹅卵石地坪
					拼图案	不拼图案	
				干混砂浆铺贴			
基价(元)				**59.62**	**86.89**	**82.60**	**156.69**
其中	人工费(元)			29.57	43.49	39.96	122.66
	材料费(元)			29.68	43.01	42.25	33.51
	机械费(元)			0.37	0.39	0.39	0.52
预算定额编号	项目名称	单位	单价(元)	消耗量			
11-1	干混砂浆找平层 混凝土或硬基层上 20mm 厚	$100m^2$	1 746.27	0.009 30	0.009 30	0.009 30	0.009 30
11-70	水泥花砖楼地面 干混砂浆铺贴	$100m^2$	4 663.84	0.009 30	—	—	—
11-71	广场砖楼地面 拼图案 干混砂浆铺贴	$100m^2$	7 596.84	—	0.009 30	—	—
11-72	广场砖楼地面 不拼图案 干混砂浆铺贴	$100m^2$	7 135.04	—	—	0.009 30	—
11-73	鹅卵石地坪 干混砂浆铺贴	$100m^2$	15 102.21	—	—	—	0.009 30
	名称	单位	单价(元)	消耗量			
人工	三类人工	工日	155.00	0.190 76	0.280 60	0.257 81	0.791 37
材料	白色硅酸盐水泥 $425^{\#}$ 二级白度	kg	0.59	—	0.186 00	0.186 00	—
	园林用卵石 本色	t	124.00	—	—	—	0.068 30
	水	m^3	4.27	0.027 90	0.027 90	0.027 90	0.003 72
	水泥花砖 200×200×30	m^2	12.41	0.948 60	—	—	—
	广场砖 100×100	m^2	28.45	—	0.840 11	0.813 29	—
	干混地面砂浆 DS M15.0	m^3	443.08	0.014 23	0.014 23	0.014 23	0.020 09
	干混地面砂浆 DS M20.0	m^3	443.08	0.023 72	0.023 72	0.023 72	0.033 20
	干混地面砂浆 DS M25.0	m^3	460.16	—	0.002 25	0.002 25	—

工作内容:清理基层,抹找平层、面层、踢脚线。　　　　计量单位:m^2

定额编号				7-56	7-57	7-58	7-59
项目				橡胶板	橡胶卷材	塑料板	塑料卷材
基价(元)				**95.79**	**86.43**	**76.34**	**141.69**
其中	人工费(元)			25.86	23.11	28.41	23.51
	材料费(元)			69.75	63.14	47.75	118.00
	机械费(元)			0.18	0.18	0.18	0.18
预算定额编号	项目名称	单位	单价(元)	消耗量			
11-1	干混砂浆找平层 混凝土或硬基层上 20mm 厚	$100m^2$	1 746.27	0.009 30	0.009 30	0.009 30	0.009 30
11-4	素水泥浆一道	$100m^2$	180.25	0.009 30	0.009 30	0.009 30	0.009 30
11-76	橡胶板	$100m^2$	5 216.34	0.009 30	—	—	—
11-77	橡胶卷材	$100m^2$	4 210.57	—	0.009 30	—	—
11-78	塑料板	$100m^2$	3 125.37	—	—	0.009 30	—
11-79	塑料卷材	$100m^2$	10 152.11	—	—	—	0.009 30
11-104	铺在夹板基层上 金属板	$100m^2$	21 391.91	0.001 20	0.001 20	0.001 20	0.001 20
12-123	木夹板基层	$100m^2$	3 077.60	0.001 20	0.001 20	0.001 20	0.001 20
	名称	单位	单价(元)	消耗量			
人工	三类人工	工日	155.00	0.166 81	0.149 10	0.183 32	0.151 71
材料	橡胶板 $\delta 3$	m^2	26.03	0.976 50	—	—	—
	塑料板	m^2	4.83	—	—	0.976 50	—
	塑料地板卷材 $\delta 1.5$	m^2	73.28	—	—	—	1.023 00
	再生橡胶卷材	m^2	19.66	—	1.023 00	—	—
	水	m^3	4.27	0.003 72	0.003 72	0.003 72	0.003 72
	干混地面砂浆 DS M20.0	m^3	443.08	0.018 97	0.018 97	0.018 97	0.018 97

注:定额子目 7-52、7-53、7-54、7-55 只考虑在室内应用,如应用在室外工程时,相应定额消耗量调整为 0.01。

工作内容：清理基层，抹找平层、面层、踢脚线。

计量单位：m^2

定额编号				7-60	7-61	7-62
项目				织物地毯铺设		
				不固定	固定	
					不带垫	带垫
基价（元）				175.45	182.24	201.43
其中	人工费（元）			25.61	29.90	34.37
	材料费（元）			149.66	152.16	166.88
	机械费（元）			0.18	0.18	0.18
预算定额编号	项目名称	单位	单价(元)	消耗量		
11-1	干混砂浆找平层 混凝土或硬基层上 20mm 厚	$100m^2$	1 746.27	0.009 30	0.009 30	0.009 30
11-4	素水泥浆一道	$100m^2$	180.25	0.009 30	0.009 30	0.009 30
11-80	织物地毯铺设 不固定	$100m^2$	5 928.62	0.009 30	—	—
11-81	织物地毯铺设 固定 不带垫	$100m^2$	6 658.62	—	0.009 30	—
11-82	织物地毯铺设 固定 带垫	$100m^2$	8 722.16	—	—	0.009 30
11-109	成品踢脚线 木质面层 粘贴式	10m	702.04	0.100 00	0.100 00	0.100 00
9-88	聚氨酯防水涂料 厚度(mm) 1.5 平面	$100m^2$	3 462.52	0.009 30	0.009 30	0.009 30
	名称	单位	单价(元)	消耗量		
人工	二类人工	工日	135.00	0.019 06	0.019 06	0.019 06
	三类人工	工日	155.00	0.148 65	0.176 32	0.205 15
材料	地毯	m^2	47.41	0.976 50	0.976 50	0.976 50
	水	m^3	4.27	0.003 72	0.003 72	0.003 72
	干混地面砂浆 DS M20.0	m^3	443.08	0.018 97	0.018 97	0.018 97

工作内容：找平层，铺设木楞，铺钢龙骨，细木工板，踢脚线及油漆。

计量单位：m^2

定额编号				7-63	7-64	7-65
项目				细木工板		
				铺在水泥地面上	铺在木龙骨上（单层）	铺在钢龙骨上
基价（元）				170.19	163.33	244.61
其中	人工费（元）			45.06	44.42	43.58
	材料费（元）			124.95	118.85	201.03
	机械费（元）			0.18	0.06	—
预算定额编号	项目名称	单位	单价(元)	消耗量		
11-1	干混砂浆找平层 混凝土或硬基层上 20mm 厚	$100m^2$	1 746.27	0.009 30	—	—
11-4	素水泥浆一道	$100m^2$	180.25	0.009 30	—	—
11-83	细木工板 铺在水泥地面上	$100m^2$	5 149.27	0.009 30	—	—
11-84	细木工板 铺在木龙骨上(单层)	$100m^2$	6 336.62	—	0.009 30	—
11-85	细木工板 钢龙骨上	$100m^2$	15 078.06	—	—	0.009 30
11-109	成品踢脚线 木质面层 粘贴式	10m	702.04	0.100 00	0.100 00	0.100 00
14-80	水晶漆 三遍	$100m^2$	3 676.06	0.009 30	0.009 30	0.009 30
	名称	单位	单价(元)	消耗量		
人工	三类人工	工日	155.00	0.290 74	0.286 55	0.281 18
材料	型钢 综合	kg	3.84	—	—	23.250 00
	杉木枋 30×40	m^3	1 800.00	—	0.003 52	—
	细木工板 δ15	m^2	21.12	0.976 50	0.976 50	0.976 50
	水	m^3	4.27	0.003 72	—	—
	干混地面砂浆 DS M20.0	m^3	443.08	0.018 97	—	—

工作内容:找平层,铺设木楞,铺钢龙骨,细木工板,木地板面层,踢脚线。 计量单位:m^2

	定额编号			7-66	7-67	7-68	7-69	7-70
	项目			复合木地板				
				铺在水泥地面上	铺在细木工板上			铺在木龙骨上(单层)
					铺在水泥地面上	铺在木龙骨上(单层)	铺在钢龙骨上	
	基价(元)			**254.88**	**290.65**	**283.78**	**365.07**	**173.75**
其中	人工费(元)			25.06	33.19	32.54	31.71	17.45
	材料费(元)			229.64	257.28	251.18	333.36	156.24
	机械费(元)			0.18	0.18	0.06	—	0.06
预算定额编号	项目名称	单位	单价(元)	消耗量				
11-1	干混砂浆找平层 混凝土或硬基层上 20mm 厚	$100m^2$	1 746.27	0.009 30	0.009 30	—	—	—
11-4	素水泥浆一道	$100m^2$	180.25	0.009 30	0.009 30	—	—	—
11-83	细木工板 铺在水泥地面上	$100m^2$	5 149.27	—	0.009 30	—	—	—
11-84	细木工板 铺在木龙骨上(单层)	$100m^2$	6 336.62	—	—	0.009 30	—	—
11-85	细木工板 钢龙骨上	$100m^2$	15 078.06	—	—	—	0.009 30	—
11-86	复合地板 铺在水泥地面上	$100m^2$	17 931.35	0.009 30	—	—	—	—
11-87	复合地板 铺在细木工板上	$100m^2$	16 628.67	—	0.009 30	0.009 30	0.009 30	—
11-88	复合地板 铺在木龙骨上(单层)	$100m^2$	18 683.09	—	—	—	—	0.009 30
11-109	成品踢脚线 木质面层 粘贴式	10m	702.04	0.100 00	0.100 00	0.100 00	0.100 00	—
	名称	单位	单价(元)	消耗量				
人工	三类人工	工日	155.00	0.161 67	0.214 15	0.209 96	0.204 60	0.112 60
材料	型钢 综合	kg	3.84	—	—	—	23.250 00	—
	杉木枋 30×40	m^3	1 800.00	—	—	0.003 52	—	0.003 52
	细木工板 δ15	m^2	21.12	—	0.976 50	0.976 50	0.976 50	—
	长条复合地板	m^2	138.00	0.976 50	0.976 50	0.976 50	0.976 50	0.976 50
	水	m^3	4.27	0.003 72	0.003 72	—	—	—
	干混地面砂浆 DS M20.0	m^3	443.08	0.018 97	0.018 97	—	—	—

工作内容：找平层，铺设木楞，铺钢龙骨，细木工板，木地板面层，踢脚线。

计量单位：m^2

定额编号				7-71	7-72	7-73	7-74	7-75
项目				条形实木地板				
				铺在细木工板上			铺在木龙骨上（单层）	铺在水泥地面上
				铺在水泥地面上	铺在木龙骨上（单层）	铺在钢龙骨上		
基价（元）				**295.94**	**289.06**	**370.36**	**259.78**	**260.98**
其中	人工费（元）			33.19	32.54	31.71	24.53	25.04
	材料费（元）			262.57	256.46	338.65	235.19	235.76
	机械费（元）			0.18	0.06	—	0.06	0.18
预算定额编号	项目名称	单位	单价（元）	消耗量				
11-1	干混砂浆找平层 混凝土或硬基层上 20mm 厚	$100m^2$	1 746.27	0.009 30	—	—	—	0.009 30
11-4	素水泥浆一道	$100m^2$	180.25	0.009 30	—	—	—	0.009 30
11-83	细木工板 铺在水泥地面上	$100m^2$	5 149.27	0.009 30	—	—	—	—
11-84	细木工板 铺在木龙骨上（单层）	$100m^2$	6 336.62	—	0.009 30	—	—	—
11-85	细木工板 钢龙骨上	$100m^2$	15 078.06	—	—	0.009 30	—	—
11-89	条形实木地板 铺在细木工板上	$100m^2$	17 197.45	0.009 30	0.009 30	0.009 30	—	—
11-90	条形实木地板 铺在木龙骨上（单层）	$100m^2$	20 384.64	—	—	—	0.009 30	—
11-91	条形实木地板 水泥地面上	$100m^2$	18 586.67	—	—	—	—	0.009 30
11-109	成品踢脚线 木质面层 粘贴式	10m	702.04	0.100 00	0.100 00	0.100 00	0.100 00	0.100 00
	名称	单位	单价（元）	消耗量				
人工	三类人工	工日	155.00	0.214 15	0.209 96	0.204 60	0.158 24	0.161 53
材料	型钢 综合	kg	3.84	—	—	23.250 00	—	—
	杉木枋 30×40	m^3	1 800.00	—	0.003 52	—	0.003 52	—
	细木工板 δ15	m^2	21.12	0.976 50	0.976 50	0.976 50	—	—
	实木地板	m^2	155.00	0.976 50	0.976 50	0.976 50	0.976 50	0.976 50
	水	m^3	4.27	0.003 72	—	—	—	0.003 72
	干混地面砂浆 DS M20.0	m^3	443.08	0.018 97	—	—	—	0.018 97

工作内容:找平层、铺设木楞、铺钢龙骨、细木工板、木地板面层、硬木踢脚线,安装支架横梁、铺设防静电地板、清扫净面。

计量单位:m^2

定额编号				7-76	7-77	7-78	7-79	7-80
项目				实木拼花地板				
				铺在细木工板上			铺在水泥地面上	防静电活动地板安装
				铺在水泥地面上	铺在木龙骨上(单层)	铺在钢龙骨上		
基价(元)				**194.95**	**258.32**	**313.01**	**296.52**	**342.63**
其中	人工费(元)			41.80	32.25	25.28	25.84	27.23
	材料费(元)			152.90	226.07	287.73	270.50	315.40
	机械费(元)			0.25	—	—	0.18	—
预算定额编号	项目名称	单位	单价(元)	消耗量				
11-1	干混砂浆找平层 混凝土或硬基层上 20mm 厚	$100m^2$	1 746.27	0.009 30	—	—	0.009 30	—
11-4	素水泥浆一道	$100m^2$	180.25	0.009 30	—	—	0.009 30	—
11-83	细木工板 铺在水泥地面上	$100m^2$	5 149.27	0.009 30	0.009 30	0.009 30	—	—
11-84	细木工板 铺在木龙骨上(单层)	$100m^2$	6 336.62	0.009 30	—	—	—	—
11-85	细木工板 钢龙骨上	$100m^2$	15 078.06	—	0.009 30	—	—	—
11-92	实木拼花地板 铺在细木工板上	$100m^2$	20 958.63	—	—	0.009 30	—	—
11-93	实木拼花地板 水泥地面上	$100m^2$	22 408.95	—	—	—	0.009 30	—
11-94	防静电活动地板安装	$100m^2$	29 292.96	—	—	—	—	0.009 30
11-109	成品踢脚线 木质面层 粘贴式	10m	702.04	0.100 00	0.100 00	0.100 00	0.100 00	0.100 00
名称		单位	单价(元)	消耗量				
人工	三类人工	工日	155.00	0.269 66	0.208 08	0.163 10	0.166 70	0.175 66
材料	型钢 综合	kg	3.84	—	23.250 00	—	—	—
	杉木枋 30×40	m^3	1 800.00	0.003 52	—	—	—	—
	细木工板 δ15	m^2	21.12	1.953 00	1.953 00	0.976 50	—	—
	木质防静电活动地板 600×600×25	m^2	259.00	—	—	—	—	0.976 50
	实木拼花地板	m^2	190.00	—	—	0.976 50	0.976 50	—
	水	m^3	4.27	0.003 72	—	—	0.003 72	—
	干混地面砂浆 DS M20.0	m^3	443.08	0.018 97	—	—	0.018 97	—

三、钢筋混凝土板

工作内容：钢筋混凝土模板，钢筋制作、安装，混凝土浇捣等。　　**计量单位**：m^2

定额编号				7-81	7-82	7-83
项目				钢筋混凝土平板(板厚80mm)		
				组合钢模	铝模	复合木模
基价（元）				**95.61**	**99.26**	**97.05**
其中	人工费（元）			14.79	18.61	15.16
	材料费（元）			79.56	79.65	80.77
	机械费（元）			1.26	1.00	1.12
预算定额编号	项目名称	单位	单价(元)	消耗量		
5-16	平板	$10m^3$	5 171.71	0.007 60	0.007 60	0.007 60
5-142	板 组合钢模	$100m^2$	3 433.02	0.003 19	—	—
5-143	板 铝模	$100m^2$	4 575.62	—	0.003 19	—
5-144	板 复合木模	$100m^2$	3 883.41	—	—	0.003 19
5-36	圆钢 HPB300 ≤ϕ10	t	4 810.68	0.003 30	0.003 30	0.003 30
5-39	螺纹钢筋 HRB400 以内 ≤ϕ18	t	4 467.54	0.006 60	0.006 60	0.006 60
	名称	单位	单价(元)	消耗量		
人工	二类人工	工日	135.00	0.109 73	0.138 09	0.112 46
材料	热轧带肋钢筋 HRB400 ϕ18	t	3 759.00	0.006 77	0.006 77	0.006 77
	热轧光圆钢筋 HPB300 ϕ10	t	3 981.00	0.003 37	0.003 37	0.003 37
	复合硅酸盐水泥 P·C 32.5R 综合	kg	0.32	0.006 40	—	0.006 40
	泵送商品混凝土 C30	m^3	461.00	0.076 76	0.076 76	0.076 76
	钢支撑	kg	3.97	0.157 82	—	0.157 82
	立支撑杆件 $\phi48\times3.5$	套	129.00	—	0.001 79	—
	水	m^3	4.27	0.032 14	0.032 14	0.032 14
	复合模板 综合	m^2	32.33	—	—	0.064 92
	钢模板	kg	5.96	0.238 59	—	—
	铝模板	kg	34.99	—	0.104 54	—
	木模板	m^3	1 445.00	0.000 41	—	0.000 75

工作内容:钢筋混凝土模板,钢筋制作、安装,混凝土浇捣等。　　　　**计量单位:**m^2

<table>
<tr><td colspan="4">定　额　编　号</td><td>7-84</td><td>7-85</td><td>7-86</td><td>7-87</td></tr>
<tr><td colspan="4" rowspan="3">项　　　目</td><td colspan="4">钢筋混凝土平板</td></tr>
<tr><td colspan="3">板厚 110mm</td><td rowspan="2">每增减 10mm</td></tr>
<tr><td>组合钢模</td><td>铝模</td><td>复合木模</td></tr>
<tr><td colspan="4">基　价 (元)</td><td>129.86</td><td>134.87</td><td>131.83</td><td>11.64</td></tr>
<tr><td rowspan="3">其
中</td><td colspan="3">人　工　费 (元)</td><td>20.15</td><td>25.40</td><td>20.65</td><td>1.78</td></tr>
<tr><td colspan="3">材　料　费 (元)</td><td>107.99</td><td>108.12</td><td>109.65</td><td>9.71</td></tr>
<tr><td colspan="3">机　械　费 (元)</td><td>1.72</td><td>1.35</td><td>1.53</td><td>0.15</td></tr>
<tr><td>预算定额编号</td><td>项 目 名 称</td><td>单位</td><td>单价(元)</td><td colspan="4">消　耗　量</td></tr>
<tr><td>5-16</td><td>平板</td><td>$10m^3$</td><td>5 171.71</td><td>0.010 50</td><td>0.010 50</td><td>0.010 50</td><td>0.001 00</td></tr>
<tr><td>5-142</td><td>板 组合钢模</td><td>$100m^2$</td><td>3 433.02</td><td>0.004 39</td><td>—</td><td>—</td><td>—</td></tr>
<tr><td>5-143</td><td>板 铝模</td><td>$100m^2$</td><td>4 575.62</td><td>—</td><td>0.004 39</td><td>—</td><td>—</td></tr>
<tr><td>5-144</td><td>板 复合木模</td><td>$100m^2$</td><td>3 883.41</td><td>—</td><td>—</td><td>0.004 39</td><td>0.000 40</td></tr>
<tr><td>5-36</td><td>圆钢 HPB300 ≤ϕ10</td><td>t</td><td>4 810.68</td><td>0.004 40</td><td>0.004 40</td><td>0.004 40</td><td>—</td></tr>
<tr><td>5-39</td><td>螺纹钢筋 HRB400 以内 ≤ϕ18</td><td>t</td><td>4 467.54</td><td>0.008 80</td><td>0.008 80</td><td>0.008 80</td><td>0.001 10</td></tr>
<tr><td colspan="2">名　称</td><td>单位</td><td>单价(元)</td><td colspan="4">消　耗　量</td></tr>
<tr><td>人工</td><td>二类人工</td><td>工日</td><td>135.00</td><td>0.149 39</td><td>0.188 37</td><td>0.153 14</td><td>0.013 15</td></tr>
<tr><td rowspan="11">材
料</td><td>热轧带肋钢筋 HRB400 ϕ18</td><td>t</td><td>3 759.00</td><td>0.009 02</td><td>0.009 02</td><td>0.009 02</td><td>0.001 13</td></tr>
<tr><td>热轧光圆钢筋 HPB300 ϕ10</td><td>t</td><td>3 981.00</td><td>0.004 49</td><td>0.004 49</td><td>0.004 49</td><td>—</td></tr>
<tr><td>复合硅酸盐水泥 P·C 32.5R 综合</td><td>kg</td><td>0.32</td><td>0.008 80</td><td>—</td><td>0.008 80</td><td>0.000 80</td></tr>
<tr><td>泵送商品混凝土 C30</td><td>m^3</td><td>461.00</td><td>0.106 05</td><td>0.106 05</td><td>0.106 05</td><td>0.010 10</td></tr>
<tr><td>钢支撑</td><td>kg</td><td>3.97</td><td>0.217 01</td><td>—</td><td>0.217 01</td><td>0.019 73</td></tr>
<tr><td>立支撑杆件 ϕ48×3.5</td><td>套</td><td>129.00</td><td>—</td><td>0.002 46</td><td>—</td><td>—</td></tr>
<tr><td>水</td><td>m^3</td><td>4.27</td><td>0.044 36</td><td>0.044 36</td><td>0.044 36</td><td>0.004 26</td></tr>
<tr><td>复合模板 综合</td><td>m^2</td><td>32.33</td><td>—</td><td>—</td><td>0.089 26</td><td>0.008 11</td></tr>
<tr><td>钢模板</td><td>kg</td><td>5.96</td><td>0.328 06</td><td>—</td><td>—</td><td>—</td></tr>
<tr><td>铝模板</td><td>kg</td><td>34.99</td><td>—</td><td>0.143 75</td><td>—</td><td>—</td></tr>
<tr><td>木模板</td><td>m^3</td><td>1 445.00</td><td>0.000 57</td><td>—</td><td>0.001 03</td><td>0.000 09</td></tr>
</table>

工作内容：钢筋混凝土模板，钢筋制作、安装，混凝土浇捣等。 **计量单位：**m²

定额编号				7-88	7-89	7-90
项目				钢筋混凝土无梁板		
				板厚 160mm		每增减 10mm
				组合钢模	复合木模	
基价（元）				**250.53**	**252.06**	**17.28**
其中	人工费（元）			36.27	36.56	2.38
	材料费（元）			211.46	212.95	14.68
	机械费（元）			2.80	2.55	0.22
预算定额编号	项目名称	单位	单价（元）	消耗量		
5-16	平板	$10m^3$	5 171.71	0.019 00	0.019 00	0.001 10
5-36	圆钢 HPB300 ≤ϕ10	t	4 810.68	0.008 80	0.008 80	—
5-39	螺纹钢筋 HRB400 以内 ≤ϕ18	t	4 467.54	0.018 70	0.018 70	0.002 20
5-145	无梁板 组合钢模	$100m^2$	3 306.80	0.007 98	—	—
5-146	无梁板 复合木模	$100m^2$	3 498.78	—	0.007 98	0.000 50
名称		单位	单价（元）	消耗量		
人工	二类人工	工日	135.00	0.268 91	0.271 05	0.017 60
材料	热轧带肋钢筋 HRB400 ϕ18	t	3 759.00	0.019 17	0.019 17	0.002 26
	热轧光圆钢筋 HPB300 ϕ10	t	3 981.00	0.008 98	0.008 98	—
	复合硅酸盐水泥 P·C 32.5R 综合	kg	0.32	0.016 00	0.016 00	0.001 00
	泵送商品混凝土 C30	m^3	461.00	0.191 90	0.191 90	0.011 11
	钢支撑	kg	3.97	0.196 96	0.196 96	0.012 31
	水	m^3	4.27	0.080 67	0.080 67	0.004 83
	复合模板 综合	m^2	32.33	—	0.135 18	0.008 45
	钢模板	kg	5.96	0.384 00	—	—
	木模板	m^3	1 445.00	0.004 29	0.003 76	0.000 24

工作内容:钢筋混凝土模板,钢筋制作、安装,混凝土浇捣等。　　　　**计量单位**:m^2

定额编号				7-91	7-92
项目				钢筋混凝土斜平板	
				板厚 80mm 复合木模	每增减 10mm
基价（元）				**140.34**	**12.27**
其中	人工费（元）			32.79	2.05
	材料费（元）			105.09	10.05
	机械费（元）			2.46	0.17
预算定额编号	项目名称	单位	单价(元)	消耗量	
5-19	斜板、坡屋面板	$10m^3$	5 242.49	0.007 60	0.001 00
5-36	圆钢 HPB300 ≤ϕ10	t	4 810.68	0.005 50	—
5-39	螺纹钢筋 HRB400 以内 ≤ϕ18	t	4 467.54	0.006 60	0.001 10
5-148	斜板、坡屋面板 复合模板	$100m^2$	5 279.57	0.008 44	0.000 40
	名称	单位	单价(元)	消耗量	
人工	二类人工	工日	135.00	0.242 14	0.015 21
材料	热轧带肋钢筋 HRB400 ϕ18	t	3 759.00	0.006 77	0.001 13
	热轧光圆钢筋 HPB300 ϕ10	t	3 981.00	0.005 61	—
	复合硅酸盐水泥 P·C 32.5R 综合	kg	0.32	0.128 07	0.006 10
	黄砂 净砂	t	92.23	0.000 34	0.000 02
	泵送商品混凝土 C30	m^3	461.00	0.076 76	0.010 10
	钢支撑	kg	3.97	0.564 60	0.026 89
	水	m^3	4.27	0.068 29	0.009 02
	复合模板 综合	m^2	32.33	0.257 28	0.012 25
	木模板	m^3	1 445.00	0.005 74	0.000 27

工作内容:钢筋混凝土阶梯形板模板,钢筋制作、安装,混凝土浇捣等。　　　　**计量单位**:m^2

定额编号				7-93	7-94
项目				钢筋混凝土阶梯形楼板(mm)	
				板厚 110	每增减 10
基价（元）				**605.05**	**76.94**
其中	人工费（元）			172.29	28.65
	材料费（元）			424.75	46.96
	机械费（元）			8.01	1.33
预算定额编号	项目名称	单位	单价(元)	消耗量	
5-175	场馆看台板	$10m^2$(投影面积)	1 614.86	0.100 00	0.021 70
5-29	场馆看台	$10m^3$	6 135.16	0.029 60	0.002 70
5-36	圆钢 HPB300 ≤ϕ10	t	4 810.68	0.018 70	0.002 20
5-39	螺纹钢筋 HRB400 以内 ≤ϕ18	t	4 467.54	0.038 50	0.003 30
	名称	单位	单价(元)	消耗量	
人工	二类人工	工日	135.00	1.276 24	0.212 21
材料	热轧带肋钢筋 HRB400 ϕ18	t	3 759.00	0.039 46	0.003 38
	热轧光圆钢筋 HPB300 ϕ10	t	3 981.00	0.019 07	0.002 24
	泵送商品混凝土 C30	m^3	461.00	0.298 96	0.027 27
	水	m^3	4.27	0.238 73	0.021 75
	复合模板 综合	m^2	32.33	0.500 80	0.108 67
	木模板	m^3	1 445.00	0.015 10	0.003 28
	木支撑	m^3	1 552.00	0.009 60	0.002 08

工作内容：预制混凝土楼板安装、清理基层、绑扎钢筋、浇捣混凝土等。 **计量单位：**见表

定额编号					7-95	7-96	7-97
项目					装配式混凝土		
					整体板	叠合板	叠合板 现浇混凝土层
							70mm 厚
计量单位					m^3		m^2
基价（元）					**332.73**	**437.85**	**59.86**
其中	人工费（元）				253.27	316.51	5.76
	材料费（元）				76.22	115.95	53.77
	机械费（元）				3.24	5.39	0.33
预算定额编号	项目名称		单位	单价(元)	消耗量		
5-16	平板		$10m^3$	5 171.71	—	—	0.007 00
5-195	整体板		$10m^3$	3 327.27	0.100 00	—	—
5-196	叠合板		$10m^3$	4 378.51	—	0.100 00	—
5-36	圆钢 HPB300 ≤ϕ10		t	4 810.68	—	—	0.001 75
5-39	螺纹钢筋 HRB400 以内 ≤ϕ18		t	4 467.54	—	—	0.003 41
名称			单位	单价(元)	消耗量		
人工	二类人工		工日	135.00	—	—	0.042 85
	三类人工		工日	155.00	1.634 00	2.042 00	—
材料	预制混凝土叠合板		m^3	—	—	(1.005 00)	—
	预制混凝土整体板		m^3	—	(1.005 00)	—	—
	热轧带肋钢筋 HRB400 ϕ18		t	3 759.00	—	—	0.003 49
	热轧光圆钢筋 HPB300 ϕ10		t	3 981.00	—	—	0.001 84
	泵送商品混凝土 C30		m^3	461.00	—	—	0.070 70
	垫木		m^3	2 328.00	0.005 50	0.009 10	—
	钢支撑		kg	3.97	2.391 00	3.985 00	—
	立支撑杆件 $\phi48 \times 3.5$		套	129.00	0.164 00	0.273 00	—
	水		m^3	4.27	—	—	0.029 22

工作内容:钢楼板安装,清理基层,绑扎钢筋,浇捣混凝土,钢架搭设、拆除等。　　**计量单位**:m^2

定额编号				7-98	7-99
项目				自承式钢楼板	压型钢板楼板
				板厚 120mm	
基价(元)				**217.87**	**219.97**
其中	人工费(元)			35.18	29.58
	材料费(元)			176.40	184.55
	机械费(元)			6.29	5.84
预算定额编号	项目名称	单位	单价(元)	消耗量	
5-16	平板	$10m^3$	5 171.71	0.011 16	0.011 16
5-36	圆钢 HPB300 ≤ϕ10	t	4 810.68	0.005 31	0.005 75
5-39	螺纹钢筋 HRB400 以内 ≤ϕ18	t	4 467.54	0.007 95	0.008 61
6-53	自承式楼承板	$100m^2$	9 909.95	0.010 00	—
6-54	压型钢板楼板	$100m^2$	9 612.40	—	0.010 00
	名称	单位	单价(元)	消耗量	
人工	二类人工	工日	135.00	0.089 58	0.094 17
	三类人工	工日	155.00	0.149 19	0.109 14
材料	热轧带肋钢筋 HRB400 ϕ18	t	3 759.00	0.008 20	0.008 82
	热轧光圆钢筋 综合	kg	3.97	0.020 00	0.020 00
	热轧光圆钢筋 HPB300 ϕ10	t	3 981.00	0.005 41	0.005 92
	泵送商品混凝土 C30	m^3	461.00	0.113 12	0.113 12
	垫木	m^3	2 328.00	0.000 50	0.000 20
	压型钢板楼板 0.9	m^2	64.66	—	1.040 00
	自承式楼承板 0.6	m^2	60.34	1.040 00	—
	水	m^3	4.27	0.047 12	0.047 20

工作内容:钢架搭设、拆除等。　　**计量单位**:m^3

定额编号				7-100	7-101
项目				超危支撑架满堂式支架	
				8m＜高度≤16m	16m＜高度≤24m
基价(元)				**13.00**	**16.73**
其中	人工费(元)			12.69	16.32
	材料费(元)			0.31	0.41
	机械费(元)			—	—
预算定额编号	项目名称	单位	单价(元)	消耗量	
5-190	满堂式支架 8m＜高度≤16m	$100m^3$	1 300.15	0.010 00	—
5-191	满堂式支架 16m＜高度≤24m	$100m^3$	1 673.10	—	0.010 00
	名称	单位	单价(元)	消耗量	
人工	二类人工	工日	135.00	0.094 01	0.120 87
材料	脚手架钢管	kg	3.62	0.058 08	0.077 44
	脚手架钢管底座	个	5.69	0.000 93	0.001 24
	脚手架扣件	只	5.22	0.018 12	0.024 16

注:满堂式支架定额未含支架及配件的使用费。支架及配件的暂定用量为:8m＜高度≤16m 按每立方米空间体积按 15kg 计算,16m＜高度≤24m 按每立方米空间体积按 20kg 计算。

四、钢筋混凝土楼梯

1.直 形

工作内容:钢筋混凝土楼梯板模板,钢筋制作、安装,混凝土浇捣,防滑条、板底抹灰,木扶手及油漆等。

计量单位:m²

定额编号				7-102	7-103	7-104
项目				钢筋混凝土楼梯(直形)		
				组合钢模	铝模	复合木模
基价(元)				**623.06**	**638.28**	**590.30**
其中	人工费(元)			245.42	256.06	227.90
	材料费(元)			372.60	376.02	357.52
	机械费(元)			5.04	6.20	4.88
预算定额编号	项目名称	单位	单价(元)	消耗量		
11-149	楼梯、台阶踏步防滑条 铜嵌条 4×6	100m	2 387.60	0.033 00	0.033 00	0.033 00
13-1	一般抹灰	100m²	2 023.19	0.010 00	0.010 00	0.010 00
14-21	木扶手 聚酯清漆 三遍	100m	1 155.59	0.017 50	0.017 50	0.017 50
14-25	木扶手 聚酯清漆磨退 五遍	100m	2 293.10	0.017 50	0.017 50	0.017 50
15-83	木栏杆 木扶手	10m	1 426.21	0.070 00	0.070 00	0.070 00
5-168	楼梯 直形 组合钢模	10m²(投影面积)	1 598.91	0.100 00	—	—
5-169	楼梯 直形 铝模	10m²(投影面积)	1 751.16	—	0.100 00	—
5-170	楼梯 直形 复合木模	10m²(投影面积)	1 271.33	—	—	0.100 00
5-24	楼梯 直形	10m²	1 303.45	0.100 00	0.100 00	0.100 00
5-36	圆钢 HPB300 ≤ϕ10	t	4 810.68	0.005 50	0.005 50	0.005 50
5-40	螺纹钢筋 HRB400 以内 ≤ϕ25	t	4 286.52	0.011 00	0.011 00	0.011 00
名称		单位	单价(元)	消耗量		
人工	二类人工	工日	135.00	0.948 27	1.027 07	0.818 47
	三类人工	工日	155.00	0.757 43	0.757 43	0.757 43
材料	热轧带肋钢筋 HRB400 ϕ25	t	3 759.00	0.011 28	0.011 28	0.011 28
	热轧光圆钢筋 HPB300 ϕ10	t	3 981.00	0.005 61	0.005 61	0.005 61
	泵送商品混凝土 C30	m³	461.00	0.243 00	0.243 00	0.243 00
	木栏杆 宽 40	m	7.76	3.427 20	3.427 20	3.427 20
	木扶手 宽 65	m	24.86	0.714 00	0.714 00	0.714 00
	钢支撑	kg	3.97	0.261 00	—	0.653 60
	立支撑杆件 ϕ48×3.5	套	129.00	—	0.017 00	—
	水	m³	4.27	0.351 03	0.351 03	0.351 03
	复合模板 综合	m²	32.33	—	—	0.527 20
	钢模板	kg	5.96	0.560 00	—	—
	铝模板	kg	34.99	—	1.389 00	—
	木模板	m³	1 445.00	0.028 30	—	0.009 50

工作内容:预制混凝土楼梯板安装、现浇混凝土模板,钢筋制作、安装,混凝土浇捣,防滑条、板底抹灰,木扶手及油漆等。

计量单位:m^2

定额编号				7-105	7-106
项目				装配式混凝土楼梯	
				直形梯段	
				简支	固支
基价(元)				**1 003.45**	**1 007.28**
其中	人工费(元)			238.75	241.16
	材料费(元)			756.11	757.40
	机械费(元)			8.59	8.72
预算定额编号	项目名称	单位	单价(元)	消耗量	
13-1	一般抹灰	$100m^2$	2 023.19	0.010 00	0.010 00
14-21	木扶手 聚酯清漆 三遍	100m	1 155.59	0.017 50	0.017 50
14-25	木扶手 聚酯清漆磨退 五遍	100m	2 293.10	0.017 50	0.017 50
15-83	木栏杆 木扶手	10m	1 426.21	0.070 00	0.070 00
5-16	平板	$10m^3$	5 171.71	0.006 55	0.006 55
5-133	异型梁 木模板	$100m^2$	6 607.12	0.005 15	0.005 15
5-144	板 复合木模	$100m^2$	3 883.41	0.005 61	0.005 61
5-208	直行梯段 简支	$10m^3$	2 823.38	0.011 61	—
5-209	直行梯段 固支	$10m^3$	3 153.03	—	0.011 61
5-36	圆钢 HPB300 ≤ϕ10	t	4 810.68	0.046 74	0.046 74
5-40	螺纹钢筋 HRB400 以内 ≤ϕ25	t	4 286.52	0.105 60	0.105 60
5-9	矩形梁、异型梁、弧形梁	$10m^3$	5 068.96	0.004 55	0.004 55
	名称	单位	单价(元)	消耗量	
人工	二类人工	工日	135.00	0.763 53	0.763 53
	三类人工	工日	155.00	0.876 44	0.891 99
材料	预制混凝土楼梯	m^3	—	(0.116 58)	(0.116 58)
	热轧带肋钢筋 HRB400 ϕ25	t	3 759.00	0.108 24	0.108 24
	热轧光圆钢筋 HPB300 ϕ10	t	3 981.00	0.047 63	0.047 63
	复合硅酸盐水泥 P·C 32.5R 综合	kg	0.32	0.021 60	0.021 60
	泵送商品混凝土 C30	m^3	461.00	0.113 12	0.113 12
	垫木	m^3	2 328.00	0.000 22	0.000 28
	木栏杆 宽 40	m	7.76	3.427 20	3.427 20
	木扶手 宽 65	m	24.86	0.714 00	0.714 00
	钢支撑	kg	3.97	0.276 19	0.276 19
	钢支撑及配件	kg	3.97	—	0.121 45
	立支撑杆件 $\phi48\times3.5$	套	129.00	—	0.008 35
	水	m^3	4.27	0.048 87	0.048 87
	复合模板 综合	m^2	32.33	0.113 60	0.113 60
	木模板	m^3	1 445.00	0.009 63	0.009 63

2. 钢筋混凝土楼梯(直形)面层

工作内容:清理基层,抹找平层、面层、踢脚线等。　　计量单位:m^2

定额编号				7-107	7-108	7-109
项目				钢筋混凝土楼梯(直形)		
				干混砂浆面层	石材面层	
					干混砂浆铺贴	黏结剂铺贴
基价(元)				**119.06**	**357.34**	**337.98**
其中	人工费(元)			68.14	66.04	49.53
	材料费(元)			50.58	290.82	288.25
	机械费(元)			0.34	0.48	0.20
预算定额编号	项目名称	单位	单价(元)	消耗量		
11-1	干混砂浆找平层 混凝土或硬基层上 20mm 厚	100m²	1 746.27	—	0.010 00	0.010 00
11-96	石材 干混砂浆铺贴	100m²	22 131.70	0.001 97	0.001 97	—
11-98	石材 黏结剂铺贴	100m²	21 525.76	—	—	0.001 97
11-112	干混砂浆 20mm 厚	100m²	7 545.41	0.010 00	—	—
11-114	石材 干混砂浆铺贴	100m²	29 628.36	—	0.010 00	—
11-117	石材 黏结剂铺贴	100m²	27 811.30	—	—	0.010 00
名称		单位	单价(元)	消耗量		
人工	三类人工	工日	155.00	0.440 51	0.426 99	0.320 13
材料	白色硅酸盐水泥 425# 二级白度	kg	0.59	0.028 56	0.167 79	0.028 56
	天然石材饰面板	m²	159.00	0.208 00	1.654 90	1.654 90
	水	m³	4.27	0.056 27	0.042 40	0.023 20
	干混地面砂浆 DS M15.0	m³	443.08	0.002 02	0.002 02	—
	干混地面砂浆 DS M20.0	m³	443.08	0.033 54	0.053 63	0.020 40

工作内容:清理基层,抹找平层、面层、踢脚线等。　　计量单位:m^2

定额编号				7-110	7-111
项目				钢筋混凝土楼梯(直形)	
				陶瓷地砖面层	
				干混砂浆铺贴	黏结剂铺贴
基价(元)				**172.87**	**123.57**
其中	人工费(元)			90.90	43.99
	材料费(元)			81.48	79.38
	机械费(元)			0.49	0.20
预算定额编号	项目名称	单位	单价(元)	消耗量	
11-1	干混砂浆找平层 混凝土或硬基层上 20mm 厚	100m²	1 746.27	0.010 00	0.010 00
11-97	陶瓷地面砖 干混砂浆铺贴	100m²	9 985.65	0.001 97	—
11-99	陶瓷地面砖 黏结剂铺贴	100m²	6 195.92	—	0.001 97
11-116	陶瓷地面砖 干混砂浆铺贴	100m²	13 573.02	0.010 00	—
11-119	陶瓷地面砖 黏结剂铺贴	100m²	9 389.53	—	0.010 00
名称		单位	单价(元)	消耗量	
人工	三类人工	工日	155.00	0.587 58	0.284 28
材料	白色硅酸盐水泥 425# 二级白度	kg	0.59	0.167 69	0.028 56
	陶瓷地砖 综合	m²	32.76	1.654 90	1.654 90
	水	m³	4.27	0.042 40	0.023 20
	干混地面砂浆 DS M15.0	m³	443.08	0.002 02	—
	干混地面砂浆 DS M20.0	m³	443.08	0.053 94	0.020 40

工作内容:清理基层,抹找平层、面层、踢脚线等。　　**计量单位**:m^2

定额编号				7-112	7-113
项目				钢筋混凝土楼梯(直形)	
				织物地毯	
				不带垫	带垫
基价(元)				**208.56**	**294.59**
其中	人工费(元)			29.63	52.82
	材料费(元)			178.73	241.57
	机械费(元)			0.20	0.20
预算定额编号	项目名称	单位	单价(元)	消耗量	
11-1	干混砂浆找平层 混凝土或硬基层上 20mm 厚	$100m^2$	1 746.27	0.010 00	0.010 00
11-109	成品踢脚线 木质面层 粘贴式	10m	702.04	0.100 00	0.100 00
11-120	织物地毯 不带垫	$100m^2$	11 789.26	0.010 00	—
11-121	织物地毯 带垫	$100m^2$	14 677.07	—	0.010 00
11-122	地毯配件 铜质 压棍	套	90.98	0.033 00	—
11-123	地毯配件 铜质 压板	100m	1 822.78	—	0.033 00
	名称	单位	单价(元)	消耗量	
人工	三类人工	工日	155.00	0.191 16	0.340 78
材料	地毯胶垫	m^2	15.52	—	1.433 25
	化纤地毯	m^2	67.24	1.433 25	1.433 25
	水	m^3	4.27	0.004 00	0.004 00
	干混地面砂浆 DS M20.0	m^3	443.08	0.020 40	0.020 40

工作内容:清理基层,抹找平层、面层、踢脚线等。　　**计量单位**:m^2

定额编号				7-114	7-115
项目				钢筋混凝土楼梯(直形)	
				木板面层	橡胶板面层
基价(元)				**380.01**	**127.29**
其中	人工费(元)			66.54	28.96
	材料费(元)			313.27	98.13
	机械费(元)			0.20	0.20
预算定额编号	项目名称	单位	单价(元)	消耗量	
11-1	干混砂浆找平层 混凝土或硬基层上 20mm 厚	$100m^2$	1 746.27	0.010 00	0.010 00
11-104	铺在夹板基层上 金属板	$100m^2$	21 391.91	—	0.001 97
11-109	成品踢脚线 木质面层 粘贴式	10m	702.04	0.100 00	—
11-124	木板面层	$100m^2$	26 111.56	0.010 00	—
11-125	橡胶板面层	$100m^2$	6 768.49	—	0.010 00
14-84	地板漆 三遍	$100m^2$	2 178.57	0.014 33	—
	名称	单位	单价(元)	消耗量	
人工	三类人工	工日	155.00	0.428 90	0.187 10
材料	橡胶板 δ3	m^2	26.03	—	1.433 25
	实木地板	m^2	155.00	1.433 25	—
	水	m^3	4.27	0.075 00	0.004 00
	干混地面砂浆 DS M20.0	m^3	443.08	0.020 40	0.020 40

工作内容：清理基层，抹找平层、面层、踢脚线等。　　计量单位：m^2

定额编号				7-116	7-117	7-118
项目				钢筋混凝土楼梯（直形）		
				塑料板面层	环氧地坪涂料面层	环氧地坪涂料增加中涂一道
基价（元）				113.50	111.33	9.92
其中	人工费（元）			29.57	40.07	5.37
	材料费（元）			83.73	66.47	3.41
	机械费（元）			0.20	4.79	1.14
预算定额编号	项目名称	单位	单价（元）	消耗量		
11-1	干混砂浆找平层 混凝土或硬基层上 20mm 厚	$100m^2$	1 746.27	0.010 00	0.010 00	—
11-95	干混砂浆	$100m^2$	4 684.29	—	0.001 97	—
11-104	铺在夹板基层上 金属板	$100m^2$	21 391.91	0.001 97	0.001 97	—
11-126	塑料板面层	$100m^2$	5 389.19	0.010 00	—	—
11-127	环氧地坪涂料 底涂一道	$100m^2$	1 345.64	—	0.010 00	—
11-128	环氧地坪涂料 中涂一道	$100m^2$	1 449.27	—	0.010 00	—
11-129	环氧地坪涂料 中涂增加一道	$100m^2$	991.13	—	—	0.010 00
11-130	环氧地坪涂料 面涂一道	$100m^2$	1 454.08	—	0.010 00	—
名称		单位	单价（元）	消耗量		
人工	三类人工	工日	155.00	0.191 02	0.259 42	0.034 65
材料	塑料板	m^2	4.83	1.433 25	—	—
	水	m^3	4.27	0.004 00	0.012 56	—
	干混地面砂浆 DS M15.0	m^3	443.08	—	0.003 04	—
	干混地面砂浆 DS M20.0	m^3	443.08	0.020 40	0.022 42	—

3. 栏杆及扶手

工作内容：拼装栏杆、扶手、油漆等。　　计量单位：m

定额编号				7-119	7-120	7-121
项目				不锈钢栏杆	铁艺栏杆 铁扶手	
				不锈钢管扶手	醇酸漆	氟碳漆
					二遍	
基价（元）				203.90	209.96	225.36
其中	人工费（元）			66.12	69.44	72.77
	材料费（元）			124.23	138.83	150.90
	机械费（元）			13.55	1.69	1.69
预算定额编号	项目名称	单位	单价（元）	消耗量		
14-111	金属面 防锈漆 一遍	$100m^2$	722.73	—	0.011 05	0.011 05
14-112	金属面 醇酸漆 二遍	$100m^2$	1 486.52	—	0.011 05	—
14-116	金属面 氟碳漆 二遍	$100m^2$	2 880.29	—	—	0.011 05
15-82	不锈钢栏杆 不锈钢管扶手	10m	2 039.04	0.100 00	—	—
15-85	铁艺栏杆 铁扶手	10m	1 855.53	—	0.100 00	0.100 00
名称		单位	单价（元）	消耗量		
人工	三类人工	工日	155.00	0.426 60	0.448 57	0.470 15
材料	钢栏杆	kg	6.90	—	16.520 10	16.520 10
	碳素结构钢焊接钢管 $DN50\times3.8$	kg	3.88	—	5.075 00	5.075 00
	不锈钢装饰圆管 $\phi25.4\times1.5$	m	11.75	3.180 00	—	—
	不锈钢装饰圆管 $\phi45\times1.5$	m	22.11	1.227 48	—	—
	不锈钢装饰圆管 $\phi63.5\times2$	m	42.93	1.060 00	—	—

工作内容:拼装栏杆、栏板、扶手等。　　　　**计量单位**:m

定额编号				7-122	7-123	7-124	7-125
项目				不锈钢管栏杆		半玻璃栏板	全玻璃栏板
				带扶手	钢化玻璃栏板 带扶手		
基价(元)				**254.94**	**183.10**	**237.99**	**336.65**
其中	人工费(元)			35.65	43.40	94.91	98.01
	材料费(元)			208.45	135.50	138.35	233.67
	机械费(元)			10.84	4.20	4.73	4.97
预算定额编号	项目名称	单位	单价(元)	消耗量			
15-86	不锈钢管栏杆 直形(带扶手) 成品	10m	2 549.42	0.100 00	—	—	—
15-88	不锈钢管栏杆 钢化玻璃栏板(带扶手) 成品	10m	1 831.02	—	0.100 00	—	—
15-89	半玻璃栏板	10m	2 379.87	—	—	0.100 00	—
15-90	全玻璃栏板	10m	3 366.45	—	—	—	0.100 00
	名称	单位	单价(元)	消耗量			
人工	三类人工	工日	155.00	0.230 00	0.280 00	0.612 30	0.632 30
材料	钢化玻璃 $\delta 10$	m^2	77.59	—	—	0.480 90	1.014 30
	不锈钢钢管栏杆 直形(带扶手)	m	159.00	1.010 00	—	—	—
	不锈钢管栏杆 钢化玻璃栏板(带扶手)	m	121.00	—	1.010 00	—	—
	不锈钢装饰圆管 $\phi 39\times 3$	m	27.18	—	—	0.913 70	—
	不锈钢装饰圆管 $\phi 75\times 3$	m	55.71	—	—	1.060 00	1.060 00

4. 钢筋混凝土弧形楼梯

工作内容：现浇钢筋混凝土楼梯、面层，拼装栏杆、扶手等。

计量单位：m^2

定额编号				7-126	7-127
项目				钢筋混凝土楼梯（弧形）	
				复合木模	
				干混砂浆面层	石材面层
					干混砂浆铺贴
基价（元）				**1 250.70**	**1 676.12**
其中	人工费（元）			319.10	329.57
	材料费（元）			901.90	1 316.71
	机械费（元）			29.70	29.84
预算定额编号	项目名称	单位	单价（元）	消耗量	
11-1	干混砂浆找平层 混凝土或硬基层上 20mm 厚	$100m^2$	1 746.27	—	0.010 00
11-95	干混砂浆	$100m^2$	4 684.29	0.003 94	—
11-96	石材 干混砂浆铺贴	$100m^2$	22 131.70	—	0.003 94
11-112	干混砂浆 20mm 厚	$100m^2$	7 545.41	0.010 00	—
11-115	石材弧形楼梯 干混砂浆铺贴	$100m^2$	35 517.40	—	0.010 00
11-149	楼梯、台阶踏步防滑条 铜嵌条 4×6	100m	2 387.60	—	0.033 00
11-152	楼梯、台阶踏步防滑条 金刚砂	100m	584.59	0.033 00	—
13-1	一般抹灰	$100m^2$	2 023.19	0.010 00	0.010 00
15-87	不锈钢管栏杆 弧形（带扶手）成品	10m	2 121.22	0.140 00	0.140 00
5-171	楼梯 弧形 复合木模	$10m^2$（投影面积）	1 434.82	0.100 00	0.100 00
5-25	楼梯 弧形	$10m^2$	1 862.60	0.100 00	0.100 00
5-36	圆钢 HPB300 ≤ϕ10	t	4 810.68	0.036 30	0.036 30
5-40	螺纹钢筋 HRB400 以内 ≤ϕ25	t	4 286.52	0.073 70	0.073 70
名称		单位	单价（元）	消耗量	
人工	二类人工	工日	135.00	1.229 93	1.229 93
	三类人工	工日	155.00	0.986 59	1.053 79
材料	热轧带肋钢筋 HRB400 ϕ25	t	3 759.00	0.075 54	0.075 54
	热轧光圆钢筋 HPB300 ϕ10	t	3 981.00	0.037 03	0.037 03
	普通硅酸盐水泥 P·O 52.5 综合	kg	0.39	1.402 96	—
	白色硅酸盐水泥 425# 二级白度	kg	0.59	—	0.216 34
	泵送商品混凝土 C30	m^3	461.00	0.350 00	0.350 00
	钢支撑	kg	3.97	0.696 40	0.696 40
	水	m^3	4.27	0.595 34	0.569 45
	复合模板 综合	m^2	32.33	0.600 00	0.600 00
	木模板	m^3	1 445.00	0.009 50	0.009 50
	干混地面砂浆 DS M15.0	m^3	443.08	0.005 93	0.003 94
	干混地面砂浆 DS M20.0	m^3	443.08	0.036 46	0.060 48
	干混抹灰砂浆 DP M15.0	m^3	446.85	0.016 95	0.016 95

工作内容:现浇钢筋混凝土楼梯、面层,拼装栏杆、扶手等。 **计量单位**:m^2

定额编号				7-128	7-129
项目				钢筋混凝土楼梯(弧形)	
				复合木模	
				石材面层	木板面层
				黏结剂铺贴	
基价(元)				**1 650.24**	**1 497.62**
其中	人工费(元)			306.80	276.33
	材料费(元)			1 313.96	1 191.81
	机械费(元)			29.48	29.48
预算定额编号	项目名称	单位	单价(元)	消耗量	
11-1	干混砂浆找平层 混凝土或硬基层上 20mm 厚	$100m^2$	1 746.27	0.010 00	0.010 00
11-98	石材 黏结剂铺贴	$100m^2$	21 525.76	0.003 94	—
11-109	成品踢脚线 木质面层 粘贴式	10m	702.04	—	0.003 94
11-118	石材弧形楼梯 黏结剂铺贴	$100m^2$	33 169.08	0.010 00	—
11-124	木板面层	$100m^2$	26 111.56	—	0.010 00
11-149	楼梯、台阶踏步防滑条 铜嵌条 4×6	100m	2 387.60	0.033 00	0.033 00
13-1	一般抹灰	$100m^2$	2 023.19	0.010 00	0.010 00
15-87	不锈钢管栏杆 弧形(带扶手) 成品	10m	2 121.22	0.140 00	0.140 00
5-171	楼梯 弧形 复合木模	$10m^2$(投影面积)	1 434.82	0.100 00	0.100 00
5-25	楼梯 弧形	$10m^2$	1 862.60	0.100 00	0.100 00
5-36	圆钢 HPB300 ≤ϕ10	t	4 810.68	0.036 30	0.036 30
5-40	螺纹钢筋 HRB400 以内 ≤ϕ25	t	4 286.52	0.073 70	0.073 70
	名称	单位	单价(元)	消耗量	
人工	二类人工	工日	135.00	1.229 93	1.229 93
	三类人工	工日	155.00	0.907 39	0.711 54
材料	热轧带肋钢筋 HRB400 ϕ25	t	3 759.00	0.075 54	0.075 54
	热轧光圆钢筋 HPB300 ϕ10	t	3 981.00	0.037 03	0.037 03
	白色硅酸盐水泥 425# 二级白度	kg	0.59	0.055 69	—
	泵送商品混凝土 C30	m^3	461.00	0.350 00	0.350 00
	钢支撑	kg	3.97	0.696 40	0.696 40
	水	m^3	4.27	0.545 16	0.591 87
	复合模板 综合	m^2	32.33	0.600 00	0.600 00
	木模板	m^3	1 445.00	0.009 50	0.009 50
	干混地面砂浆 DS M20.0	m^3	443.08	0.020 40	0.020 40
	干混抹灰砂浆 DP M15.0	m^3	446.85	0.016 95	0.016 95

工作内容：现浇钢筋混凝土楼梯、面层，拼装栏杆、扶手等。

计量单位：m^2

定额编号				7-130	7-131
项目				钢筋混凝土楼梯(弧形)	
				复合木模	
				陶瓷地砖面层	
				干混砂浆铺贴	黏结剂铺贴
基价(元)				1 352.89	1 296.14
其中	人工费(元)			340.93	287.55
	材料费(元)			982.24	979.17
	机械费(元)			29.72	29.42
预算定额编号	项目名称	单位	单价(元)	消耗量	
11-1	干混砂浆找平层 混凝土或硬基层上 20mm 厚	$100m^2$	1 746.27	0.010 00	0.010 00
11-97	陶瓷地面砖 干混砂浆铺贴	$100m^2$	9 985.65	0.003 94	—
11-99	陶瓷地面砖 黏结剂铺贴	$100m^2$	6 195.92	—	0.003 94
11-116	陶瓷地面砖 干混砂浆铺贴	$100m^2$	13 573.02	0.010 00	—
11-119	陶瓷地面砖 黏结剂铺贴	$100m^2$	9 389.53	—	0.010 00
11-149	楼梯、台阶踏步防滑条 铜嵌条 4×6	100m	2 387.60	0.033 00	0.033 00
13-1	一般抹灰	$100m^2$	2 023.19	0.010 00	0.010 00
15-87	不锈钢管栏杆 弧形(带扶手) 成品	10m	2 121.22	0.140 00	0.140 00
5-171	楼梯 弧形 复合木模	$10m^2$(投影面积)	1 434.82	0.100 00	0.100 00
5-24	楼梯 直形	$10m^2$	1 303.45	0.100 00	0.100 00
5-36	圆钢 HPB300 ≤ϕ10	t	4 810.68	0.036 30	0.036 30
5-40	螺纹钢筋 HRB400 以内 ≤ϕ25	t	4 286.52	0.073 70	0.073 70
名称		单位	单价(元)	消耗量	
人工	二类人工	工日	135.00	1.187 09	1.187 09
	三类人工	工日	155.00	1.164 13	0.820 59
材料	热轧带肋钢筋 HRB400 ϕ25	t	3 759.00	0.075 54	0.075 54
	热轧光圆钢筋 HPB300 ϕ10	t	3 981.00	0.037 03	0.037 03
	白色硅酸盐水泥 425# 二级白度	kg	0.59	0.194 82	0.055 69
	泵送商品混凝土 C30	m^3	461.00	0.243 00	0.243 00
	陶瓷地砖 综合	m^2	32.76	1.852 50	1.852 50
	水	m^3	4.27	0.403 45	0.382 16
	复合模板 综合	m^2	32.33	0.600 00	0.600 00
	木模板	m^3	1 445.00	0.009 50	0.009 50
	干混地面砂浆 DS M15.0	m^3	443.08	0.003 94	—
	干混地面砂浆 DS M20.0	m^3	443.08	0.054 91	0.020 40
	干混抹灰砂浆 DP M15.0	m^3	446.85	0.016 95	0.016 95

工作内容:现浇钢筋混凝土楼梯、面层,拼装栏杆、扶手等。 **计量单位**:m^2

定额编号				7-132	7-133
项目				钢筋混凝土楼梯(弧形)	
				复合木模	
				织物地毯	
				不带垫	带垫
基价(元)				**1 426.08**	**1 454.96**
其中	人工费(元)			284.85	291.49
	材料费(元)			1 111.81	1 134.05
	机械费(元)			29.42	29.42
预算定额编号	项目名称	单位	单价(元)	消耗量	
11-1	干混砂浆找平层 混凝土或硬基层上 20mm 厚	$100m^2$	1 746.27	0.010 00	0.010 00
11-109	成品踢脚线 木质面层 粘贴式	10m	702.04	0.100 00	0.100 00
11-120	织物地毯 不带垫	$100m^2$	11 789.26	0.010 00	—
11-121	织物地毯 带垫	$100m^2$	14 677.07	—	0.010 00
11-123	地毯配件 铜质 压板	100m	1 822.78	0.033 00	0.033 00
11-149	楼梯、台阶踏步防滑条 铜嵌条 4×6	100m	2 387.60	0.033 00	0.033 00
13-1	一般抹灰	$100m^2$	2 023.19	0.010 00	0.010 00
15-87	不锈钢管栏杆 弧形(带扶手) 成品	10m	2 121.22	0.140 00	0.140 00
5-171	楼梯 弧形 复合木模	$10m^2$(投影面积)	1 434.82	0.100 00	0.100 00
5-24	楼梯 直形	$10m^2$	1 303.45	0.100 00	0.100 00
5-36	圆钢 HPB300 ≤ϕ10	t	4 810.68	0.036 30	0.036 30
5-40	螺纹钢筋 HRB400 以内 ≤ϕ25	t	4 286.52	0.073 70	0.073 70
	名称	单位	单价(元)	消耗量	
人工	二类人工	工日	135.00	1.187 09	1.187 09
	三类人工	工日	155.00	0.803 83	0.846 63
材料	热轧带肋钢筋 HRB400 ϕ25	t	3 759.00	0.075 54	0.075 54
	热轧光圆钢筋 HPB300 ϕ10	t	3 981.00	0.037 03	0.037 03
	泵送商品混凝土 C30	m^3	461.00	0.243 00	0.243 00
	化纤地毯	m^2	67.24	1.433 25	1.433 25
	钢支撑	kg	3.97	0.696 40	0.696 40
	水	m^3	4.27	0.360 87	0.360 87
	复合模板 综合	m^2	32.33	0.600 00	0.600 00
	木模板	m^3	1 445.00	0.009 50	0.009 50
	干混地面砂浆 DS M20.0	m^3	443.08	0.020 40	0.020 40
	干混抹灰砂浆 DP M15.0	m^3	446.85	0.016 95	0.016 95

工作内容：现浇钢筋混凝土楼梯、面层，拼装栏杆、扶手等。

计量单位：m^2

定额编号				7-134	7-135	7-136	7-137
项目				钢筋混凝土楼梯(弧形)			
				橡胶板面层	塑料板面层	环氧地坪涂料面层	增加中涂一道
				复合木模			
基价（元）				1 335.55	1 321.76	1 299.47	9.92
其中	人工费（元）			280.15	280.76	289.34	5.37
	材料费（元）			1 025.90	1 011.50	976.01	3.41
	机械费（元）			29.50	29.50	34.12	1.14
预算定额编号	项目名称	单位	单价(元)	消耗量			
11-1	干混砂浆找平层 混凝土或硬基层上 20mm 厚	$100m^2$	1 746.27	0.010 00	0.010 00	0.010 00	—
11-95	干混砂浆	$100m^2$	4 684.29	—	—	0.003 94	—
11-102	铺在水泥面上 塑料板	$100m^2$	7 448.06	0.003 94	0.003 94	—	—
11-125	橡胶板面层	$100m^2$	6 768.49	0.010 00	—	—	—
11-126	塑料板面层	$100m^2$	5 389.19	—	0.010 00	—	—
11-127	环氧地坪涂料 底涂一道	$100m^2$	1 345.64	—	—	0.010 00	—
11-128	环氧地坪涂料 中涂一道	$100m^2$	1 449.27	—	—	0.010 00	—
11-129	环氧地坪涂料 中涂增加一道	$100m^2$	991.13	—	—	—	0.010 00
11-130	环氧地坪涂料 面涂一道	$100m^2$	1 454.08	—	—	0.010 00	—
11-149	楼梯、台阶踏步防滑条 铜嵌条 4×6	100m	2 387.60	0.035 00	0.035 00	0.035 00	—
13-1	一般抹灰	$100m^2$	2 023.19	0.010 00	0.010 00	0.010 00	—
15-87	不锈钢管栏杆 弧形(带扶手) 成品	10m	2 121.22	0.140 00	0.140 00	0.140 00	—
5-171	楼梯 弧形 复合木模	$10m^2$(投影面积)	1 434.82	0.100 00	0.100 00	0.100 00	—
5-25	楼梯 弧形	$10m^2$	1 862.60	0.100 00	0.100 00	0.100 00	—
5-36	圆钢 HPB300 ≤ϕ10	t	4 810.68	0.036 30	0.036 30	0.036 30	—
5-40	螺纹钢筋 HRB400 以内 ≤ϕ25	t	4 286.52	0.073 70	0.073 70	0.073 70	—
名称		单位	单价(元)	消耗量			
人工	二类人工	工日	135.00	1.229 93	1.229 93	1.229 93	—
	三类人工	工日	155.00	0.735 66	0.739 58	0.794 58	0.034 65
材料	热轧带肋钢筋 HRB400 ϕ25	t	3 759.00	0.075 54	0.075 54	0.075 54	—
	热轧光圆钢筋 HPB300 ϕ10	t	3 981.00	0.037 03	0.037 03	0.037 03	—
	泵送商品混凝土 C30	m^3	461.00	0.350 00	0.350 00	0.350 00	—
	杉板枋材	m^3	1 625.00	0.000 82	0.000 82	—	—
	钢支撑	kg	3.97	0.696 40	0.696 40	0.696 40	—
	水	m^3	4.27	0.520 87	0.520 87	0.537 56	—
	复合模板 综合	m^2	32.33	0.600 00	0.600 00	0.600 00	—
	木模板	m^3	1 445.00	0.009 50	0.009 50	0.009 50	—
	干混地面砂浆 DS M15.0	m^3	443.08	—	—	0.005 93	—
	干混地面砂浆 DS M20.0	m^3	443.08	0.020 40	0.020 40	0.024 34	—
	干混抹灰砂浆 DP M15.0	m^3	446.85	0.016 95	0.016 95	0.016 95	—

五、钢筋混凝土阳台及雨篷

工作内容:现浇钢筋混凝土阳台,拼装栏杆、栏板、扶手等。

计量单位:m^2

定额编号				7-138	7-139	7-140
项目				钢筋混凝土阳台		
				混凝土栏板内侧干混砂浆	不锈钢栏杆带扶手	
				复合模板	直形	弧形
基价(元)				**507.80**	**404.80**	**422.10**
其中	人工费(元)			186.68	112.15	124.70
	材料费(元)			311.77	282.09	285.62
	机械费(元)			9.35	10.56	11.78
预算定额编号	项目名称	单位	单价(元)	消耗量		
12-1	内墙 14+6	$100m^2$	2 563.39	0.010 85	—	—
13-1	一般抹灰	$100m^2$	2 023.19	0.010 00	0.010 00	0.010 00
15-86	不锈钢管栏杆 直形(带扶手) 成品	10m	2 549.42	—	0.040 20	—
15-87	不锈钢管栏杆 弧形(带扶手) 成品	10m	2 121.22	—	—	0.048 24
5-150	弧形板增加费 10m	$100m^2$	242.49	—	—	0.072 00
5-174	阳台、雨篷	$10m^2$ 水平投影面积	1 040.50	0.100 00	0.100 00	0.100 00
5-176	栏板、翻檐 直形	$100m^2$	4 869.04	0.022 20	—	—
5-20	栏板	$10m^3$	5 998.20	0.011 60	—	—
5-23	阳台	$10m^3$	5 446.82	0.012 90	0.012 90	0.012 90
5-36	圆钢 HPB300 $\leqslant\phi10$	t	4 810.68	0.007 70	0.007 70	0.007 70
5-40	螺纹钢筋 HRB400 以内 $\leqslant\phi25$	t	4 286.52	0.016 50	0.016 50	0.016 50
	名称	单位	单价(元)	消耗量		
人工	二类人工	工日	135.00	1.169 89	0.632 03	0.687 18
	三类人工	工日	155.00	0.185 96	0.173 06	0.205 92
材料	热轧带肋钢筋 HRB400 $\phi25$	t	3 759.00	0.016 91	0.016 91	0.016 91
	热轧光圆钢筋 HPB300 $\phi10$	t	3 981.00	0.007 85	0.007 85	0.007 85
	泵送商品混凝土 C30	m^3	461.00	0.247 45	0.130 29	0.130 29
	不锈钢管栏杆 直形(带扶手)	m	159.00	—	0.406 02	—
	不锈钢管栏杆 弧形(带扶手)	m	112.00	—	—	0.486 82
	钢支撑	kg	3.97	1.659 70	0.653 60	1.582 40
	水	m^3	4.27	0.160 53	0.122 54	0.122 54
	复合模板 综合	m^2	32.33	1.128 55	0.531 10	0.531 10
	钢模板	kg	5.96	—	—	0.043 20
	木模板	m^3	1 445.00	0.022 67	0.007 80	0.011 40
	干混抹灰砂浆 DP M15.0	m^3	446.85	0.042 24	0.016 95	0.016 95

工作内容：现浇钢筋混凝土阳台，拼装栏杆、栏板、扶手等。

计量单位：m^2

定额编号				7-141
项目				钢筋混凝土阳台 不锈钢栏杆 钢化玻璃栏板带扶手
基价（元）				375.92
其中	人工费（元）			115.26
	材料费（元）			252.77
	机械费（元）			7.89
预算定额编号	项目名称	单位	单价(元)	消耗量
13-1	一般抹灰	$100m^2$	2 023.19	0.010 00
15-88	不锈钢管栏杆 钢化玻璃栏板（带扶手）成品	10m	1 831.02	0.040 20
5-174	阳台、雨篷	$10m^2$ 水平投影面积	1 040.50	0.100 00
5-23	阳台	$10m^3$	5 446.82	0.012 90
5-36	圆钢 HPB300 ≤ϕ10	t	4 810.68	0.007 70
5-40	螺纹钢筋 HRB400 以内 ≤ϕ25	t	4 286.52	0.016 50
名称		单位	单价(元)	消耗量
人工	二类人工	工日	135.00	0.632 03
	三类人工	工日	155.00	0.193 16
材料	热轧带肋钢筋 HRB400 ϕ25	t	3 759.00	0.016 91
	热轧光圆钢筋 HPB300 ϕ10	t	3 981.00	0.007 85
	泵送商品混凝土 C30	m^3	461.00	0.130 29
	不锈钢管栏杆 钢化玻璃栏板(带扶手)	m	121.00	0.406 02
	钢支撑	kg	3.97	0.653 60
	水	m^3	4.27	0.122 54
	复合模板 综合	m^2	32.33	0.531 10
	木模板	m^3	1 445.00	0.007 80
	干混抹灰砂浆 DP M15.0	m^3	446.85	0.016 95

工作内容:现浇钢筋混凝土阳台,拼装栏杆、栏板、扶手等。　　**计量单位**:m^2

定额编号				7-142	7-143
项目				钢筋混凝土阳台	
				半玻璃栏板	全玻璃栏板
基价(元)				**397.99**	**437.65**
其中	人工费(元)			135.97	137.22
	材料费(元)			253.91	292.23
	机械费(元)			8.11	8.20
预算定额编号	项目名称	单位	单价(元)	消耗量	
13-1	一般抹灰	$100m^2$	2 023.19	0.010 00	0.010 00
15-89	半玻璃栏板	10m	2 379.87	0.040 20	—
15-90	全玻璃栏板	10m	3 366.45	—	0.040 20
5-174	阳台、雨篷	$10m^2$ 水平投影面积	1 040.50	0.100 00	0.100 00
5-23	阳台	$10m^3$	5 446.82	0.012 90	0.012 90
5-36	圆钢 HPB300 ≤ϕ10	t	4 810.68	0.007 70	0.007 70
5-40	螺纹钢筋 HRB400 以内 ≤ϕ25	t	4 286.52	0.016 50	0.016 50
	名称	单位	单价(元)	消耗量	
人工	二类人工	工日	135.00	0.632 03	0.632 03
	三类人工	工日	155.00	0.326 74	0.334 78
材料	热轧带肋钢筋 HRB400 ϕ25	t	3 759.00	0.016 91	0.016 91
	热轧光圆钢筋 HPB300 ϕ10	t	3 981.00	0.007 85	0.007 85
	泵送商品混凝土 C30	m^3	461.00	0.130 29	0.130 29
	钢化玻璃 δ10	m^2	77.59	0.193 32	0.407 75
	钢支撑	kg	3.97	0.653 60	0.653 60
	水	m^3	4.27	0.122 54	0.122 54
	复合模板 综合	m^2	32.33	0.531 10	0.531 10
	木模板	m^3	1 445.00	0.007 80	0.007 80
	干混抹灰砂浆 DP M15.0	m^3	446.85	0.016 95	0.016 95

工作内容:预制混凝土阳台板安装,搭设及拆除钢支撑。　　**计量单位**:m^3

定额编号				7-144	7-145
项目				装配式混凝土阳台板	
				叠合板式	全预制式
基价(元)				**617.35**	**495.11**
其中	人工费(元)			433.30	364.32
	材料费(元)			177.38	126.81
	机械费(元)			6.67	3.98
预算定额编号	项目名称	单位	单价(元)	消耗量	
13-1	一般抹灰	$100m^2$	2 023.19	0.077 60	0.077 60
5-210	阳台板 叠合板式	$10m^3$	4 603.47	0.100 00	—
5-211	阳台板 全预制式	$10m^3$	3 381.14	—	0.100 00
	名称	单位	单价(元)	消耗量	
人工	三类人工	工日	155.00	2.795 46	2.350 46
材料	预制混凝土阳台板	m^3	—	(1.005 00)	(1.005 00)
	垫木	m^3	2 328.00	0.009 10	0.004 50
	钢支撑及配件	kg	3.97	3.985 00	1.992 50
	立支撑杆件 $\phi48\times3.5$	套	129.00	0.273 00	0.136 40
	干混抹灰砂浆 DP M15.0	m^3	446.85	0.131 53	0.131 53

工作内容：现浇钢筋混凝土雨篷，型钢支架制作、安装，安装玻璃等。　　　　**计量单位：**m^2

定额编号				7-146	7-147	7-148
项目				钢筋混凝土雨篷	玻璃雨篷	
					夹胶玻璃	
					简支式	托架式
基价（元）				**253.06**	**705.91**	**531.17**
其中	人工费（元）			92.63	113.46	111.60
	材料费（元）			154.54	569.75	414.45
	机械费（元）			5.89	22.70	5.12
预算定额编号	项目名称	单位	单价（元）	消耗量		
13-1	一般抹灰	$100m^2$	2 023.19	0.010 00	—	—
15-114	雨篷 夹胶玻璃简支式	$100m^2$	70 590.85	—	0.010 00	—
15-115	雨篷 夹层玻璃托架式	$100m^2$	53 116.51	—	—	0.010 00
5-174	阳台、雨篷	$10m^2$ 水平投影面积	1 040.50	0.100 00	—	—
5-22	雨篷	$10m^3$	5 483.61	0.009 20	—	—
5-36	圆钢 HPB300 ≤ϕ10	t	4 810.68	0.005 50	—	—
5-40	螺纹钢筋 HRB400 以内 ≤ϕ25	t	4 286.52	0.012 10	—	—
名称		单位	单价（元）	消耗量		
人工	二类人工	工日	135.00	0.593 62	—	—
	三类人工	工日	155.00	0.080 60	0.732 00	0.720 00
材料	热轧带肋钢筋 HRB400 ϕ25	t	3 759.00	0.012 40	—	—
	热轧光圆钢筋 HPB300 ϕ10	t	3 981.00	0.005 61	—	—
	型钢 综合	t	3 836.00	—	—	0.053 34
	泵送商品混凝土 C30	m^3	461.00	0.092 92	—	—
	夹胶玻璃（采光天棚用）8+0.76+8	m^2	147.00	—	1.030 00	1.030 00
	钢支撑	kg	3.97	0.653 60	—	—
	水	m^3	4.27	0.068 29	—	—
	复合模板 综合	m^2	32.33	0.531 10	—	—
	木模板	m^3	1 445.00	0.007 80	—	—
	干混抹灰砂浆 DP M15.0	m^3	446.85	0.016 95	—	—

六、钢　　梯

工作内容:踏步式钢楼梯安装、油漆等。　　　　**计量单位**:m²

定额编号				7-149	7-150	7-151	7-152
项目				踏步式钢楼梯			
				醇酸漆	氟碳漆	防火漆	
				二遍		耐火极限1.00h	耐火极限每增0.50h
基价(元)				**114.52**	**154.56**	**181.40**	**38.86**
其中	人工费(元)			81.19	89.85	83.55	13.47
	材料费(元)			25.29	56.67	89.81	25.39
	机械费(元)			8.04	8.04	8.04	—
预算定额编号	项目名称	单位	单价(元)	消耗量			
14-112	金属面 醇酸漆 二遍	100m²	1 486.52	0.028 73	—	—	—
14-116	金属面 氟碳漆 二遍	100m²	2 880.29	—	0.028 73	—	—
14-119	金属面 防火涂料 耐火极限1.00h	100m²	3 814.52	—	—	0.028 73	—
14-120	金属面 防火涂料 耐火极限每增0.50h	100m²	1 352.60	—	—	—	0.028 73
6-49	踏步式钢楼梯	t	997.37	0.072 00	0.072 00	0.072 00	—
名称		单位	单价(元)	消耗量			
人工	三类人工	工日	155.00	0.523 61	0.579 40	0.538 79	0.086 79
材料	钢楼梯 踏步式	t	—	(0.072 00)	(0.072 00)	(0.072 00)	—
	垫木	m³	2 328.00	0.001 87	0.001 87	0.001 87	—

七、天 棚 工 程

1. 天 棚 抹 灰

工作内容:清理基层表面,调运砂浆,抹灰找平。　　　　**计量单位**:m²

定额编号				7-153	7-154	7-155
项目				天棚抹灰	石膏浆(厚 mm)	
					5	1
基价(元)				**18.81**	**11.19**	**1.13**
其中	人工费(元)			11.62	7.24	0.34
	材料费(元)			7.04	3.95	0.79
	机械费(元)			0.15	—	—
预算定额编号	项目名称	单位	单价(元)	消耗量		
13-1	一般抹灰	100m²	2 023.19	0.009 30	—	—
13-2	石膏浆 厚(mm)5	100m²	1 203.66	—	0.009 30	—
13-3	石膏浆 每增减 1mm	100m²	121.34	—	—	0.009 30
名称		单位	单价(元)	消耗量		
人工	三类人工	工日	155.00	0.074 96	0.046 70	0.002 18
材料	水	m³	4.27	—	0.002 51	0.000 56
	干混抹灰砂浆 DP M15.0	m³	446.85	0.015 76	—	—

2. 天 棚 吊 顶

工作内容：天棚龙骨、天棚面层安装、校正，清理表面等。　　　　**计量单位：**m^2

定额编号				7-156	7-157	7-158	7-159
项目				石膏板天棚			
				安装在轻钢龙骨		方木天棚龙骨	
				平面	侧面	平面	侧面
基价（元）				**50.06**	**56.35**	**80.19**	**77.29**
其中	人工费（元）			26.12	33.81	31.50	38.83
	材料费（元）			23.94	22.54	48.67	38.44
	机械费（元）			—	—	0.02	0.02
预算定额编号	项目名称	单位	单价（元）	消耗量			
13-4	方木天棚龙骨 平面 单层	$100m^2$	4 734.40	—	—	0.004 65	—
13-5	方木天棚龙骨 平面 双层	$100m^2$	5 322.91	—	—	0.004 65	—
13-6	方木天棚龙骨 侧面 直形	$100m^2$	3 907.60	—	—	—	0.010 00
13-8	轻钢龙骨（U38 型）平面	$100m^2$	2 868.11	0.004 65	—	—	—
13-9	轻钢龙骨（U38 型）侧面	$100m^2$	2 891.95	—	0.005 00	—	—
13-10	轻钢龙骨（U50 型）平面	$100m^2$	3 644.70	0.004 65	—	—	—
13-11	轻钢龙骨（U50 型）侧面	$100m^2$	3 647.69	—	0.005 00	—	—
13-22	石膏板 安在U形轻钢龙骨上 平面	$100m^2$	2 125.82	0.009 30	—	—	—
13-23	石膏板 安在U形轻钢龙骨上 侧面	$100m^2$	2 364.78	—	0.010 00	—	—
13-24	石膏板 钉在木龙骨上 平面	$100m^2$	2 077.77	—	—	0.009 30	—
13-25	石膏板 钉在木龙骨上 侧面	$100m^2$	2 304.33	—	—	—	0.010 00
14-97	天棚骨架防火涂料 方木骨架 二遍	$100m^2$	1 516.54	—	—	0.009 30	0.010 00
名称		单位	单价（元）	消耗量			
人工	三类人工	工日	155.00	0.169 66	0.218 13	0.204 06	0.250 51
材料	纸面石膏板 1 200×2 400×9.5	m^2	9.48	0.995 10	1.070 00	0.995 10	1.070 00
	轻型龙骨 U38	m^2	7.33	0.484 10	0.515 00	—	—
	轻型龙骨 U50	m^2	13.79	0.484 10	0.515 00	—	—

工作内容:天棚龙骨、天棚面层安装、校正,清理表面等。 **计量单位:**m^2

定额编号				7-160	7-161	7-162
项目				铝塑板天棚	防火板天棚	不锈钢板天棚
				粘在木板基层上		
				钉在龙骨上		
基价(元)				**154.95**	**121.53**	**189.48**
其中	人工费(元)			41.62	40.31	42.65
	材料费(元)			113.32	81.21	146.82
	机械费(元)			0.01	0.01	0.01
预算定额编号	项目名称	单位	单价(元)	消耗量		
13-4	方木天棚龙骨 平面 单层	$100m^2$	4 734.40	0.004 65	0.004 65	0.004 65
13-10	轻钢龙骨(U50 型) 平面	$100m^2$	3 644.70	0.004 65	0.004 65	0.004 65
13-15	细木工板 钉在木龙骨上 平面	$100m^2$	3 301.63	0.004 65	0.004 65	0.004 65
13-17	细木工板 钉在轻钢龙骨上 平面	$100m^2$	3 447.20	0.004 65	0.004 65	0.004 65
13-31	铝塑板 粘在夹板基层上 平面	$100m^2$	8 339.39	0.009 30	—	—
13-34	防火板 粘在夹板基层上 平面	$100m^2$	4 745.22	—	0.009 30	—
13-37	不锈钢板 粘在夹板基层上 平面	$100m^2$	12 052.23	—	—	0.009 30
14-97	天棚骨架防火涂料 方木骨架 二遍	$100m^2$	1 516.54	0.004 65	0.004 65	0.004 65
	名称	单位	单价(元)	消耗量		
人工	三类人工	工日	155.00	0.270 58	0.262 14	0.277 22
材料	不锈钢板 0.8	m^2	94.74	—	—	0.976 50
	杉板枋材	m^3	1 625.00	0.008 46	0.008 46	0.008 46
	装饰防火板 δ12	m^2	27.59	—	0.976 50	—
	铝塑板 2 440×1 220×3	m^2	58.62	0.976 50	—	—

工作内容:天棚龙骨、面层安装、校正,清理表面。 **计量单位:**m^2

定额编号				7-163	7-164	7-165
项目				装饰夹板平面天棚		矿棉板
				钉在木板基层上		搁在龙骨上
				平面	曲面	
基价(元)				**126.30**	**138.49**	**59.88**
其中	人工费(元)			39.51	53.44	22.99
	材料费(元)			86.77	85.03	36.89
	机械费(元)			0.02	0.02	—
预算定额编号	项目名称	单位	单价(元)	消耗量		
13-4	方木天棚龙骨 平面 单层	$100m^2$	4 734.40	0.009 30	0.009 30	—
13-8	轻钢龙骨(U38 型) 平面	$100m^2$	2 868.11	—	—	0.007 44
13-10	轻钢龙骨(U50 型) 平面	$100m^2$	3 644.70	—	—	0.001 86
13-15	细木工板 钉在木龙骨上 平面	$100m^2$	3 301.63	0.009 30	—	—
13-20	胶合板 钉在木龙骨上 曲面	$100m^2$	3 955.22	—	0.009 30	—
13-27	装饰夹板 平面板 平面	$100m^2$	4 028.02	0.009 30	—	—
13-28	装饰夹板 平面板 曲面	$100m^2$	4 685.70	—	0.009 30	—
13-39	矿棉板 搁放在龙骨上	$100m^2$	3 415.05	—	—	0.009 30
14-97	天棚骨架防火涂料 方木骨架 二遍	$100m^2$	1 516.54	0.009 30	0.009 30	—
	名称	单位	单价(元)	消耗量		
人工	三类人工	工日	155.00	0.254 89	0.344 79	0.148 33
材料	杉板枋材	m^3	1 625.00	0.016 74	0.016 74	—
	红榉夹板 δ3	m^2	24.36	0.976 50	1.023 00	—
	轻型龙骨 U38	m^2	7.33	—	—	0.762 20
	轻型龙骨 U50	m^2	13.79	—	—	0.195 70

工作内容：天棚龙骨、面层安装、校正，清理表面等。　　　　**计量单位**：m^2

定额编号					7-166	7-167
项目					硅钙板	
					搁在U形龙骨上	搁在T形龙骨上
基价（元）					**76.12**	**80.07**
其中	人工费（元）				24.27	22.75
	材料费（元）				51.85	57.32
	机械费（元）				—	—
预算定额编号	项目名称		单位	单价(元)	消耗量	
13-8	轻钢龙骨(U38型) 平面		$100m^2$	2 868.11	0.007 44	—
13-10	轻钢龙骨(U50型) 平面		$100m^2$	3 644.70	0.001 86	—
13-13	T形铝合金龙骨 600×600 平面		$100m^2$	3 532.06	—	0.009 30
13-40	硅酸钙板 搁放在U形龙骨上		$100m^2$	5 161.33	0.009 30	—
13-41	硅酸钙板 搁放在T形龙骨上		$100m^2$	5 078.22	—	0.009 30
名称			单位	单价(元)	消耗量	
人工	三类人工		工日	155.00	0.156 61	0.146 78
材料	硅酸钙板 $\delta 10$		m^2	40.78	0.976 50	0.976 50

工作内容：天棚龙骨、面层安装、校正，清理表面等。　　　　**计量单位**：m^2

定额编号				7-168	7-169	7-170	7-171
项目				铝合金方板天棚		钢化玻璃面天棚	
				浮搁式	嵌入式	浮搁式	贴在板上
基价（元）				**101.76**	**103.28**	**70.56**	**135.46**
其中	人工费（元）			21.78	21.78	25.75	45.32
	材料费（元）			79.98	81.50	44.81	90.12
	机械费（元）			—	—	—	0.02
预算定额编号	项目名称	单位	单价(元)	消耗量			
13-4	方木天棚龙骨 平面 单层	$100m^2$	4 734.40	—	—	—	0.009 30
13-13	T形铝合金龙骨 600×600 平面	$100m^2$	3 532.06	0.009 30	0.009 30	0.009 30	—
13-15	细木工板 钉在木龙骨上 平面	$100m^2$	3 301.63	—	—	—	0.009 30
13-43	铝合金方板面层 浮搁式	$100m^2$	7 408.98	0.009 30	—	—	—
13-44	铝合金方板面层 嵌入式	$100m^2$	7 572.71	—	0.009 30	—	—
13-45	钢化玻璃面层 浮搁式	$100m^2$	4 055.03	—	—	0.009 30	—
13-46	钢化玻璃面层 贴在板上	$100m^2$	5 012.60	—	—	—	0.009 30
14-97	天棚骨架防火涂料 方木骨架 二遍	$100m^2$	1 516.54	—	—	—	0.009 30
名称		单位	单价(元)	消耗量			
人工	三类人工	工日	155.00	0.140 49	0.140 49	0.166 14	0.292 35
材料	杉板枋材	m^3	1 625.00	—	—	—	0.016 74
	铝合金方板(配套)	m^2	65.20	0.957 90	0.976 50	—	—
	铝合金龙骨不上人型(平面) 600×600	m^2	15.52	0.957 90	0.957 90	0.957 90	—

工作内容:天棚龙骨、面层安装、校正,清理表面等。　　**计量单位**:m^2

定额编号				7-172	7-173	7-174
项目				天棚灯片(搁放型)		
				乳白胶片	分光铝格栅	玻璃纤维片
基价(元)				**69.04**	**172.36**	**43.91**
其中	人工费(元)			24.10	24.10	24.10
	材料费(元)			44.94	148.26	19.81
	机械费(元)			—	—	—
预算定额编号	项目名称	单位	单价(元)	消耗量		
13-13	T 形铝合金龙骨 600×600 平面	$100m^2$	3 532.06	0.009 30	0.009 30	0.009 30
13-47	天棚灯片(搁放型) 乳白胶片	$100m^2$	3 891.81	0.009 30	—	—
13-48	天棚灯片(搁放型) 分光铝格栅	$100m^2$	15 001.86	—	0.009 30	—
13-49	天棚灯片(搁放型) 玻璃纤维片	$100m^2$	1 190.16	—	—	0.009 30
	名称	单位	单价(元)	消耗量		
人工	三类人工	工日	155.00	0.155 51	0.155 51	0.155 51
材料	天棚乳白胶片	m^2	28.19	0.976 50	—	—
	铝格栅	m^2	134.00	—	0.976 50	—
	铝合金龙骨不上人型(平面) 600×600	m^2	15.52	0.957 90	0.957 90	0.957 90
	玻璃纤维板	m^2	2.46	—	—	0.976 50

工作内容:天棚龙骨、面层安装、校正,清理表面等。　　**计量单位**:m^2

定额编号				7-175	7-176
项目				金属板天棚	
				搁在 U 形轻钢龙骨上	搁在 T 形铝合金龙骨上
基价(元)				**109.58**	**111.72**
其中	人工费(元)			27.39	26.89
	材料费(元)			82.19	84.83
	机械费(元)			—	—
预算定额编号	项目名称	单位	单价(元)	消耗量	
13-53	金属板天棚 U 形轻钢龙骨 300×300 平面	$100m^2$	13 100.34	0.002 33	—
13-55	金属板天棚 U 形轻钢龙骨 450×450 平面	$100m^2$	12 003.11	0.002 33	—
13-57	金属板天棚 U 形轻钢龙骨 600×600 平面	$100m^2$	11 357.68	0.002 33	—
13-59	金属板天棚 U 形轻钢龙骨 600×600 以上 平面	$100m^2$	10 569.14	0.002 33	—
13-61	金属板天棚 T 形铝合金龙骨 300×300 平面	$100m^2$	12 800.33	—	0.002 79
13-63	金属板天棚 T 形铝合金龙骨 450×450 平面	$100m^2$	11 929.67	—	0.003 72
13-65	金属板天棚 T 形铝合金龙骨 600×600 平面	$100m^2$	11 337.16	—	0.002 79
	名称	单位	单价(元)	消耗量	
人工	三类人工	工日	155.00	0.174 42	0.173 49
材料	铝合金方板(配套)	m^2	65.20	0.947 60	0.957 90

工作内容：天棚龙骨、面层安装、校正，清理表面等。　　**计量单位**：m^2

定额编号				7-177	7-178
项目				铝合金条板式天棚	铝合金格片式天棚
基价（元）				**120.03**	**95.73**
其中	人工费（元）			29.84	16.29
	材料费（元）			90.19	79.44
	机械费（元）			—	—
预算定额编号	项目名称	单位	单价(元)	消耗量	
13-67	铝合金条板天棚 密缝	$100m^2$	13 176.75	0.004 65	—
13-68	铝合金条板天棚 离缝	$100m^2$	12 636.24	0.004 65	—
13-69	铝合金格片式天棚 间距(mm) 150	$100m^2$	9 718.53	—	0.004 65
13-70	铝合金格片式天棚 间距(mm) 100	$100m^2$	10 867.76	—	0.004 65
名称		单位	单价(元)	消耗量	
人工	三类人工	工日	155.00	0.194 62	0.106 22
材料	铝合金条板	m^2	77.59	0.977 60	—
	铝合金挂片 间距(mm)100	m^2	77.59	—	0.493 50
	铝合金挂片 间距(mm)150	m^2	68.97	—	0.493 50

工作内容：天棚龙骨、面层安装、校正，清理表面等。　　**计量单位**：m^2

定额编号				7-179	7-180	7-181
项目				铝方通天棚	铝合金格栅	木格栅
					125×125	100×100
基价（元）				**89.46**	**153.87**	**124.49**
其中	人工费（元）			14.96	14.47	15.13
	材料费（元）			74.50	139.40	109.36
	机械费（元）			—	—	—
预算定额编号	项目名称	单位	单价(元)	消耗量		
13-71	铝方通天棚 间距(mm) 150	$100m^2$	10 428.66	0.004 65	—	—
13-72	铝方通天棚 间距(mm) 200	$100m^2$	8 811.92	0.004 65	—	—
13-73	铝合金格栅 间距(mm) 125×125	$100m^2$	16 545.01	—	0.009 30	—
13-74	木格栅 间距(mm) 100×100	$100m^2$	13 386.35	—	—	0.009 30
名称		单位	单价(元)	消耗量		
人工	三类人工	工日	155.00	0.097 59	0.093 33	0.097 63
材料	成品木格栅 100×100×55	m^2	103.00	—	—	0.976 50
	铝方通天棚 间距(mm)150	m^2	75.00	0.493 50	—	—
	铝方通天棚 间距(mm)200	m^2	61.21	0.493 50	—	—
	铝合金格栅	m^2	134.00	—	0.976 50	—

第八章
屋 盖 工 程

说　明

一、本章定额包括屋架，钢、木屋架上屋面，混凝土板上屋面，钢筋混凝土檐沟、天沟等项目。

二、钢网架、钢支座、钢屋架、钢桁架、钢檩条等预制构件均按购入成品到场考虑。除锈、油漆及防火涂料费用应在成品价格内包含，若成品价格中未包括除锈、油漆及防火涂料则按《浙江省房屋建筑与装饰工程预算定额》(2018 版)相应章节定额套用。

三、钢、木屋架上屋面，如有保温及防水等内容可单独套用混凝土板上屋面单项定额相应子目。

四、混凝土板上屋面设置了两小节：混凝土屋面综合定额、混凝土屋面单项定额。根据设计图纸深度不同及对概算精准度要求不同，可以选择套用。其中综合定额也可以因设计材料、厚度及做法不同而做出调整。混凝土板上屋面不包含混凝土板的费用。板的费用在本定额第七章楼地面、天棚工程中套用。

五、钢筋混凝土檐沟、天沟已综合了模板、钢筋、混凝土浇捣、找平、找坡、防水及沟底侧面抹灰、涂料。

工程量计算规则

一、钢网架、钢屋架、钢桁架、钢檩条工程量均按设计图纸的全部钢材几何尺寸以“t”计算，不扣除孔眼、切边、切肢的重量，焊条、螺栓等重量不另增加。木屋架计算木材材积，均不扣除孔眼、开榫、切肢、切边体积。

二、屋面木基层的工程量，按设计图示尺寸以斜面积计算，不扣除房上烟囱、风帽底座、风道、小气窗和斜沟等所占面积，屋面小气窗的出檐部分面积另行增加。

三、混凝土板上屋面，按设计图示尺寸以面积计算(斜屋面按斜面面积计算)，不扣除房上烟囱、风帽底座、风道、小气窗、斜沟和脊瓦等所占面积。单项定额屋面防水层、女儿墙、伸缩缝和天窗等处的弯起部分，按图示尺寸计算，设计无规定时则按 500mm 高度计算，工程量并入屋面工程量内。

四、钢筋混凝土檐沟工程量按檐沟内长度以“延长米”计算，天沟按设计长度计算，屋面变形缝按“延长米”计算。

一、屋 架

1.金 属 屋 盖

(1)钢网架、钢支座

工作内容:场内转运、卸料、检验、基础线测定、找正、找平、拼装、翻身加固、吊装、就位、校正、焊接及超探检验、固定、零星除锈、补漆、清理等。

计量单位:见表

定额编号				8-1	8-2	8-3	8-4	8-5	8-6
项目				焊接空心球网架	螺栓球节点网架	焊接不锈钢空心球网架	固定支座	单向滑移支座	双向滑移支座
计量单位				t			套		
基价(元)				**2 013.33**	**1 904.47**	**2 444.19**	**384.24**	**416.86**	**453.63**
其中	人工费(元)			984.41	939.77	984.41	248.00	297.60	347.20
	材料费(元)			601.50	611.21	1 039.70	37.86	30.82	24.76
	机械费(元)			427.42	353.49	420.08	98.38	88.44	81.67
预算定额编号	项目名称	单位	单价(元)	消耗量					
6-1	焊接空心球网架	t	1 510.59	1.000 00	—	—	—	—	—
6-2	螺栓球节点网架	t	1 401.73	—	1.000 00	—	—	—	—
6-3	焊接不锈钢空心球网架	t	1 941.45	—	—	1.000 00	—	—	—
6-36	现场拼装平台摊销	t	502.74	1.000 00	1.000 00	1.000 00	—	—	—
6-4	固定支座	套	384.24	—	—	—	1.000 00	—	—
6-5	单向滑移支座	套	416.86	—	—	—	—	1.000 00	—
6-6	双向滑移支座	套	453.63	—	—	—	—	—	1.000 00
	名称	单位	单价(元)	消耗量					
人工	三类人工	工日	155.00	6.351 00	6.063 00	6.351 00	1.600 00	1.920 00	2.240 00
材料	单向滑移支座	套	—	—	—	—	—	(1.000 00)	—
	钢构件固定支座	套	—	—	—	—	(1.000 00)	—	—
	焊接不锈钢空心球网架	t	—	—	—	(1.000 00)	—	—	—
	焊接空心球网架	t	—	(1.000 00)	—	—	—	—	—
	螺栓球节点网架	t	—	—	(1.000 00)	—	—	—	—
	双向滑移支座	套	—	—	—	—	—	—	(1.000 00)

注:钢网架安装按平面网格网架安装考虑,如设计为筒壳、球壳及其他曲面结构时,安装人工、机械乘以系数1.20。

(2)钢 屋 架

工作内容:场内转运、卸料、检验、画线、构件拼装、加固、翻身就位、绑扎吊装、矫正、焊接及超探检验、固定、零星除锈、补漆、清理等。

计量单位:t

定额编号				8-7	8-8	8-9	8-10	8-11
项目				钢屋架				
				质量(t)				
				≤1.5	≤3	≤8	≤15	≤25
基价(元)				**1 105.98**	**1 043.72**	**989.88**	**1 089.32**	**1 267.64**
其中	人工费(元)			427.65	432.92	409.20	418.50	431.99
	材料费(元)			399.52	374.42	366.37	375.54	387.57
	机械费(元)			278.81	236.38	214.31	295.28	448.08
预算定额编号	项目名称	单位	单价(元)	消耗量				
6-10	钢屋架(钢托架) 质量(t) ≤15	t	586.58	—	—	—	1.000 00	—
6-11	钢屋架(钢托架) 质量(t) ≤25	t	764.90	—	—	—	—	1.000 00
6-36	现场拼装平台摊销	t	502.74	1.000 00	1.000 00	1.000 00	1.000 00	1.000 00
6-7	钢屋架(钢托架) 质量(t) ≤1.5	t	603.24	1.000 00	—	—	—	—
6-8	钢屋架(钢托架) 质量(t) ≤3	t	540.98	—	1.000 00	—	—	—
6-9	钢屋架(钢托架) 质量(t) ≤8	t	487.14	—	—	1.000 00	—	—
	名称	单位	单价(元)	消耗量				
人工	三类人工	工日	155.00	2.759 00	2.793 00	2.640 00	2.700 00	2.787 00
材料	钢屋架	t	—	(1.000 00)	(1.000 00)	(1.000 00)	(1.000 00)	(1.000 00)

(3)钢 桁 架

工作内容:场内转运、卸料、检验、画线、构件拼装、加固、翻身就位、绑扎吊装、矫正、焊接及超探检验、固定、零星除锈、补漆、清理等。

计量单位:t

定额编号				8-12	8-13	8-14
项目				钢桁架		
				质量(t)		
				≤1.5	≤3	≤8
基价(元)				**1 423.89**	**1 263.03**	**1 236.04**
其中	人工费(元)			600.78	525.45	497.55
	材料费(元)			456.71	441.19	422.81
	机械费(元)			366.40	296.39	315.68
预算定额编号	项目名称	单位	单价(元)	消耗量		
6-12	钢桁架 质量(t) 1.5 以内	t	921.15	1.000 00	—	—
6-13	钢桁架 质量(t) 3 以内	t	760.29	—	1.000 00	—
6-14	钢桁架 质量(t) 8 以内	t	733.30	—	—	1.000 00
6-36	现场拼装平台摊销	t	502.74	1.000 00	1.000 00	1.000 00
	名称	单位	单价(元)	消耗量		
人工	三类人工	工日	155.00	3.876 00	3.390 00	3.210 00
材料	钢桁架	t	—	(1.000 00)	(1.000 00)	(1.000 00)

注:钢桁架安装按直线型桁架安装考虑,如设计为曲线、折线型或其他非直线型桁架,安装人工、机械乘以系数 1.20。

工作内容：场内转运、卸料、检验、画线、构件拼装、加固、翻身就位、绑扎吊装、矫正、焊接及超探检验、固定、零星除锈、补漆、清理等。

计量单位：t

定额编号				8-15	8-16	8-17
项目				钢桁架		
				质量(t)		
				≤15	≤25	≤40
基价（元）				**1 328.16**	**1 604.23**	**1 787.74**
其中	人工费（元）			509.02	602.18	701.07
	材料费（元）			425.20	445.51	445.51
	机械费（元）			393.94	556.54	641.16
预算定额编号	项目名称	单位	单价(元)	消耗量		
6-15	钢桁架 质量(t) 15以内	t	825.42	1.000 00	—	—
6-16	钢桁架 质量(t) 25以内	t	1 101.49	—	1.000 00	—
6-17	钢桁架 质量(t) 40以内	t	1 285.00	—	—	1.000 00
6-36	现场拼装平台摊销	t	502.74	1.000 00	1.000 00	1.000 00
名称		单位	单价(元)	消耗量		
人工	三类人工	工日	155.00	3.284 00	3.885 00	4.523 00
材料	钢桁架	t	—	(1.000 00)	(1.000 00)	(1.000 00)

注：钢桁架安装按直线型桁架安装考虑，如设计为曲线、折线型或其他非直线型桁架，安装人工、机械乘以系数1.20。

2. 木屋架

工作内容：制作、拼装、安装屋架，搁在墙上的部分刷防腐油、铁件刷防锈漆一遍。

计量单位：m^3

定额编号				8-18	8-19
项目				人字屋架	
				木拉杆、木夹板	铁拉杆、铁夹板
基价（元）				**2 686.84**	**2 855.52**
其中	人工费（元）			630.85	695.95
	材料费（元）			2 055.99	2 159.57
	机械费（元）			—	—
预算定额编号	项目名称	单位	单价(元)	消耗量	
7-1	人字屋架 木拉杆、木夹板	m^3	2 686.84	1.000 00	—
7-2	人字屋架 铁拉杆、铁夹板	m^3	2 855.52	—	1.000 00
名称		单位	单价(元)	消耗量	
人工	三类人工	工日	155.00	4.070 00	4.490 00
材料	杉原木 屋架 综合	m^3	1 466.00	1.050 00	1.050 00

工作内容:制作、拼装、安装屋架,搁在墙上的部分刷防腐油、铁件刷防锈漆一遍。 **计量单位**:m^3

定额编号				8-20	8-21	8-22	8-23
项目				人字屋架			钢木屋架
				每增减一副接头			
				下弦		上弦	
				铁夹板	木夹板		
基价(元)				**124.69**	**148.54**	**91.62**	**3 906.24**
其中	人工费(元)			17.05	33.33	33.33	1 329.90
	材料费(元)			107.64	115.21	58.29	2 576.34
	机械费(元)			—	—	—	—
预算定额编号	项目名称	单位	单价(元)	消耗量			
7-3	人字屋架 每增减一副接头 下弦 铁夹板	m^3	124.69	1.000 00	—	—	—
7-4	人字屋架 每增减一副接头 下弦 木夹板	m^3	148.54	—	1.000 00	—	—
7-5	人字屋架 每增减一副接头 上弦 木夹板	m^3	91.62	—	—	1.000 00	—
7-6	钢木屋架	m^3	3 906.24	—	—	—	1.000 00
	名称	单位	单价(元)	消耗量			
人工	三类人工	工日	155.00	0.110 00	0.215 00	0.215 00	8.580 00
材料	热轧光圆钢筋 综合	t	3 966.00	—	—	—	0.140 00
	杉原木 屋架 综合	m^3	1 466.00	—	—	—	1.050 00

二、钢、木屋架上屋面

1. 钢结构屋面

工作内容:1. 屋面板:场内转运、卸料、放样、下料、切割断料、周边塞口、清扫、弹线、安装支座,安装屋面板、打胶、紧固、安装收边及泛水板;

2. 保温棉:场内转运、放样、下料、焊接连接件、安装钢丝网、安装保温棉。 **计量单位**:m^2

定额编号				8-24	8-25	8-26	8-27	8-28
项目				彩钢夹心板	采光板屋面	压型钢板屋面	镀锌瓦楞铁皮	屋面玻纤保温棉50mm 厚
基价(元)				**129.11**	**94.76**	**66.83**	**49.50**	**29.11**
其中	人工费(元)			17.75	16.06	15.19	2.17	2.79
	材料费(元)			110.42	77.76	50.70	47.33	25.38
	机械费(元)			0.94	0.94	0.94	—	0.94
预算定额编号	项目名称	单位	单价(元)	消耗量				
6-55	屋面板 彩钢夹芯板	$100m^2$	12 911.59	0.010 00	—	—	—	—
6-56	屋面板 采光板	$100m^2$	9 476.36	—	0.010 00	—	—	—
6-57	屋面板 压型钢板	$100m^2$	6 683.34	—	—	0.010 00	—	—
6-58	屋面玻纤保温棉 50mm 厚	$100m^2$	2 911.41	—	—	—	—	0.010 00
9-28	钢(木)檩条上铺钉镀锌瓦垄铁皮	$100m^2$	4 950.23	—	—	—	0.010 00	—
	名称	单位	单价(元)	消耗量				
人工	二类人工	工日	135.00	—	—	—	0.016 07	—
	三类人工	工日	155.00	0.114 53	0.103 64	0.098 03	—	0.018 00
材料	压型钢板 0.5	m^2	31.03	—	—	1.040 00	—	—
	瓦垄铁皮 26#	m^2	35.00	—	—	—	1.260 00	—
	聚酯采光板 δ1.2	m^2	56.03	—	1.040 00	—	—	—
	彩钢夹芯板 δ75	m^2	72.41	1.040 00	—	—	—	—
	袋装玻璃棉 δ50	m^2	19.48	—	—	—	—	1.040 00

工作内容：场内转运、卸料、检验、画线、构件拼装、加固、翻身就位、绑扎吊装、矫正、焊接及超探检验、固定、零星除锈、补漆、清理等。

计量单位：t

定额编号				8-29	8-30
项目				檩条	
				H型钢	C、Z型钢
基价（元）				**584.77**	**921.17**
其中	人工费（元）			200.11	513.05
	材料费（元）			171.17	210.86
	机械费（元）			213.49	197.26
预算定额编号	项目名称	单位	单价(元)	消耗量	
6-22	钢梁 质量(t) 1.5以内	t	584.77	1.000 00	—
6-35	零星钢构件	t	921.17	—	1.000 00
	名称	单位	单价(元)	消耗量	
人工	三类人工	工日	155.00	1.291 00	3.310 00
材料	钢梁	t	—	(1.000 00)	—
	零星钢构件	t	—	—	(1.000 00)

2. 瓦屋面

(1)彩色水泥瓦

工作内容：1. 杉木条基层：钉挂瓦条、铺瓦、割瓦，钢钉固定；
2. 砂浆条基层：预埋铁钉、铁丝，做水泥砂浆条，铺瓦、割瓦，钢钉固定；
3. 角钢条基层：钻孔、固定角钢，铺瓦、割瓦，铜丝固定。

计量单位：m^2

定额编号				8-31	8-32	8-33
项目				彩色水泥瓦		
				杉木条上	砂浆条上	角钢条上
基价（元）				**36.61**	**36.23**	**66.49**
其中	人工费（元）			9.45	13.63	16.74
	材料费（元）			27.16	22.56	47.63
	机械费（元）			—	0.04	2.12
预算定额编号	项目名称	单位	单价(元)	消耗量		
7-30	混凝土上单独钉挂瓦条	$100m^2$	815.92	0.010 00	—	—
9-10	彩色水泥瓦 屋面基层 杉木条	$100m^2$	2 844.92	0.010 00	—	—
9-11	彩色水泥瓦 屋面基层 砂浆条	$100m^2$	3 623.12	—	0.010 00	—
9-12	彩色水泥瓦 屋面基层 角钢条	$100m^2$	6 649.17	—	—	0.010 00
	名称	单位	单价(元)	消耗量		
人工	二类人工	工日	135.00	0.059 20	0.100 99	0.124 00
	三类人工	工日	155.00	0.009 40	—	—
材料	彩色水泥瓦 420×330	千张	1 810.00	0.011 13	0.011 13	0.011 13
	干混地面砂浆 DS M15.0	m^3	443.08	—	0.003 80	—

工作内容:1. 水泥砂浆粘贴:调制砂浆,铺瓦、割瓦、固定;

2. 屋脊:座浆、铺天沟瓦或脊瓦,檐口稍头坐灰,清理面层。

计量单位:见表

定额编号				8-34	8-35
项目				彩色水泥瓦	
				水泥砂浆粘贴	屋脊
计量单位				m^2	m
基价(元)				**37.10**	**17.86**
其中	人工费(元)			7.15	3.01
	材料费(元)			29.74	14.76
	机械费(元)			0.21	0.09
预算定额编号	项目名称	单位	单价(元)	消耗量	
9-13	彩色水泥瓦 水泥砂浆粘贴	$100m^2$	3 709.29	0.010 00	—
9-14	彩色水泥瓦 屋脊	100m	1 785.86	—	0.010 00
	名称	单位	单价(元)	消耗量	
人工	二类人工	工日	135.00	0.052 93	0.022 31
材料	彩色水泥脊瓦 420×220	千张	3 461.00	—	0.003 06
	彩色水泥瓦 420×330	千张	1 810.00	0.011 13	—
	干混地面砂浆 DS M15.0	m^3	443.08	0.021 65	0.009 40

(2)小青瓦、黏土瓦屋面

工作内容:1. 制作、安装椽子基层,铺小青瓦;

2. 铺设干混砂浆,铺小青瓦;

3. 钉挂瓦条,铺黏土瓦;

4. 铺设干混砂浆,铺黏土瓦。

计量单位:见表

定额编号				8-36	8-37	8-38	8-39	8-40
项目				小青瓦		黏土平瓦		
				椽子上	水泥砂浆粘贴	杉木条上	水泥砂浆粘贴	屋脊
计量单位				m^2				m
基价(元)				**129.93**	**141.85**	**26.30**	**43.72**	**15.53**
其中	人工费(元)			15.27	18.36	5.89	7.15	3.01
	材料费(元)			114.66	122.85	20.41	36.08	12.31
	机械费(元)			—	0.64	—	0.49	0.21
预算定额编号	项目名称	单位	单价(元)	消耗量				
7-29	椽子基层 小青瓦屋面	$100m^2$	2 635.85	0.010 00	—	—	—	—
7-30	混凝土上单独钉挂瓦条	$100m^2$	815.92	—	—	0.010 00	—	—
9-15	小青瓦 屋面基层 椽子上	$100m^2$	10 357.20	0.010 00	—	—	—	—
9-16	小青瓦 屋面基层 水泥砂浆粘贴	$100m^2$	14 185.21	—	0.010 00	—	—	—
9-17	黏土平瓦 屋面基层 杉木条	$100m^2$	1 813.38	—	—	0.010 00	—	—
9-18	黏土平瓦 水泥砂浆粘贴	$100m^2$	4 371.73	—	—	—	0.010 00	—
9-19	黏土平瓦 屋脊	100m	1 552.94	—	—	—	—	0.010 00
	名称	单位	单价(元)	消耗量				
人工	二类人工	工日	135.00	0.072 80	0.136 00	0.032 80	0.052 93	0.022 31
	三类人工	工日	155.00	0.035 10	—	0.009 40	—	—
材料	黏土脊瓦 460×200	千张	1 034.00	—	—	—	—	0.002 56
	黏土平瓦(380~400)×240	千张	862.00	—	—	0.015 90	0.015 90	—
	杉原木 椽子	m^3	1 466.00	-0.010 00	—	—	—	—
	杉格椽	m^3	2 026.00	—	—	0.003 20	—	—
	小青瓦 180×(170~180)	千张	560.00	0.167 40	0.167 40	—	—	—
	干混地面砂浆 DS M15.0	m^3	443.08	—	0.065 70	—	0.050 50	0.021 80

(3)西班牙瓦、瓷质波形瓦

工作内容：制作、安装椽子挂瓦条，铺设西班牙瓦(瓷质波形瓦)。　　**计量单位**：见表

定额编号				8-41	8-42	8-43	8-44
项目				西班牙瓦		瓷质波形瓦	
				椽子挂瓦条上	正斜脊	椽子挂瓦条上	正斜脊
计量单位				m^2	m	m^2	m
基价(元)				**145.64**	**49.65**	**105.58**	**10.01**
其中	人工费(元)			11.80	3.01	12.03	3.01
	材料费(元)			133.54	46.55	93.30	6.91
	机械费(元)			0.30	0.09	0.25	0.09
预算定额编号	项目名称	单位	单价(元)	消耗量			
7-26	椽子基层 钉挂瓦条	$100m^2$	2 074.01	0.010 00	—	0.010 00	—
9-20	西班牙瓦 屋面板上或椽子挂瓦条上铺设	$100m^2$	12 489.82	0.010 00	—	—	—
9-21	西班牙瓦 正斜脊	100m	4 965.26	—	0.010 00	—	—
9-22	瓷质波形瓦 屋面板上或椽子挂瓦条上铺设	$100m^2$	8 483.77	—	—	0.010 00	—
9-23	瓷质波形瓦 正斜脊	100m	1 001.56	—	—	—	0.010 00
	名称	单位	单价(元)	消耗量			
人工	二类人工	工日	135.00	0.059 97	0.022 31	0.061 64	0.022 31
	三类人工	工日	155.00	0.023 90	—	0.023 90	—
材料	瓷质波形瓦 脊瓦	张	0.52	—	—	—	5.432 50
	瓷质波形瓦 无釉 150×150×9	张	1.38	—	—	46.700 00	—
	西班牙S盾瓦 250×90×10	张	4.48	—	4.100 00	—	—
	西班牙脊瓦 285×180	张	6.47	—	3.587 50	—	—
	西班牙瓦 无釉 310×310	张	6.47	15.764 50	—	—	—
	杉原木 椽子	m^3	1 466.00	-0.005 00	—	-0.005 00	—
	杉格椽	m^3	2 026.00	0.002 15	—	0.002 15	—
	干混地面砂浆 DS M15.0	m^3	443.08	0.030 75	0.009 23	0.025 63	0.009 23

(4)石棉瓦、玻璃钢瓦、卡布隆瓦

工作内容：1. 铺、钉石棉水泥瓦(玻璃钢瓦)，安脊瓦；

2. 下料、安装卡普隆板，压条固定、注胶。　　**计量单位**：m^2

定额编号				8-45	8-46	8-47
项目				水泥石棉瓦	玻璃钢瓦	卡布隆板
基价(元)				**36.52**	**35.24**	**27.91**
其中	人工费(元)			7.34	6.91	5.51
	材料费(元)			29.18	28.33	22.40
	机械费(元)			—	—	—
预算定额编号	项目名称	单位	单价(元)	消耗量		
9-24	石棉水泥瓦	$100m^2$	3 652.61	0.010 00	—	—
9-25	玻璃钢瓦	$100m^2$	3 524.27	—	0.010 00	—
9-26	卡普隆板	$100m^2$	2 790.83	—	—	0.010 00
	名称	单位	单价(元)	消耗量		
人工	二类人工	工日	135.00	0.054 40	0.051 20	0.040 80
材料	玻璃钢瓦 1 800×720 小波	张	24.14	—	0.990 00	—
	石棉水泥脊瓦 780×(180×2)×8	张	7.76	0.120 00	0.120 00	—
	石棉水泥瓦 1 800×720×8 小波	张	25.00	0.990 00	—	—
	玻璃卡普隆板	m^2	12.93	—	—	1.050 00

3. 沥青瓦屋面

工作内容:清理基层,刷冷底子油,黏结铺瓦,固定;满粘加钉脊瓦,封檐。 **计量单位**:m^2

定额编号				8-48
项目				沥青瓦屋面
基价(元)				**62.43**
其中	人工费(元)			5.81
	材料费(元)			56.62
	机械费(元)			—
预算定额编号	项目名称	单位	单价(元)	消耗量
9-27	铺设叠合沥青瓦	$100m^2$	6 242.33	0.010 00
	名称	单位	单价(元)	消耗量
人工	二类人工	工日	135.00	0.043 00
材料	沥青瓦 1 000×333	张	7.47	6.900 00

4. 采光屋面

工作内容:截料,制作、安装龙骨支撑;刷防护材料、油漆;安装固定阳光板(玻璃)接缝、嵌缝、打胶、密封。 **计量单位**:m^2

定额编号				8-49	8-50
项目				阳光屋面板	
				铝合金龙骨上	钢龙骨上
基价(元)				**244.38**	**265.83**
其中	人工费(元)			76.93	92.01
	材料费(元)			167.45	173.82
	机械费(元)			—	—
预算定额编号	项目名称	单位	单价(元)	消耗量	
9-29	阳光板屋面 铝合金龙骨上安装	$100m^2$	24 438.12	0.010 00	—
9-30	阳光板屋面 钢龙骨上安装	$100m^2$	26 583.14	—	0.010 00
	名称	单位	单价(元)	消耗量	
人工	二类人工	工日	135.00	0.569 85	0.681 58
材料	阳光板	m^2	43.10	1.070 00	1.070 00

工作内容：载料，制作、安装龙骨支撑；刷防护材料、油漆；安装固定阳光板（玻璃）接缝、嵌缝、打胶、密封。

计量单位：m^2

定额编号				8-51	8-52	8-53
项目				玻璃采光顶屋面		
				铝合金龙骨上安装中空玻璃	钢龙骨上安装中空玻璃	钢龙骨上安装钢化玻璃
基价（元）				**331.61**	**364.76**	**210.12**
其中	人工费（元）			108.78	135.59	91.54
	材料费（元）			222.83	229.17	118.58
	机械费（元）			—	—	—
预算定额编号	项目名称	单位	单价（元）	消耗量		
9-31	玻璃采光顶屋面 铝合金龙骨上安装中空玻璃	$100m^2$	33 161.54	0.010 00	—	—
9-32	玻璃采光顶屋面 钢龙骨上安装中空玻璃	$100m^2$	36 476.19	—	0.010 00	—
9-33	玻璃采光顶屋面 钢龙骨上安装钢化玻璃	$100m^2$	21 012.40	—	—	0.010 00
名称		单位	单价（元）	消耗量		
人工	二类人工	工日	135.00	0.805 79	1.004 39	0.678 07
材料	钢化玻璃 δ6	m^2	58.19	—	—	1.091 70
	中空玻璃	m^2	94.83	0.970 00	1.070 00	—

5. 膜结构屋面

工作内容：膜布裁剪、热压胶接，穿高强钢丝拉索、锚头锚固，膜布安装、施加预张力，膜体表面内外清洁。

计量单位：m^2

定额编号				8-54
项目				膜结构屋面
基价（元）				**523.12**
其中	人工费（元）			153.09
	材料费（元）			370.03
	机械费（元）			—
预算定额编号	项目名称	单位	单价（元）	消耗量
9-34	膜结构屋面	$100m^2$	52 311.93	0.010 00
名称		单位	单价（元）	消耗量
人工	二类人工	工日	135.00	1.134 00
材料	热轧光圆钢筋 HPB300 ϕ30	m	22.10	0.215 00
	膜材料	m^2	188.00	1.625 00

三、混凝土板上屋面

1. 混凝土屋面综合定额

工作内容:屋面基层清理、找平、防水、保温及保护层施工。　　　　计量单位:m^2

定额编号				8-55	8-56	8-57
项目				保温屋面		
				上人	非上人	种植屋面
基价(元)				309.87	240.40	304.31
其中	人工费(元)			76.46	55.75	61.03
	材料费(元)			230.68	181.92	240.55
	机械费(元)			2.73	2.73	2.73
预算定额编号	项目名称	单位	单价(元)	消耗量		
10-33	聚苯乙烯泡沫保温板 厚度(mm) 50	$100m^2$	3 301.95	0.010 00	0.010 00	0.010 00
10-45	陶粒混凝土	$10m^3$	4 678.81	0.013 00	0.013 00	0.013 00
11-2	干混砂浆找平层 填充材料上 20mm 厚	$100m^2$	2 236.68	0.010 00	0.010 00	0.010 00
11-48	地砖楼地面(黏结剂铺贴) 周长(mm) 1 200 以内 密缝	$100m^2$	6 947.37	0.010 00	—	—
5-52	钢筋网片	t	7 003.99	0.003 00	0.003 00	0.003 00
9-1	细石混凝土面层 厚度(mm) 40	$100m^2$	3 316.65	0.010 00	0.010 00	0.010 00
9-38	土工布过滤层	$100m^2$	591.24	—	—	0.010 00
9-41	排(蓄)水层 排水板	$100m^2$	1 044.16	—	—	0.010 00
9-58	改性沥青卷材 耐根穿刺 化学阻根	$100m^2$	4 573.68	—	—	0.010 40
9-63	高分子卷材 热风焊接胶粘法一层 平面	$100m^2$	3 987.90	0.010 40	0.010 40	0.010 40
9-92	非固化橡胶沥青 厚度(mm) 2.0	$100m^2$	2 318.35	0.010 00	0.010 00	0.010 00
9-94	隔离层 纸筋灰	$100m^2$	534.64	0.010 00	0.010 00	0.010 00
名称		单位	单价(元)	消耗量		
人工	二类人工	工日	135.00	0.299 06	0.299 06	0.338 20
	三类人工	工日	155.00	0.232 80	0.099 20	0.099 20
材料	普通硅酸盐水泥 P·O 42.5 综合	kg	0.34	39.650 00	39.650 00	39.650 00
	黄砂 净砂	t	92.23	0.088 40	0.088 40	0.088 40
	非泵送商品混凝土 C20	m^3	412.00	0.043 60	0.043 60	0.043 60
	水	m^3	4.27	0.166 70	0.155 20	0.155 20
	木模板	m^3	1 445.00	0.000 60	0.000 60	0.000 60
	干混地面砂浆 DS M15.0	m^3	443.08	0.005 10	0.005 10	0.005 10
	干混地面砂浆 DS M20.0	m^3	443.08	0.025 50	0.025 50	0.025 50

注:1. 混凝土综合屋面定额考虑为建筑找坡,如采用结构找坡可做调整。
2. 设计采用不同材料及厚度均可以调整。
3. 本定额不含钢筋混凝土板费用。

工作内容:屋面基层清理、找平、防水、保温及保护层施工。 **计量单位**:m^2

定 额 编 号				8-58	8-59	8-60
项 目				无保温	种植屋面	非种植屋面
				非上人屋面	地下室顶板	
基 价 (元)				**207.37**	**245.23**	**239.15**
其中	人工费 (元)			50.95	54.74	55.98
	材料费 (元)			153.70	187.73	180.41
	机械费 (元)			2.72	2.76	2.76
预算定额编号	项 目 名 称	单位	单价(元)	消 耗 量		
10-45	陶粒混凝土	$10m^3$	4 678.81	0.013 00	0.013 00	0.013 00
11-2	干混砂浆找平层 填充材料上 20mm 厚	$100m^2$	2 236.68	0.010 00	0.010 00	0.010 00
5-52	钢筋网片	t	7 003.99	0.003 00	0.003 00	0.003 00
9-1	细石混凝土面层 厚度(mm) 40	$100m^2$	3 316.65	0.010 00	0.010 00	0.010 00
9-2	细石混凝土面层 厚度(mm) 每增减 10	$100m^2$	514.02	—	0.030 00	0.030 00
9-38	土工布过滤层	$100m^2$	591.24	—	0.010 00	0.010 00
9-41	排(蓄)水层 排水板	$100m^2$	1 044.16	—	0.010 00	0.010 00
9-58	改性沥青卷材 耐根穿刺 化学阻根	$100m^2$	4 573.68	—	0.010 40	—
9-63	高分子卷材 热风焊接胶粘法一层 平面	$100m^2$	3 987.90	0.010 40	—	0.010 40
9-92	非固化橡胶沥青 厚度(mm) 2.0	$100m^2$	2 318.35	0.010 00	0.010 00	0.010 00
9-94	隔离层 纸筋灰	$100m^2$	534.64	0.010 00	0.010 00	0.010 00
名 称		单位	单价(元)	消 耗 量		
人工	二类人工	工日	135.00	0.299 06	0.515 57	0.524 71
	三类人工	工日	155.00	0.068 27	0.068 27	0.068 27
材料	普通硅酸盐水泥 P·O 42.5 综合	kg	0.34	39.650 00	39.650 00	39.650 00
	黄砂 净砂	t	92.23	0.088 40	0.088 40	0.088 40
	非泵送商品混凝土 C20	m^3	412.00	0.043 60	0.348 10	0.348 10
	水	m^3	4.27	0.129 80	0.129 80	0.129 80
	木模板	m^3	1 445.00	0.000 60	0.000 60	0.000 60
	干混地面砂浆 DS M15.0	m^3	443.08	0.005 10	0.005 10	0.005 10
	干混地面砂浆 DS M20.0	m^3	443.08	0.025 50	0.025 50	0.025 50

注:1. 混凝土综合屋面定额考虑为建筑找坡,如采用结构找坡可做调整。
2. 设计采用不同材料及厚度均可以调整。
3. 本定额不含钢筋混凝土板费用。
4. 地下室顶板细石混凝土面层已按 70mm 厚考虑。

工作内容:清理基层,掺料、覆土。 **计量单位**:m^3

定 额 编 号				8-61	8-62	8-63
项 目				耕作土种植层		
				不掺料	掺粗砂	掺珍珠岩
基 价 (元)				**51.63**	**101.75**	**143.00**
其中	人工费 (元)			28.19	33.05	48.60
	材料费 (元)			23.44	68.70	94.40
	机械费 (元)			—	—	—
预算定额编号	项 目 名 称	单位	单价(元)	消 耗 量		
9-35	耕作土种植层 不掺料	$10m^3$	516.27	0.100 00	—	—
9-36	耕作土种植层 掺粗砂	$10m^3$	1 017.49	—	0.100 00	—
9-37	耕作土种植层 掺珍珠岩	$10m^3$	1 430.02	—	—	0.100 00
名 称		单位	单价(元)	消 耗 量		
人工	二类人工	工日	135.00	0.208 80	0.244 80	0.360 00
材料	黄砂 毛砂	t	87.38	—	0.627 00	—

2. 混凝土屋面单项定额

(1)保 护 层

工作内容:1. 清理基层、隔离层、钢筋网片,铺混凝土,做分格缝、滴水线、泛水,随捣随抹光及养护;

2. 清理基层、隔离层,做水泥砂浆找平,安装预制混凝土板、勾缝。

计量单位:m²

定额编号				8-64	8-65	8-66	8-67
项目				细石混凝土面层 40mm 厚		预制混凝土板保护层安装	
				钢筋网片	每增减 10mm	实铺	架空
基价(元)				**60.11**	**5.14**	**38.10**	**20.09**
其中	人工费(元)			18.66	0.94	24.60	12.83
	材料费(元)			40.61	4.18	12.98	7.20
	机械费(元)			0.84	0.02	0.52	0.06
预算定额编号	项目名称	单位	单价(元)	消耗量			
5-52	钢筋网片	t	7 003.99	0.002 65	—	—	—
9-1	细石混凝土面层 厚度(mm) 40	100m²	3 316.65	0.010 00	—	—	—
9-2	细石混凝土面层 厚度(mm) 每增减 10	100m²	514.02	—	0.010 00	—	—
9-3	预制混凝土板保护层安装 实铺	100m²	2 971.11	—	—	0.010 00	—
9-4	预制混凝土板保护层安装 架空	100m²	2 009.54	—	—	—	0.010 00
9-95	隔离层 石灰砂浆	100m²	839.04	0.010 00	—	0.010 00	—
	名称	单位	单价(元)	消耗量			
人工	二类人工	工日	135.00	0.138 54	0.006 98	0.182 24	0.095 06
材料	非泵送商品混凝土 C20	m³	412.00	0.043 60	0.010 15	—	—
	水	m³	4.27	0.102 40	—	0.015 30	0.003 30
	木模板	m³	1 445.00	0.000 60	—	—	—
	干混地面砂浆 DS M15.0	m³	443.08	0.005 10	—	—	—
	干混砌筑砂浆 DM M10.0	m³	413.73	—	—	0.026 00	0.005 90

注:预制混凝土薄板的制作、运输另行计算。

工作内容:清理基层、隔离层,铺设水泥砂浆,做分格缝,养护。

计量单位:m²

定额编号				8-68	8-69
项目				水泥砂浆保护层	
				20mm 厚	每增减 10mm
基价(元)				**28.87**	**5.69**
其中	人工费(元)			15.55	0.94
	材料费(元)			12.86	4.65
	机械费(元)			0.46	0.10
预算定额编号	项目名称	单位	单价(元)	消耗量	
9-5	水泥砂浆保护层 厚度(mm) 20	100m²	2 048.08	0.010 00	—
9-6	水泥砂浆保护层 厚度(mm) 每增减 10	100m²	569.16	—	0.010 00
9-95	隔离层 石灰砂浆	100m²	839.04	0.010 00	—
	名称	单位	单价(元)	消耗量	
人工	二类人工	工日	135.00	0.115 17	0.006 98
材料	杉板枋材	m³	1 625.00	0.000 20	0.000 10
	水	m³	4.27	0.122 80	0.003 00
	干混地面砂浆 DS M15.0	m³	443.08	0.020 20	0.010 10

注:预制混凝土薄板的制作、运输另行计算。

工作内容：1. 砾石保护层：清理基层，砾石铺平；

2. 屋面检查洞：制作、安装。

计量单位：见表

定额编号					8-70	8-71	8-72
项目					砾石保护层	屋面检查洞	
						普通盖	保温盖
计量单位					m^2	个	
基价（元）					**6.53**	**263.58**	**381.25**
其中	人工费（元）				3.35	61.89	99.69
	材料费（元）				3.18	201.69	281.56
	机械费（元）				—	—	—
预算定额编号	项目名称		单位	单价(元)	消耗量		
14-60	其他木材面 聚酯清漆 三遍		$100m^2$	2 868.11	—	0.007 00	0.007 00
9-7	砾石保护层		$100m^2$	652.76	0.010 00	—	—
9-8	屋面检查洞 普通盖		10个	2 434.99	—	0.100 00	—
9-9	屋面检查洞 保温盖		10个	3 611.67	—	—	0.100 00
名称			单位	单价(元)	消耗量		
人工	二类人工		工日	135.00	0.024 80	0.344 00	0.624 00
	三类人工		工日	155.00	—	0.099 66	0.099 66
材料	卵石 综合		t	52.33	0.058 90	—	—
	杉板枋材		m^3	1 625.00	—	0.048 20	0.067 40
	水		m^3	4.27	0.022 80	—	—

(2)刚性防水

工作内容：清理基层，调配砂浆，抹砂浆。

计量单位：m^2

定额编号				8-73	8-74	8-75
项目				防水砂浆	聚合物水泥防水砂浆	
					5mm厚	每增减1mm
基价（元）				**20.00**	**9.90**	**1.73**
其中	人工费（元）			8.64	3.75	0.50
	材料费（元）			11.16	6.10	1.22
	机械费（元）			0.20	0.05	0.01
预算定额编号	项目名称	单位	单价(元)	消耗量		
9-42	防水砂浆 平面	$100m^2$	1 998.83	0.010 00	—	—
9-45	聚合物水泥防水砂浆 厚度(mm) 5	$100m^2$	989.92	—	0.010 00	—
9-46	聚合物水泥防水砂浆 厚度(mm) 每增减1	$100m^2$	173.30	—	—	0.010 00
名称		单位	单价(元)	消耗量		
人工	二类人工	工日	135.00	0.063 97	0.027 78	0.003 71
材料	水	m^3	4.27	0.038 00	—	—
	干混地面砂浆 DS M15.0	m^3	443.08	0.020 20	0.005 12	0.001 03

(3)卷材防水

工作内容:清理基层,刷基底处理剂,收头钉压条等全部操作过程。 **计量单位:**m^2

定额编号				8-76	8-77	8-78	8-79
项目				改性沥青卷材			
				热熔法		自粘法	
				一层	每增减一层	一层	每增减一层
基价(元)				**33.43**	**30.37**	**29.74**	**26.69**
其中	人工费(元)			2.97	2.55	2.47	2.12
	材料费(元)			30.46	27.82	27.27	24.57
	机械费(元)			—	—	—	—
预算定额编号	项目名称	单位	单价(元)	消耗量			
9-47	改性沥青卷材 热熔法一层 平面	$100m^2$	3 342.91	0.010 00	—	—	—
9-49	改性沥青卷材 热熔法每增一层 平面	$100m^2$	3 036.56	—	0.010 00	—	—
9-51	改性沥青自粘卷材 自粘法一层 平面	$100m^2$	2 973.65	—	—	0.010 00	—
9-53	改性沥青自粘卷材 自粘法每增一层 平面	$100m^2$	2 668.25	—	—	—	0.010 00
名称		单位	单价(元)	消耗量			
人工	二类人工	工日	135.00	0.022 01	0.018 87	0.018 29	0.015 67

工作内容:清理基层,铺贴卷材,收头钉压条等全部操作过程。 **计量单位:**m^2

定额编号				8-80	8-81	8-82
项目				改性沥青卷材		
				预铺反粘法	耐根穿刺	
					复合铜胎基	化学阻根
基价(元)				**36.67**	**98.22**	**45.74**
其中	人工费(元)			2.25	3.37	2.97
	材料费(元)			34.42	94.85	42.77
	机械费(元)			—	—	—
预算定额编号	项目名称	单位	单价(元)	消耗量		
9-55	改性沥青卷材 预铺反粘法 平面	$100m^2$	3 667.02	0.010 00	—	—
9-57	改性沥青卷材 耐根穿刺 复合铜胎基	$100m^2$	9 821.76	—	0.010 00	—
9-58	改性沥青卷材 耐根穿刺 化学阻根	$100m^2$	4 573.68	—	—	0.010 00
名称		单位	单价(元)	消耗量		
人工	二类人工	工日	135.00	0.016 64	0.024 93	0.022 01
材料	弹性体改性沥青防水卷材 耐根穿刺(复合铜胎基)4.0mm	m^2	81.90	—	1.140 00	—
	聚合物改性沥青聚酯胎预铺防水卷材 4.0mm	m^2	30.17	1.140 00	—	—
	SBS 弹性体改性沥青防水卷材 耐根穿刺(化学阻根) PY 4.0mm	m^2	36.21	—	—	1.140 00

工作内容：清理基层，刷基底处理剂，铺贴卷材，收头钉压条等全部操作过程。　　计量单位：m²

定额编号				8-83	8-84	8-85	8-86
项目				高分子卷材			
				胶粘法		热风焊接胶粘法	
				一层	每增减一层	一层	每增减一层
基价（元）				**29.86**	**29.11**	**39.88**	**39.05**
其中	人工费（元）			3.77	3.02	4.16	3.33
	材料费（元）			26.09	26.09	35.72	35.72
	机械费（元）			—	—	—	—
预算定额编号	项目名称	单位	单价（元）	消耗量			
9-59	高分子卷材 胶粘法一层 平面	100m²	2 985.89	0.010 00	—	—	—
9-61	高分子卷材 胶粘法每增一层 平面	100m²	2 911.37	—	0.010 00	—	—
9-63	高分子卷材 热风焊接胶粘法一层 平面	100m²	3 987.90	—	—	0.010 00	—
9-65	高分子卷材 热风焊接胶粘法每增一层 平面	100m²	3 904.88	—	—	—	0.010 00
名称		单位	单价（元）	消耗量			
人工	二类人工	工日	135.00	0.027 89	0.022 37	0.030 80	0.024 65

工作内容：清理基层，刷基底处理剂，铺贴卷材，收头钉压条等全部操作过程。　　计量单位：m²

定额编号				8-87	8-88	8-89	8-90
项目				高分子卷材			
				耐根穿刺化学阻根	自粘法		预铺反粘法
					一层	每增减一层	
基价（元）				**41.68**	**29.00**	**27.30**	**28.03**
其中	人工费（元）			3.42	3.42	2.73	3.43
	材料费（元）			38.26	25.58	24.57	24.60
	机械费（元）			—	—	—	—
预算定额编号	项目名称	单位	单价（元）	消耗量			
9-69	高分子卷材 耐根穿刺 化学阻根	100m²	4 167.38	0.010 00	—	—	—
9-70	高分子卷材 自粘法一层 平面	100m²	2 899.31	—	0.010 00	—	—
9-72	高分子卷材 自粘法每增一层 平面	100m²	2 729.40	—	—	0.010 00	—
9-74	高分子卷材 预铺反粘法 平面	100m²	2 802.33	—	—	—	0.010 00
名称		单位	单价（元）	消耗量			
人工	二类人工	工日	135.00	0.025 30	0.025 30	0.020 20	0.025 38

(4)涂料防水

工作内容:基层清理,调制涂料,涂刷面层。 **计量单位**:m²

定额编号				8-91	8-92	8-93	8-94
项目				改性沥青防水涂料		聚合物水泥防水涂料	
				2.0mm 厚	每增减 0.1mm	1.2mm 厚	每增减 0.1mm
基价(元)				**45.36**	**2.26**	**25.37**	**1.83**
其中	人工费(元)			3.13	0.16	2.96	0.20
	材料费(元)			42.23	2.10	22.41	1.63
	机械费(元)			—	—	—	—
预算定额编号	项目名称	单位	单价(元)	消耗量			
9-76	改性沥青防水涂料 厚度(mm) 2.0 平面	100m²	4 536.25	0.010 00	—	—	—
9-78	改性沥青防水涂料 厚度(mm) 每增减 0.1 平面	100m²	226.12	—	0.010 00	—	—
9-80	聚合物水泥防水涂料 厚度(mm) 1.2 平面	100m²	2 536.88	—	—	0.010 00	—
9-82	聚合物水泥防水涂料 厚度(mm) 每增 0.1 平面	100m²	183.31	—	—	—	0.010 00
名称		单位	单价(元)	消耗量			
人工	二类人工	工日	135.00	0.023 18	0.001 16	0.021 92	0.001 51

工作内容:基层清理,调制涂料,涂刷面层。 **计量单位**:m²

定额编号				8-95	8-96
项目				水泥基渗透结晶型防水涂料	
				1.0mm 厚	每增减 0.1mm
基价(元)				**21.48**	**1.34**
其中	人工费(元)			2.68	0.20
	材料费(元)			18.80	1.14
	机械费(元)			—	—
预算定额编号	项目名称	单位	单价(元)	消耗量	
9-84	水泥基渗透结晶型防水涂料 厚度(mm) 1.0 平面	100m²	2 148.28	0.010 00	—
9-86	水泥基渗透结晶型防水涂料 厚度(mm) 每增 0.1 平面	100m²	134.81	—	0.010 00
名称		单位	单价(元)	消耗量	
人工	二类人工	工日	135.00	0.019 85	0.001 51

工作内容:1. 聚氨酯防水涂料:清理基层,调制涂料,涂刷面层;
2. 非固化橡胶沥青:清理基层,细部处理涂刷,涂刷非固化橡胶沥青。 **计量单位**:m²

定额编号				8-97	8-98	8-99	8-100
项目				聚氨酯防水涂料		非固化橡胶沥青	
				1.5mm 厚	每增减 0.1mm	2.0mm 厚	每增减 0.1mm
基价(元)				**34.63**	**2.29**	**23.18**	**1.07**
其中	人工费(元)			2.77	0.19	3.13	0.16
	材料费(元)			31.86	2.10	20.05	0.91
	机械费(元)			—	—	—	—
预算定额编号	项目名称	单位	单价(元)	消耗量			
9-88	聚氨酯防水涂料 厚度(mm) 1.5 平面	100m²	3 462.52	0.010 00	—	—	—
9-90	聚氨酯防水涂料 厚度(mm) 每增减 0.1 平面	100m²	228.11	—	0.010 00	—	—
9-92	非固化橡胶沥青 厚度(mm) 2.0	100m²	2 318.35	—	—	0.010 00	—
9-93	非固化橡胶沥青 厚度(mm) 每增减 0.1	100m²	106.17	—	—	—	0.010 00
名称		单位	单价(元)	消耗量			
人工	二类人工	工日	135.00	0.020 49	0.001 37	0.023 18	0.001 16

(5)板材防水

工作内容:基层清理,铺设防水层,收口、压条等全部操作。　　计量单位:m²

定额编号				8-101	8-102	8-103	8-104
项目				塑料防水板	金属防水板	膨润土防水毯	防水保温一体化板
基价(元)				**44.40**	**76.54**	**79.00**	**143.42**
其中	人工费(元)			1.15	1.15	2.54	10.80
	材料费(元)			43.25	75.39	76.46	132.62
	机械费(元)			—	—	—	—
预算定额编号	项目名称	单位	单价(元)	消耗量			
9-102	塑料防水板	100m²	4 439.77	0.010 00	—	—	—
9-103	金属防水板	100m²	7 654.05	—	0.010 00	—	—
9-104	膨润土防水毯	100m²	7 900.51	—	—	0.010 00	—
9-105	防水保温一体化板	100m²	14 342.06	—	—	—	0.010 00
名称		单位	单价(元)	消耗量			
人工	二类人工	工日	135.00	0.008 51	0.008 51	0.018 83	0.080 00
材料	金属防水板	m²	60.34	—	1.070 00	—	—
	膨润土防水毯	m²	68.53	—	—	1.115 00	—
	聚氯乙烯(PVC)防水板 非外露 L类 1.5mm	m²	30.30	1.070 00	—	—	—
	防水保温一体化板 50mm	m²	129.00	—	—	—	1.020 00

(6)找平层

工作内容:基层清理、调运砂浆、抹平、压实。　　计量单位:m²

定额编号				8-105	8-106	8-107
项目				干混砂浆找平层		
				20mm厚		每增减1mm
				混凝土或硬基层上	填充材料上	
基价(元)				**17.46**	**22.37**	**0.63**
其中	人工费(元)			8.03	10.58	0.16
	材料费(元)			9.23	11.54	0.46
	机械费(元)			0.20	0.25	0.01
预算定额编号	项目名称	单位	单价(元)	消耗量		
11-1	干混砂浆找平层 混凝土或硬基层上 20mm厚	100m²	1 746.27	0.010 00	—	—
11-2	干混砂浆找平层 填充材料上 20mm厚	100m²	2 236.68	—	0.010 00	—
11-3	干混砂浆找平层 每增减1mm	100m²	62.85	—	—	0.010 00
名称		单位	单价(元)	消耗量		
人工	三类人工	工日	155.00	0.051 82	0.068 27	0.001 02
材料	水	m³	4.27	0.004 00	0.004 00	—
	干混地面砂浆 DS M20.0	m³	443.08	0.020 40	0.025 50	0.001 02

工作内容:基层清理,细石混凝土搅拌捣平、压实。　　**计量单位**:m^2

定额编号				8-108	8-109	8-110
项目				细石混凝土找平层		水泥砂浆随捣随抹
				30mm 厚	每增减 1mm	
基价(元)				**24.68**	**0.47**	**5.02**
其中	人工费(元)			11.89	0.05	3.15
	材料费(元)			12.76	0.42	1.85
	机械费(元)			0.03	—	0.02
预算定额编号	项目名称	单位	单价(元)	消耗量		
11-5	细石混凝土找平层 30mm 厚	$100m^2$	2 467.82	0.010 00	—	—
11-6	细石混凝土找平层 每增减 1mm	$100m^2$	47.39	—	0.010 00	—
11-7	混凝土面上干混砂浆随捣随抹	$100m^2$	501.95	—	—	0.010 00
	名称	单位	单价(元)	消耗量		
人工	三类人工	工日	155.00	0.076 71	0.000 31	0.020 30
材料	非泵送商品混凝土 C20	m^3	412.00	0.030 30	0.001 01	—
	水	m^3	4.27	0.004 00	—	0.006 00
	干混地面砂浆 DS M20.0	m^3	443.08	—	—	0.002 00

(7)屋面保温隔热层

工作内容:基层清理,修补屋面,做塌饼,砂浆调制、运输、找坡抹平、清理。　　**计量单位**:m^2

定额编号				8-111	8-112	8-113	8-114
项目				聚苯颗粒保温砂浆		无机轻集料保温砂浆	
				30mm 厚	每增减 5mm	30mm 厚	每增减 5mm
基价(元)				**20.57**	**3.09**	**33.35**	**5.18**
其中	人工费(元)			9.99	1.33	9.58	1.22
	材料费(元)			10.11	1.68	23.30	3.88
	机械费(元)			0.47	0.08	0.47	0.08
预算定额编号	项目名称	单位	单价(元)	消耗量			
10-26	聚苯颗粒保温砂浆 厚度(mm) 30	$100m^2$	2 056.74	0.010 00	—	—	—
10-27	聚苯颗粒保温砂浆 厚度(mm) 每增减 5	$100m^2$	308.21	—	0.010 00	—	—
10-28	无机轻集料保温砂浆 厚度(mm) 30	$100m^2$	3 334.83	—	—	0.010 00	—
10-29	无机轻集料保温砂浆 厚度(mm) 每增减 5	$100m^2$	517.79	—	—	—	0.010 00
	名称	单位	单价(元)	消耗量			
人工	三类人工	工日	155.00	0.064 43	0.008 55	0.061 80	0.007 89
材料	胶粉聚苯颗粒保温砂浆	m^3	328.00	0.030 60	0.005 10	—	—
	水	m^3	4.27	0.009 30	—	0.009 30	—

工作内容：1. 基层清理，保温板裁割、运输、铺贴、清理；
2. 基层清理，发泡剂调制、运输、喷射、清理；
3. 基层清理，保温板裁割，砂浆调制、运输、铺贴、清理。

计量单位：m^2

定额编号				8-115	8-116	8-117	8-118
项目				泡沫玻璃	聚氨酯硬泡喷涂		聚苯乙烯泡沫保温板
				30mm 厚	40mm 厚	每增减 5mm	50mm 厚
基价（元）				**48.28**	**51.07**	**6.02**	**33.01**
其中	人工费（元）			7.13	7.95	0.61	4.79
	材料费（元）			41.13	40.03	5.01	28.21
	机械费（元）			0.02	3.09	0.40	0.01
预算定额编号	项目名称	单位	单价(元)	消耗量			
10-30	泡沫玻璃 厚度(mm) 30	$100m^2$	4 827.58	0.010 00	—	—	—
10-31	聚氨酯硬泡(喷涂) 厚度(mm) 40	$100m^2$	5 106.89	—	0.010 00	—	—
10-32	聚氨酯硬泡(喷涂) 厚度(mm) 每增减 5	$100m^2$	602.04	—	—	0.010 00	—
10-33	聚苯乙烯泡沫保温板 厚度(mm) 50	$100m^2$	3 301.95	—	—	—	0.010 00
	名称	单位	单价(元)	消耗量			
人工	三类人工	工日	155.00	0.046 02	0.051 28	0.003 94	0.030 93
材料	异氰酸酯(黑料)	kg	22.41	—	1.050 00	0.131 30	—
	组合聚醚(白料)	kg	15.52	—	1.050 00	0.131 30	—
	聚苯乙烯泡沫板 δ50	m^2	25.22	—	—	—	1.020 00
	泡沫玻璃 δ30	m^2	37.50	1.020 00	—	—	—
	水	m^3	4.27	0.025 50	—	—	0.025 40

工作内容：基层清理，珍珠岩板锯割、铺设。

计量单位：m^3

定额编号				8-119	8-120
项目				膨胀珍珠岩板	
				沥青珍珠岩	水泥珍珠岩
基价（元）				**476.74**	**432.88**
其中	人工费（元）			37.12	37.12
	材料费（元）			439.62	395.76
	机械费（元）			—	—
预算定额编号	项目名称	单位	单价(元)	消耗量	
10-34	膨胀珍珠岩板 沥青珍珠岩	$10m^3$	4 767.43	0.100 00	—
10-35	膨胀珍珠岩板 水泥珍珠岩	$10m^3$	4 328.83	—	0.100 00
	名称	单位	单价(元)	消耗量	
人工	三类人工	工日	155.00	0.239 50	0.239 50
材料	沥青珍珠岩板	m^3	431.00	1.020 00	—
	水泥珍珠岩制品	m^3	388.00	—	1.020 00

工作内容:基层清理,粘贴保温层。　　**计量单位**:m^2

定额编号				8-121	8-122
项目				粘贴岩棉板(厚度 mm)	
				100 以内	100 以上
基价(元)				**57.59**	**68.23**
其中	人工费(元)			4.00	4.80
	材料费(元)			53.56	63.40
	机械费(元)			0.03	0.03
预算定额编号	项目名称	单位	单价(元)	消耗量	
10-36	粘贴岩棉板 厚度(mm) 100 以内	$100m^2$	5 758.30	0.010 00	—
10-37	粘贴岩棉板 厚度(mm) 100 以上	$100m^2$	6 822.61	—	0.010 00
	名称	单位	单价(元)	消耗量	
人工	二类人工	工日	135.00	0.029 61	0.035 53
材料	岩棉板 δ100	m^3	466.00	0.102 00	—
	岩棉板 δ120	m^3	466.00	—	0.122 40

工作内容:基层清理,加气混凝土块锯割、铺砌。　　**计量单位**:m^3

定额编号				8-123	8-124
项目				加气混凝土块	
				成品	碎料
基价(元)				**389.06**	**223.54**
其中	人工费(元)			38.10	30.48
	材料费(元)			350.96	193.06
	机械费(元)			—	—
预算定额编号	项目名称	单位	单价(元)	消耗量	
10-38	加气混凝土块 成品	$10m^3$	3 890.57	0.100 00	—
10-39	加气混凝土块 碎料	$10m^3$	2 235.43	—	0.100 00
	名称	单位	单价(元)	消耗量	
人工	二类人工	工日	135.00	0.282 20	0.225 80
材料	加气混凝土砌块 碎料	m^3	197.00	—	0.980 00
	蒸压砂加气混凝土砌块 B06 A5.0	m^3	328.00	1.070 00	—

工作内容:基层清理,调制炉(矿)渣或混合料及铺填、养护;铺设棉毡、珍珠岩等材料。　　计量单位:m^3

定额编号				8-125	8-126	8-127	8-128
项目				炉(矿)渣混凝土	石灰炉(矿)渣	沥青玻璃棉毡	干铺珍珠岩
基价(元)				**446.13**	**239.66**	**198.61**	**221.64**
其中	人工费(元)			69.53	71.43	38.10	28.20
	材料费(元)			366.42	168.23	160.51	193.44
	机械费(元)			10.18	—	—	—
预算定额编号	项目名称	单位	单价(元)	消耗量			
10-40	炉(矿)渣混凝土	$10m^3$	4 461.19	0.100 00	—	—	—
10-41	石灰炉(矿)渣	$10m^3$	2 396.55	—	0.100 00	—	—
10-42	沥青玻璃棉毡	$10m^3$	1 986.10	—	—	0.100 00	—
10-43	干铺珍珠岩	$10m^3$	2 216.42	—	—	—	0.100 00
	名称	单位	单价(元)	消耗量			
人工	二类人工	工日	135.00	0.515 00	0.529 10	0.282 20	0.208 90
材料	膨胀珍珠岩粉	m^3	155.00	—	—	—	1.248 00
	石灰炉(矿)渣 1:4	m^3	165.74	—	1.015 00	—	—
	炉渣混凝土 CL7.5	m^3	361.00	1.015 00	—	—	—
	沥青玻璃棉	m^3	151.00	—	—	1.063 00	—

工作内容:1. 基层清理,调制、拌和发泡、泵送、找平;
2. 基层清理,混凝土浇捣及浇筑;
3. 基层清理,调制炉(矿)渣、微孔硅酸钙或混合料及铺填、养护。　　计量单位:m^3

定额编号				8-129	8-130	8-131	8-132
项目				泡沫混凝土	陶粒混凝土	干铺炉渣	微孔硅酸钙
基价(元)				**250.10**	**467.88**	**147.10**	**565.44**
其中	人工费(元)			78.30	122.47	22.86	38.10
	材料费(元)			160.04	331.35	124.24	527.34
	机械费(元)			11.76	14.06	—	—
预算定额编号	项目名称	单位	单价(元)	消耗量			
10-44	泡沫混凝土	$10m^3$	2 501.02	0.100 00	—	—	—
10-45	陶粒混凝土	$10m^3$	4 678.81	—	0.100 00	—	—
10-46	干铺炉渣	$10m^3$	1 470.92	—	—	0.100 00	—
10-47	微孔硅酸钙	$10m^3$	5 654.37	—	—	—	0.100 00
	名称	单位	单价(元)	消耗量			
人工	二类人工	工日	135.00	0.580 00	0.907 20	0.169 30	0.282 20
材料	普通硅酸盐水泥 P·O 42.5 综合	kg	0.34	412.000 00	305.000 00	—	—
	黄砂 净砂	t	92.23	—	0.680 00	—	—
	陶粒	m^3	182.00	—	0.850 00	—	—
	炉渣	m^3	102.00	—	—	1.218 00	—
	微孔硅酸钙	m^3	517.00	—	—	—	1.020 00
	水	m^3	4.27	0.140 00	0.180 00	—	—

工作内容:保温层排气管、排气孔制作、安装。 计量单位:见表

定额编号				8-133	8-134	8-135
项目				保温层排气管安装	保温层排气孔安装	
					PVC 管	钢管
计量单位				m	个	
基价(元)				**10.26**	**13.94**	**17.22**
其中	人工费(元)			4.77	8.57	8.57
	材料费(元)			5.49	5.37	8.50
	机械费(元)			—	—	0.15
预算定额编号	项目名称	单位	单价(元)	消耗量		
10-48	保温层排气管安装	10m	102.55	0.100 00	—	—
10-49	保温层排气孔安装 PVC 管	10 个	139.46	—	0.100 00	—
10-50	保温层排气孔安装 钢管	10 个	172.26	—	—	0.100 00
	名称	单位	单价(元)	消耗量		
人工	二类人工	工日	135.00	0.035 30	0.063 50	0.063 50
材料	不锈钢管 ϕ40	m	—	—	—	(0.460 00)
	碳素结构钢镀锌焊接钢管 *DN*40	m	17.38	—	—	0.460 00
	塑料排水管 *DN*50	m	4.74	1.015 00	0.420 00	—
	塑料排水三通 *DN*50	个	1.78	0.200 00	—	—
	塑料排水外接 *DN*50	个	0.72	0.100 00	—	—
	塑料排水弯头 *DN*50	个	1.41	0.100 00	2.000 00	—

(8)变形缝

工作内容:清理缝道,油浸麻丝嵌缝,干铺油毡,盖板制作、安装。 计量单位:m

定额编号				8-136	8-137	8-138	8-139	8-140
项目				屋面变形缝				
				木板盖板	金属板盖板	铝合金盖板	不锈钢盖板	风琴板伸缩缝
基价(元)				**74.52**	**103.25**	**133.05**	**158.09**	**115.01**
其中	人工费(元)			16.07	27.62	29.54	29.54	26.85
	材料费(元)			58.45	75.63	103.51	128.55	88.16
	机械费(元)			—	—	—	—	—
预算定额编号	项目名称	单位	单价(元)	消耗量				
9-118	油浸麻丝 缝断面(mm^2) 30×150 平面	100m	1 403.34	0.010 00	0.010 00	0.010 00	0.010 00	0.010 00
9-124	木板盖板 缝断面(mm^2) 30×150 平面	100m	1 686.22	0.010 00	—	—	—	—
9-126	金属板盖缝 展开宽度(mm) 590 平面	100m	4 559.69	—	0.010 00	—	—	—
9-128	铝合金盖板 厚度(mm) 0.8 平面	100m	7 540.27	—	—	0.010 00	—	—
9-130	不锈钢盖板 厚度(mm) 1.0 平面	100m	10 043.66	—	—	—	0.010 00	—
9-132	风琴板伸缩缝 200×28×2	100m	5 736.48	—	—	—	—	0.010 00
9-137	膨胀止水条 规格(mm^2) 30×20	100m	4 261.05	0.010 00	0.010 00	0.010 00	0.010 00	0.010 00
9-98	干铺油毡一层	$100m^2$	335.36	0.003 00	0.003 00	0.003 00	0.003 00	0.003 00
	名称	单位	单价(元)	消耗量				
人工	二类人工	工日	135.00	0.119 01	0.204 56	0.218 82	0.218 82	0.198 92
材料	不锈钢板 304 δ1.0	m^2	118.00	—	—	—	0.619 50	—
	镀锌薄钢板 δ1.0	m^2	33.58	—	0.601 80	—	—	—
	板枋材	m^3	2 069.00	0.005 97	0.002 52	0.002 52	0.002 52	—
	铝合金板 δ0.8	m^2	77.59	—	—	0.619 50	—	—
	橡胶风琴板 200×28×2	m	31.03	—	—	—	—	1.050 00

(9)屋面排水

工作内容:铁皮沿沟、泛水、水管制作、安装,刷漆。 **计量单位:**见表

定额编号				8-141	8-142	8-143	8-144	8-145
项目				铝板泛水	不锈钢泛水	镀锌钢板泛水	镀锌钢板沿沟、水管	镀锌钢板水斗
计量单位				m^2				只
基价 (元)				**97.94**	**134.26**	**33.05**	**48.37**	**37.07**
其中	人工费 (元)			8.62	9.39	7.85	21.70	20.78
	材料费 (元)			89.32	124.87	25.20	26.67	16.29
	机械费 (元)			—	—	—	—	—
预算定额编号	项目名称	单位	单价(元)	消耗量				
9-106	铝板 泛水	$100m^2$	9 794.19	0.010 00	—	—	—	—
9-107	不锈钢板 泛水	$100m^2$	13 426.15	—	0.010 00	—	—	—
9-108	镀锌钢板 泛水	$100m^2$	3 305.00	—	—	0.010 00	—	—
9-109	镀锌钢板 沿沟、水管	$100m^2$	4 836.62	—	—	—	0.010 00	—
9-110	镀锌钢板 水斗	10 只	370.63	—	—	—	—	0.100 00
	名称	单位	单价(元)	消耗量				
人工	二类人工	工日	135.00	0.063 84	0.069 54	0.058 14	0.160 74	0.153 90
材料	镀锌彩钢板 δ0.5	m^2	21.55	—	—	1.054 00	1.058 00	0.400 00
	不锈钢板 304 δ1.0	m^2	118.00	—	1.050 00	—	—	—
	铝板 1 200×300×1	m^2	82.57	1.070 00	—	—	—	—

四、钢筋混凝土檐沟、天沟

工作内容:模板、钢筋制作、安装,混凝土浇捣,细石混凝土找坡、水泥砂浆找平,沟底及侧面抹灰、涂料。**计量单位:**m

定额编号				8-146	8-147	8-148
项目				钢筋混凝土檐沟		
				底宽 500mm	底宽 每增减 100mm	挑板高 每增减 100mm
基价(元)				**256.57**	**17.62**	**45.97**
其中	人工费(元)			98.26	4.74	21.77
	材料费(元)			155.91	12.72	24.05
	机械费(元)			2.40	0.16	0.15
预算定额编号	项目名称	单位	单价(元)	消耗量		
10-45	陶粒混凝土	$10m^3$	4 678.81	0.007 00	0.001 00	—
12-26	零星抹灰 14+6	$100m^2$	4 312.17	0.010 00	0.000 20	0.000 20
14-147	外墙涂料 弹性涂料	$100m^2$	2 663.07	0.005 00	0.001 00	0.010 00
5-178	天沟挑檐	$100m^2$	6 520.39	0.009 00	0.000 15	0.001 11
5-21	檐沟、挑檐	$10m^3$	5 591.66	0.005 10	0.000 10	0.000 60
5-38	螺纹钢筋 HRB400 以内 ≤ϕ10	t	4 632.41	0.002 00	—	—
9-47	改性沥青卷材 热熔法一层 平面	$100m^2$	3 342.91	0.009 00	0.001 00	0.001 00
9-76	改性沥青防水涂料 厚度(mm) 2.0 平面	$100m^2$	4 536.25	0.009 00	0.001 00	0.001 00
	名称	单位	单价(元)	消耗量		
人工	二类人工	工日	135.00	0.431 09	0.020 59	0.043 33
	三类人工	工日	155.00	0.258 45	0.014 01	0.102 42
材料	热轧带肋钢筋 HRB400 ϕ10	t	3 938.00	0.002 04	—	—
	普通硅酸盐水泥 P·O 42.5 综合	kg	0.34	21.350 00	3.050 00	—
	黄砂 净砂	t	92.23	0.047 60	0.006 80	—
	泵送商品混凝土 C30	m^3	461.00	0.051 51	0.001 01	0.006 06
	钢支撑	kg	3.97	0.692 55	0.015 39	0.084 65
	水	m^3	4.27	0.051 30	0.002 56	0.003 78
	复合模板 综合	m^2	32.33	0.275 66	0.006 13	0.033 69
	木模板	m^3	1 445.00	0.004 07	0.000 09	0.000 50
	干混抹灰砂浆 DP M15.0	m^3	446.85	0.023 20	0.000 46	0.000 46

工作内容:模板、钢筋制作、安装,混凝土浇捣,细石混凝土找坡,水泥砂浆找平,沟底及侧面抹灰、涂料。**计量单位**:m

定额编号				8-149	8-150	8-151	8-152
项目				钢筋混凝土挑檐		钢筋混凝土天沟	
				底宽(mm)			
				500	每增减100	580	每增减100
基价(元)				**214.38**	**30.20**	**268.79**	**32.01**
其中	人工费(元)			89.59	11.05	106.65	11.58
	材料费(元)			122.62	18.82	159.59	20.07
	机械费(元)			2.17	0.33	2.55	0.36
预算定额编号	项目名称	单位	单价(元)	消耗量			
10-45	陶粒混凝土	$10m^3$	4 678.81	0.007 00	0.001 00	0.007 00	0.001 00
11-5	细石混凝土找平层 30mm 厚	$100m^2$	2 467.82	—	—	0.003 90	0.001 00
12-26	零星抹灰 14 +6	$100m^2$	4 312.17	0.010 00	0.000 20	0.012 00	0.000 20
14-147	外墙涂料 弹性涂料	$100m^2$	2 663.07	0.006 00	0.001 00	—	—
5-178	天沟挑檐	$100m^2$	6 520.39	0.007 40	0.001 48	0.008 58	0.001 48
5-21	檐沟、挑檐	$10m^3$	5 591.66	0.004 00	0.000 80	0.004 60	0.000 80
5-38	螺纹钢筋 HRB400 以内 ≤ϕ10	t	4 632.41	0.001 00	—	0.001 00	—
9-42	防水砂浆 平面	$100m^2$	1 998.83	—	—	0.008 90	0.001 00
9-47	改性沥青卷材 热熔法一层 平面	$100m^2$	3 342.91	0.006 00	0.001 00	0.008 90	0.001 00
9-76	改性沥青防水涂料 厚度(mm) 2.0 平面	$100m^2$	4 536.25	0.006 00	0.001 00	0.009 00	0.001 00
名称		单位	单价(元)	消耗量			
人工	二类人工	工日	135.00	0.355 60	0.066 40	0.467 87	0.072 80
	三类人工	工日	155.00	0.268 27	0.014 01	0.281 11	0.011 86
材料	热轧带肋钢筋 HRB400 ϕ10	t	3 938.00	0.001 02	—	0.001 02	—
	普通硅酸盐水泥 P·O 42.5 综合	kg	0.34	21.350 00	3.050 00	21.350 00	3.050 00
	黄砂 净砂	t	92.23	0.047 60	0.006 80	0.047 60	0.006 80
	泵送商品混凝土 C30	m^3	461.00	0.040 40	0.008 08	0.046 46	0.008 08
	非泵送商品混凝土 C20	m^3	412.00	—	—	0.011 82	0.003 03
	钢支撑	kg	3.97	0.569 43	0.115 43	0.661 77	0.115 43
	水	m^3	4.27	0.044 66	0.006 79	0.085 24	0.010 99
	复合模板 综合	m^2	32.33	0.226 65	0.045 94	0.263 41	0.045 94
	木模板	m^3	1 445.00	0.003 34	0.000 68	0.003 89	0.000 68
	干混地面砂浆 DS M15.0	m^3	443.08	—	—	0.017 98	0.002 02
	干混抹灰砂浆 DP M15.0	m^3	446.85	0.023 20	0.000 46	0.027 84	0.000 46

第九章

门 窗 工 程

说　　明

一、本章定额包括木门、金属门、金属卷帘门、厂库房大门、特种门、其他门、木窗、金属窗、门钢架、门窗套、窗台板、窗帘盒、窗帘轨及木材面防火涂料等，本章定额未列项目参照《浙江省房屋建筑与装饰工程预算定额》(2018 版) 执行。

二、本章中的普通木门、装饰木门、厂库房大门、木窗按现场制作、安装综合考虑，其余门窗均按成品安装考虑。

三、门窗定额中除厂库房大门未含五金铁件材料费外，均已综合了框(门套)、扇的制作、安装、五金配件及油漆等全部工作内容，厂库房大门五金铁件材料费另按预算定额套用。

四、木门不分有亮和无亮，定额已按权数进行综合。

五、一般木门窗油漆按聚酯清漆三遍进行综合，装饰木门按聚酯清漆磨退五遍进行综合，如设计漆种、刷漆遍数不同，可按预算定额相应子目进行调整。

六、金属卷帘门已综合了活动小门的含量，活动小门不再另行计算。

七、成品金属门窗、金属卷帘门、特种门、其他门安装项目包括五金安装人工，五金材料费包括在成品门窗价格中。

八、门窗套定额中基层已按权数综合了木龙骨、三夹板、细木工板等材料。

工程量计算规则

一、各类有框门窗均按设计门窗洞口以“m^2”计算,若为凸出墙面的圆形、弧形、异型门窗,均按展开面积计算。

二、门边带窗者,应分别计算,门宽度算至门框外口。

三、纱门、纱窗扇按扇外围面积计算,防盗窗按外围展开面积计算。

四、金属卷帘门按设计门洞口面积计算,电动装置按“套”计算。

五、厂库房大门、特种门按设计门洞口面积计算。

六、人防门、密闭观察窗按设计图示数量以“樘”计算,防护密闭封堵板按框(扇)外围以展开面积计算。

七、门钢架按设计图示尺寸以重量计算,门钢架基层、面层按设计图示饰面外围尺寸展开面积计算。

八、门窗套按设计图示饰面外围尺寸展开面积计算。

九、成品木质门窗套按设计图示外围尺寸长度计算。

十、窗台板按设计图示长度乘宽度以面积计算。设计无规定时,长度按窗框外围宽度增加 100mm 计算,凸出墙面的宽度按墙面外加 50mm 计算。

一、门

1.普 通 木 门

工作内容:制作、安装门框、门扇、亮子,油漆,装配玻璃及五金。

计量单位:m^2

定额编号				9-1	9-2	9-3	9-4
项目				镶板门	半截玻璃门	胶合板门	带通风百叶门
基价(元)				**234.55**	**235.26**	**246.16**	**296.92**
其中	人工费(元)			97.16	95.03	107.16	130.19
	材料费(元)			136.41	139.05	137.86	165.50
	机械费(元)			0.98	1.18	1.14	1.23
预算定额编号	项目名称	单位	单价(元)	消耗量			
14-1	单层木门 聚酯清漆 三遍	$100m^2$	4 417.16	0.010 00	0.009 30	0.010 00	0.013 00
8-1	有亮 镶板门	$100m^2$	17 149.00	0.002 00	—	—	—
8-11	带通风百叶门 镶板门	$100m^2$	19 513.26	—	—	—	0.005 00
8-12	带通风百叶门 胶合板门	$100m^2$	21 978.37	—	—	—	0.005 00
8-167	弹子锁	10把	578.04	0.047 71	0.047 71	0.047 71	0.047 71
8-176	门吸	10个	93.60	0.047 71	0.047 71	0.047 71	0.047 71
8-2	有亮 半截玻璃门	$100m^2$	17 072.18	—	0.003 00	—	—
8-3	有亮 胶合板门	$100m^2$	18 041.03	—	—	0.003 00	—
8-4	无亮 镶板门	$100m^2$	15 505.16	0.008 00	—	—	—
8-5	无亮 半截玻璃门	$100m^2$	15 845.72	—	0.007 00	—	—
8-6	无亮 胶合板门	$100m^2$	16 546.13	—	—	0.007 00	—
名称		单位	单价(元)	消耗量			
人工	三类人工	工日	155.00	0.626 84	0.613 09	0.691 36	0.839 95
材料	杉搭木	m^3	2 155.00	0.001 36	0.001 40	0.001 34	0.001 74
	杉木砖	m^3	595.00	0.002 77	0.002 87	0.002 73	0.004 16
	围条硬木	m^3	3 017.00	—	—	0.002 23	—
	硬木板枋材(进口)	m^3	3 276.00	—	—	—	0.004 01
	胶合板 δ3	m^2	13.10	—	—	1.975 49	1.030 00
	门窗扇杉枋	m^3	1 810.00	0.018 42	0.023 51	0.012 01	0.019 41
	门窗杉板	m^3	1 810.00	0.012 47	0.004 59	—	0.005 35
	平板玻璃 δ3	m^2	15.52	0.028 00	0.399 00	0.036 00	0.040 00

工作内容:制作、安装门框、门扇、亮子,油漆,装配玻璃及五金。　　　　**计量单位**:m²

	定额编号			9-5	9-6
	项目			自由门	
				全玻门	半玻门
	基价(元)			**475.54**	**454.00**
其中	人工费(元)			213.06	206.82
	材料费(元)			259.28	245.92
	机械费(元)			3.20	1.26
预算定额编号	项目名称	单位	单价(元)	消耗量	
14-5	单层木门 聚酯清漆磨退 五遍	100m²	8 692.93	0.008 30	0.009 30
8-10	自由门 无亮 带玻胶合板门	100m²	23 996.39	—	0.007 00
8-167	弹子锁	10 把	578.04	0.042 90	0.047 71
8-168	管子拉手	10 把	409.47	0.052 40	0.052 40
8-173	自由门 地弹簧	10 个	1 086.40	0.078 76	0.077 80
8-7	自由门 有亮 全玻门	100m²	26 747.92	0.007 00	—
8-8	自由门 有亮 带玻胶合板门	100m²	23 876.66	—	0.003 00
8-9	自由门 无亮 全玻门	100m²	28 111.58	0.003 00	—
	名称	单位	单价(元)	消耗量	
人工	三类人工	工日	155.00	1.374 60	1.334 32
材料	杉搭木	m³	2 155.00	0.001 00	0.001 34
	杉木砖	m³	595.00	0.001 70	0.002 73
	硬木框料	m³	3 276.00	0.015 80	—
	硬木扇料	m³	3 276.00	0.022 21	0.006 23
	胶合板 δ3	m²	13.10	—	1.975 49
	门窗扇杉枋	m³	1 810.00	—	0.018 73
	平板玻璃 δ3	m²	15.52	—	0.344 00
	平板玻璃 δ5	m²	24.14	0.686 00	—

2.装饰木门

工作内容：制作、安装门扇、门套，油漆及装配五金。

计量单位：m^2

定额编号				9-7	9-8	9-9	9-10
项目				实心装饰夹板门			
				平面		凹凸	
				普通	拼花	普通	拼花
基价（元）				**478.72**	**492.53**	**875.17**	**887.22**
其中	人工费（元）			234.76	245.31	287.08	295.87
	材料费（元）			243.35	246.61	587.38	590.64
	机械费（元）			0.61	0.61	0.71	0.71
预算定额编号	项目名称	单位	单价（元）	消耗量			
14-5	单层木门 聚酯清漆磨退 五遍	$100m^2$	8 692.93	0.010 00	0.010 00	0.011 00	0.011 00
14-64	其他木材面 聚酯清漆磨退 五遍	$100m^2$	5 862.04	0.008 38	0.008 38	0.008 38	0.008 38
8-15	实心门 装饰夹板门 平面 普通	$100m^2$	21 775.31	0.008 79	—	—	—
8-16	实心门 装饰夹板门 平面 拼花	$100m^2$	23 346.35	—	0.008 79	—	—
8-17	实心门 装饰夹板门 凹凸 普通	$100m^2$	65 888.51	—	—	0.008 79	—
8-18	实心门 装饰夹板门 凹凸 拼花	$100m^2$	67 259.43	—	—	—	0.008 79
8-130	门窗套基层 木龙骨 门套	$10m^2$	408.90	0.022 86	0.022 86	0.022 86	0.022 86
8-132	门窗套基层 木龙骨五夹板 门套	$10m^2$	736.68	0.022 86	0.022 86	0.022 86	0.022 86
8-134	门窗套基层 细木工板 门套	$10m^2$	876.25	0.030 48	0.030 48	0.030 48	0.030 48
8-136	门窗套面层 装饰胶合板	$10m^2$	345.00	0.076 20	0.076 20	0.076 20	0.076 20
8-165	执手锁 单开	10把	1 009.03	0.029 86	0.029 86	0.029 86	0.029 86
8-166	执手锁 双开	10把	1 779.13	0.019 91	0.019 91	0.019 91	0.019 91
8-176	门吸	10个	93.60	0.069 67	0.069 67	0.069 67	0.069 67
名称		单位	单价（元）	消耗量			
人工	三类人工	工日	155.00	1.514 57	1.582 62	1.852 11	1.908 82
材料	杉板枋材	m^3	1 625.00	0.007 38	0.007 38	0.007 38	0.007 38
	围条硬木	m^3	3 017.00	0.002 46	0.002 46	0.002 46	0.002 46
	红榉夹板 δ3	m^2	24.36	2.021 70	2.153 55	2.021 70	2.153 55
	细木工板 δ18	m^2	27.07	2.253 84	2.253 84	1.286 94	1.286 94

工作内容:制作、安装门扇、门套,油漆及装配五金。 **计量单位:**m^2

定额编号				9-11	9-12
项目				实心防火板门	
				平面	凹凸
基价(元)				**494.47**	**576.85**
其中	人工费(元)			236.52	291.47
	材料费(元)			257.34	284.67
	机械费(元)			0.61	0.71
预算定额编号	项目名称	单位	单价(元)	消耗量	
14-5	单层木门 聚酯清漆磨退 五遍	$100m^2$	8 692.93	0.010 00	0.011 00
14-64	其他木材面 聚酯清漆磨退 五遍	$100m^2$	5 862.04	0.008 38	0.008 38
8-19	实心门 防火板门 平面	$100m^2$	23 567.69	0.008 79	—
8-130	门窗套基层 木龙骨 门套	$10m^2$	408.90	0.022 86	0.022 86
8-132	门窗套基层 木龙骨五夹板 门套	$10m^2$	736.68	0.022 86	0.022 86
8-134	门窗套基层 细木工板 门套	$10m^2$	876.25	0.030 48	0.030 48
8-136	门窗套面层 装饰胶合板	$10m^2$	345.00	0.076 20	0.076 20
8-165	执手锁 单开	10 把	1 009.03	0.029 86	0.029 86
8-166	执手锁 双开	10 把	1 779.13	0.019 91	0.019 91
8-176	门吸	10 个	93.60	0.069 67	0.069 67
8-20	实心门 防火板门 凹凸	$100m^2$	31 950.52	—	0.008 79
名称		单位	单价(元)	消耗量	
人工	三类人工	工日	155.00	1.525 91	1.880 46
材料	杉板枋材	m^3	1 625.00	0.007 38	0.007 38
	围条硬木	m^3	3 017.00	0.002 46	0.002 46
	胶合板 δ5	m^2	20.17	0.240 03	0.240 03
	胶合板 δ9	m^2	25.86	0.262 43	2.196 23
	细木工板 δ18	m^2	27.07	2.253 84	1.286 94

工作内容：制作、安装门扇、门套，油漆及装配五金。

计量单位：m^2

定额编号					9-13	9-14	9-15	9-16
项目					空心装饰夹板门			
					平面		凹凸	
					普通	拼花	普通	拼花
基价（元）					**490.97**	**507.42**	**855.11**	**875.95**
其中	人工费（元）				249.70	262.89	291.47	309.05
	材料费（元）				240.35	243.61	562.67	565.93
	机械费（元）				0.92	0.92	0.97	0.97
预算定额编号	项目名称		单位	单价(元)	消耗量			
14-5	单层木门 聚酯清漆磨退 五遍		$100m^2$	8 692.93	0.010 00	0.010 00	0.011 00	0.011 00
14-64	其他木材面 聚酯清漆磨退 五遍		$100m^2$	5 862.04	0.008 38	0.008 38	0.008 38	0.008 38
8-130	门窗套基层 木龙骨 门套		$10m^2$	408.90	0.022 86	0.022 86	0.022 86	0.022 86
8-132	门窗套基层 木龙骨五夹板 门套		$10m^2$	736.68	0.022 86	0.022 86	0.022 86	0.022 86
8-134	门窗套基层 细木工板 门套		$10m^2$	876.25	0.030 48	0.030 48	0.030 48	0.030 48
8-136	门窗套面层 装饰胶合板		$10m^2$	345.00	0.076 20	0.076 20	0.076 20	0.076 20
8-165	执手锁 单开		10 把	1 009.03	0.029 86	0.029 86	0.029 86	0.029 86
8-166	执手锁 双开		10 把	1 779.13	0.019 91	0.019 91	0.019 91	0.019 91
8-176	门吸		10 个	93.60	0.069 67	0.069 67	0.069 67	0.069 67
8-21	空心门 装饰夹板门 平面 普通		$100m^2$	23 169.50	0.008 79	—	—	—
8-22	空心门 装饰夹板门 平面 拼花		$100m^2$	25 040.47	—	0.008 79	—	—
8-23	空心门 装饰夹板门 凹凸 普通		$100m^2$	63 607.24	—	—	0.008 79	—
8-24	空心门 装饰夹板门 凹凸 拼花		$100m^2$	65 978.38	—	—	—	0.008 79
名称			单位	单价(元)	消耗量			
人工	三类人工		工日	155.00	1.610 97	1.696 03	1.880 46	1.993 89
材料	杉板枋材		m^3	1 625.00	0.007 38	0.007 38	0.007 38	0.007 38
	围条硬木		m^3	3 017.00	0.002 46	0.002 46	0.002 46	0.002 46
	胶合板 δ3		m^2	13.10	1.933 80	1.933 80	1.933 80	1.933 80
	胶合板 δ5		m^2	20.17	0.240 03	0.240 03	0.240 03	0.240 03
	胶合板 δ9		m^2	25.86	0.262 43	0.262 43	0.262 43	0.262 43
	门窗扇杉枋		m^3	1 810.00	0.012 89	0.012 89	0.014 44	0.014 44
	细木工板 δ18		m^2	27.07	0.320 04	0.320 04	0.320 04	0.320 04

工作内容:制作、安装门扇、门套,油漆及装配五金。 **计量单位**:m²

定额编号				9-17	9-18
项目				空心防火板门	
				平面	凹凸
基价(元)				**506.49**	**558.86**
其中	人工费(元)			249.70	295.87
	材料费(元)			255.87	262.03
	机械费(元)			0.92	0.97
预算定额编号	项目名称	单位	单价(元)	消耗量	
14-64	其他木材面 聚酯清漆磨退 五遍	100m²	5 862.04	0.008 38	0.008 38
8-130	门窗套基层 木龙骨 门套	10m²	408.90	0.022 86	0.022 86
8-132	门窗套基层 木龙骨五夹板 门套	10m²	736.68	0.022 86	0.022 86
8-134	门窗套基层 细木工板 门套	10m²	876.25	0.030 48	0.030 48
8-136	门窗套面层 装饰胶合板	10m²	345.00	0.076 20	0.076 20
8-25	空心门 防火板门 平面	100m²	24 934.71	0.008 79	—
8-26	空心门 防火板门 凹凸	100m²	29 904.11	—	0.008 79
14-5	单层木门 聚酯清漆磨退 五遍	100m²	8 692.93	0.010 00	0.011 00
8-165	执手锁单开	10 把	1 009.03	0.029 86	0.029 86
8-166	执手锁双开	10 把	1 779.13	0.019 91	0.019 91
8-176	门吸	10 个	93.60	0.069 67	0.069 67
	名称	单位	单价(元)	消耗量	
人工	三类人工	工日	155.00	1.610 97	1.908 82
材料	杉板枋材	m³	1 625.00	0.007 38	0.007 38
	围条硬木	m³	3 017.00	0.002 46	0.002 46
	胶合板 δ3	m²	13.10	1.933 80	1.933 80
	胶合板 δ5	m²	20.17	0.240 03	0.240 03
	胶合板 δ9	m²	25.86	0.262 43	0.262 43
	门窗扇杉枋	m³	1 810.00	0.012 89	0.014 44
	细木工板 δ18	m²	27.07	0.320 04	0.320 04

3. 成品木门、防火门

工作内容：安装门框、门扇及装配五金。　　　　　　　　　　**计量单位**：见表

定额编号				9-19	9-20	9-21	9-22	9-23	9-24
项目				成品木门	成品套装木门			成品纱门	成品移门
					单扇门	双扇门	子母门		
计量单位				m^2	樘			m^2	扇
基价（元）				**636.21**	**1 242.00**	**3 784.84**	**3 429.08**	**42.59**	**1 539.66**
其中	人工费（元）			47.13	78.97	124.08	136.90	8.11	72.40
	材料费（元）			589.08	1 163.03	3 660.76	3 292.18	34.48	1 467.26
	机械费（元）			—	—	—	—	—	—
预算定额编号	项目名称	单位	单价(元)	消耗量					
8-165	执手锁 单开	10 把	1 009.03	0.029 86	0.100 00	—	—	—	—
8-166	执手锁 双开	10 把	1 779.13	0.019 91	—	0.100 00	0.100 00	—	—
8-176	门吸	10 个	93.60	0.069 67	0.100 00	0.200 00	0.100 00	—	—
8-179	地锁	10 个	1 572.18	—	—	—	0.100 00	—	—
8-31	成品木门扇安装	$100m^2$	46 486.24	0.008 79	—	—	—	—	—
8-32	成品木门框安装	100m	6 942.74	0.022 40	—	—	—	—	0.040 50
8-33	成品套装木门安装 单扇门	10 樘	11 317.40	—	0.100 00	—	—	—	—
8-34	成品套装木门安装 双扇门	10 樘	35 882.07	—	—	0.100 00	—	—	—
8-35	成品套装木门安装 子母门	10 樘	30 845.84	—	—	—	0.100 00	—	—
8-36	成品纱门	$100m^2$	4 259.27	—	—	—	—	0.010 00	—
8-38	成品移门安装 吊装式	$100m^2$	1 154.11	—	—	—	—	—	0.500 00
8-39	成品移门安装 落地式	$100m^2$	1 362.84	—	—	—	—	—	0.500 00
	名称	单位	单价(元)	消耗量					
人工	三类人工	工日	155.00	0.304 03	0.509 50	0.800 50	0.883 20	0.052 34	0.467 06
材料	杉木砖	m^3	595.00	0.002 40	0.000 30	0.000 20	0.000 20	—	0.004 29
	成品纱门扇	m^2	34.48	—	—	—	—	1.000 00	—
	成品吊装式移门 0.8m×2m	扇	828.00	—	—	—	—	—	0.500 00
	成品落地式移门 0.8m×2m	扇	1 267.00	—	—	—	—	—	0.500 00
	单扇套装平开门 实木	樘	1 078.00	—	1.000 00	—	—	—	—
	双扇套装平开实木门	樘	3 500.00	—	—	1.000 00	—	—	—
	双扇套装子母对开实木门	樘	3 000.00	—	—	—	1.000 00	—	—
	装饰门扇	m^2	448.00	0.879 00	—	—	—	—	—

工作内容:防火门安装及装配五金。 **计量单位**:m^2

定额编号				9-25	9-26
项目				木质防火门	
				甲(乙)级	丙级
基价(元)				**526.90**	**455.92**
其中	人工费(元)			52.52	37.20
	材料费(元)			474.38	418.72
	机械费(元)			—	—
预算定额编号	项目名称	单位	单价(元)	消耗量	
8-165	执手锁 单开	10 把	1 009.03	0.005 89	—
8-166	执手锁 双开	10 把	1 779.13	0.023 56	—
8-167	弹子锁	10 把	578.04	—	0.064 60
8-186	闭门器 明装	10 个	975.39	0.042 42	—
8-187	闭门器 暗装	10 个	1 160.93	0.010 60	—
8-188	顺位器	10 个	287.58	0.023 56	—
8-37	木质防火门安装	$100m^2$	41 857.82	0.010 00	0.010 00
名称		单位	单价(元)	消耗量	
人工	三类人工	工日	155.00	0.338 84	0.240 01
材料	木质防火门	m^2	388.00	0.982 50	0.982 50

4.铝合金门

工作内容:安装门框、门扇及配件。 **计量单位**:m^2

定额编号				9-27	9-28	9-29	9-30	9-31
项目				隔热断桥铝合金门		普通铝合金门		
				推拉门	平开门	地弹门	百叶门	格栅门
基价(元)				**497.48**	**514.52**	**599.73**	**593.77**	**717.93**
其中	人工费(元)			19.78	22.20	37.80	23.40	22.50
	材料费(元)			477.70	492.32	561.93	570.37	695.43
	机械费(元)			—	—	—	—	—
预算定额编号	项目名称	单位	单价(元)	消耗量				
8-40	隔热断桥铝合金门安装 推拉	$100m^2$	49 748.08	0.010 00	—	—	—	—
8-41	隔热断桥铝合金门安装 平开	$100m^2$	51 452.86	—	0.010 00	—	—	—
8-42	普通铝合金门安装 地弹门	$100m^2$	59 973.39	—	—	0.010 00	—	—
8-43	普通铝合金门安装 百叶门	$100m^2$	59 377.28	—	—	—	0.010 00	—
8-44	普通铝合金门安装 格栅门	$100m^2$	71 793.22	—	—	—	—	0.010 00
名称		单位	单价(元)	消耗量				
人工	三类人工	工日	155.00	0.127 62	0.143 25	0.243 87	0.150 97	0.145 16
材料	铝合金百叶门	m^2	560.00	—	—	—	0.962 00	—
	铝合金断桥隔热平开门 2.0mm 厚 5+9A+5 中空玻璃	m^2	431.00	—	0.960 40	—	—	—
	铝合金断桥隔热推拉门 2.0mm 厚 5+9A+5 中空玻璃	m^2	431.00	0.969 80	—	—	—	—
	铝合金格栅门	m^2	690.00	—	—	—	—	0.962 00
	铝合金全玻地弹门 2.0mm 厚	m^2	560.00	—	—	0.966 80	—	—

5. 塑钢、彩钢板门

工作内容：安装门框、门扇及配件。　　　　**计量单位：**m^2

定额编号				9-32	9-33	9-34
项目				塑钢成品门		彩钢板门
				推拉门	平开门	
基价（元）				**348.48**	**460.30**	**420.28**
其中	人工费（元）			17.80	21.53	18.75
	材料费（元）			330.68	438.77	401.53
	机械费（元）			—	—	—
预算定额编号	项目名称	单位	单价(元)	消耗量		
8-45	塑钢成品门安装 推拉	$100m^2$	34 847.70	0.010 00	—	—
8-46	塑钢成品门安装 平开	$100m^2$	46 029.77	—	0.010 00	—
8-47	彩钢板门安装	$100m^2$	42 027.09	—	—	0.010 00
名称		单位	单价(元)	消耗量		
人工	三类人工	工日	155.00	0.114 82	0.138 91	0.120 94
材料	彩钢板门	m^2	414.00	—	—	0.945 60
	PVC 塑料平开门	m^2	371.00	—	0.960 40	—
	PVC 塑料推拉门	m^2	276.00	0.969 80	—	—

6. 钢质防火、防盗门

工作内容：安装门框、门扇及配件。　　　　**计量单位：**m^2

定额编号				9-35	9-36
项目				钢质防火门	钢质防盗门
基价（元）				**1 049.38**	**394.74**
其中	人工费（元）			34.10	31.67
	材料费（元）			1 015.28	362.81
	机械费（元）			—	0.26
预算定额编号	项目名称	单位	单价(元)	消耗量	
8-48	钢质防火门安装	$100m^2$	98 894.47	0.010 00	—
8-49	钢质防盗门安装	$100m^2$	39 474.54	—	0.010 00
8-186	闭门器 明装	10 个	975.39	0.042 40	—
8-187	闭门器 暗装	10 个	1 160.93	0.010 60	—
8-188	顺位器	10 个	287.58	0.023 56	—
名称		单位	单价(元)	消耗量	
人工	三类人工	工日	155.00	0.219 99	0.204 35
材料	钢质防盗门	m^2	362.00	—	0.978 10
	钢质防火门	m^2	976.00	0.982 50	—

7. 金属卷帘门

工作内容:门、电动装置及五金配件安装。 **计量单位**:见表

定额编号				9-37	9-38	9-39
项目				金属卷帘门	金属格栅门	电动装置
计量单位				m^2		套
基价(元)				**235.47**	**306.78**	**1 436.94**
其中	人工费(元)			57.49	42.50	84.94
	材料费(元)			176.96	263.40	1 352.00
	机械费(元)			1.02	0.88	—
预算定额编号	项目名称	单位	单价(元)	消耗量		
8-50	金属卷帘门 高 3m 以内	$100m^2$	21 861.25	0.005 00	—	—
8-51	金属卷帘门 高 3m 以上	$100m^2$	20 114.76	0.005 00	—	—
8-52	金属格栅门	$100m^2$	30 677.81	—	0.010 00	—
8-53	电动装置	套	1 436.94	—	—	1.000 00
8-54	活动小门	个	255.94	0.100 00	—	—
	名称	单位	单价(元)	消耗量		
人工	三类人工	工日	155.00	0.370 93	0.274 19	0.548 00
材料	金属格栅门	m^2	259.00	—	1.000 00	—
	金属卷帘门	m^2	129.00	1.200 00	—	—
	电动装置	套	1 352.00	—	—	1.000 00

8. 厂库房大门

工作内容:制作、安装门扇,油漆及装配五金铁件等。 **计量单位**:m^2

定额编号				9-40	9-41
项目				木板大门	
				平开门	推拉门
基价(元)				**230.43**	**274.62**
其中	人工费(元)			115.69	155.86
	材料费(元)			112.31	116.29
	机械费(元)			2.43	2.47
预算定额编号	项目名称	单位	单价(元)	消耗量	
14-1	单层木门 聚酯清漆 三遍	$100m^2$	4 417.16	0.011 00	0.011 00
8-55	木板大门 平开 门扇制作	$100m^2$	15 545.62	0.010 00	—
8-56	木板大门 平开 门扇安装	$100m^2$	2 639.03	0.010 00	—
8-57	木板大门 推拉 门扇制作	$100m^2$	16 769.04	—	0.010 00
8-58	木板大门 推拉 门扇安装	$100m^2$	5 834.67	—	0.010 00
	名称	单位	单价(元)	消耗量	
人工	三类人工	工日	155.00	0.746 41	1.005 58
材料	门窗规格料	m^3	2 026.00	0.047 51	0.048 70

注:五金铁件材料费另按预算定额相应项目计取。

工作内容:制作、安装门扇,铺防水卷材,油漆及装配五金铁件等。　　**计量单位**:m^2

定额编号				9-42	9-43	9-44	9-45
项目				钢木大门			
				一面板(一般型)		二面板(防风型)	
				平开门	推拉门	平开门	推拉门
基价(元)				**342.39**	**400.23**	**440.67**	**473.84**
其中	人工费(元)			132.22	186.30	156.03	182.98
	材料费(元)			208.08	211.97	280.91	287.38
	机械费(元)			2.09	1.96	3.73	3.48
预算定额编号	项目名称	单位	单价(元)	消耗量			
14-1	单层木门 聚酯清漆 三遍	$100m^2$	4 417.16	0.011 00	0.011 00	0.011 00	0.011 00
14-111	金属面 防锈漆 一遍	$100m^2$	722.73	0.011 83	0.013 46	0.013 85	0.015 34
14-112	金属面 醇酸漆 二遍	$100m^2$	1 486.52	0.011 83	0.013 46	0.013 85	0.015 34
8-59	平开钢木大门 一面板(一般型) 门扇制作	$100m^2$	23 766.41	0.010 00	—	—	—
8-60	平开钢木大门 一面板(一般型) 门扇安装	$100m^2$	2 999.72	0.010 00	—	—	—
8-61	平开钢木大门 二面板(防风型) 门扇制作	$100m^2$	32 554.86	—	—	0.010 00	—
8-62	平开钢木大门 二面板(防风型) 门扇安装	$100m^2$	3 592.90	—	—	0.010 00	—
8-63	推拉钢木大门 一面板(一般型) 门扇制作	$100m^2$	24 956.08	—	0.010 00	—	—
8-64	推拉钢木大门 一面板(一般型) 门扇安装	$100m^2$	7 234.32	—	0.010 00	—	—
8-65	推拉钢木大门 二面板(防风型) 门扇制作	$100m^2$	33 109.14	—	—	—	0.010 00
8-66	推拉钢木大门 二面板(防风型) 门扇安装	$100m^2$	6 026.56	—	—	—	0.010 00
	名称	单位	单价(元)	消耗量			
人工	三类人工	工日	155.00	0.853 03	1.201 93	1.006 62	1.180 50
材料	门窗规格料	m^3	2 026.00	0.029 70	0.031 32	0.042 83	0.045 78
	磨砂玻璃 δ5	m^2	47.84	—	0.133 49	—	0.131 02
	磨砂玻璃 δ3	m^2	51.72	0.133 49	—	0.131 02	—

注:五金铁件材料费另按预算定额相应项目计取。

工作内容:制作、拼装焊接,安装五金铁件及油漆。　　**计量单位**:m^2

定额编号				9-46	9-47	9-48
项目				全钢板大门		
				平开式	推拉式	折叠型
基价(元)				**366.86**	**536.93**	**332.03**
其中	人工费(元)			170.13	172.15	163.02
	材料费(元)			192.59	359.76	166.18
	机械费(元)			4.14	5.02	2.83
预算定额编号	项目名称	单位	单价(元)	消耗量		
14-103	钢门窗 防锈漆 一遍	$100m^2$	781.26	0.017 00	0.017 00	0.023 00
14-104	钢门窗 醇酸漆 二遍	$100m^2$	1 607.20	0.017 00	0.017 00	0.023 00
8-67	全钢板大门 平开式 门扇制作	$100m^2$	30 563.50	0.010 00	—	—
8-68	全钢板大门 平开式 门扇安装	$100m^2$	2 062.39	0.010 00	—	—
8-69	全钢板大门 推拉式 门扇制作	$100m^2$	47 216.96	—	0.010 00	—
8-70	全钢板大门 推拉式 门扇安装	$100m^2$	2 415.53	—	0.010 00	—
8-71	全钢板大门 折叠型 门扇制作	$100m^2$	26 212.20	—	—	0.010 00
8-72	全钢板大门 折叠型 门扇安装	$100m^2$	1 496.99	—	—	0.010 00
	名称	单位	单价(元)	消耗量		
人工	三类人工	工日	155.00	1.097 62	1.110 64	1.051 73
材料	钢丝弹簧 $L=95$	个	—	(0.080 00)	—	—
	平板玻璃 δ3	m^2	15.52	0.144 12	0.159 69	0.200 85

工作内容:制作、拼装焊接,安装五金铁件及油漆。 计量单位:m^2

定额编号				9-49	9-50
项目				金属网围墙钢大门	钢木折叠门
基价(元)				**439.98**	**294.22**
其中	人工费(元)			294.57	125.99
	材料费(元)			143.74	168.23
	机械费(元)			1.67	—
预算定额编号	项目名称	单位	单价(元)	消耗量	
14-1	单层木门 聚酯清漆 三遍	$100m^2$	4 417.16	—	0.011 00
14-103	钢门窗 防锈漆 一遍	$100m^2$	781.26	0.008 10	—
14-104	钢门窗 醇酸漆 二遍	$100m^2$	1 607.20	0.008 10	—
14-111	金属面 防锈漆 一遍	$100m^2$	722.73	—	0.009 48
14-112	金属面 醇酸漆 二遍	$100m^2$	1 486.52	—	0.009 48
8-73	围墙钢大门 钢管框金属网 门扇制作	$100m^2$	39 429.78	0.005 00	—
8-74	围墙钢大门 钢管框金属网 门扇安装	$100m^2$	1 736.47	0.005 00	—
8-75	围墙钢大门 角钢框金属网 门扇制作	$100m^2$	41 224.11	0.005 00	—
8-76	围墙钢大门 角钢框金属网 门扇安装	$100m^2$	1 736.47	0.005 00	—
8-77	钢木折叠门 门扇制作	$100m^2$	21 151.43	—	0.010 00
8-78	钢木折叠门 门扇安装	$100m^2$	1 317.66	—	0.010 00
	名称	单位	单价(元)	消耗量	
人工	三类人工	工日	155.00	1.900 45	0.812 84
材料	门窗规格料	m^3	2 026.00	—	0.024 83
	平板玻璃 δ3	m^2	15.52	—	0.200 85

9. 特 种 门

工作内容:安装门、五金配件,油漆。 计量单位:m^2

定额编号				9-51	9-52	9-53
项目				隔音门	保温门	冷藏库门
基价(元)				**491.44**	**531.34**	**669.51**
其中	人工费(元)			33.73	100.59	154.39
	材料费(元)			457.03	430.07	512.83
	机械费(元)			0.68	0.68	2.29
预算定额编号	项目名称	单位	单价(元)	消耗量		
14-111	金属面 防锈漆 一遍	$100m^2$	722.73	—	0.000 61	—
14-112	金属面 醇酸漆 二遍	$100m^2$	1 486.52	—	0.000 61	—
8-79	隔声门安装	$100m^2$	49 143.65	0.010 00	—	—
8-80	保温门安装	$100m^2$	52 998.21	—	0.010 00	—
8-81	冷藏库门安装	$100m^2$	66 950.49	—	—	0.010 00
	名称	单位	单价(元)	消耗量		
人工	三类人工	工日	155.00	0.217 59	0.648 94	0.996 06
材料	保温门	m^2	414.00	—	1.000 00	—
	隔声门	m^2	448.00	1.000 00	—	—
	冷藏库门	m^2	500.00	—	—	1.000 00

工作内容：安装门、五金配件，油漆。 计量单位：m²

定额编号				9-54	9-55	9-56
项目				冷藏间冻结门	变电室门	射线防护门
基价（元）				**177.94**	**451.26**	**2 254.89**
其中	人工费（元）			164.97	120.37	47.68
	材料费（元）			10.68	328.60	2 206.38
	机械费（元）			2.29	2.29	0.83
预算定额编号	项目名称	单位	单价(元)	消耗量		
14-111	金属面 防锈漆 一遍	100m²	722.73	—	0.000 72	0.001 31
14-112	金属面 醇酸漆 二遍	100m²	1 486.52	—	0.000 72	0.001 31
8-82	冷藏间冻结门安装	100m²	17 793.96	0.010 00	—	—
8-83	变电室门安装	100m²	44 966.56	—	0.010 00	—
8-84	射线防护门安装	100m²	225 198.97	—	—	0.010 00
名称		单位	单价(元)	消耗量		
人工	三类人工	工日	155.00	1.064 35	0.776 61	0.307 60
材料	冷藏间冻结门	m²	—	(1.000 00)	—	—
	变电室门	m²	310.00	—	1.000 00	—
	防射线门	m²	2 155.00	—	—	1.000 00

工作内容：安装门、五金配件。 计量单位：樘

定额编号				9-57	9-58	9-59	9-60
项目				单扇人防门			
				门洞宽度(mm 以内)			
				900	1 200	1 500	2 000
基价（元）				**7 652.51**	**11 568.58**	**12 808.87**	**19 204.33**
其中	人工费（元）			402.69	546.84	599.85	832.35
	材料费（元）			7 235.65	11 005.68	12 163.38	18 322.96
	机械费（元）			14.17	16.06	45.64	49.02
预算定额编号	项目名称	单位	单价(元)	消耗量			
8-85	单扇人防门 门洞宽度(mm) 900 以内	樘	7 652.51	1.000 00	—	—	—
8-86	单扇人防门 门洞宽度(mm) 1 200 以内	樘	11 568.58	—	1.000 00	—	—
8-87	单扇人防门 门洞宽度(mm) 1 500 以内	樘	12 808.87	—	—	1.000 00	—
8-88	单扇人防门 门洞宽度(mm) 2 000 以内	樘	19 204.33	—	—	—	1.000 00
名称		单位	单价(元)	消耗量			
人工	三类人工	工日	155.00	2.598 00	3.528 00	3.870 00	5.370 00
材料	钢结构活门槛单扇防护密闭门 GHFM0920(6)	樘	7 205.00	1.000 00	—	—	—
	钢结构活门槛单扇防护密闭门 GHFM1220(6)	樘	10 964.00	—	1.000 00	—	—
	钢结构活门槛单扇防护密闭门 GHFM1520(6)	樘	12 116.00	—	—	1.000 00	—

工作内容:安装门、五金配件。 **计量单位**:樘

定额编号				9-61	9-62	9-63	9-64
项目				双扇人防门			
				门洞宽度(mm)			
				3 000 以内	5 000 以内	6 000 以内	6 000 以上
基价(元)				**40 765.48**	**68 089.88**	**79 713.92**	**92 149.43**
其中	人工费(元)			1 317.81	2 229.68	2 881.61	3 169.44
	材料费(元)			39 385.05	65 784.40	76 750.33	88 889.77
	机械费(元)			62.62	75.80	81.98	90.22
预算定额编号	项目名称	单位	单价(元)	消耗量			
8-89	双扇人防门 门洞宽度(mm) 3 000 以内	樘	40 765.48	1.000 00	—	—	—
8-90	双扇人防门 门洞宽度(mm) 5 000 以内	樘	68 089.88	—	1.000 00	—	—
8-91	双扇人防门 门洞宽度(mm) 6 000 以内	樘	79 713.92	—	—	1.000 00	—
8-92	双扇人防门 门洞宽度(mm) 6 000 以上	樘	92 149.43	—	—	—	1.000 00
	名称	单位	单价(元)	消耗量			
人工	三类人工	工日	155.00	8.502 00	14.385 00	18.591 00	20.448 00
材料	钢结构活门槛双扇防护密闭门 GHSFM3025(6)	樘	39 267.00	1.000 00	—	—	—
	钢结构活门槛双扇防护密闭门 GHSFM5025(6)	樘	65 586.00	—	1.000 00	—	—
	钢结构活门槛双扇防护密闭门 GHSFM6025(6)	樘	76 506.00	—	—	1.000 00	—
	钢结构活门槛双扇防护密闭门 GHSFM7025(5)	樘	88 621.00	—	—	—	1.000 00

工作内容:安装观察窗、封堵板等。 **计量单位**:见表

定额编号				9-65	9-66	9-67
项目				密闭观察窗	连通口双向受力防护密闭封堵板	临空墙防护密闭封堵板
计量单位				樘	m^2	
基价(元)				**4 149.10**	**2 153.79**	**3 663.38**
其中	人工费(元)			483.60	232.50	291.09
	材料费(元)			3 665.50	1 921.24	3 372.24
	机械费(元)			—	0.05	0.05
预算定额编号	项目名称	单位	单价(元)	消耗量		
8-93	密闭观察窗	樘	4 149.10	1.000 00	—	—
8-94	连通口双向受力防护密闭封堵板	$100m^2$	215 378.95	—	0.010 00	—
8-95	临空墙防护密闭封堵板	$100m^2$	366 337.95	—	—	0.010 00
	名称	单位	单价(元)	消耗量		
人工	三类人工	工日	155.00	3.120 00	1.500 00	1.878 00
材料	连通口双向受力防护密闭封堵板 FMDB(6)板	m^2	1 921.00	—	1.000 00	—
	临空墙防护密闭封堵板 LFMDB(6)板	m^2	3 372.00	—	—	1.000 00
	密闭观察窗 MGC1 008	樘	3 615.00	1.000 00	—	—

10. 其 他 门

工作内容：安装地弹簧、门扇(玻璃)及五金配件。

计量单位：m^2

定额编号				9-68	9-69	9-70
项目				全玻璃门扇安装		固定玻璃安装
				有框门扇	无框门扇	
基价(元)				**262.88**	**233.91**	**143.40**
其中	人工费(元)			61.93	63.46	25.77
	材料费(元)			200.95	170.45	117.63
	机械费(元)			—	—	—
预算定额编号	项目名称	单位	单价(元)	消耗量		
8-96	全玻璃门扇安装 有框门扇	100m²	24 011.29	0.010 00	—	—
8-97	全玻璃门扇安装 无框门扇 条夹	100m²	20 511.29	—	0.005 00	—
8-98	全玻璃门扇安装 无框门扇 点夹	100m²	21 717.11	—	0.005 00	—
8-99	固定玻璃安装	100m²	14 339.66	—	—	0.010 00
8-168	管子拉手	10 把	409.47	0.055 60	0.055 60	—
	名称	单位	单价(元)	消耗量		
人工	三类人工	工日	155.00	0.399 54	0.409 40	0.166 23
材料	钢化玻璃 δ12	m²	94.83	—	—	1.239 00
	全玻无框(点夹)门扇	m²	121.00	—	0.500 00	—
	全玻无框(条夹)门扇	m²	112.00	—	0.500 00	—
	全玻有框门扇	m²	147.00	1.000 00	—	—

工作内容：安装轨道、门、电动装置等。

计量单位：见表

定额编号				9-71	9-72	9-73	9-74	9-75
项目				全玻转门	电子感应自动门传感装置	不锈钢伸缩门	伸缩门电动装置	电子对讲门
计量单位				樘	套	m	套	樘
基价(元)				**72 353.17**	**2 438.35**	**867.83**	**2 296.36**	**2 492.00**
其中	人工费(元)			1 571.08	261.95	45.25	141.36	186.00
	材料费(元)			70 782.09	2 175.13	822.58	2 155.00	2 306.00
	机械费(元)			—	1.27	—	—	—
预算定额编号	项目名称	单位	单价(元)	消耗量				
8-100	全玻转门安装	樘	72 353.17	1.000 00	—	—	—	—
8-101	电子感应自动门传感装置	套	2 438.35	—	1.000 00	—	—	—
8-102	不锈钢伸缩门安装	10m	8 678.22	—	—	0.100 00	—	—
8-103	伸缩门电动装置	套	2 296.36	—	—	—	1.000 00	—
8-104	电子对讲门	樘	2 492.00	—	—	—	—	1.000 00
	名称	单位	单价(元)	消耗量				
人工	三类人工	工日	155.00	10.136 00	1.690 00	0.291 90	0.912 00	1.200 00
材料	不锈钢伸缩门 含轨道	m	819.00	—	—	1.000 00	—	—
	全玻璃转门 含玻璃转轴全套	樘	70 700.00	1.000 00	—	—	—	—
	电子对讲门	樘	2 266.00	—	—	—	—	1.000 00
	不锈钢玻璃门传感装置	套	2 155.00	—	1.000 00	—	—	—
	伸缩门电动装置系统	套	2 155.00	—	—	—	1.000 00	—

二、窗

1.木　　窗

工作内容:制作、安装窗框、窗扇,油漆,装配小五金及玻璃。

计量单位:m²

定额编号				9-76	9-77	9-78	9-79	9-80
项目				平开窗	玻璃推拉窗	百叶窗	翻窗	半圆形玻璃窗
基价(元)				193.15	139.05	285.97	183.87	342.09
其中	人工费(元)			88.55	60.72	140.81	79.07	191.52
	材料费(元)			103.65	77.43	143.49	103.85	149.22
	机械费(元)			0.95	0.90	1.67	0.95	1.35
预算定额编号	项目名称	单位	单价(元)	消耗量				
8-105	平开窗	100m²	16 223.88	0.010 00	—	—	—	—
8-106	玻璃推拉窗	100m²	10 812.70	—	0.010 00	—	—	—
8-107	百叶窗	100m²	23 958.80	—	—	0.010 00	—	—
8-108	翻窗	100m²	15 295.33	—	—	—	0.010 00	—
8-109	半圆形玻璃窗	100m²	30 896.97	—	—	—	—	0.010 00
14-1	单层木门 聚酯清漆 三遍	100m²	4 417.16	0.007 00	0.007 00	0.010 50	0.007 00	0.007 50
	名称	单位	单价(元)	消耗量				
人工	三类人工	工日	155.00	0.571 32	0.391 77	0.908 43	0.510 15	1.235 65
材料	杉搭木	m³	2 155.00	0.000 75	0.000 75	0.000 75	0.000 56	0.001 50
	杉木砖	m³	595.00	0.002 32	0.002 32	0.002 32	0.001 62	0.004 60
	门窗扇杉枋	m³	1 810.00	0.018 87	—	—	0.017 51	0.032 50
	门窗杉板	m³	1 810.00	—	—	0.023 72	—	—
	平板玻璃 δ3	m²	15.52	0.740 00	—	—	0.799 00	0.952 00
	平板玻璃 δ5	m²	24.14	—	0.950 00	—	—	—

2.铝 合 金 窗

工作内容:安装框扇及配件。

计量单位:m²

定额编号				9-81	9-82	9-83	9-84
项目				隔热断桥铝合金			
				推拉窗	平开窗	内平开下悬窗	固定窗
基价(元)				509.23	532.00	532.53	537.79
其中	人工费(元)			18.14	22.61	25.14	15.06
	材料费(元)			491.09	509.39	507.39	522.73
	机械费(元)			—	—	—	—
预算定额编号	项目名称	单位	单价(元)	消耗量			
8-110	隔热断桥铝合金 推拉窗	100m²	50 923.01	0.010 00	—	—	—
8-111	隔热断桥铝合金 平开窗	100m²	53 199.52	—	0.010 00	—	—
8-112	隔热断桥铝合金 内平开下悬窗	100m²	53 252.84	—	—	0.010 00	—
8-113	隔热断桥铝合金 固定窗	100m²	53 779.22	—	—	—	0.010 00
	名称	单位	单价(元)	消耗量			
人工	三类人工	工日	155.00	0.117 01	0.145 84	0.162 18	0.097 16
材料	铝合金断桥隔热固定窗 1.4mm 厚 5+9A+5 中空玻璃	m²	431.00	—	—	—	0.925 40
	铝合金断桥隔热平开窗 1.4mm 厚 5+9A+5 中空玻璃	m²	431.00	—	0.945 90	—	—
	铝合金断桥隔热推拉窗 1.4mm 厚 5+9A+5 中空玻璃	m²	431.00	0.954 30	—	—	—
	铝合金断桥隔热下悬内平开窗 1.4mm 厚 5+9A+5 中空玻璃	m²	431.00	—	—	0.945 90	—

工作内容:安装框扇及配件。

计量单位:m²

定额编号					9-85	9-86
项目					普通铝合金百叶窗	铝合金窗纱扇
基价(元)					**506.00**	**142.25**
其中	人工费(元)				15.06	13.25
	材料费(元)				490.94	129.00
	机械费(元)				—	—
预算定额编号	项目名称		单位	单价(元)	消耗量	
8-114	普通铝合金 百叶窗安装		100m²	50 600.06	0.010 00	—
8-115	铝合金窗纱扇安装 推拉		100m²	11 572.24	—	0.005 00
8-116	铝合金窗纱扇安装 隐形纱扇		100m²	16 877.80	—	0.005 00
	名称		单位	单价(元)	消耗量	
人工	三类人工		工日	155.00	0.097 16	0.085 49
材料	铝合金百叶窗 1.0mm 厚		m²	397.00	0.925 40	—
	铝合金推拉纱窗扇		m²	103.00	—	0.500 00
	铝合金隐形纱窗扇		m²	155.00	—	0.500 00

3. 塑钢窗

工作内容:安装框扇及配件。

计量单位:m²

定额编号				9-87	9-88	9-89	9-90
项目				塑钢成品窗			塑钢窗纱扇
				推拉窗	平开窗	固定窗	推拉窗
基价(元)				**309.28**	**433.92**	**328.02**	**66.69**
其中	人工费(元)			17.65	21.90	16.20	12.60
	材料费(元)			291.63	412.02	311.82	54.09
	机械费(元)			—	—	—	—
预算定额编号	项目名称	单位	单价(元)	消耗量			
8-117	塑钢成品窗安装 推拉窗	100m²	30 927.97	0.010 00	—	—	—
8-118	塑钢成品窗安装 平开窗	100m²	43 391.83	—	0.010 00	—	—
8-119	塑钢成品窗安装 固定窗	100m²	32 801.79	—	—	0.010 00	—
8-120	塑钢窗纱扇安装 推拉窗	100m²	6 668.69	—	—	—	0.010 00
	名称	单位	单价(元)	消耗量			
人工	三类人工	工日	155.00	0.113 90	0.141 30	0.104 52	0.081 27
材料	PVC 塑料固定窗	m²	203.00	—	—	0.925 40	—
	PVC 塑料平开窗 5mm 浮法玻璃	m²	328.00	—	0.945 90	—	—
	PVC 塑料推拉窗 5mm 浮法玻璃	m²	224.00	0.945 30	—	—	—
	PVC 塑料推拉纱窗扇	m²	54.09	—	—	—	1.000 00

4. 彩钢板窗、防盗钢窗、防火窗

工作内容:安装框扇及配件,油漆。

计量单位:m²

定额编号				9-91	9-92	9-93
项目				防盗格栅窗	彩板钢窗	防火窗
基价(元)				**159.88**	**225.24**	**492.68**
其中	人工费(元)			33.58	29.38	19.64
	材料费(元)			126.17	195.86	473.04
	机械费(元)			0.13	—	—
预算定额编号	项目名称	单位	单价(元)	消耗量		
14-103	钢门窗 防锈漆 一遍	100m²	781.26	0.005 50	—	—
14-104	钢门窗 醇酸漆 二遍	100m²	1 607.20	0.005 50	—	—
14-111	金属面 防锈漆 一遍	100m²	722.73	0.000 20	—	—
14-112	金属面 醇酸漆 二遍	100m²	1 486.52	0.000 20	—	—
8-121	圆钢防盗格栅窗安装	100m²	8 783.60	0.005 00	—	—
8-122	不锈钢防盗格栅窗安装	100m²	20 475.07	0.005 00	—	—
8-123	彩板钢窗安装	100m²	22 524.30	—	0.010 00	—
8-124	防火窗	100m²	49 268.25	—	—	0.010 00
名称		单位	单价(元)	消耗量		
人工	三类人工	工日	155.00	0.216 62	0.189 54	0.126 70
材料	彩钢板窗	m²	194.00	—	0.948 00	—
	圆钢防盗格栅窗	m²	58.12	0.500 00	—	—
	不锈钢防盗格栅窗	m²	181.00	0.500 00	—	—
	防火窗 55 系列	m²	474.00	—	—	0.982 50

三、门钢架、门窗套等其他装饰

1.门 钢 架

工作内容：钢架制作、安装，基层板、面板安装，油漆。

计量单位：见表

定额编号				9-94	9-95	9-96	9-97
项目				钢架制作、安装	门钢架		
					木质饰面板	不锈钢饰面板	干挂石材饰面板
计量单位				t	m^2		
基价（元）				**7 169.53**	**162.54**	**249.59**	**263.28**
其中	人工费（元）			2 541.34	82.08	32.78	85.71
	材料费（元）			4 554.73	80.21	216.81	177.57
	机械费（元）			73.46	0.25	—	—
预算定额编号	项目名称	单位	单价(元)	消耗量			
14-64	其他木材面 聚酯清漆磨退 五遍	$100m^2$	5 862.04	—	0.010 70	—	—
14-111	金属面 防锈漆 一遍	$100m^2$	722.73	0.611 28	—	—	—
8-125	钢架制作、安装	t	6 727.74	1.000 00	—	—	—
8-126	基层 胶合板	$100m^2$	5 964.65	—	0.010 00	0.010 00	—
8-127	木质饰面板	$100m^2$	4 017.30	—	0.010 00	—	—
8-128	不锈钢饰面板	$100m^2$	18 994.28	—	—	0.010 00	—
8-129	石材饰面板 干挂	$100m^2$	26 328.18	—	—	—	0.010 00
名称		单位	单价(元)	消耗量			
人工	三类人工	工日	155.00	16.395 77	0.529 58	0.211 51	0.552 97
材料	杉木砖	m^3	595.00	0.013 00	—	—	—
	胶合板 δ18	m^2	32.76	—	1.100 00	1.100 00	—
	木质饰面板 δ3	m^2	12.41	—	1.100 00	—	—
	石材饰面板	m^2	159.00	—	—	—	1.020 00

2. 门 窗 套

工作内容:木龙骨制作、安装,基层板、面板安装,油漆。

计量单位:m^2

定额编号				9-98	9-99	9-100	9-101
项目				门套		窗套	
				装饰胶合板	不锈钢板	装饰胶合板	不锈钢板
基价(元)				**168.40**	**259.51**	**149.30**	**240.41**
其中	人工费(元)			96.34	45.59	88.57	37.81
	材料费(元)			71.62	213.87	60.31	202.56
	机械费(元)			0.44	0.05	0.42	0.04
预算定额编号	项目名称	单位	单价(元)	消耗量			
14-64	其他木材面 聚酯清漆磨退 五遍	$100m^2$	5 862.04	0.011 00	—	0.011 00	—
8-130	门窗套基层 木龙骨 门套	$10m^2$	408.90	0.030 00	0.030 00	—	—
8-131	门窗套基层 木龙骨 窗套	$10m^2$	376.24	—	—	0.030 00	0.030 00
8-132	门窗套基层 木龙骨五夹板 门套	$10m^2$	736.68	0.030 00	0.030 00	—	—
8-133	门窗套基层 木龙骨五夹板 窗套	$10m^2$	633.25	—	—	0.030 00	0.030 00
8-134	门窗套基层 细木工板 门套	$10m^2$	876.25	0.040 00	0.040 00	—	—
8-135	门窗套基层 细木工板 窗套	$10m^2$	500.65	—	—	0.040 00	0.040 00
8-136	门窗套 面层 装饰胶合板	$10m^2$	345.00	0.100 00	—	0.100 00	—
8-137	门窗套 面层 不锈钢板	$10m^2$	1 900.91	—	0.100 00	—	0.100 00
	名称	单位	单价(元)	消耗量			
人工	三类人工	工日	155.00	0.621 57	0.294 10	0.571 39	0.243 92
材料	杉板枋材	m^3	1 625.00	0.009 69	0.009 69	0.008 46	0.008 46
	胶合板 δ5	m^2	20.17	0.315 00	0.315 00	0.315 00	0.315 00
	胶合板 δ9	m^2	25.86	0.344 40	0.344 40	—	—
	细木工板 δ18	m^2	27.07	0.420 00	0.420 00	0.420 00	0.420 00

工作内容:木龙骨制作、安装,基层板、面板安装,油漆。

计量单位:见表

定额编号				9-102	9-103	9-104
项目				成品木质门套	成品木质窗套	石材门窗套
计量单位				m		m^2
基价(元)				**220.07**	**164.64**	**317.48**
其中	人工费(元)			11.40	9.51	68.56
	材料费(元)			208.67	155.13	248.88
	机械费(元)			—	—	0.04
预算定额编号	项目名称	单位	单价(元)	消耗量		
8-138	成品木质门套 门套断面展开宽(mm) 250 以内	10m	2 110.99	0.060 00	—	—
8-139	成品木质门套 门套断面展开宽(mm) 250 以上	10m	2 335.27	0.040 00	—	—
8-140	成品木质窗套 窗套断面展开宽(mm) 200 以内	10m	1 544.90	—	0.070 00	—
8-141	成品木质窗套 窗套断面展开宽(mm) 200 以上	10m	1 883.30	—	0.030 00	—
8-142	石材门窗套 干混砂浆挂贴	$10m^2$	3 254.25	—	—	0.040 00
8-143	石材门窗套 干混砂浆铺贴	$10m^2$	2 481.17	—	—	0.030 00
8-144	石材门窗套 黏合剂粘贴	$10m^2$	3 762.27	—	—	0.030 00
	名称	单位	单价(元)	消耗量		
人工	三类人工	工日	155.00	0.073 56	0.061 35	0.442 31
材料	成品木质窗套 展开宽度 200	m	136.00	—	0.735 00	—
	成品木质窗套 展开宽度 300	m	167.00	—	0.315 00	—
	成品木质门套 展开宽度 250	m	185.00	0.630 00	—	—
	成品木质门套 展开宽度 300	m	204.00	0.420 00	—	—

3.窗　台　板

工作内容：基层制作、安装，面板安装，油漆。　　　　**计量单位：**m^2

定额编号				9-105	9-106	9-107	9-108	9-109
项目				窗台板				
				装饰胶合板	铝塑板	不锈钢板	石材	成品木窗台板
基价（元）				**185.03**	**186.57**	**238.84**	**299.09**	**271.44**
其中	人工费（元）			93.71	46.21	44.21	55.75	18.63
	材料费（元）			87.58	140.36	194.63	243.34	252.44
	机械费（元）			3.74	—	—	—	0.37
预算定额编号	项目名称	单位	单价(元)	消耗量				
14-64	其他木材面 聚酯清漆磨退 五遍	$100m^2$	5 862.04	0.011 00	—	—	—	—
8-145	窗台板 木龙骨基层板	$10m^2$	820.55	0.100 00	0.100 00	0.100 00	—	—
8-146	窗台板 面层 装饰胶合板	$10m^2$	384.90	0.100 00	—	—	—	—
8-147	窗台板 面层 铝塑板	$10m^2$	1 045.08	—	0.100 00	—	—	—
8-148	窗台板 面层 不锈钢板	$10m^2$	1 567.82	—	—	0.100 00	—	—
8-149	窗台板 石材 黏合剂粘贴	$10m^2$	3 627.17	—	—	—	0.050 00	—
8-150	窗台板 石材 干混砂浆铺贴	$10m^2$	2 354.79	—	—	—	0.050 00	—
8-151	窗台板 成品木窗台板	$10m^2$	2 714.43	—	—	—	—	0.100 00
	名称	单位	单价(元)	消耗量				
人工	三类人工	工日	155.00	0.604 57	0.298 10	0.285 20	0.359 70	0.120 20
材料	杉木砖	m^3	595.00	0.000 10	0.000 10	0.000 10	—	—
	胶合板 δ18	m^2	32.76	1.120 00	1.120 00	1.120 00	—	—
	木质饰面板 δ3	m^2	12.41	1.100 00	—	—	—	—
	石材成品窗台板	m^2	164.00	—	—	—	1.010 00	—
	不锈钢饰面板 δ1.0	m^2	114.00	—	—	1.100 00	—	—
	铝塑板 2 440×1 220×4	m^2	64.66	—	1.100 00	—	—	—
	成品木窗台板	m^2	241.00	—	—	—	—	1.010 00

4.窗 帘 盒

工作内容:基层板制作、安装,面板安装,油漆。　　　　计量单位:m²

定额编号				9-110	9-111	9-112
项目				窗帘盒		
				装饰夹板	防火板	实木板
基价(元)				**247.10**	**196.76**	**297.04**
其中	人工费(元)			137.25	88.50	139.65
	材料费(元)			109.77	108.18	157.31
	机械费(元)			0.08	0.08	0.08
预算定额编号	项目名称	单位	单价(元)	消耗量		
14-64	其他木材面 聚酯清漆磨退 五遍	100m²	5 862.04	0.011 00	—	0.011 00
8-152	窗帘盒基层 细木工板基层 直形 吸顶式	10m²	759.97	0.010 00	0.010 00	0.010 00
8-153	窗帘盒基层 细木工板基层 直形 悬挂式	10m²	1 100.72	0.030 00	0.030 00	0.030 00
8-154	窗帘盒基层 木龙骨三夹板基层 直形 吸顶式	10m²	1 084.66	0.010 00	0.010 00	0.010 00
8-155	窗帘盒基层 木龙骨三夹板基层 直形 悬挂式	10m²	1 522.63	0.030 00	0.030 00	0.030 00
8-156	窗帘盒基层 木龙骨三夹板基层 弧形 吸顶式	10m²	1 399.42	0.010 00	0.010 00	0.010 00
8-157	窗帘盒基层 木龙骨三夹板基层 弧形 悬挂式	10m²	2 081.37	0.010 00	0.010 00	0.010 00
8-158	窗帘盒基层 装饰夹板	10m²	506.56	0.100 00	—	—
8-159	窗帘盒基层 防火板	10m²	648.05	—	0.100 00	—
8-160	窗帘盒基层 实木板	10m²	1 006.02	—	—	0.100 00
	名称	单位	单价(元)	消耗量		
人工	三类人工	工日	155.00	0.885 46	0.570 99	0.900 96
材料	杉板枋材	m³	1 625.00	0.021 83	0.021 83	0.021 83
	围条硬木	m³	3 017.00	0.001 80	0.001 80	—
	硬木板枋材(进口)	m³	3 276.00	—	—	0.024 20
	胶合板 δ3	m²	13.10	1.029 20	1.029 20	1.029 20
	细木工板 δ18	m²	27.07	0.424 00	0.424 00	0.424 00

5.窗 帘 轨

工作内容:安装窗帘轨及配件。　　　　计量单位:m

定额编号				9-113	9-114
项目				成品窗帘轨	
				单轨	双轨
基价(元)				**23.45**	**43.60**
其中	人工费(元)			4.77	6.24
	材料费(元)			18.68	37.36
	机械费(元)			—	—
预算定额编号	项目名称	单位	单价(元)	消耗量	
8-161	成品窗帘轨 暗装 单轨	10m	164.55	0.050 00	—
8-162	成品窗帘轨 暗装 双轨	10m	311.43	—	0.050 00
8-163	成品窗帘轨 明装 单轨	10m	304.33	0.050 00	—
8-164	成品窗帘轨 明装 双轨	10m	560.45	—	0.050 00
	名称	单位	单价(元)	消耗量	
人工	三类人工	工日	155.00	0.030 75	0.040 25
材料	成品窗帘杆	m	24.14	0.500 00	1.000 00
	铝合金窗帘轨 单轨成套	m	11.64	0.500 00	—
	铝合金窗帘轨 双轨成套	m	23.28	—	0.500 00

6. 木材面防火涂料

工作内容:木材面刷防火涂料。　　**计量单位:**m²

定额编号				9-115	9-116
项目				地板基层	
				木龙骨二遍	木龙骨带毛地板二遍
基价(元)				**9.52**	**16.58**
其中	人工费(元)			6.23	10.68
	材料费(元)			3.29	5.90
	机械费(元)			—	—
预算定额编号	项目名称	单位	单价(元)	消耗量	
14-87	地板基层防火涂料 木龙骨 二遍	100m²	952.72	0.010 00	—
14-89	地板基层防火涂料 木龙骨带毛地板 二遍	100m²	1 658.88	—	0.010 00
名称		单位	单价(元)	消耗量	
人工	三类人工	工日	155.00	0.040 22	0.068 93

工作内容:木材面刷防火涂料。　　**计量单位:**m²

定额编号				9-117	9-118	9-119
项目				其他板材面	墙、柱面木龙骨	天棚骨架
				二遍		
基价(元)				**7.06**	**9.76**	**14.86**
其中	人工费(元)			4.45	7.33	10.85
	材料费(元)			2.61	2.43	4.01
	机械费(元)			—	—	—
预算定额编号	项目名称	单位	单价(元)	消耗量		
14-91	其他板材面防火涂料 二遍	100m²	706.16	0.010 00	—	—
14-93	墙、柱面木龙骨防火涂料 二遍	100m²	975.77	—	0.010 00	—
14-95	天棚骨架防火涂料 圆木骨架 二遍	100m²	1 455.51	—	—	0.005 00
14-97	天棚骨架防火涂料 方木骨架 二遍	100m²	1 516.54	—	—	0.005 00
名称		单位	单价(元)	消耗量		
人工	三类人工	工日	155.00	0.028 71	0.047 26	0.069 99

第十章
构筑物工程

说　　明

一、本章定额包括烟囱、水塔、贮水(油)池、贮仓和地沟等项目。

二、烟囱、水塔、贮水(油)池、贮仓、地沟定额相应子目均已综合了土方、明排水、垫层、抹灰及依附于构筑物上的零星项目。除定额另有规定外,实际设计不同均不做调整。

三、本章定额涉及的混凝土、钢筋混凝土项目均已包括模板、钢筋和混凝土工程,模板按复合木模测算,编制概算时模板种类不同不做调整。

四、砖砌烟囱已包括筒身勾缝、圈过梁、压顶所需的工料,但避雷针、铁梯、爬梯、紧固圈、围栏以及其他铁件等,另按《浙江省房屋建筑与装饰工程预算定额》(2018 版)相应子目执行。

五、如设计规定烟囱及烟道采用合金内衬时,按设计规定调整。

六、水塔分基础、塔身及水箱。钢筋混凝土基础已包括基础底板、筒座及基础底板相接的梁。塔身分筒式、柱式,筒式塔身包括依附在筒身上的过梁、雨篷、挑檐。柱式塔身包括直柱、斜柱、梁。水箱包括拱顶、平台、回廊、槽底、槽壁。倒锥形水塔已包括塔身和水箱。

七、贮水(油)池分为圆形钢筋混凝土贮水(油)池和矩形钢筋混凝土贮水(油)池。各类池盖中的进水孔、透气管等均已包括在定额内。

八、现浇钢筋混凝土矩形贮仓定额已综合了粉刷。内衬、基础、支撑、承座柱及柱间联系梁,分别按相应定额计算。

九、钢筋混凝土地沟定额按壁厚 200mm、净深 800mm、净宽 800mm 测算。实际地沟深度、宽度与定额取定不同时,按每增减 100mm 定额计算。增减不足 100mm 时,按每增减 100mm 定额比例调整。

十、砖砌地沟定额按壁厚 240mm、净深 600mm、净宽 800mm 测算。实际地沟深度、宽度与定额取定不同时,按每增减 200mm 定额计算。增减不足 200mm 时,按每增减 200mm 定额比例调整。

十一、素混凝土地沟套用钢筋混凝土地沟相应定额,扣除钢筋用量;混凝土垫层替换为等量的碎石垫层,其余不变。

十二、地沟定额中盖板按铸铁盖板考虑,实际使用预制混凝土或其他材质时,定额基价应做调整。

工程量计算规则

一、烟囱分为钢筋混凝土烟囱、砖烟囱,包括基础、筒身、内衬、烟道。烟道与炉体的划分以第一道闸门为准,炉体内的烟道应并入炉体工程量计算。砖烟囱下的基础如为钢筋混凝土,而筒座部分为砖砌体时,则砖筒座并入筒身工程量内;如筒座部分为钢筋混凝土时,则并入基础工程量内计算。工程量均按设计实体积计算。

二、钢筋混凝土水塔分基础、塔身及水箱,均按设计实体积计算。钢筋混凝土倒锥形水塔以水塔吨位及高度按"座"计算,基础单独计算,套用相应定额。

三、贮水(油)池底板分为素混凝土、钢筋混凝土,贮水(油)池池壁分为矩形、圆形,贮水(油)池分无梁池盖、肋形池盖,工程量均按体积以"m^3"计算。肋形池盖的梁、板体积合并计算。无梁池盖柱的柱高自池底表面算至池盖的下表面,工程量包括柱墩、柱帽的体积。

四、贮仓分为圆形钢筋混凝土贮仓、矩形钢筋混凝土贮仓。圆形钢筋混凝土贮仓分底板、顶板、筒壁,均按设计实体积计算。矩形钢筋混凝土贮仓分立壁、料斗,按设计实体积计算。

五、地沟分钢筋混凝土地沟、砖砌地沟,按不同的截面尺寸,以"延长米"计算。

一、烟　　囱

工作内容：土方开挖、运输、回填；明排水；制作、安装及拆除模板；制作及绑扎钢筋；浇捣及养护混凝土。

计量单位：m^3

定额编号				10-1	10-2
项目				素混凝土基础	钢筋混凝土基础
基价（元）				**831.05**	**1 214.09**
其中	人工费（元）			297.69	406.60
	材料费（元）			519.99	788.45
	机械费（元）			13.37	19.04
预算定额编号	项目名称	单位	单价(元)	消耗量	
1-12	人力车运土方 运距(m)50 以内	$100m^3$	1 518.75	0.010 87	0.011 00
1-13	人力车运土方 运距(m)500 以内每增运 50	$100m^3$	290.00	0.032 61	0.033 00
1-8	挖地槽、地坑 深 3m 以内 三类土	$100m^3$	3 770.00	0.027 10	0.020 00
1-80	人工就地回填土 夯实	$100m^3$	1 222.95	0.024 94	0.029 00
1-8H	挖地槽、地坑 深 4.5m 以内 三类土	$100m^3$	8 671.00	0.008 70	0.020 00
1-96	湿土排水	$100m^3$	709.49	0.024 23	0.026 70
5-1	垫层	$10m^3$	4 503.40	0.008 70	0.010 00
5-107	地下室底板、满堂基础 有梁式 复合木模	$100m^2$	3 626.46	0.012 90	0.012 90
5-37	圆钢 HPB300 ≤ϕ18	t	4 637.53	—	0.020 00
5-39	螺纹钢筋 HRB400 以内 ≤ϕ18	t	4 467.54	—	0.046 00
5-4	满堂基础、地下室底板	$10m^3$	4 892.69	0.100 00	0.100 00
5-97	基础垫层	$100m^2$	3 801.89	0.001 20	0.001 38
名称		单位	单价(元)	消耗量	
人工	一类人工	工日	125.00	1.913 29	2.528 86
	二类人工	工日	135.00	0.433 46	0.670 72
材料	热轧带肋钢筋 HRB400 ϕ18	t	3 759.00	—	0.047 15
	热轧光圆钢筋 HPB300 ϕ18	t	3 981.00	—	0.020 50
	复合硅酸盐水泥 P·C 32.5R 综合	kg	0.32	0.098 70	0.100 10
	黄砂 净砂	t	92.23	0.000 24	0.000 24
	泵送防水商品混凝土 C30/P8 坍落度(12±3)cm	m^3	460.00	1.010 00	1.010 00
	钢支撑	kg	3.97	0.159 32	0.159 32
	水	m^3	4.27	0.177 37	0.191 99
	复合模板 综合	m^2	32.33	0.280 31	0.283 84
	木模板	m^3	1 445.00	0.001 25	0.001 31

工作内容:制作及绑扎钢筋;浇捣及养护混凝土;调、运砂浆,砌砖;内部灰缝刮平及填充隔热材料;勾缝等。

计量单位:m^3

定额编号				10-3	10-4	10-5
项目				烟囱筒身液压滑升钢模	耐火砖烟囱内衬	砖砌烟囱筒身60m 以内
基价(元)				**1 558.26**	**965.69**	**575.17**
其中	人工费(元)			466.89	238.68	266.92
	材料费(元)			1 058.19	727.01	305.50
	机械费(元)			33.18	—	2.75
预算定额编号	项目名称	单位	单价(元)	消耗量		
12-15	干混砂浆勾缝	$100m^2$	943.20	—	—	0.029 00
17-6	砖烟囱筒身全高(m)60 以内 烧结普通砖	$10m^3$	5 285.87	—	—	0.097 50
17-13	烟囱内衬 耐火砖	$10m^3$	9 656.89	—	0.100 00	—
17-53	滑升钢模钢筋混凝土烟囱 筒身高度(m)180 以内	$10m^3$	4 881.60	0.100 00	—	—
17-78	液压滑升钢模 烟囱筒身高度(m)180 以内	$10m^3$	6 046.62	0.100 00	—	—
5-10	圈梁、过梁、拱形梁	$10m^3$	5 331.36	—	—	0.002 50
5-141	弧形圈、过梁	$100m^2$	5 502.63	—	—	0.001 82
5-37	圆钢 HPB300 ≤ϕ18	t	4 637.53	0.031 00	—	0.001 00
5-39	螺纹钢筋 HRB400 以内 ≤ϕ18	t	4 467.54	0.072 00	—	0.001 00
	名称	单位	单价(元)	消耗量		
人工	二类人工	工日	135.00	3.458 42	1.768 00	1.779 39
	三类人工	工日	155.00	—	—	0.171 74
材料	热轧带肋钢筋 HRB400 ϕ18	t	3 759.00	0.073 80	—	0.001 03
	热轧光圆钢筋 HPB300 ϕ18	t	3 981.00	0.031 78	—	0.001 03
	复合硅酸盐水泥 P·C 32.5R 综合	kg	0.32	—	—	0.005 40
	非黏土烧结页岩实心砖 240×115×53	千块	310.00	—	—	0.571 35
	泵送商品混凝土 C20	m^3	431.00	1.015 00	—	—
	非泵送商品混凝土 C25	m^3	421.00	—	—	0.025 25
	黏土耐火砖 230×115×65	千块	1 192.00	—	0.575 00	—
	钢支撑	kg	3.97	16.000 00	—	—
	水	m^3	4.27	0.814 81	0.070 00	0.117 46
	钢滑模	kg	4.52	7.600 00	—	—
	木模板	m^3	1 445.00	0.005 90	—	0.001 46

工作内容：土方开挖、运输、回填，明排水，制作、安装及拆除模板，制作及绑扎钢筋，浇捣及养护混凝土，调、运砂浆，砌砖，内部灰缝刮平及填充隔热材料等。

计量单位：m^3

定额编号				10-6	10-7	10-8
项目				烟道		
				耐火砖砌筑	钢筋混凝土	耐火砖内衬
基价（元）				**1 339.59**	**2 293.23**	**902.11**
其中	人工费（元）			504.86	680.99	158.76
	材料费（元）			814.09	1 563.47	743.35
	机械费（元）			20.64	48.77	—
预算定额编号	项目名称	单位	单价（元）	消耗量		
1-12	人力车运土方 运距(m)50 以内	$100m^3$	1 518.75	0.016 70	0.016 70	—
1-13	人力车运土方 运距(m)500 以内每增运 50	$100m^3$	290.00	0.050 10	0.050 10	—
17-17	烟道 耐火砖	$10m^3$	9 020.71	0.100 00	—	—
17-20	烟道内衬 耐火砖	$10m^3$	9 021.14	—	—	0.100 00
17-40	池盖	$10m^3$	4 962.94	—	0.025 00	—
17-55	地沟 沟底	$10m^3$	4 621.27	—	0.002 50	—
17-56	地沟 沟壁	$10m^3$	4 846.00	—	0.005 00	—
17-123	沟底	$100m^2$	3 580.36	—	0.003 38	—
17-125	沟壁 复合木模	$100m^2$	3 126.32	—	0.044 50	—
1-80	人工就地回填土 夯实	$100m^3$	1 222.95	0.048 33	0.048 33	—
1-8	挖地槽、地坑 深 3m 以内 三类土	$100m^3$	3 770.00	0.060 00	0.060 00	—
1-96	湿土排水	$100m^3$	709.49	0.040 00	0.040 00	—
5-1	垫层	$10m^3$	4 503.40	0.016 70	0.016 70	—
5-147	拱形板 复合模板	$100m^2$	7 158.35	—	0.020 10	—
5-37	圆钢 HPB300 ≤ϕ18	t	4 637.53	—	0.093 00	—
5-39	螺纹钢筋 HRB400 以内 ≤ϕ18	t	4 467.54	—	0.217 00	—
5-97	基础垫层	$100m^2$	3 801.89	0.002 30	0.002 30	—
	名称	单位	单价（元）	消耗量		
人工	一类人工	工日	125.00	2.665 79	2.665 79	—
	二类人工	工日	135.00	1.271 15	2.576 12	1.176 00
材料	热轧带肋钢筋 HRB400 ϕ18	t	3 759.00	—	0.222 43	—
	热轧光圆钢筋 HPB300 ϕ18	t	3 981.00	—	0.095 33	—
	复合硅酸盐水泥 P·C 32.5R 综合	kg	0.32	0.016 10	0.322 54	—
	黄砂 净砂	t	92.23	0.000 04	0.000 84	—
	泵送商品混凝土 C20	m^3	431.00	—	0.329 50	—
	非泵送商品混凝土 C15	m^3	399.00	0.168 67	0.168 67	—
	黏土耐火砖 230×115×65	千块	1 192.00	0.591 00	—	0.591 00
	钢支撑	kg	3.97	—	2.242 15	—
	水	m^3	4.27	0.125 97	0.596 79	0.070 00
	复合模板 综合	m^2	32.33	0.040 54	1.550 19	—
	木模板	m^3	1 445.00	0.000 62	0.023 37	—

二、水　　塔

工作内容:土方开挖、运输、回填,明排水,制作、安装及拆除模板,制作及绑扎钢筋,浇捣及养护混凝土,抹灰等。

计量单位:m^3

定额编号				10-9	10-10	10-11
项目				钢筋混凝土基础	钢筋混凝土塔身	
					筒式	柱式
基价(元)				**2 288.07**	**1 760.08**	**2 599.79**
其中	人工费(元)			1 375.88	816.87	923.35
	材料费(元)			862.63	915.02	1 624.16
	机械费(元)			49.56	28.19	52.28
预算定额编号	项目名称	单位	单价(元)	消耗量		
1-12	人力车运土方 运距(m)50 以内	$100m^3$	1 518.75	0.012 00	—	—
1-13	人力车运土方 运距(m)500 以内每增运 50	$100m^3$	290.00	0.036 00	—	—
12-2	外墙 14+6	$100m^2$	3 216.87	—	0.123 42	—
12-20	干粉型界面剂	$100m^2$	509.14	—	0.123 42	0.115 56
12-21	柱(梁) 14+6	$100m^2$	3 134.91	—	—	0.115 56
17-34	塔身 筒式	$10m^3$	5 048.49	—	0.100 00	—
17-35	塔身 柱式	$10m^3$	5 196.97	—	—	0.100 00
17-80	水塔塔身 筒式	$100m^2$	4 624.51	—	0.124 10	—
17-81	水塔塔身 柱式	$100m^2$	7 295.63	—	—	0.115 30
1-8H	挖地槽、地坑 深 4.5m 以内 三类土	$100m^3$	8 671.00	0.125 70	—	—
1-80	人工就地回填土 夯实	$100m^3$	1 222.95	0.113 70	—	—
1-96	湿土排水	$100m^3$	709.49	0.083 80	—	—
5-1	垫层	$10m^3$	4 503.40	0.020 00	—	—
5-107	地下室底板、满堂基础 有梁式 复合木模	$100m^2$	3 626.46	0.012 90	—	—
5-37	圆钢 HPB300 ≤ϕ18	t	4 637.53	0.022 00	0.015 00	0.054 00
5-39	螺纹钢筋 HRB400 以内 ≤ϕ18	t	4 467.54	0.052 00	0.034 00	0.127 00
5-4	满堂基础、地下室底板	$10m^3$	4 892.69	0.100 00	—	—
5-97	基础垫层	$100m^2$	3 801.89	0.002 76	—	—
	名称	单位	单价(元)	消耗量		
人工	一类人工	工日	125.00	10.191 36	—	—
	二类人工	工日	135.00	0.756 04	3.737 27	4.721 26
	三类人工	工日	155.00	—	2.014 75	1.845 67
材料	热轧带肋钢筋 HRB400 ϕ18	t	3 759.00	0.053 30	0.034 85	0.130 18
	热轧光圆钢筋 HPB300 ϕ18	t	3 981.00	0.022 55	0.015 38	0.055 35
	复合硅酸盐水泥 P·C 32.5R 综合	kg	0.32	0.109 90	—	—
	黄砂 净砂	t	92.23	0.000 27	—	—
	泵送商品混凝土 C20	m^3	431.00	—	1.015 00	1.015 00
	泵送防水商品混凝土 C30/P8 坍落度(12±3)cm	m^3	460.00	1.010 00	—	—
	非泵送商品混凝土 C15	m^3	399.00	0.202 00	—	—
	钢支撑	kg	3.97	0.159 32	—	—
	水	m^3	4.27	0.232 64	1.471 93	1.376 35
	复合模板 综合	m^2	32.33	0.308 51	—	—
	木模板	m^3	1 445.00	0.001 68	0.075 70	0.216 07

工作内容:制作、安装及拆除模板,制作及绑扎钢筋,浇捣及养护混凝土,抹灰等。　　**计量单位:**m^3

定额编号				10-12
项目				钢筋混凝土水箱
基价(元)				**3 029.85**
其中	人工费(元)			1 446.93
	材料费(元)			1 535.38
	机械费(元)			47.54
预算定额编号	项目名称	单位	单价(元)	消耗量
12-2	外墙 14+6	$100m^2$	3 216.87	0.308 51
12-20	干粉型界面剂	$100m^2$	509.14	0.308 51
17-33	塔顶、槽底、水箱内外壁	$10m^3$	5 380.56	0.050 00
17-36	回廊及平台	$10m^3$	5 129.32	0.050 00
17-82	水塔回廊及平台	$100m^2$	7 780.52	0.046 30
17-85	水塔水箱 水箱壁 内壁	$100m^2$	8 341.21	0.035 50
17-86	水塔水箱 水箱壁 外壁	$100m^2$	7 781.73	0.029 95
5-37	圆钢 HPB300 ≤ϕ18	t	4 637.53	0.031 00
5-39	螺纹钢筋 HRB400 以内 ≤ϕ18	t	4 467.54	0.072 00
名称		单位	单价(元)	消耗量
人工	二类人工	工日	135.00	4.936 51
	三类人工	工日	155.00	5.036 88
材料	热轧带肋钢筋 HRB400 ϕ18	t	3 759.00	0.073 80
	热轧光圆钢筋 HPB300 ϕ18	t	3 981.00	0.031 78
	泵送商品混凝土 C20	m^3	431.00	0.507 50
	泵送防水商品混凝土 C20/P6	m^3	444.00	0.507 50
	水	m^3	4.27	2.637 01
	木模板	m^3	1 445.00	0.198 98

工作内容:锥形水塔,筒身滑升模板设备安装,拆除,场内外运输;制作、绑扎钢筋;浇捣及养护混凝土;水箱制作、提升等。

计量单位:座

定额编号				10-13	10-14
项目				倒锥形水塔(容积t以内)	
				300	500
				高度30m以内	
基价(元)				**187 961.71**	**245 591.48**
其中	人工费(元)			95 184.22	124 520.84
	材料费(元)			69 645.40	96 960.96
	机械费(元)			23 132.09	24 109.68
预算定额编号	项目名称	单位	单价(元)	消耗量	
17-37	倒锥形水塔	$10m^3$	5 236.41	3.709 00	5.816 00
17-89	倒锥形水塔 筒身液压滑升钢模 支筒滑升高度(m以内) 30	$10m^3$	14 246.67	3.893 00	3.893 00
17-91	倒锥形水塔 倒锥形水箱模板 容积(t) 300以内	$10m^3$	9 557.40	3.709 00	—
17-93	倒锥形水塔 倒锥形水箱模板 容积(t) 500以内	$10m^3$	10 120.65	—	5.816 00
17-96	倒锥形水箱提升 容积300t以内 提升高度(m) 30以内	座	51 918.71	1.000 00	—
17-99	倒锥形水箱提升 容积500t以内 提升高度(m) 30以内	座	65 337.55	—	1.000 00
5-37	圆钢 HPB300 ≤ϕ18	t	4 637.53	1.707 00	2.355 00
5-39	螺纹钢筋 HRB400以内 ≤ϕ18	t	4 467.54	3.983 00	5.496 00
	名称	单位	单价(元)	消耗量	
人工	二类人工	工日	135.00	705.068 10	922.376 30
材料	热轧带肋钢筋 HRB400 ϕ18	t	3 759.00	4.082 58	5.633 40
	热轧光圆钢筋 HPB300 ϕ18	t	3 981.00	1.749 68	2.413 88
	复合硅酸盐水泥 P·C 32.5R 综合	kg	0.32	583.950 00	583.950 00
	黄砂 净砂	t	92.23	1.596 13	1.596 13
	碎石 综合	t	102.00	2.530 45	2.530 45
	泵送商品混凝土 C20	m^3	431.00	37.646 35	59.032 40
	钢支撑	kg	3.97	993.708 34	1 101.432 28
	水	m^3	4.27	73.313 58	113.657 33
	钢滑模	kg	4.52	657.917 00	657.917 00
	木模板	m^3	1 445.00	8.665 27	12.585 03

三、钢筋混凝土贮水(油)池

工作内容:土方开挖、运输、回填,明排水,制作、安装及拆除模板,制作及绑扎钢筋,浇捣及养护混凝土,抹灰等。

计量单位:m^3

定额编号				10-15	10-16	10-17	10-18
项目				贮水(油)池池底		贮水(油)池池壁	
				素混凝土	钢筋混凝土	矩形	圆形
基价(元)				**1 484.10**	**2 280.39**	**2 040.11**	**2 102.56**
其中	人工费(元)			930.70	1 295.88	620.65	756.94
	材料费(元)			504.48	913.91	1 393.61	1 313.59
	机械费(元)			48.92	70.60	25.85	32.03
预算定额编号	项目名称	单位	单价(元)	消耗量			
1-12	人力车运土方 运距(m)50 以内	100m^3	1 518.75	0.065 00	0.106 70	—	—
1-13	人力车运土方 运距(m)500 以内每增运 50	100m^3	290.00	0.195 00	0.320 10	—	—
11-8	干混砂浆楼地面 混凝土或硬基层上 20mm 厚	100m^2	2 036.90	0.050 00	0.030 20	—	—
12-2	外墙 14 +6	100m^2	3 216.87	—	—	0.100 00	0.100 00
12-20	干粉型界面剂	100m^2	509.14	—	—	0.100 00	0.100 00
17-38	池底	10m^3	4 906.31	0.100 00	0.100 00	—	—
17-39	池壁	10m^3	4 956.38	—	—	0.100 00	0.100 00
17-101	池底 平底 复合木模	100m^2	5 877.21	0.003 40	0.002 90	—	—
17-104	池壁 矩形 复合木模	100m^2	3 746.98	—	—	0.100 50	—
17-105	池壁 圆形	100m^2	6 462.30	—	—	—	0.113 40
1-80	人工就地回填土 夯实	100m^3	1 222.95	0.080 60	0.093 10	—	—
1-8	挖地槽、地坑 深 3m 以内 三类土	100m^3	3 770.00	0.145 60	0.199 80	—	—
1-96	湿土排水	100m^3	709.49	0.097 10	0.133 20	—	—
5-1	垫层	10m^3	4 503.40	—	0.034 60	—	—
5-37	圆钢 HPB300 ≤ϕ18	t	4 637.53	—	0.021 00	0.053 00	0.033 00
5-39	螺纹钢筋 HRB400 以内 ≤ϕ18	t	4 467.54	—	0.050 00	0.123 00	0.078 00
5-97	基础垫层	100m^2	3 801.89	—	0.004 77	—	—
名称		单位	单价(元)	消耗量			
人工	一类人工	工日	125.00	6.593 38	9.218 00	—	—
	二类人工	工日	135.00	0.389 11	0.822 96	2.722 79	3.732 41
	三类人工	工日	155.00	0.348 35	0.210 40	1.632 70	1.632 70
材料	热轧带肋钢筋 HRB400 ϕ18	t	3 759.00	—	0.051 25	0.126 08	0.079 95
	热轧光圆钢筋 HPB300 ϕ18	t	3 981.00	—	0.021 53	0.054 33	0.033 83
	复合硅酸盐水泥 P·C 32.5R 综合	kg	0.32	0.139 40	0.152 50	—	—
	黄砂 净砂	t	92.23	0.000 37	0.000 40	—	—
	碎石 综合	t	102.00	0.000 60	0.000 51	—	—
	泵送商品混凝土 C20	m^3	431.00	1.010 00	1.010 00	1.015 00	1.015 00
	非泵送商品混凝土 C15	m^3	399.00	—	0.349 46	—	—
	钢支撑	kg	3.97	—	—	2.882 34	—
	水	m^3	4.27	1.700 00	1.775 60	1.475 31	1.465 96
	复合模板 综合	m^2	32.33	0.070 69	0.144 89	2.089 40	—
	木模板	m^3	1 445.00	0.004 44	0.005 08	0.000 50	0.202 19

工作内容:制作、安装及拆除模板,制作及绑扎钢筋,浇捣及养护混凝土,抹灰等。 **计量单位**:m^3

定额编号				10-19	10-20	10-21
项目				贮水(油)池		无梁池盖柱
				无梁池盖	肋形池盖	
基价(元)				**1 235.63**	**1 566.40**	**1 904.32**
其中	人工费(元)			357.27	491.31	725.97
	材料费(元)			863.63	1 054.85	1 146.49
	机械费(元)			14.73	20.24	31.86
预算定额编号	项目名称	单位	单价(元)	消耗量		
12-20	干粉型界面剂	$100m^2$	509.14	0.126 70	0.128 80	0.133 30
12-21	柱(梁) 14+6	$100m^2$	3 134.91	—	—	0.133 30
13-1	一般抹灰	$100m^2$	2 023.19	0.126 70	0.128 80	—
17-40	池盖	$10m^3$	4 962.94	0.100 00	0.100 00	—
17-41	无梁盖柱	$10m^3$	5 013.50	—	—	0.100 00
17-107	池盖 无梁盖 复合木模	$100m^2$	4 397.16	0.032 50	—	—
17-108	池盖 肋形盖	$100m^2$	5 251.03	—	0.071 10	—
17-110	无梁盖柱 复合木模	$100m^2$	6 476.85	—	—	0.087 90
5-37	圆钢 HPB300 ≤ϕ18	t	4 637.53	0.018 00	0.025 00	0.023 00
5-39	螺纹钢筋 HRB400 以内 ≤ϕ18	t	4 467.54	0.043 00	0.057 00	0.054 00
	名称	单位	单价(元)	消耗量		
人工	二类人工	工日	135.00	1.118 30	2.085 81	2.933 98
	三类人工	工日	155.00	1.330 98	1.353 04	2.128 27
材料	热轧带肋钢筋 HRB400 ϕ18	t	3 759.00	0.044 08	0.058 43	0.055 35
	热轧光圆钢筋 HPB300 ϕ18	t	3 981.00	0.018 45	0.025 63	0.023 58
	复合硅酸盐水泥 P·C 32.5R 综合	kg	0.32	0.065 00	—	—
	黄砂 净砂	t	92.23	0.000 13	—	—
	泵送商品混凝土 C20	m^3	431.00	1.015 00	1.015 00	1.015 00
	钢支撑	kg	3.97	1.765 40	—	5.534 18
	水	m^3	4.27	1.965 52	1.973 79	1.699 63
	复合模板 综合	m^2	32.33	0.649 74	—	1.343 82
	木模板	m^3	1 445.00	0.014 56	0.104 66	0.097 74

四、贮 仓

工作内容：制作、安装及拆除模板，钢筋制作、绑扎、焊接，混凝土浇捣、养护等全过程。 计量单位：m^3

定额编号				10-22	10-23	10-24
项目				圆形仓		
				底板	顶板	筒壁
基价（元）				**1 105.42**	**1 691.34**	**1 492.57**
其中	人工费（元）			110.96	323.88	443.61
	材料费（元）			985.07	1 347.10	990.71
	机械费（元）			9.39	20.36	58.25
预算定额编号	项目名称	单位	单价（元）	消耗量		
17-45	滑升钢模浇钢筋混凝土筒仓 内径(m) 10以内	$10m^3$	5 031.43	—	—	0.100 00
17-118	圆形仓 顶板	$100m^2$	6 742.85	—	0.073 50	—
17-120	筒仓液压滑升钢模 筒仓内径(m) 10以内	$10m^3$	6 143.67	—	—	0.100 00
5-17	拱板	$10m^3$	5 315.44	—	0.100 00	—
5-107	地下室底板、满堂基础 有梁式 复合木模	$100m^2$	3 626.46	0.012 90	—	—
5-37	圆钢 HPB300 ≤ϕ18	t	4 637.53	0.038 00	0.044 00	0.025 00
5-39	螺纹钢筋 HRB400 以内 ≤ϕ18	t	4 467.54	0.088 00	0.103 00	0.058 00
5-4	满堂基础、地下室底板	$10m^3$	4 892.69	0.100 00	—	—
	名称	单位	单价（元）	消耗量		
人工	二类人工	工日	135.00	0.821 93	2.399 13	3.285 98
材料	热轧带肋钢筋 HRB400 ϕ18	t	3 759.00	0.090 20	0.105 58	0.059 45
	热轧光圆钢筋 HPB300 ϕ18	t	3 981.00	0.038 95	0.045 10	0.025 63
	热轧光圆钢筋 综合	kg	3.97	—	0.708 54	—
	型钢 综合	kg	3.84	—	0.620 34	—
	复合硅酸盐水泥 P·C 32.5R 综合	kg	0.32	0.090 30	—	—
	黄砂 净砂	t	92.23	0.000 22	—	—
	泵送商品混凝土 C20	m^3	431.00	—	—	1.015 00
	泵送商品混凝土 C30	m^3	461.00	—	1.010 00	—
	泵送防水商品混凝土 C30/P8 坍落度(12±3)cm	m^3	460.00	1.010 00	—	—
	钢支撑	kg	3.97	0.159 32	—	16.000 00
	水	m^3	4.27	0.161 12	0.186 34	1.471 94
	复合模板 综合	m^2	32.33	0.259 16	—	—
	钢滑模	kg	4.52	—	—	21.000 00
	木模板	m^3	1 445.00	0.000 93	0.186 10	0.014 00

工作内容:制作、安装及拆除模板,钢筋制作、绑扎、焊接,混凝土浇捣、养护等全过程。 **计量单位:**m^3

定额编号				10-25	10-26
项目				矩形仓	
				立壁	料斗
基价(元)				**2 214.16**	**2 197.90**
其中	人工费(元)			746.67	770.58
	材料费(元)			1 426.23	1 388.29
	机械费(元)			41.26	39.03
预算定额编号	项目名称	单位	单价(元)	消耗量	
12-2	外墙 14+6	$100m^2$	3 216.87	0.150 00	0.150 00
12-20	干粉型界面剂	$100m^2$	509.14	0.150 00	0.150 00
17-43	贮仓壁	$10m^3$	5 124.86	0.100 00	0.100 00
17-114	矩形仓 立壁 复合木模	$100m^2$	4 115.27	0.083 35	—
17-115	矩形仓 斜壁(漏斗)	$100m^2$	4 604.95	—	0.091 55
5-37	圆钢 HPB300 ≤ϕ18	t	4 637.53	0.053 00	0.047 00
5-39	螺纹钢筋 HRB400 以内 ≤ϕ18	t	4 467.54	0.124 00	0.109 00
	名称	单位	单价(元)	消耗量	
人工	二类人工	工日	135.00	2.720 04	2.897 19
	三类人工	工日	155.00	2.449 05	2.449 05
材料	热轧带肋钢筋 HRB400 ϕ18	t	3 759.00	0.127 10	0.111 73
	热轧光圆钢筋 HPB300 ϕ18	t	3 981.00	0.054 33	0.048 18
	泵送商品混凝土 C20	m^3	431.00	1.010 00	1.010 00
	钢支撑	kg	3.97	3.247 60	—
	水	m^3	4.27	1.595 45	1.592 43
	复合模板 综合	m^2	32.33	1.266 85	—
	木模板	m^3	1 445.00	0.001 83	0.092 42

五、地　　沟

1. 钢筋混凝土地沟

工作内容：土方开挖、运输、回填，制作、安装及拆除模板，制作、绑扎钢筋，预埋铁件，搅拌、浇捣及养护混凝土，抹灰，盖板等全过程。

计量单位：m

定额编号				10-27	10-28	10-29
项目				钢筋混凝土地沟带盖板(mm)		
				800×800	宽每增减100	深每增减100
基价（元）				**1 590.74**	**124.23**	**55.46**
其中	人工费（元）			314.43	12.55	27.31
	材料费（元）			1 268.00	111.15	27.60
	机械费（元）			8.31	0.53	0.55
预算定额编号	项目名称	单位	单价(元)	消耗量		
1-12	人力车运土方 运距(m)50以内	$100m^3$	1 518.75	0.010 69	0.000 16	0.000 80
1-13	人力车运土方 运距(m)500以内每增运50	$100m^3$	290.00	0.032 07	0.000 48	0.002 40
12-26	零星抹灰 14+6	$100m^2$	4 312.17	0.026 74	0.001 00	0.004 00
17-55	地沟 沟底	$10m^3$	4 621.27	0.024 00	0.002 00	—
17-56	地沟 沟壁	$10m^3$	4 846.00	0.032 00	—	0.003 50
17-123	沟底	$100m^2$	3 580.36	0.003 24	0.000 27	—
17-125	沟壁 复合木模	$100m^2$	3 126.32	0.028 48	—	0.003 10
17-191	铸铁盖板 地沟厚(mm) 20以内	m^2	931.66	0.800 00	0.080 00	—
1-8	挖地槽、地坑 深3m以内 三类土	$100m^3$	3 770.00	0.021 17	0.000 80	0.001 20
1-80	人工就地回填土 夯实	$100m^3$	1 222.95	0.010 48	0.000 64	0.000 40
5-1	垫层	$10m^3$	4 503.40	0.008 00	0.000 80	—
5-37	圆钢 HPB300 ≤ϕ18	t	4 637.53	0.024 00	0.001 00	0.001 00
5-39	螺纹钢筋 HRB400以内 ≤ϕ18	t	4 467.54	0.021 00	0.005 00	—
5-97	基础垫层	$100m^2$	3 801.89	0.001 10	0.000 11	—
	名称	单位	单价(元)	消耗量		
人工	一类人工	工日	125.00	0.941 08	0.033 35	0.055 23
	二类人工	工日	135.00	0.815 06	0.038 49	0.055 01
	三类人工	工日	155.00	0.559 75	0.020 93	0.083 73
材料	热轧带肋钢筋 HRB400 ϕ18	t	3 759.00	0.021 53	0.005 13	—
	热轧光圆钢筋 HPB300 ϕ18	t	3 981.00	0.024 60	0.001 03	0.001 03
	复合硅酸盐水泥 P·C 32.5R 综合	kg	0.32	0.007 70	0.000 70	—
	泵送商品混凝土 C20	m^3	431.00	0.565 60	0.020 20	0.035 35
	非泵送商品混凝土 C15	m^3	399.00	0.080 80	0.008 08	—
	钢支撑	kg	3.97	0.817 95	—	0.088 97
	水	m^3	4.27	0.615 19	0.021 81	0.041 80
	复合模板 综合	m^2	32.33	0.591 95	0.001 76	0.062 28
	木模板	m^3	1 445.00	0.004 80	0.000 29	0.000 18

2.砖砌地沟

工作内容:土方开挖、运输、回填,制作、安装及拆除模板,制作、绑扎钢筋,预埋铁件,搅拌、浇捣及养护混凝土,调、运砂浆,砌砖,抹灰,盖板等全过程。

计量单位:m

定额编号				10-30	10-31	10-32
项目				砖砌地沟带盖板(mm)		
				800×600	宽每增减200	深每增减200
基价(元)				**1 494.85**	**236.60**	**148.20**
其中	人工费(元)			381.28	32.08	107.95
	材料费(元)			1 107.89	203.73	39.30
	机械费(元)			5.68	0.79	0.95
预算定额编号	项目名称	单位	单价(元)	消耗量		
1-12	人力车运土方 运距(m)50 以内	$100m^3$	1 518.75	0.011 84	0.001 80	0.002 56
1-13	人力车运土方 运距(m)500 以内每增运 50	$100m^3$	290.00	0.035 52	0.005 40	0.007 68
12-26	零星抹灰 14+6	$100m^2$	4 312.17	0.032 00	0.002 00	0.008 00
17-191	铸铁盖板 地沟厚(mm) 20 以内	m^2	931.66	0.800 00	0.160 00	—
1-80	人工就地回填土 夯实	$100m^3$	1 222.95	0.018 76	0.001 20	0.011 06
1-8	挖地槽、地坑 深 3m 以内 三类土	$100m^3$	3 770.00	0.030 60	0.003 00	0.013 62
4-35	非黏土烧结实心砖 地沟	$10m^3$	4 449.14	0.024 00	—	0.009 60
5-1	垫层	$10m^3$	4 503.40	0.028 80	0.004 00	—
5-182	小型构件 复合模板	$100m^2$	5 319.46	0.012 12	—	—
5-28	小型构件	$10m^3$	6 566.37	0.004 80	—	—
5-37	圆钢 HPB300 ≤ϕ18	t	4 637.53	0.021 00	0.009 00	—
5-97	基础垫层	$100m^2$	3 801.89	0.003 97	0.000 55	—
	名称	单位	单价(元)	消耗量		
人工	一类人工	工日	125.00	1.324 97	0.136 13	0.563 75
	二类人工	工日	135.00	0.828 38	0.064 50	0.085 63
	三类人工	工日	155.00	0.669 86	0.041 87	0.167 46
材料	热轧光圆钢筋 HPB300 ϕ18	t	3 981.00	0.021 53	0.009 23	—
	复合硅酸盐水泥 P·C 32.5R 综合	kg	0.32	0.028 00	0.004 20	—
	非黏土烧结实心砖 240×115×53	千块	426.00	0.128 16	—	0.051 26
	泵送商品混凝土 C30	m^3	461.00	0.048 48	—	—
	非泵送商品混凝土 C15	m^3	399.00	0.290 88	0.040 40	—
	水	m^3	4.27	0.248 89	0.018 67	0.016 88
	复合模板 综合	m^2	32.33	0.441 11	0.010 58	—
	木模板	m^3	1 445.00	0.008 90	0.000 16	—

第十一章

附属工程及零星项目

说　　明

一、本章定额包括围墙，墙脚护坡、挡土墙，排水管道铺设，窨井、检查井，明沟、斜坡、台阶，化粪池，消防水泵井，汽车洗车台、修理坑等附属工程。

二、本章定额适用于一般工业与民用建筑的厂区、小区及房屋附属工程，超出本定额范围的项目套用《浙江省市政工程概算定额》(2018 版)相应子目。

三、本章定额未单独设置围墙大门项目，发生时套用本定额第九章“门窗工程”相应子目。

四、砖砌窨井按浙江省建筑标准设计图集《砖砌化粪池》2004 浙 S1、《钢筋混凝土化粪池》2004 浙 S2 标准图集编制，如设计采用的标准图不同，可参照不同容积套用相应定额。

五、化粪池按浙江省建筑标准设计图集《砖砌化粪池》2004 浙 S1、《钢筋混凝土化粪池》2004 浙 S2 标准图集编制，如设计采用的标准图不同，可参照不同容积套用相应定额。

六、成品塑料池安装定额仅包括土方开挖、回填及安装费，主材费需另计。

七、本章定额所列排水管道、窨井定额仅适用于化粪池配套设施，排水管道铺设定额未包含主材费，需另计。

八、本章定额涉及的土方运距按场内 200m 考虑，如发生外运时按本定额第一章“土方工程”计算。

工程量计算规则

一、砖砌大门柱墩高度自设计室外地面到顶面,按砌体体积以“m^3”计算;围墙按“延长米”计算。

二、排水管道铺设包括挖土和垫层,工程量按图示尺寸以“延长米”计算,不扣除窨井部分所占的长度。

三、窨井和化粪池包括挖土、垫层,按“个”或“座”计算。

四、成品塑料池按不同容积(单个池体积)按“座”计算。

一、围 墙

1. 砖砌大门柱墩

工作内容：挖、填、运土，混凝土垫层，砌砖柱、砖柱饰面。 计量单位：m^3

定额编号				11-1	11-2	11-3	11-4
项目				抹灰、涂料面层		块料面层	
				水泥砂浆面	仿石涂料面	面砖面	石材面
基价（元）				**1 145.91**	**1 712.25**	**1 690.60**	**2 943.89**
其中	人工费（元）			528.82	670.94	926.79	1 055.18
	材料费（元）			604.44	1 028.66	751.08	1 873.82
	机械费（元）			12.65	12.65	12.73	14.89
预算定额编号	项目名称	单位	单价(元)	消耗量			
1-12	人力车运土方 运距(m)50 以内	$100m^3$	1 518.75	0.004 30	0.004 30	0.004 30	0.004 30
1-13	人力车运土方 运距(m)500 以内每增运 50	$100m^3$	290.00	0.012 90	0.012 90	0.012 90	0.012 90
12-21	柱(梁) 14 +6	$100m^2$	3 134.91	0.066 00	0.066 00	—	—
12-22	打底找平 15mm 厚	$100m^2$	1 876.43	—	—	0.078 00	0.078 00
12-26	零星抹灰 14 +6	$100m^2$	4 312.17	0.012 00	0.012 00	—	—
12-69	方柱 挂贴	$100m^2$	24 490.75	—	—	—	0.078 00
12-81	外墙面砖(干混砂浆) 周长(mm) 300 以内	$100m^2$	8 422.89	—	—	0.078 00	—
14-148	外墙涂料 仿石型涂料	$100m^2$	7 260.73	—	0.078 00	—	—
1-80	人工就地回填土 夯实	$100m^3$	1 222.95	0.002 90	0.002 90	0.002 90	0.002 90
1-8	挖地槽、地坑 深 3m 以内 三类土	$100m^3$	3 770.00	0.007 20	0.007 20	0.007 20	0.007 20
18-46	砖柱脚手架	每 10m 高	390.23	0.220 00	0.220 00	0.220 00	0.220 00
4-10	混凝土实心砖 方柱	$10m^3$	5 001.95	0.128 00	0.128 00	0.128 00	0.128 00
5-1	垫层	$10m^3$	4 503.40	0.025 00	0.025 00	0.025 00	0.025 00
5-97	基础垫层	$100m^2$	3 801.89	0.002 00	0.002 00	0.002 00	0.002 00
	名称	单位	单价(元)	消耗量			
人工	一类人工	工日	125.00	0.326 53	0.326 53	0.326 53	0.326 53
	二类人工	工日	135.00	2.301 90	2.301 90	2.301 90	2.301 90
	三类人工	工日	155.00	1.143 58	2.060 47	3.711 16	4.539 44
材料	复合硅酸盐水泥 P·C 32.5R 综合	kg	0.32	0.014 00	0.014 00	0.014 00	0.014 00
	白色硅酸盐水泥 425# 二级白度	kg	0.59	—	—	1.606 80	1.205 10
	混凝土实心砖 240×115×53 MU10	千块	388.00	0.698 88	0.698 88	0.698 88	0.698 88
	非泵送商品混凝土 C15	m^3	399.00	0.252 50	0.252 50	0.252 50	0.252 50
	水	m^3	4.27	0.173 17	0.173 17	0.243 37	0.290 64
	复合模板 综合	m^2	32.33	0.035 25	0.035 25	0.035 25	0.035 25
	木模板	m^3	1 445.00	0.000 54	0.000 54	0.000 54	0.000 54

2. 围　　墙

工作内容:挖、运、回填土,垫层、砖基础;砖砌围墙,抹灰,饰面。　　**计量单位**:m

定额编号				11-5	11-6	11-7	11-8
项目				砖砌围墙 2.2m 高			
				水泥砂浆面	涂料面	面砖面	石材面
基价(元)				**606.24**	**921.57**	**954.06**	**1 671.63**
其中	人工费(元)			288.46	315.85	534.30	531.06
	材料费(元)			314.03	602.37	416.01	1 136.85
	机械费(元)			3.75	3.35	3.75	3.72
预算定额编号	项目名称	单位	单价(元)	消耗量			
1-12	人力车运土方 运距(m)50 以内	$100m^3$	1 518.75	0.005 00	0.005 00	0.005 00	0.005 00
1-13	人力车运土方 运距(m)500 以内每增运 50	$100m^3$	290.00	0.015 00	0.015 00	0.015 00	0.015 00
12-2	外墙 14+6	$100m^2$	3 216.87	0.046 40	—	—	—
12-16	打底找平 15mm 厚	$100m^2$	1 741.42	—	0.056 40	0.056 40	0.056 40
12-26	零星抹灰 14+6	$100m^2$	4 312.17	0.010 00	—	—	—
12-39	石材 粘贴 干混砂浆	$100m^2$	20 559.68	—	—	—	0.056 40
12-53	外墙面砖(干混砂浆) 周长(mm) 300 以内	$100m^2$	7 836.46	—	—	0.056 40	—
14-148	外墙涂料 仿石型涂料	$100m^2$	7 260.73	—	0.056 40	—	—
1-8	挖地槽、地坑 深 3m 以内 三类土	$100m^3$	3 770.00	0.008 60	0.008 60	0.008 60	0.008 60
1-80	人工就地回填土 夯实	$100m^3$	1 222.95	0.003 60	0.003 60	0.003 60	0.003 60
18-44	内墙脚手架 高度(m) 3.6 以内	$100m^2$	202.35	0.023 00	0.023 00	0.023 00	0.023 00
4-1	混凝土实心砖基础 墙厚 1 砖	$10m^3$	4 078.04	0.017 00	0.017 00	0.017 00	0.017 00
4-6	混凝土实心砖 墙厚 1 砖	$10m^3$	4 464.06	0.055 20	0.055 20	0.055 20	0.055 20
4-87	碎石垫层 干铺	$10m^3$	2 352.17	0.019 00	0.019 00	0.019 00	0.019 00
	名称	单位	单价(元)	消耗量			
人工	一类人工	工日	125.00	0.388 69	0.388 69	0.388 69	0.388 69
	二类人工	工日	135.00	0.796 96	0.796 96	0.796 96	0.796 96
	三类人工	工日	155.00	0.853 45	1.030 15	2.439 47	2.418 60
材料	白色硅酸盐水泥 425# 二级白度	kg	0.59	—	—	1.161 84	0.871 38
	碎石 综合	t	102.00	0.343 52	0.343 52	0.343 52	0.343 52
	混凝土实心砖 240×115×53 MU10	千块	388.00	0.383 59	0.383 59	0.383 59	0.383 59
	水	m^3	4.27	0.045 90	0.050 08	0.100 84	0.103 04

工作内容：挖、运、回填土，垫层、砖基础；砖砌围墙，抹灰，饰面，栏杆制作、安装。

计量单位：m

定额编号				11-9	11-10	11-11	11-12
项目				铸铁花式围墙			
				水泥砂浆面	涂料面	面砖贴面	石材贴面
基价（元）				**766.11**	**976.69**	**1 098.46**	**1 610.50**
其中	人工费（元）			281.81	263.24	475.49	460.44
	材料费（元）			481.83	711.30	620.54	1 147.61
	机械费（元）			2.47	2.15	2.43	2.45
预算定额编号	项目名称	单位	单价（元）	消耗量			
1-12	人力车运土方 运距(m)50以内	100m³	1 518.75	0.005 30	0.005 30	0.005 30	0.005 30
1-13	人力车运土方 运距(m)500以内每增运50	100m³	290.00	0.015 90	0.015 90	0.015 90	0.015 90
12-16	打底找平 15mm厚	100m²	1 741.42	—	0.044 90	0.044 90	0.044 90
12-26	零星抹灰 14+6	100m²	4 312.17	0.044 90	—	—	—
12-96	粘贴石材 干混砂浆	100m²	21 376.70	—	—	—	0.044 90
12-100	外墙面砖 干混砂浆	100m²	9 972.63	—	—	0.044 90	—
14-148	外墙涂料 仿石型涂料	100m²	7 260.73	—	0.044 90	—	—
17-133	铸铁花式围墙	100m²	18 656.78	0.013 00	0.013 00	0.013 00	0.013 00
1-80	人工就地回填土 夯实	100m³	1 222.95	0.001 20	0.001 20	0.001 20	0.001 20
1-8	挖地槽、地坑 深3m以内 三类土	100m³	3 770.00	0.006 50	0.006 50	0.006 50	0.006 50
4-1	混凝土实心砖基础 墙厚1砖	10m³	4 078.04	0.010 30	0.010 30	0.010 30	0.010 30
4-6	混凝土实心砖 墙厚1砖	10m³	4 464.06	0.012 00	0.012 00	0.012 00	0.012 00
4-10	混凝土实心砖 方柱	10m³	5 001.95	0.030 10	0.030 10	0.030 10	0.030 10
5-1	垫层	10m³	4 503.40	0.006 90	0.006 90	0.006 90	0.006 90
5-28	小型构件	10m³	6 566.37	0.001 60	0.001 60	0.001 60	0.001 60
5-97	基础垫层	100m²	3 801.89	0.000 95	0.000 95	0.000 95	0.000 95
	名称	单位	单价（元）	消耗量			
人工	一类人工	工日	125.00	0.308 58	0.308 58	0.308 58	0.308 58
	二类人工	工日	135.00	0.630 42	0.630 42	0.630 42	0.630 42
	三类人工	工日	155.00	0.939 89	0.820 10	2.189 41	2.092 34
材料	复合硅酸盐水泥 P·C 32.5R 综合	kg	0.32	0.007 00	0.007 00	0.007 00	0.007 00
	白色硅酸盐水泥 425# 二级白度	kg	0.59	—	—	0.924 94	0.693 71
	碎石 综合	t	102.00	0.151 87	0.151 87	0.151 87	0.151 87
	混凝土实心砖 240×115×53 MU10	千块	388.00	0.218 83	0.218 83	0.218 83	0.218 83
	泵送商品混凝土 C30	m³	461.00	0.016 16	0.016 16	0.016 16	0.016 16
	非泵送商品混凝土 C15	m³	399.00	0.069 69	0.069 69	0.069 69	0.069 69
	水	m³	4.27	0.092 55	0.092 55	0.132 96	0.160 17
	复合模板 综合	m²	32.33	0.017 63	0.017 63	0.017 63	0.017 63
	木模板	m³	1 445.00	0.000 27	0.000 27	0.000 27	0.000 27

二、墙脚护坡、挡土墙

工作内容:挖土、夯实、铺石,砌筑,调制砂浆、抹灰,混凝土搅拌、浇捣、养护。

计量单位:m^2

定额编号				11-13	11-14	11-15
项目				墙脚护坡		
				混凝土面	毛石 干铺	毛石 灌浆
基价(元)				**78.85**	**37.44**	**53.84**
其中	人工费(元)			22.74	12.66	16.99
	材料费(元)			55.73	24.55	36.27
	机械费(元)			0.38	0.23	0.58
预算定额编号	项目名称	单位	单价(元)	消耗量		
17-179	墙脚护坡 混凝土面	$100m^2$	7 884.77	0.010 00	—	—
17-180	墙脚护坡 毛石 干铺	$100m^2$	3 744.49	—	0.010 00	—
17-181	墙脚护坡 毛石 灌浆	$100m^2$	5 383.43	—	—	0.010 00
名称		单位	单价(元)	消耗量		
人工	二类人工	工日	135.00	0.168 45	0.093 80	0.125 86
材料	碎石 综合	t	102.00	0.196 00	0.026 00	—
	非泵送商品混凝土 C15	m^3	399.00	0.081 20	—	—
	水	m^3	4.27	0.085 00	—	0.015 00
	木模板	m^3	1 445.00	0.000 30	—	—

工作内容：挖土、夯实、调制砂浆、砌石，浇捣混凝土、压顶、勾缝。　　　　计量单位：m³

定额编号				11-16	11-17
项目				挡土墙	
				块石干砌	块石浆砌
基价（元）				**721.12**	**832.51**
其中	人工费（元）			168.21	181.87
	材料费（元）			548.02	643.18
	机械费（元）			4.89	7.46
预算定额编号	项目名称	单位	单价(元)	消耗量	
1-12	人力车运土方 运距(m)50以内	100m³	1 518.75	0.002 04	0.002 04
1-13	人力车运土方 运距(m)500以内每增运50	100m³	290.00	0.006 12	0.006 12
12-15	干混砂浆勾缝	100m²	943.20	0.013 90	0.013 90
1-7	挖地槽、地坑 深3m以内 一、二类土	100m³	2 410.00	0.003 40	0.003 40
1-80	人工就地回填土 夯实	100m³	1 222.95	0.001 36	0.001 36
4-74	块石挡土墙 干砌	10m³	2 472.43	0.081 60	—
4-75	块石挡土墙 浆砌	10m³	3 837.40	—	0.081 60
5-1	垫层	10m³	4 503.40	0.006 40	0.006 40
5-28	小型构件	10m³	6 566.37	0.018 40	0.018 40
5-37	圆钢 HPB300 ≤ϕ18	t	4 637.53	0.073 00	0.073 00
5-97	基础垫层	100m²	3 801.89	0.000 88	0.000 88
名称		单位	单价(元)	消耗量	
人工	一类人工	工日	125.00	0.117 14	0.117 14
	二类人工	工日	135.00	1.043 28	1.144 47
	三类人工	工日	155.00	0.082 32	0.082 32
材料	热轧光圆钢筋 HPB300 ϕ18	t	3 981.00	0.074 83	0.074 83
	复合硅酸盐水泥 P·C 32.5R 综合	kg	0.32	0.006 30	0.006 30
	泵送商品混凝土 C30	m³	461.00	0.185 84	0.185 84
	非泵送商品混凝土 C15	m³	399.00	0.064 64	0.064 64
	水	m³	4.27	0.348 54	0.413 82
	复合模板 综合	m²	32.33	0.015 86	0.015 86
	木模板	m³	1 445.00	0.000 24	0.000 24

三、排水管道铺设

工作内容:挖、运、回填土,道渣和混凝土垫层,塑料管道铺设。　　计量单位:m

定额编号				11-18	11-19	11-20
项目				塑料管管径(mm)		
				150	200	300
基价(元)				**31.71**	**43.01**	**92.45**
其中	人工费(元)			21.99	29.98	52.74
	材料费(元)			9.64	12.92	39.47
	机械费(元)			0.08	0.11	0.24
预算定额编号	项目名称	单位	单价(元)	消耗量		
1-12	人力车运土方 运距(m)50 以内	$100m^3$	1 518.75	0.002 10	0.002 90	0.005 20
1-13	人力车运土方 运距(m)500 以内每增运 50	$100m^3$	290.00	0.006 30	0.008 70	0.015 60
17-134	塑料管道铺设 管径(mm)150	100m	587.75	0.010 00	—	—
17-135	塑料管道铺设 管径(mm)200	100m	789.79	—	0.010 00	—
17-136	塑料管道铺设 管径(mm)300	100m	1 639.41	—	—	0.010 00
1-80	人工就地回填土 夯实	$100m^3$	1 222.95	0.000 70	0.001 10	0.002 00
1-8	挖地槽、地坑 深 3m 以内 三类土	$100m^3$	3 770.00	0.002 80	0.004 00	0.007 20
4-87	碎石垫层 干铺	$10m^3$	2 352.17	0.004 00	0.005 00	0.005 50
5-1	垫层	$10m^3$	4 503.40	—	—	0.004 20
5-97	基础垫层	$100m^2$	3 801.89	—	—	0.000 58
	名称	单位	单价(元)	消耗量		
人工	一类人工	工日	125.00	0.131 15	0.186 38	0.335 28
	二类人工	工日	135.00	0.041 46	0.049 48	0.080 64
材料	硬塑料管	m	—	(1.015 00)	(1.015 00)	(1.015 00)
	复合硅酸盐水泥 P·C 32.5R 综合	kg	0.32	—	—	0.004 20
	碎石 综合	t	102.00	0.072 32	0.090 40	0.099 44
	非泵送商品混凝土 C15	m^3	399.00	—	—	0.042 42
	水	m^3	4.27	—	—	0.016 59
	复合模板 综合	m^2	32.33	—	—	0.010 58
	木模板	m^3	1 445.00	—	—	0.000 16

四、窨井、检查井

工作内容:1、挖、填土方,铺、夯垫层,浇捣混凝土,调制砂浆,砌砖,内壁抹灰,安装混凝土井圈盖;
2、挖、填土方,安装成品检查井。

计量单位:座

定额编号				11-21	11-22	11-23	11-24	11-25
项目				砖砌窨井(内径周长:m 以内)				成品塑料检查井
				1.0	1.5	2.0	2.6	
基价(元)				**652.33**	**1 161.59**	**1 428.89**	**1 696.28**	**1 275.22**
其中	人工费(元)			444.37	743.77	897.64	1 059.61	218.38
	材料费(元)			192.90	396.53	503.15	601.86	1 056.34
	机械费(元)			15.06	21.29	28.10	34.81	0.50
预算定额编号	项目名称	单位	单价(元)	消耗量				
1-12	人力车运土方 运距(m)50 以内	$100m^3$	1 518.75	0.007 49	0.010 09	0.013 09	0.017 19	0.017 00
1-13	人力车运土方 运距(m)500 以内每增运 50	$100m^3$	290.00	0.022 47	0.030 28	0.039 26	0.051 57	0.051 00
1-5	挖地槽、地坑 深 1.5m 以内 三类土	$100m^3$	3 150.00	0.029 26	0.034 24	0.039 61	0.046 56	0.027 00
17-137	砖砌窨井 内径周长(m)1.0 以内	只	465.14	1.000 00	—	—	—	—
17-138	砖砌窨井 内径周长(m)1.5 以内	只	926.58	—	1.000 00	—	—	—
17-139	砖砌窨井 内径周长(m)2.0 以内	只	1 139.76	—	—	1.000 00	—	—
17-140	砖砌窨井 内径周长(m)2.6 以内	只	1 349.30	—	—	—	1.000 00	—
17-174	成品塑料检查井安装	座	1 137.34	—	—	—	—	1.000 00
1-80	人工就地回填土 夯实	$100m^3$	1 222.95	0.021 77	0.024 15	0.026 52	0.029 37	0.010 00
5-37	圆钢 HPB300 ≤ϕ18	t	4 637.53	0.008 00	0.012 00	0.014 00	0.016 00	—
5-39	螺纹钢筋 HRB400 以内 ≤ϕ18	t	4 467.54	0.003 00	0.004 00	0.008 00	0.011 00	—
	名称	单位	单价(元)	消耗量				
人工	一类人工	工日	125.00	1.086 17	1.281 85	1.496 83	1.778 78	1.099 07
	二类人工	工日	135.00	2.287 31	4.322 20	5.263 02	6.203 30	0.600 00
材料	热轧带肋钢筋 HRB400 ϕ18	t	3 759.00	0.003 08	0.004 10	0.008 20	0.011 28	—
	热轧光圆钢筋 HPB300 ϕ18	t	3 981.00	0.008 20	0.012 30	0.014 35	0.016 40	—
	黄砂 毛砂	t	87.38	0.001 00	0.001 00	0.001 00	0.001 00	—
	碎石 综合	t	102.00	0.057 00	0.149 00	0.186 00	0.223 00	—
	混凝土实心砖 240×115×53 MU10	千块	388.00	0.076 00	0.265 00	0.314 00	0.368 00	—
	非泵送商品混凝土 C15	m^3	399.00	0.052 00	0.124 00	0.165 00	0.206 00	—
	非泵送商品混凝土 C20	m^3	412.00	0.081 00	0.112 00	0.152 00	0.183 00	—
	水	m^3	4.27	0.270 58	0.436 30	0.583 16	0.702 88	—
	木模板	m^3	1 445.00	0.006 00	0.009 00	0.013 00	0.015 00	—

工作内容:调制砂浆,砌砖,内壁抹灰。 **计量单位**:座

定额编号				11-26	11-27	11-28	11-29
项目				砖砌窨井(内径周长:m 以内)深度每增减 200mm			
				1.0	1.5	2.0	2.6
基价(元)				**90.41**	**178.61**	**201.81**	**249.93**
其中	人工费(元)			75.14	132.39	147.33	185.03
	材料费(元)			14.90	45.63	53.68	64.07
	机械费(元)			0.37	0.59	0.80	0.83
预算定额编号	项目名称	单位	单价(元)	消耗量			
1-12	人力车运土方 运距(m)50 以内	100m³	1 518.75	0.001 07	0.001 46	0.001 92	0.002 55
1-13	人力车运土方 运距(m)500 以内每增运 50	100m³	290.00	0.003 20	0.004 39	0.005 76	0.007 66
1-5	挖地槽、地坑 深 1.5m 以内 三类土	100m³	3 150.00	0.004 68	0.005 48	0.006 34	0.007 45
17-141	砖砌窨井(内径周长 m) 1.0 以内深度每增减 200mm	只	68.69	1.000 00	—	—	—
17-142	砖砌窨井(内径周长 m) 1.5 以内深度每增减 200mm	只	152.94	—	1.000 00	—	—
17-143	砖砌窨井(内径周长 m) 2.0 以内深度每增减 200mm	只	171.85	—	—	1.000 00	—
17-144	砖砌窨井(内径周长 m) 2.6 以内深度每增减 200mm	只	214.37	—	—	—	1.000 00
1-80	人工就地回填土 夯实	100m³	1 222.95	0.003 62	0.004 02	0.004 42	0.004 90
名称		单位	单价(元)	消耗量			
人工	一类人工	工日	125.00	0.173 00	0.204 55	0.236 57	0.284 42
	二类人工	工日	135.00	0.397 00	0.792 00	0.871 00	1.109 00
材料	混凝土实心砖 240×115×53 MU10	千块	388.00	0.016 00	0.065 00	0.076 00	0.092 00
	水	m³	4.27	0.003 00	0.013 00	0.015 00	0.019 00

五、明沟、斜坡、台阶

工作内容:浇捣混凝土明沟,铺防滑坡道,沥青砂浆伸缩缝。 **计量单位**:见表

定额编号				11-30	11-31
项目				混凝土明沟	防滑坡道
计量单位				m	m²
基价(元)				**60.84**	**105.06**
其中	人工费(元)			25.34	31.00
	材料费(元)			35.16	73.86
	机械费(元)			0.34	0.20
预算定额编号	项目名称	单位	单价(元)	消耗量	
17-182	明沟 混凝土 10m	100m²	608.44	0.100 00	—
17-189	坡道	10m²	1 050.53	—	0.100 00
名称		单位	单价(元)	消耗量	
人工	二类人工	工日	135.00	0.187 70	0.229 60
材料	碎石 综合	t	102.00	0.056 00	0.034 00
	块石 200~500	t	77.67	—	0.380 00
	非泵送商品混凝土 C15	m³	399.00	0.059 00	0.102 00
	水	m³	4.27	0.050 00	0.041 00
	木模板	m³	1 445.00	0.002 00	—

工作内容：浇捣混凝土台阶，抹面层，贴面层。　　**计量单位**：m^2

定额编号				11-32	11-33	11-34	11-35
项目				混凝土台阶			
				水泥砂浆面层	石材面层	地砖面层	剁假石面层
基价（元）				**266.53**	**439.05**	**306.26**	**300.40**
其中	人工费（元）			117.06	128.26	124.97	154.18
	材料费（元）			148.41	309.74	180.23	145.14
	机械费（元）			1.06	1.05	1.06	1.08
预算定额编号	项目名称	单位	单价(元)	消耗量			
11-131	干混砂浆 20mm 厚	$100m^2$	4 747.20	0.010 00	—	—	—
11-133	干混砂浆铺贴 石材	$100m^2$	21 999.79	—	0.010 00	—	—
11-135	干混砂浆铺贴 陶瓷地面砖	$100m^2$	8 721.20	—	—	0.010 00	—
11-139	剁假石 20mm 厚	$100m^2$	8 133.78	—	—	—	0.010 00
17-187	台阶 混凝土	$10m^2$	2 190.56	0.100 00	0.100 00	0.100 00	0.100 00
名称		单位	单价(元)	消耗量			
人工	二类人工	工日	135.00	0.619 40	0.619 40	0.619 40	0.619 40
	三类人工	工日	155.00	0.215 75	0.287 99	0.266 81	0.455 21
材料	白色硅酸盐水泥 425# 二级白度	kg	0.59	—	0.100 00	0.100 00	—
	碎石 综合	t	102.00	0.280 00	0.280 00	0.280 00	0.280 00
	非泵送商品混凝土 C15	m^3	399.00	0.211 00	0.211 00	0.211 00	0.211 00
	水	m^3	4.27	0.113 00	0.098 54	0.095 50	0.069 45
	木模板	m^3	1 445.00	0.005 00	0.005 00	0.005 00	0.005 00

六、化　粪　池

工作内容:挖、填土方,浇捣混凝土垫层,制作、安装、拆除模板,浇捣、养护混凝土,调制砂浆,砌砖,抹灰,混凝土构件安装。

计量单位:座

定额编号				11-36	11-37	11-38
项目				砖砌化粪池		
				1#容积 1.71m^3	2#容积 3.38m^3	3#容积 4.95m^3
基　价 (元)				**14 817.18**	**18 781.03**	**23 537.01**
其中	人工费(元)			9 267.19	11 852.59	13 659.41
	材料费(元)			4 831.79	6 026.05	8 814.32
	机械费(元)			718.20	902.39	1 063.28
预算定额编号	项目名称	单位	单价(元)	消耗量		
1-21	挖掘机挖槽坑土方 不装车 三类土	100m^3	495.70	1.297 27	1.604 77	1.817 90
1-30	推土机推运土方 运距(m) 20 以内 三类土	100m^3	220.24	1.297 27	1.604 77	1.817 90
1-39	自卸汽车运土方 运距(m) 1 000 以内	100m^3	648.79	0.104 25	0.151 65	0.197 95
17-145	砖砌化粪池 1#容积(m^3) 1.71	座	11 083.81	1.000 00	—	—
17-146	砖砌化粪池 2#容积(m^3) 3.38	座	14 362.92	—	1.000 00	—
17-147	砖砌化粪池 3#容积(m^3) 4.95	座	17 943.23	—	—	1.000 00
1-80	人工就地回填土 夯实	100m^3	1 222.95	1.193 02	1.453 10	1.619 95
5-37	圆钢 HPB300 ≤ϕ18	t	4 637.53	0.238 00	0.262 00	0.383 00
5-39	螺纹钢筋 HRB400 以内 ≤ϕ18	t	4 467.54	0.039 00	0.040 00	0.091 00
名称		单位	单价(元)	消耗量		
人工	一类人工	工日	125.00	14.467 19	17.689 54	19.800 92
	二类人工	工日	135.00	55.250 24	71.417 87	82.847 08
材料	热轧带肋钢筋 HRB400 ϕ18	t	3 759.00	0.039 98	0.041 00	0.093 28
	热轧光圆钢筋 HPB300 ϕ18	t	3 981.00	0.243 95	0.268 55	0.392 58
	碎石 综合	t	102.00	0.902 00	1.209 00	1.662 00
	混凝土实心砖 240×115×53 MU10	千块	388.00	3.257 00	4.231 00	5.199 00
	非泵送商品混凝土 C15	m^3	399.00	0.506 00	0.678 00	0.933 00
	非泵送商品混凝土 C20	m^3	412.00	1.876 00	2.474 00	4.710 00
	非泵送商品混凝土 C30	m^3	438.00	0.132 00	0.132 00	0.173 00
	钢支撑	kg	3.97	—	1.894 00	2.616 00
	水	m^3	4.27	5.966 83	7.666 43	12.389 16
	复合模板 综合	m^2	32.33	0.582 00	0.836 00	2.572 00
	木模板	m^3	1 445.00	0.026 00	0.031 00	0.054 00

工作内容:挖、填土方,浇捣混凝土垫层,制作、安装、拆除模板,浇捣、养护混凝土,调制砂浆,砌砖,抹灰,混凝土构件安装。

计量单位:座

定额编号				11-39	11-40	11-41
项目				砖砌化粪池		
				4#容积 7.20m³	5#容积 9.41m³	6#容积 12.29m³
基价(元)				**27 113.69**	**31 895.58**	**34 533.89**
其中	人工费(元)			15 905.95	18 384.72	19 880.50
	材料费(元)			9 966.90	12 096.93	13 123.62
	机械费(元)			1 240.84	1 413.93	1 529.77
预算定额编号	项目名称	单位	单价(元)	消耗量		
1-21	挖掘机挖槽坑土方 不装车 三类土	$100m^3$	495.70	2.072 27	2.308 78	2.492 37
1-30	推土机推运土方 运距(m) 20以内 三类土	$100m^3$	220.24	2.072 27	2.308 78	2.492 37
1-39	自卸汽车运土方 运距(m) 1 000以内	$100m^3$	648.79	0.269 64	0.339 14	0.369 36
17-148	砖砌化粪池 4#容积(m^3) 7.20	座	20 813.51	1.000 00	—	—
17-149	砖砌化粪池 5#容积(m^3) 9.41	座	24 728.25	—	1.000 00	—
17-150	砖砌化粪池 6#容积(m^3) 12.29	座	26 768.92	—	—	1.000 00
1-80	人工就地回填土 夯实	$100m^3$	1 222.95	1.802 62	1.969 64	2.123 01
5-37	圆钢 HPB300 ≤ϕ18	t	4 637.53	0.434 00	0.523 00	0.575 00
5-39	螺纹钢筋 HRB400以内 ≤ϕ18	t	4 467.54	0.095 00	0.103 00	0.107 00
名称		单位	单价(元)	消耗量		
人工	一类人工	工日	125.00	22.169 60	24.346 56	26.253 25
	二类人工	工日	135.00	97.294 44	113.639 76	122.954 45
材料	热轧带肋钢筋 HRB400 ϕ18	t	3 759.00	0.097 38	0.105 58	0.109 68
	热轧光圆钢筋 HPB300 ϕ18	t	3 981.00	0.444 85	0.536 08	0.589 38
	黄砂 毛砂	t	87.38	—	—	0.002 00
	碎石 综合	t	102.00	2.104 00	2.639 00	2.864 00
	混凝土实心砖 240×115×53 MU10	千块	388.00	5.945 00	6.763 00	7.341 00
	非泵送商品混凝土 C15	m^3	399.00	1.181 00	1.481 00	1.608 00
	非泵送商品混凝土 C20	m^3	412.00	4.968 00	6.916 00	7.436 00
	非泵送商品混凝土 C30	m^3	438.00	0.173 00	0.173 00	0.173 00
	钢支撑	kg	3.97	3.497 00	4.602 00	5.107 00
	水	m^3	4.27	14.941 07	17.938 02	19.399 07
	复合模板 综合	m^2	32.33	3.195 00	3.935 00	4.241 00
	木模板	m^3	1 445.00	0.064 00	0.075 00	0.080 00

工作内容:挖、填土方,制作、安装、拆除模板,浇捣、养护混凝土,调制砂浆,抹灰,混凝土构件安装。 **计量单位**:座

定额编号				11-42	11-43	11-44
项目				混凝土化粪池		
				1#容积 1.71m^3	2#容积 3.38m^3	3#容积 4.95m^3
基价(元)				**13 082.00**	**17 130.78**	**22 259.18**
其中	人工费(元)			7 531.71	9 818.26	12 365.98
	材料费(元)			4 885.11	6 463.47	8 885.63
	机械费(元)			665.18	849.05	1 007.57
预算定额编号	项目名称	单位	单价(元)	消耗量		
1-21	挖掘机挖槽坑土方 不装车 三类土	100m^3	495.70	1.159 48	1.446 17	1.647 52
1-30	推土机推运土方 运距(m) 20 以内 三类土	100m^3	220.24	1.159 48	1.446 17	1.647 52
1-39	自卸汽车运土方 运距(m) 1 000 以内	100m^3	648.79	0.070 94	0.108 68	0.145 64
17-151	混凝土化粪池 1#容积(m^3) 1.71	座	8 970.58	1.000 00	—	—
17-152	混凝土化粪池 2#容积(m^3) 3.38	座	11 989.14	—	1.000 00	—
17-153	混凝土化粪池 3#容积(m^3) 4.95	座	15 908.58	—	—	1.000 00
1-80	人工就地回填土 夯实	100m^3	1 222.95	1.088 55	1.337 49	1.501 88
5-37	圆钢 HPB300 ≤ϕ18	t	4 637.53	0.373 00	0.479 00	0.636 00
5-39	螺纹钢筋 HRB400 以内 ≤ϕ18	t	4 467.54	0.039 00	0.040 00	0.065 00
名称		单位	单价(元)	消耗量		
人工	一类人工	工日	125.00	13.134 05	16.196 74	18.252 67
	二类人工	工日	135.00	43.629 79	57.731 09	74.699 48
材料	热轧带肋钢筋 HRB400 ϕ18	t	3 759.00	0.039 98	0.041 00	0.066 63
	热轧光圆钢筋 HPB300 ϕ18	t	3 981.00	0.382 33	0.490 98	0.651 90
	黄砂 毛砂	t	87.38	0.001 00	0.001 00	0.002 00
	碎石 综合	t	102.00	0.628 00	0.887 00	1.250 00
	非泵送商品混凝土 C15	m^3	399.00	0.352 00	0.498 00	0.702 00
	非泵送商品混凝土 C20	m^3	412.00	4.769 00	6.463 00	8.923 00
	非泵送商品混凝土 C30	m^3	438.00	0.132 00	0.132 00	0.173 00
	钢支撑	kg	3.97	12.038 00	16.559 00	23.220 00
	水	m^3	4.27	8.899 25	12.058 63	16.668 80
	复合模板 综合	m^2	32.33	6.798 00	9.335 00	13.093 00
	木模板	m^3	1 445.00	0.046 00	0.059 00	0.081 00

工作内容：挖、填土方，制作、安装、拆除模板，浇捣、养护混凝土，调制砂浆，抹灰，混凝土构件安装。　　计量单位：座

定额编号				11-45	11-46
项目				混凝土化粪池	
				4#容积 7.20m³	5#容积 10.08m³
基价（元）				**26 339.00**	**30 561.01**
其中	人工费（元）			14 429.29	16 709.53
	材料费（元）			10 726.97	12 498.33
	机械费（元）			1 182.74	1 353.15
预算定额编号	项目名称	单位	单价(元)	消耗量	
1-21	挖掘机挖槽坑土方 不装车 三类土	100m³	495.70	1.880 90	2.105 66
1-30	推土机推运土方 运距(m) 20 以内 三类土	100m³	220.24	1.880 90	2.105 66
1-39	自卸汽车运土方 运距(m) 1 000 以内	100m³	648.79	0.205 38	0.265 58
17-154	混凝土化粪池 4#容积(m³) 7.20	座	18 907.72	1.000 00	—
17-155	混凝土化粪池 5#容积(m³) 10.08	座	22 362.07	—	1.000 00
1-80	人工就地回填土 夯实	100m³	1 222.95	1.675 52	1.837 04
5-37	圆钢 HPB300 ≤ϕ18	t	4 637.53	0.775 00	0.850 00
5-39	螺纹钢筋 HRB400 以内 ≤ϕ18	t	4 467.54	0.069 00	0.074 00
名称		单位	单价(元)	消耗量	
人工	一类人工	工日	125.00	20.481 25	22.574 89
	二类人工	工日	135.00	87.919 53	102.871 52
材料	热轧带肋钢筋 HRB400 ϕ18	t	3 759.00	0.070 73	0.075 85
	热轧光圆钢筋 HPB300 ϕ18	t	3 981.00	0.794 38	0.871 25
	黄砂 毛砂	t	87.38	0.002 00	0.002 00
	碎石 综合	t	102.00	1.633 00	2.103 00
	非泵送商品混凝土 C15	m³	399.00	0.917 00	1.181 00
	非泵送商品混凝土 C20	m³	412.00	10.751 00	12.849 00
	非泵送商品混凝土 C30	m³	438.00	0.173 00	0.173 00
	钢支撑	kg	3.97	27.839 00	33.021 00
	水	m³	4.27	20.145 37	24.134 87
	复合模板 综合	m²	32.33	15.648 00	18.497 00
	木模板	m³	1 445.00	0.096 00	0.113 00

工作内容:挖、填土方,制作、安装、拆除模板,搅拌、浇捣、养护混凝土,调制砂浆,抹灰,预制构件安装。

计量单位:座

定额编号				11-47	11-48	11-49
项目				混凝土化粪池		
				6#容积 12.29m³	7#容积 18m³	8#容积 24.19m³
基价(元)				**33 352.28**	**39 937.19**	**46 376.20**
其中	人工费(元)			18 175.21	21 742.67	24 994.39
	材料费(元)			13 699.64	16 416.13	19 343.94
	机械费(元)			1 477.43	1 778.39	2 037.87
预算定额编号	项目名称	单位	单价(元)	消耗量		
1-21	挖掘机挖槽坑土方 不装车 三类土	100m³	495.70	2.278 51	2.698 14	3.008 17
1-30	推土机推运土方 运距(m) 20 以内 三类土	100m³	220.24	2.278 51	2.698 14	3.008 17
1-39	自卸汽车运土方 运距(m) 1 000 以内	100m³	648.79	0.304 82	0.403 50	0.515 70
17-156	混凝土化粪池 6#容积(m³) 12.29	座	24 392.15	1.000 00	—	—
17-157	混凝土化粪池 7#容积(m³) 18	座	29 367.65	—	1.000 00	—
17-158	混凝土化粪池 8#容积(m³) 24.19	座	34 353.26	—	—	1.000 00
1-80	人工就地回填土 夯实	100m³	1 222.95	1.973 69	2.294 64	2.492 47
5-37	圆钢 HPB300 ≤ϕ18	t	4 637.53	0.944 00	1.123 00	1.312 00
5-39	螺纹钢筋 HRB400 以内 ≤ϕ18	t	4 467.54	0.076 00	0.081 00	0.090 00
	名称	单位	单价(元)	消耗量		
人工	一类人工	工日	125.00	24.300 20	28.387 00	31.049 27
	二类人工	工日	135.00	112.131 31	134.772 39	156.394 99
材料	热轧带肋钢筋 HRB400 ϕ18	t	3 759.00	0.077 90	0.083 03	0.092 25
	热轧光圆钢筋 HPB300 ϕ18	t	3 981.00	0.967 60	1.151 08	1.344 80
	黄砂 毛砂	t	87.38	0.002 00	0.002 00	0.002 00
	碎石 综合	t	102.00	2.313 00	2.826 00	3.586 00
	非泵送商品混凝土 C15	m³	399.00	1.299 00	1.587 00	2.014 00
	非泵送商品混凝土 C20	m³	412.00	14.040 00	16.920 00	19.980 00
	非泵送商品混凝土 C30	m³	438.00	0.173 00	0.173 00	0.173 00
	钢支撑	kg	3.97	36.110 00	43.615 00	50.811 00
	水	m³	4.27	26.387 68	31.838 14	37.699 61
	复合模板 综合	m²	32.33	20.198 00	24.391 00	28.307 00
	木模板	m³	1 445.00	0.122 00	0.146 00	0.172 00

工作内容: 挖、填土方，制作、安装、拆除模板，搅拌、浇捣、养护混凝土，调制砂浆，抹灰，预制构件安装。

计量单位: 座

<table>
<tr><td colspan="4">定 额 编 号</td><td>11-50</td><td>11-51</td></tr>
<tr><td colspan="4" rowspan="2">项 目</td><td colspan="2">混凝土化粪池</td></tr>
<tr><td>9#容积 30.20m³</td><td>10#容积 40.66m³</td></tr>
<tr><td colspan="4">基 价 (元)</td><td>53 022.92</td><td>62 736.37</td></tr>
<tr><td rowspan="3">其中</td><td colspan="3">人 工 费 (元)</td><td>28 825.75</td><td>34 281.94</td></tr>
<tr><td colspan="3">材 料 费 (元)</td><td>21 829.65</td><td>25 613.52</td></tr>
<tr><td colspan="3">机 械 费 (元)</td><td>2 367.52</td><td>2 840.91</td></tr>
<tr><td>预算定额编号</td><td>项 目 名 称</td><td>单位</td><td>单价(元)</td><td colspan="2">消 耗 量</td></tr>
<tr><td>1-21</td><td>挖掘机挖槽坑土方 不装车 三类土</td><td>100m³</td><td>495.70</td><td>3.480 65</td><td>4.155 54</td></tr>
<tr><td>1-30</td><td>推土机推运土方 运距(m) 20 以内 三类土</td><td>100m³</td><td>220.24</td><td>3.480 65</td><td>4.155 54</td></tr>
<tr><td>1-39</td><td>自卸汽车运土方 运距(m) 1 000 以内</td><td>100m³</td><td>648.79</td><td>0.626 06</td><td>0.782 30</td></tr>
<tr><td>17-159</td><td>混凝土化粪池 9#容积(m³) 30.20</td><td>座</td><td>39 507.63</td><td>1.000 00</td><td>—</td></tr>
<tr><td>17-160</td><td>混凝土化粪池 10#容积(m³) 40.66</td><td>座</td><td>46 718.66</td><td>—</td><td>1.000 00</td></tr>
<tr><td>1-80</td><td>人工就地回填土 夯实</td><td>100m³</td><td>1 222.95</td><td>2.854 59</td><td>3.373 24</td></tr>
<tr><td>5-37</td><td>圆钢 HPB300 ≤ϕ18</td><td>t</td><td>4 637.53</td><td>1.448 00</td><td>1.719 00</td></tr>
<tr><td>5-39</td><td>螺纹钢筋 HRB400 以内 ≤ϕ18</td><td>t</td><td>4 467.54</td><td>0.092 00</td><td>0.098 00</td></tr>
<tr><td colspan="2">名 称</td><td>单位</td><td>单价(元)</td><td colspan="2">消 耗 量</td></tr>
<tr><td rowspan="2">人工</td><td>一类人工</td><td>工日</td><td>125.00</td><td>35.658 09</td><td>42.253 54</td></tr>
<tr><td>二类人工</td><td>工日</td><td>135.00</td><td>180.507 95</td><td>214.816 61</td></tr>
<tr><td rowspan="11">材料</td><td>热轧带肋钢筋 HRB400 ϕ18</td><td>t</td><td>3 759.00</td><td>0.094 30</td><td>0.100 45</td></tr>
<tr><td>热轧光圆钢筋 HPB300 ϕ18</td><td>t</td><td>3 981.00</td><td>1.484 20</td><td>1.761 98</td></tr>
<tr><td>黄砂 毛砂</td><td>t</td><td>87.38</td><td>0.002 00</td><td>0.002 00</td></tr>
<tr><td>碎石 综合</td><td>t</td><td>102.00</td><td>4.056 00</td><td>4.750 00</td></tr>
<tr><td>非泵送商品混凝土 C15</td><td>m³</td><td>399.00</td><td>2.278 00</td><td>2.667 00</td></tr>
<tr><td>非泵送商品混凝土 C20</td><td>m³</td><td>412.00</td><td>22.801 00</td><td>26.665 00</td></tr>
<tr><td>非泵送商品混凝土 C30</td><td>m³</td><td>438.00</td><td>0.173 00</td><td>0.173 00</td></tr>
<tr><td>钢支撑</td><td>kg</td><td>3.97</td><td>58.364 00</td><td>68.681 00</td></tr>
<tr><td>水</td><td>m³</td><td>4.27</td><td>43.029 45</td><td>50.385 28</td></tr>
<tr><td>复合模板 综合</td><td>m²</td><td>32.33</td><td>32.519 00</td><td>38.251 00</td></tr>
<tr><td>木模板</td><td>m³</td><td>1 445.00</td><td>0.195 00</td><td>0.226 00</td></tr>
</table>

工作内容:挖、运、回填土,成品塑料池安装。 **计量单位:**座

定额编号				11-52	11-53	11-54	11-55
项目				成品塑料池安装(m^3 以内)			
				6	20	40	100
基价(元)				**862.35**	**1 973.76**	**3 298.53**	**8 201.09**
其中	人工费(元)			551.89	1 253.81	1 980.90	5 131.16
	材料费(元)			20.20	70.70	151.50	320.50
	机械费(元)			290.26	649.25	1 166.13	2 749.43
预算定额编号	项目名称	单位	单价(元)	消耗量			
1-21	挖掘机挖槽坑土方 不装车 三类土	$100m^3$	495.70	0.347 13	0.760 32	1.264 80	3.501 92
1-30	推土机推运土方 运距(m) 20 以内 三类土	$100m^3$	220.24	0.347 13	0.760 32	1.264 80	3.501 92
1-39	自卸汽车运土方 运距(m) 1 000 以内	$100m^3$	648.79	0.063 00	0.206 00	0.408 00	1.010 00
17-175	成品塑料池安装(m^3) 6 以内	座	225.47	1.000 00	—	—	—
17-176	成品塑料池安装(m^3) 20 以内	座	617.86	—	1.000 00	—	—
17-177	成品塑料池安装(m^3) 40 以内	座	1 080.48	—	—	1.000 00	—
17-178	成品塑料池安装(m^3) 100 以内	座	1 991.15	—	—	—	1.000 00
1-80	人工就地回填土 夯实	$100m^3$	1 222.95	0.284 13	0.554 32	0.856 80	2.491 92
名称		单位	单价(元)	消耗量			
人工	一类人工	工日	125.00	3.550 72	7.157 45	11.311 19	32.408 88
	二类人工	工日	135.00	0.800 00	2.660 00	4.200 00	8.000 00
材料	成品塑料池	座	—	(1.010 00)	(1.010 00)	(1.010 00)	(1.010 00)

七、消防水泵井

工作内容：挖、运、回填土，浇捣混凝土垫层，钢筋混凝土底板、挡板、盖板，砌砖及抹面，铸铁井盖井座。

计量单位：座

定额编号				11-56	11-57	11-58	11-59
项目				消防水泵井(mm)			
				1 500 × 1 000 × 1 500	2 000 × 1 000 × 1 500	1 500 × 1 000 × 1 500	2 000 × 1 000 × 1 500
						深度每增减 20	
基价（元）				**4 500.63**	**6 518.45**	**322.66**	**374.03**
其中	人工费（元）			1 541.92	1 815.93	179.91	206.78
	材料费（元）			2 915.82	4 653.97	134.41	157.81
	机械费（元）			42.89	48.55	8.34	9.44
预算定额编号	项目名称	单位	单价(元)	消耗量			
1-12	人力车运土方 运距(m)50 以内	$100m^3$	1 518.75	0.061 28	0.095 40	0.009 40	0.011 72
12-2	外墙 14 +6	$100m^2$	3 216.87	0.111 00	0.126 00	0.015 00	0.017 00
17-192	铸铁盖板 地沟厚(mm)30 以内	m^2	1 387.17	1.000 00	2.000 00	—	—
1-8	挖地槽、地坑 深 3m 以内 三类土	$100m^3$	3 770.00	0.154 28	0.173 40	0.017 40	0.019 72
1-80	人工就地回填土 夯实	$100m^3$	1 222.95	0.093 00	0.078 00	0.008 00	0.008 00
1-96	湿土排水	$100m^3$	709.49	0.058 00	0.065 00	0.015 00	0.017 00
4-6	混凝土实心砖 墙厚 1 砖	$10m^3$	4 464.06	0.275 00	0.338 00	0.039 00	0.046 00
5-109	地下室底板、满堂基础 无梁式 复合木模	$100m^2$	3 854.18	0.005 00	0.006 00	—	—
5-182	小型构件 复合模板	$100m^2$	5 319.46	0.016 00	0.022 00	—	—
5-28	小型构件	$10m^3$	6 566.37	0.016 00	0.022 00	—	—
5-37	圆钢 HPB300 ≤ϕ18	t	4 637.53	0.004 00	0.005 00	—	—
5-39	螺纹钢筋 HRB400 以内 ≤ϕ18	t	4 467.54	0.008 00	0.012 00	—	—
5-4	满堂基础、地下室底板	$10m^3$	4 892.69	0.089 00	0.108 00	—	—
	名称	单位	单价(元)	消耗量			
人工	一类人工	工日	125.00	6.392 62	7.256 99	0.745 53	0.847 05
	二类人工	工日	135.00	3.734 09	4.723 55	0.403 26	0.475 64
	三类人工	工日	155.00	1.540 90	1.749 13	0.208 23	0.235 99
材料	热轧带肋钢筋 HRB400 ϕ18	t	3 759.00	0.008 20	0.012 30	—	—
	热轧光圆钢筋 HPB300 ϕ18	t	3 981.00	0.004 10	0.005 13	—	—
	复合硅酸盐水泥 P·C 32.5R 综合	kg	0.32	0.035 00	0.042 00	—	—
	黄砂 净砂	t	92.23	0.000 09	0.000 10	—	—
	混凝土实心砖 240×115×53 MU10	千块	388.00	1.463 00	1.798 16	0.207 48	0.244 72
	泵送商品混凝土 C30	m^3	461.00	0.161 60	0.222 20	—	—
	泵送防水商品混凝土 C30/P8 坍落度(12±3)cm	m^3	460.00	0.898 90	1.090 80	—	—
	水	m^3	4.27	0.502 29	0.647 52	0.014 40	0.016 50
	复合模板 综合	m^2	32.33	0.582 53	0.784 80	—	—
	木模板	m^3	1 445.00	0.011 98	0.016 18	—	—

八、汽车洗车台、修理坑

工作内容:1. 洗车台:挖、运、回填土,碎石及混凝土垫层,毛石墙,水泥砂浆抹面、混凝土明沟、散水,铸铁盖板;
2. 修理坑:挖、运、回填土,碎石及混凝土垫层,砖基础,混凝土圈梁,水泥砂浆面层,工具槽贴瓷砖。

计量单位:座

定额编号				11-60	11-61
项目				室外汽车洗车台	室内汽车修理坑
基价(元)				**17 615.85**	**8 067.31**
其中	人工费(元)			5 031.40	3 241.48
	材料费(元)			12 479.95	4 697.91
	机械费(元)			104.50	127.92
预算定额编号	项目名称	单位	单价(元)	消耗量	
1-12	人力车运土方 运距(m)50 以内	100m³	1 518.75	0.110 00	0.130 00
11-8	干混砂浆楼地面 混凝土或硬基层上 20mm 厚	100m²	2 036.90	0.035 00	0.060 00
12-2	外墙 14+6	100m²	3 216.87	0.120 00	0.180 00
12-98	瓷砖 干混砂浆	100m²	9 762.08	—	0.030 00
17-179	墙脚护坡 混凝土面	100m²	7 884.77	0.012 00	—
17-182	明沟 混凝土 10m	100m²	608.44	3.000 00	—
17-192	铸铁盖板 地沟厚(mm)30 以内	m²	1 387.17	2.160 00	—
1-8	挖地槽、地坑 深 3m 以内 三类土	100m³	3 770.00	0.190 00	0.150 00
1-80	人工就地回填土 夯实	100m³	1 222.95	0.080 00	0.020 00
4-6	混凝土实心砖 墙厚 1 砖	10m³	4 464.06	—	0.530 00
4-69	块石基础 浆砌	10m³	3 856.93	1.610 00	—
4-73	块石普通墙 浆砌	10m³	4 255.85	0.570 00	—
4-87	碎石垫层 干铺	10m³	2 352.17	0.220 00	0.090 00
5-1	垫层	10m³	4 503.40	0.420 00	0.170 00
5-10	圈梁、过梁、拱形梁	10m³	5 331.36	—	0.220 00
5-140	直形圈过梁 复合木模	100m²	4 261.10	—	0.150 00
5-39	螺纹钢筋 HRB400 以内 ≤ϕ18	t	4 467.54	—	0.091 00
5-46	圆钢 ≤ϕ10	t	5 214.57	—	0.039 00
5-95	预埋铁件(25kg/块以内)	t	8 627.97	—	0.050 00
5-97	基础垫层	100m²	3 801.89	0.057 00	0.023 46
	名称	单位	单价(元)	消耗量	
人工	一类人工	工日	125.00	7.817 30	6.291 10
	二类人工	工日	135.00	27.838 57	13.347 91
	三类人工	工日	155.00	1.909 69	4.214 37
材料	热轧带肋钢筋 HRB400 综合	t	3 849.00	—	0.010 10
	热轧带肋钢筋 HRB400 ϕ18	t	3 759.00	—	0.093 28
	热轧光圆钢筋 HPB300 ϕ10	t	3 981.00	—	0.039 78
	热轧光圆钢筋 HPB300 综合	t	3 981.00	—	0.007 60
	型钢 综合	t	3 836.00	—	0.005 05
	中厚钢板 综合	t	3 750.00	—	0.027 75
	复合硅酸盐水泥 P·C 32.5R 综合	kg	0.32	0.399 00	0.614 50
	白色硅酸盐水泥 425# 二级白度	kg	0.59	—	0.618 00
	黄砂 净砂	t	92.23	0.000 97	0.001 60
	碎石 综合	t	102.00	5.892 80	1.627 20
	混凝土实心砖 240×115×53 MU10	千块	388.00	—	2.819 60
	非泵送商品混凝土 C15	m³	399.00	6.109 44	1.717 00
	非泵送商品混凝土 C25	m³	421.00	—	2.222 00
	水	m³	4.27	5.215 00	2.020 69
	复合模板 综合	m²	32.33	1.004 63	3.677 59
	木模板	m³	1 445.00	0.075 75	0.038 60

第十二章
脚手架、垂直运输、超高施工增加费

说　　明

一、本章定额适用于房屋建筑、构筑物的脚手架、垂直运输和檐高20m以上的建筑物工程超高加压水泵机械台班费用及人工、机械、降效费用。

二、综合脚手架：

1. 综合脚手架定额适用于房屋工程及其地下室脚手架，不适用于房屋加层、构筑物及附属工程脚手架，以上项目应套用单项脚手架相应定额。

2. 综合脚手架定额已综合内、外墙砌筑脚手架、外墙饰面脚手架、檐高20m以内的斜道和上料平台、垂直运输费和檐高20m以上超高加压水泵机械台班。

3. 装配整体式混凝土结构执行混凝土结构综合脚手架定额。当装配整体式混凝土结构预制率（以下简称预制率）<30%时，按相应混凝土结构综合脚手架定额执行；当30% ≤预制率<40%时，按相应混凝土结构综合脚手架定额乘以系数0.95；当40% ≤预制率<50%时，按相应混凝土结构综合脚手架定额乘以系数0.90；当预制率≥50%时，按相应混凝土结构综合脚手架定额乘以系数0.85。装配式结构预制率计算标准根据浙江省现行规定。

4. 厂（库）房钢结构综合脚手架定额：单层按檐高7m以内编制，多层按檐高20m以内编制，若檐高超过编制标准，应按相应每增加1m定额计算，层高不同不做调整。单层厂（库）房檐高超过16m、多层厂（库）房檐高超过30m时，应根据施工方案计算。厂（库）房钢结构综合脚手架定额按外墙为装配式钢结构墙面板考虑，实际采用砖砌围护体系并需要搭设外墙脚手架时，综合脚手架按相应定额乘以系数1.80。厂（库）房钢结构脚手架按综合脚手架定额计算的不再另行计算单项脚手架。

5. 住宅钢结构综合脚手架定额适用于结构体系为钢结构、钢－混凝土混合结构的工程，层高以6m以内为标准。

6. 地下室综合脚手架已综合了基础超深脚手架、垂直运输费。

三、本定额房屋除另有说明外层高以6m以内为准，层高超过6m，另按每增加1m以内定额计算；檐高30m以上的房屋，层高超过6m时，按檐高30m以内每增加1m定额执行。

四、层高超过3.6m的垂直运输费和超高加压水泵机械台班单列。

五、本章单项脚手架定额分外墙脚手架、内墙脚手架、满堂脚手架、电梯井道脚手架和烟囱、水塔脚手架。

六、本章定额未包括的项目，可参照《浙江省房屋建筑与装饰工程预算定额》（2018版）计算。

工程量计算规则

一、综合脚手架:

1. 工程量依据《建筑工程建筑面积计算规范》GB/T 50353-2013 按房屋建筑面积计算。有地下室时,地下室与上部建筑面积分别计算,套用相应定额。半地下室并入上部建筑物计算。另应增加有关内容的面积。

2. 以下内容并入综合脚手架计算:

(1)骑楼、过街楼底层的开放公共空间和建筑物通道,层高在 2.2m 及以上者按墙(柱)外围水平面积计算;层高不足 2.2m 者计算 1/2 面积。

(2)建筑物屋顶上或楼层外围的混凝土构架,高度在 2.2m 及以上者按构架外围水平投影面积的 1/2 计算。

(3)凸(飘)窗按其围护结构外围水平面积计算,扣除已计入《建筑工程建筑面积计算规范》GB/T 50353-2013 第 3.0.13 条的面积。

(4)建筑物门廊按其混凝土结构顶板水平投影面积计算,扣除已计入《建筑工程建筑面积计算规范》GB/T 50353-2013 第 3.0.16 条的面积。

(5)建筑物阳台均按其结构底板水平投影面积计算,扣除已计入《建筑工程建筑面积计算规范》GB/T 50353-2013 第 3.0.21 条的面积。

(6)与阳台相连的设备平台、在主体结构内的设备平台等,按结构底板水平投影面积计算,扣除已按《建筑工程建筑面积计算规范》GB/T 50353-2013 计入的相应面积。

以上涉及面积计算的内容,仅适用于计取综合脚手架、垂直运输费和建筑物超高加压水泵台班及其他费用。

二、单项脚手架:

1. 砌墙脚手架工程量按内、外墙面积计算(不扣除门窗洞口、孔洞等面积)。外墙乘以系数 1.15,内墙乘以系数 1.10。

2. 满堂脚手架工程量按天棚水平投影面积计算,工作面高度为房屋层高;斜天棚(屋面)按房屋平均高度计算;局部层高超过 3.6m 以上的房屋,按超过部分面积计算。无天棚的屋面结构等建筑构造的脚手架,按施工组织设计规定的脚手架搭设的外围水平投影面积计算。

3. 电梯安装井道脚手架,按单孔(一座电梯)以"座"计算。

4. 烟囱、水塔脚手架分别高度按"座"计算。

三、人工、机械降效:

1. 各项降效系数中包括的内容指建筑物首层室内地坪以上的全部工程项目,不包括大型机械的基础,运输、安装拆除、垂直运输、各类构件单独水平运输、各项脚手架、预制混凝土及金属构件制作项目。

2. 人工降效、机械降效的计算基数为规定内容中的全部人工费及机械费之和。

3. 建筑物有高低层时,应按首层室内地坪以上不同檐高建筑面积所占比例,分别计算超高人工降效费和机械降效费。

一、综合脚手架及垂直运输费

1. 混凝土结构

工作内容：材料搬运；搭、拆脚手架、挡脚板、安全网、上下翻板子等全部过程；拆除脚手架后的材料堆放；单位工程合理工期内完成除地下室外全部工程所需要的垂直运输(机械台班费用)。

计量单位：m^2

定额编号				12-1	12-2	12-3	12-4
项目				综合脚手架及垂直运输费			
				建筑物檐高 7m 以内		建筑物檐高 13m 以内	
				层高 6m 以内	层高每增加 1m	层高 6m 以内	层高每增加 1m
基价(元)				**16.56**	**1.65**	**35.43**	**1.92**
其中	人工费(元)			11.75	1.18	12.09	1.22
	材料费(元)			3.97	0.39	6.26	0.62
	机械费(元)			0.84	0.08	17.08	0.08
预算定额编号	项目名称	单位	单价(元)	消耗量			
18-1	综合脚手架檐高(m)7 以内 层高(m)6 以内	$100m^2$	1 655.99	0.010 00	—	—	—
18-2	综合脚手架檐高(m)7 以内 层高每增加 1	$100m^2$	164.97	—	0.010 00	—	—
18-3	综合脚手架檐高(m)13 以内 层高(m)6 以内	$100m^2$	1 922.92	—	—	0.010 00	—
18-4	综合脚手架檐高(m)13 以内 层高每增加 1	$100m^2$	191.54	—	—	—	0.010 00
19-4	垂直运输建筑物檐高(m)20 以内	$100m^2$	1 620.33	—	—	0.010 00	—
	名称	单位	单价(元)	消耗量			
人工	二类人工	工日	135.00	0.087 03	0.008 73	0.089 55	0.009 00

工作内容：材料搬运；搭、拆脚手架、挡脚板、安全网、上下翻板子等全部过程；拆除脚手架后的材料堆放；单位工程合理工期内完成除地下室外全部工程所需要的垂直运输(机械台班费用)和建筑物超高压水泵台班及其他费用。

计量单位：m^2

定额编号				12-5	12-6	12-7	12-8
项目				综合脚手架及垂直运输费			
				建筑物檐高 20m 以内		建筑物檐高 30m 以内	
				层高 6m 以内	层高每增加 1m	层高 6m 以内	层高每增加 1m
基价(元)				**38.76**	**2.24**	**54.71**	**2.53**
其中	人工费(元)			13.21	1.32	14.69	1.47
	材料费(元)			8.43	0.84	13.60	0.95
	机械费(元)			17.12	0.08	26.42	0.11
预算定额编号	项目名称	单位	单价(元)	消耗量			
18-5	综合脚手架檐高(m) 20 以内 层高(m) 6 以内	$100m^2$	2 255.20	0.010 00	—	—	—
18-6	综合脚手架檐高(m) 20 以内 层高每增加 1	$100m^2$	224.27	—	0.010 00	—	—
18-7	综合脚手架檐高(m) 30 以内 层高(m) 6 以内	$100m^2$	2 841.15	—	—	0.010 00	—
18-8	综合脚手架檐高(m) 30 以内 层高每增加 1	$100m^2$	253.00	—	—	—	0.010 00
19-4	垂直运输建筑物檐高(m) 20 以内	$100m^2$	1 620.33	0.010 00	—	—	—
19-5	垂直运输建筑物檐高(m) 30 以内	$100m^2$	2 437.22	—	—	0.010 00	—
20-21	加压水泵台班建筑物檐高(m) 30 以内	$100m^2$	192.32	—	—	0.010 00	—
	名称	单位	单价(元)	消耗量			
人工	二类人工	工日	135.00	0.097 83	0.009 81	0.108 81	0.010 89

工作内容：材料搬运；搭、拆脚手架、挡脚板、安全网、上下翻板子等全部过程；拆除脚手架后的材料堆放；单位工程合理工期内完成除地下室外全部工程所需要的垂直运输(机械台班费用)和建筑物超高压水泵台班及其他费用。

计量单位：m^2

定额编号				12-9	12-10	12-11	12-12	12-13
项目				综合脚手架及垂直运输费				
				建筑物檐高(m 以内)				
				50	70	90	100	120
基价(元)				**75.85**	**91.29**	**104.47**	**109.21**	**119.50**
其中	人工费(元)			17.23	19.83	23.51	23.86	24.52
	材料费(元)			18.39	23.15	26.41	27.62	30.76
	机械费(元)			40.23	48.31	54.55	57.73	64.22
预算定额编号	项目名称	单位	单价(元)	消耗量				
18-9	综合脚手架檐高(m)<50	$100m^2$	3 475.52	0.010 00	—	—	—	—
18-10	综合脚手架檐高(m)<70	$100m^2$	4 184.03	—	0.010 00	—	—	—
18-11	综合脚手架檐高(m)<90	$100m^2$	4 858.02	—	—	0.010 00	—	—
18-12	综合脚手架檐高(m)<100	$100m^2$	4 997.77	—	—	—	0.010 00	—
18-13	综合脚手架檐高(m)<120	$100m^2$	5 366.79	—	—	—	—	0.010 00
19-6	垂直运输建筑物檐高(m) 50 以内	$100m^2$	3 531.30	0.010 00	—	—	—	—
19-7	垂直运输建筑物檐高(m) 70 以内	$100m^2$	4 211.48	—	0.010 00	—	—	—
19-8	垂直运输建筑物檐高(m) 90 以内	$100m^2$	4 747.85	—	—	0.010 00	—	—
19-9	垂直运输建筑物檐高(m) 100 以内	$100m^2$	5 022.18	—	—	—	0.010 00	—
19-10	垂直运输建筑物檐高(m) 120 以内	$100m^2$	5 595.68	—	—	—	—	0.010 00
20-22	加压水泵台班建筑物檐高(m) 50 以内	$100m^2$	578.53	0.010 00	—	—	—	—
20-23	加压水泵台班建筑物檐高(m) 70 以内	$100m^2$	733.87	—	0.010 00	—	—	—
20-24	加压水泵台班建筑物檐高(m) 90 以内	$100m^2$	840.42	—	—	0.010 00	—	—
20-25	加压水泵台班建筑物檐高(m) 100 以内	$100m^2$	901.50	—	—	—	0.010 00	—
20-26	加压水泵台班建筑物檐高(m) 120 以内	$100m^2$	987.35	—	—	—	—	0.010 00
	名称	单位	单价(元)	消耗量				
人工	二类人工	工日	135.00	0.127 66	0.146 88	0.174 12	0.176 72	0.181 61
材料	热轧光圆钢筋 综合	kg	3.97	—	0.122 10	0.141 30	0.127 00	0.140 50
	工字钢 Q235B 综合	kg	4.05	—	0.239 00	0.276 90	0.248 60	0.275 20
	碎石 综合	t	102.00	0.006 80	0.004 80	0.003 80	0.003 40	0.002 80

工作内容:材料搬运;搭、拆脚手架、挡脚板、安全网、上下翻板子等全部过程;拆除脚手架后的材料堆放;单位工程合理工期内完成除地下室外全部工程所需要的垂直运输(机械台班费用)和建筑物超高压水泵台班及其他费用。

计量单位:m²

定额编号				12-14	12-15	12-16	12-17
项目				综合脚手架及垂直运输费			
				建筑物檐高(m以内)			
				140	160	180	200
基价(元)				**134.26**	**144.90**	**159.80**	**174.75**
其中	人工费(元)			25.94	30.02	33.24	37.42
	材料费(元)			33.79	37.18	40.13	42.97
	机械费(元)			74.53	77.70	86.43	94.36
预算定额编号	项目名称	单位	单价(元)	消耗量			
18-14	综合脚手架檐高(m)<140	100m²	5 808.75	0.010 00	—	—	—
18-15	综合脚手架檐高(m)<160	100m²	6 555.18	—	0.010 00	—	—
18-16	综合脚手架檐高(m)<180	100m²	7 167.13	—	—	0.010 00	—
18-17	综合脚手架檐高(m)<200	100m²	7 865.04	—	—	—	0.010 00
19-11	垂直运输建筑物檐高(m)140以内	100m²	6 253.13	0.010 00	—	—	—
19-12	垂直运输建筑物檐高(m)160以内	100m²	6 484.83	—	0.010 00	—	—
19-13	垂直运输建筑物檐高(m)180以内	100m²	7 296.89	—	—	0.010 00	—
19-14	垂直运输建筑物檐高(m) 200以内	100m²	8 049.45	—	—	—	0.010 00
20-27	加压水泵台班建筑物檐高(m)140以内	100m²	1 364.31	0.010 00	—	—	—
20-28	加压水泵台班建筑物檐高(m)160以内	100m²	1 449.75	—	0.010 00	—	—
20-29	加压水泵台班建筑物檐高(m)180以内	100m²	1 516.28	—	—	0.010 00	—
20-30	加压水泵台班建筑物檐高(m)200以内	100m²	1 560.56	—	—	—	0.010 00
名称		单位	单价(元)	消耗量			
人工	二类人工	工日	135.00	0.192 15	0.222 39	0.246 19	0.277 17
材料	热轧光圆钢筋 综合	kg	3.97	0.150 30	0.183 80	0.186 40	0.188 50
	工字钢 Q235B 综合	kg	4.05	0.294 50	0.360 00	0.365 20	0.369 20
	碎石 综合	t	102.00	0.002 40	0.002 10	0.001 90	0.001 70

2. 厂房钢结构

工作内容:1. 材料搬运;搭、拆脚手架、挡脚板、安全网、上下翻板子等全部过程;拆除脚手架后的材料堆放;
2. 钢挑梁制作、安装及拆除;单位工程合理工期内完成除地下室外全部工程所需要的垂直运输(机械台班费用)。

计量单位:m^2

定额编号				12-18	12-19	12-20	12-21
项目				综合脚手架及垂直运输费			
				建筑物檐高7m 以内		建筑物檐高20m 以内	
				单层钢结构厂房	每增加1m	多层钢结构厂(库)房	每增加1m
基价(元)				**7.14**	**0.89**	**13.96**	**1.96**
其中	人工费(元)			2.19	0.22	2.84	0.28
	材料费(元)			1.19	0.12	2.53	0.25
	机械费(元)			3.76	0.55	8.59	1.43
预算定额编号	项目名称	单位	单价(元)	消耗量			
18-18	综合脚手架单层钢结构厂(库)房 檐高(m)7 以内	$100m^2$	362.99	0.010 00	—	—	—
18-19	综合脚手架单层钢结构厂(库)房 檐高(m)每增加 1	$100m^2$	36.25	—	0.010 00	—	—
18-20	综合脚手架多层钢结构厂(库)房 檐高(m) 20 以内	$100m^2$	563.67	—	—	0.010 00	—
18-21	综合脚手架多层钢结构厂(库)房 檐高(m)每增加 1	$100m^2$	56.13	—	—	—	0.010 00
19-15	垂直运输单层厂(库)房 建筑物檐高(m) 7 以内	$100m^2$	350.83	0.010 00	—	—	—
19-16	垂直运输单层厂(库)房 建筑物檐高(m)每增加 1	$100m^2$	52.42	—	0.010 00	—	—
19-17	垂直运输多层厂(库)房 建筑物檐高(m) 20 以内	$100m^2$	832.06	—	—	0.010 00	—
19-18	垂直运输多层厂(库)房 建筑物檐高(m)每增加 1	$100m^2$	140.41	—	—	—	0.010 00
名称		单位	单价(元)	消耗量			
人工	二类人工	工日	135.00	0.016 20	0.001 62	0.021 00	0.002 10

3. 住宅钢结构

工作内容：材料搬运；搭、拆脚手架、挡脚板、安全网、上下翻板子等全部过程；拆除脚手架后的材料堆放；钢挑梁制作、安装及拆除；单位工程合理工期内完成除地下室外全部工程所需要的垂直运输（机械台班费用）和建筑物超高压水泵台班及其他费用。

计量单位：m^2

定额编号				12-22	12-23	12-24	12-25
项目				综合脚手架及垂直运输费			
				建筑物檐高(m 以内)			
				50	70	90	100
				住宅钢结构			
基价（元）				**62.76**	**72.89**	**82.72**	**86.21**
其中	人工费（元）			13.86	14.44	15.06	16.42
	材料费（元）			11.28	14.20	16.14	16.87
	机械费（元）			37.62	44.25	51.52	52.92
预算定额编号	项目名称	单位	单价(元)	消耗量			
18-22	综合脚手架住宅钢结构 檐高(m) 50 以内	$100m^2$	2 364.25	0.010 00	—	—	—
18-23	综合脚手架住宅钢结构 檐高(m)70 以内	$100m^2$	2 676.54	—	0.010 00	—	—
18-24	综合脚手架住宅钢结构 檐高(m)90 以内	$100m^2$	2 909.32	—	—	0.010 00	—
18-25	综合脚手架住宅钢结构 檐高(m)100 以内	$100m^2$	3 104.28	—	—	—	0.010 00
19-19	垂直运输住宅钢结构建筑物檐高(m) 50 以内	$100m^2$	3 333.04	0.010 00	—	—	—
19-20	垂直运输住宅钢结构建筑物檐高(m) 70 以内	$100m^2$	3 878.89	—	0.010 00	—	—
19-21	垂直运输住宅钢结构建筑物檐高(m) 90 以内	$100m^2$	4 522.00	—	—	0.010 00	—
19-22	垂直运输住宅钢结构建筑物檐高(m) 100 以内	$100m^2$	4 614.68	—	—	—	0.010 00
20-22	加压水泵台班建筑物檐高(m) 50 以内	$100m^2$	578.53	0.010 00	—	—	—
20-23	加压水泵台班建筑物檐高(m) 70 以内	$100m^2$	733.87	—	0.010 00	—	—
20-24	加压水泵台班建筑物檐高(m) 90 以内	$100m^2$	840.42	—	—	0.010 00	—
20-25	加压水泵台班建筑物檐高(m) 100 以内	$100m^2$	901.50	—	—	—	0.010 00
	名称	单位	单价(元)	消耗量			
人工	二类人工	工日	135.00	0.102 64	0.106 97	0.111 54	0.121 60
材料	热轧光圆钢筋 综合	kg	3.97	—	0.068 38	0.079 13	0.071 12
	工字钢 Q235B 综合	kg	4.05	—	0.133 84	0.155 06	0.139 22
	碎石 综合	t	102.00	0.003 78	0.002 69	0.002 13	0.001 90

工作内容:材料搬运;搭、拆脚手架、挡脚板、安全网、上下翻板子等全部过程;拆除脚手架后的材料堆放;钢挑梁制作、安装及拆除;单位工程合理工期内完成除地下室外全部工程所需要的垂直运输(机械台班费用)和建筑物超高压水泵台班及其他费用。

计量单位:m^2

定额编号				12-26	12-27	12-28	12-29	12-30
项目				综合脚手架及垂直运输费				
				建筑物檐高(m 以内)				
				120	140	160	180	200
				住宅钢结构				
基价(元)				**96.04**	**106.52**	**114.12**	**127.23**	**142.21**
其中	人工费(元)			18.14	20.44	23.28	26.97	31.10
	材料费(元)			18.68	20.43	22.36	24.04	25.65
	机械费(元)			59.22	65.65	68.48	76.22	85.46
预算定额编号	项目名称	单位	单价(元)	消耗量				
18-26	综合脚手架住宅钢结构 檐高(m)120 以内	$100m^2$	3 446.68	0.010 00	—	—	—	—
18-27	综合脚手架住宅钢结构 檐高(m)140 以内	$100m^2$	3 843.92	—	0.010 00	—	—	—
18-28	综合脚手架住宅钢结构 檐高(m)160 以内	$100m^2$	4 317.39	—	—	0.010 00	—	—
18-29	综合脚手架住宅钢结构 檐高(m)180 以内	$100m^2$	4 849.01	—	—	—	0.010 00	—
18-30	综合脚手架住宅钢结构 檐高(m)200 以内	$100m^2$	5 418.96	—	—	—	—	0.010 00
19-23	垂直运输住宅钢结构建筑物檐高(m)120 以内	$100m^2$	5 170.98	0.010 00	—	—	—	—
19-24	垂直运输住宅钢结构建筑物檐高(m)140 以内	$100m^2$	5 443.20	—	0.010 00	—	—	—
19-25	垂直运输住宅钢结构建筑物檐高(m)160 以内	$100m^2$	5 645.09	—	—	0.010 00	—	—
19-26	垂直运输住宅钢结构建筑物檐高(m)180 以内	$100m^2$	6 357.63	—	—	—	0.010 00	—
19-27	垂直运输住宅钢结构建筑物檐高(m)200 以内	$100m^2$	7 241.63	—	—	—	—	0.010 00
20-26	加压水泵台班建筑物檐高(m)120 以内	$100m^2$	987.35	0.010 00	—	—	—	—
20-27	加压水泵台班建筑物檐高(m)140 以内	$100m^2$	1 364.31	—	0.010 00	—	—	—
20-28	加压水泵台班建筑物檐高(m)160 以内	$100m^2$	1 449.75	—	—	0.010 00	—	—
20-29	加压水泵台班建筑物檐高(m)180 以内	$100m^2$	1 516.28	—	—	—	0.010 00	—
20-30	加压水泵台班建筑物檐高(m)200 以内	$100m^2$	1 560.56	—	—	—	—	0.010 00
名称		单位	单价(元)	消耗量				
人工	二类人工	工日	135.00	0.134 39	0.151 42	0.172 46	0.199 78	0.230 40
材料	热轧光圆钢筋 综合	kg	3.97	0.078 68	0.084 17	0.102 93	0.104 38	0.105 56
	工字钢 Q235B 综合	kg	4.05	0.154 11	0.164 92	0.201 60	0.204 51	0.206 75
	碎石 综合	t	102.00	0.001 57	0.001 34	0.001 18	0.001 06	0.000 95

4. 地　下　室

工作内容:材料搬运;搭、拆脚手架、挡脚板、安全网,上下翻板子等材料搬运;搭、拆除脚手架、挡脚板、安全网,上下翻板子等全部过程;拆除脚手架后的材料堆放;单位工程合理工期内完成地下室外全部工程所需要的垂直运输(机械台班费用)。

计量单位:m²

定额编号				12-31	12-32	12-33
项目				综合脚手架		
				地下室一层	地下室二层	地下室三层及四层
基价(元)				**53.39**	**43.38**	**40.52**
其中	人工费(元)			10.93	12.53	14.10
	材料费(元)			2.64	4.54	4.85
	机械费(元)			39.82	26.31	21.57
预算定额编号	项目名称	单位	单价(元)	消耗量		
18-31	地下室层数 一层	100m²	1 365.22	0.010 00	—	—
18-32	地下室层数 二层	100m²	1 813.53	—	0.010 00	—
18-33	地下室层数 三层及四层	100m²	2 009.56	—	—	0.010 00
19-1	地下室层数 一层	100m²	3 974.00	0.010 00	—	—
19-2	地下室层数 二层	100m²	2 524.33	—	0.010 00	—
19-3	地下室层数 三层及四层	100m²	2 042.97	—	—	0.010 00
名称		单位	单价(元)	消耗量		
人工	二类人工	工日	135.00	0.080 98	0.092 79	0.104 47

二、单项脚手架

1. 外墙脚手架

工作内容:材料搬运;搭设、拆除脚手架、安全网,铺、翻脚手架板等全部过程;拆除脚手架后的材料堆放;钢挑梁制作、安装及拆除。

计量单位:m²

定额编号				12-34	12-35	12-36	12-37	12-38	12-39
项目				外墙脚手架					
				高度(m以内)					
				7	13	20	30	40	50
基价(元)				**13.98**	**17.39**	**21.36**	**25.66**	**31.67**	**37.28**
其中	人工费(元)			9.62	10.42	11.88	12.90	14.48	16.11
	材料费(元)			3.44	5.98	8.41	11.60	15.96	19.63
	机械费(元)			0.92	0.99	1.07	1.16	1.23	1.54
预算定额编号	项目名称	单位	单价(元)	消耗量					
18-34	外墙脚手架 高度(m) 7以内	100m²	1 398.16	0.010 00	—	—	—	—	—
18-35	外墙脚手架 高度(m) 13以内	100m²	1 740.25	—	0.010 00	—	—	—	—
18-36	外墙脚手架 高度(m) 20以内	100m²	2 136.30	—	—	0.010 00	—	—	—
18-37	外墙脚手架 高度(m) 30以内	100m²	2 565.89	—	—	—	0.010 00	—	—
18-38	外墙脚手架 高度(m) 40以内	100m²	3 166.48	—	—	—	—	0.010 00	—
18-39	外墙脚手架 高度(m) 50以内	100m²	3 728.10	—	—	—	—	—	0.010 00
名称		单位	单价(元)	消耗量					
人工	二类人工	工日	135.00	0.071 28	0.077 22	0.088 02	0.095 58	0.107 26	0.119 32

2. 内墙脚手架、满堂脚手架

工作内容:材料搬运;搭设、拆除脚手架、安全网,铺、翻脚手板等全过程;拆除后的材料堆放。 **计量单位**:m²

定额编号				12-40	12-41	12-42	12-43
项目				内墙脚手架		满堂脚手架基本层	满堂脚手架
				高度(m)			
				3.6 以内	3.6 以上	3.6~5.2m	每增加 1.2m
基价(元)				**2.02**	**6.00**	**9.87**	**1.98**
其中	人工费(元)			1.40	4.54	8.06	1.59
	材料费(元)			0.43	1.27	1.47	0.31
	机械费(元)			0.19	0.19	0.34	0.08
预算定额编号	项目名称	单位	单价(元)	消耗量			
18-44	内墙脚手架 高度(m)3.6 以内	100m²	202.35	0.010 00	—	—	—
18-45	内墙脚手架 高度(m)3.6 以上	100m²	599.61	—	0.010 00	—	—
18-47	满堂脚手架 基本层 3.6~5.2m	100m²	987.36	—	—	0.010 00	—
18-48	满堂脚手架 每增加 1.2m	100m²	198.00	—	—	—	0.010 00
	名称	单位	单价(元)	消耗量			
人工	二类人工	工日	135.00	0.010 37	0.033 62	0.059 70	0.011 80

3. 电梯井脚手架

工作内容:材料搬运;搭设、拆除脚手架,铺、翻脚手板等全过程;拆除脚手架后的材料堆放。 **计量单位**:座

定额编号				12-44	12-45	12-46	12-47	12-48
项目				电梯井脚手架				
				高度(m 以内)				
				20	40	60	80	100
基价(元)				**1 108.36**	**2 612.35**	**4 865.73**	**6 828.57**	**9 668.87**
其中	人工费(元)			788.00	1 890.27	3 665.39	5 046.17	7 225.07
	材料费(元)			240.24	599.87	1 017.21	1 537.98	2 161.35
	机械费(元)			80.12	122.21	183.13	244.42	282.45
预算定额编号	项目名称	单位	单价(元)	消耗量				
18-49	电梯安装井道脚手架 高度(m)20 以内	座	1 108.36	1.000 00	—	—	—	—
18-50	电梯安装井道脚手架 高度(m)40 以内	座	2 612.35	—	1.000 00	—	—	—
18-51	电梯安装井道脚手架 高度(m)60 以内	座	4 865.73	—	—	1.000 00	—	—
18-52	电梯安装井道脚手架 高度(m)80 以内	座	6 828.57	—	—	—	1.000 00	—
18-53	电梯安装井道脚手架 高度(m)100 以内	座	9 668.87	—	—	—	—	1.000 00
	名称	单位	单价(元)	消耗量				
人工	二类人工	工日	135.00	5.837 40	14.002 20	27.151 20	37.378 80	53.519 40

工作内容：材料搬运；搭设、拆除脚手架，铺、翻脚手板等全过程；拆除脚手架后的材料堆放。 **计量单位**：座

定额编号				12-49	12-50	12-51	12-52	12-53
项目				电梯井脚手架				
				高度(m以内)				
				120	140	160	180	200
基价(元)				**13 134.45**	**16 807.72**	**20 428.29**	**23 882.36**	**28 643.98**
其中	人工费(元)			9 961.11	12 799.08	15 472.35	17 944.34	21 613.37
	材料费(元)			2 833.67	3 611.74	4 497.75	5 426.29	6 461.66
	机械费(元)			339.67	396.90	458.19	511.73	568.95
预算定额编号	项目名称	单位	单价(元)	消耗量				
18-54	电梯安装井道脚手架 高度(m) 120以内	座	13 134.45	1.000 00	—	—	—	—
18-55	电梯安装井道脚手架 高度(m) 140以内	座	16 807.72	—	1.000 00	—	—	—
18-56	电梯安装井道脚手架 高度(m) 160以内	座	20 428.29	—	—	1.000 00	—	—
18-57	电梯安装井道脚手架 高度(m) 180以内	座	23 882.36	—	—	—	1.000 00	—
18-58	电梯安装井道脚手架 高度(m) 200以内	座	28 643.98	—	—	—	—	1.000 00
名称		单位	单价(元)	消耗量				
人工	二类人工	工日	135.00	73.785 60	94.807 80	114.609 60	132.921 00	160.099 20

4. 构筑物脚手架、垂直运输

工作内容：材料搬运；搭设、拆除脚手架、安全网，铺、翻脚手板等全部过程；拆除脚手架后的材料堆放。 **计量单位**：座

定额编号				12-54	12-55	12-56	12-57
项目				砖砌烟囱		钢筋混凝土烟囱	
				脚手架高度30m以内	每增加1m	脚手架高度30m以内	每增加1m
基价(元)				**21 871.32**	**858.18**	**31 230.83**	**1 163.59**
其中	人工费(元)			5 370.08	300.11	5 370.08	300.11
	材料费(元)			3 613.46	124.67	3 613.46	124.67
	机械费(元)			12 887.78	433.40	22 247.29	738.81
预算定额编号	项目名称	单位	单价(元)	消耗量			
18-67	烟囱、水塔脚手架 高度(m) 20以内	座	5 079.47	1.000 00	—	1.000 00	—
18-68	烟囱、水塔脚手架 高度(m) 每增加1	座	447.67	10.000 00	1.000 00	10.000 00	1.000 00
19-37	砖砌烟囱 高度(m) 30以内	座	12 315.15	1.000 00	—	—	—
19-38	砖砌烟囱 高度(m) 每增加1	座	410.51	—	1.000 00	—	—
19-39	钢筋混凝土烟囱 高度(m) 30以内	座	21 674.66	—	—	1.000 00	—
19-40	钢筋混凝土烟囱 高度(m) 每增加1	座	715.92	—	—	—	1.000 00
名称		单位	单价(元)	消耗量			
人工	二类人工	工日	135.00	39.778 20	2.223 00	39.778 20	2.223 00

工作内容:材料搬运;搭设、拆除脚手架、安全网,铺、翻脚手板等全部过程;拆除脚手架后的材料堆放。 **计量单位**:座

定额编号				12-58	12-59
项目				钢筋混凝土水塔	
				脚手架高度20m 以内	每增加 1m
基价(元)				**19 638.71**	**1 118.16**
其中	人工费(元)			2 368.98	300.11
	材料费(元)			2 366.76	124.67
	机械费(元)			14 902.97	693.38
预算定额编号	项目名称	单位	单价(元)	消耗量	
18-67	烟囱、水塔脚手架 高度(m) 20 以内	座	5 079.47	1.000 00	—
18-68	烟囱、水塔脚手架 高度(m) 每增加 1	座	447.67	—	1.000 00
19-41	钢筋混凝土水塔 高度(m) 20 以内	座	14 559.24	1.000 00	—
19-42	钢筋混凝土水塔 高度(m) 每增加 1	座	670.49	—	1.000 00
名称		单位	单价(元)	消耗量	
人工	二类人工	工日	135.00	17.548 20	2.223 00

三、建筑物层高超过 3.6m 每增加 1m 垂直运输及加压水泵台班及其他费用

1.混凝土结构

工作内容:层高超过 3.6m 每增 1m 垂直运输及加压水泵台班费用。 **计量单位**:m^2

定额编号				12-60	12-61	12-62
项目				建筑物层高超过 3.6m		
				檐高(m 以内)		
				20	50	90
				每增加 1m 垂直运输费用		
基价(元)				**2.47**	**3.93**	**5.89**
其中	人工费(元)			—	—	—
	材料费(元)			—	—	—
	机械费(元)			2.47	3.93	5.89
预算定额编号	项目名称	单位	单价(元)	消耗量		
19-28	垂直运输层高超过 3.6m 每增加 1m 建筑物檐高(m)20 以内	$100m^2$	246.97	0.010 00	—	—
19-29	垂直运输层高超过 3.6m 每增加 1m 建筑物檐高(m)50 以内	$100m^2$	382.86	—	0.010 00	—
19-30	垂直运输层高超过 3.6m 每增加 1m 建筑物檐高(m)90 以内	$100m^2$	534.67	—	—	0.010 00
20-31	加压水泵台班层高超过 3.6m 每增加 1m 建筑物檐高(m)50 以内	$100m^2$	10.58	—	0.010 00	—
20-32	加压水泵台班层高超过 3.6m 每增加 1m 建筑物檐高(m)90 以内	$100m^2$	53.93	—	—	0.010 00

工作内容：层高超过3.6m每增1m垂直运输及加压水泵台班费用。　　计量单位：m²

定额编号					12-63	12-64
项目					建筑物层高超过3.6m	
					檐高	
					120m以内	120m以上
					每增加1m垂直运输费用	
基价（元）					**7.50**	**9.12**
其中	人工费（元）				—	—
	材料费（元）				—	—
	机械费（元）				7.50	9.12
预算定额编号	项目名称		单位	单价(元)	消耗量	
19-31	垂直运输层高超过3.6m每增加1m建筑物檐高(m)120以内		100m²	679.96	0.010 00	—
19-32	垂直运输层高超过3.6m每增加1m建筑物檐高(m)120以上		100m²	781.78	—	0.010 00
20-33	加压水泵台班层高超过3.6m每增加1m建筑物檐高(m)120以内		100m²	70.34	0.010 00	—
20-34	加压水泵台班层高超过3.6m每增加1m建筑物檐高(m)120以上		100m²	130.11	—	0.010 00

2. 住宅钢结构

工作内容：层高超过3.6m每增1m垂直运输及加压水泵台班费用。　　计量单位：m²

定额编号				12-65	12-66	12-67	12-68
项目				建筑物层高超过3.6m			
				檐高			
				50m以内	90m以内	120m以内	120m以上
				每增加1m垂直运输费用			
基价（元）				**3.93**	**5.20**	**6.63**	**8.12**
其中	人工费（元）			—	—	—	—
	材料费（元）			—	—	—	—
	机械费（元）			3.93	5.20	6.63	8.12
预算定额编号	项目名称	单位	单价(元)	消耗量			
19-33	住宅钢结构垂直运输层高超过3.6m每增加1m建筑物檐高(m)50以内	100m²	382.86	0.010 00	—	—	—
19-34	住宅钢结构垂直运输层高超过3.6m每增加1m建筑物檐高(m)90以内	100m²	465.95	—	0.010 00	—	—
19-35	住宅钢结构垂直运输层高超过3.6m每增加1m建筑物檐高(m)120以内	100m²	592.60	—	—	0.010 00	—
19-36	住宅钢结构垂直运输层高超过3.6m每增加1m建筑物檐高(m)120以内	100m²	681.74	—	—	—	0.010 00
20-31	加压水泵台班层高超过3.6m每增加1m建筑物檐高(m)50以内	100m²	10.58	0.010 00	—	—	—
20-32	加压水泵台班层高超过3.6m每增加1m建筑物檐高(m)90以内	100m²	53.93	—	0.010 00	—	—
20-33	加压水泵台班层高超过3.6m每增加1m建筑物檐高(m)120以内	100m²	70.34	—	—	0.010 00	—
20-34	加压水泵台班层高超过3.6m每增加1m建筑物檐高(m)120以上	100m²	130.11	—	—	—	0.010 00

四、建筑物超高人工、机械降效增加费

工作内容:1. 工人上下班降低工效、上下楼及自然休息增加时间;
2. 垂直运输影响的时间;
3. 建筑物超高引起的有关机械使用效率降低。

计量单位:万元

定额编号				12-69	12-70	12-71	12-72	12-73
项目				建筑物超高降效增加费				
				檐高(m 以内)				
				30	50	70	90	100
基价(元)				**200.00**	**570.00**	**1 013.00**	**1 434.00**	**1 744.80**
其中	人工费(元)			100.00	285.00	506.50	717.00	872.40
	材料费(元)			—	—	—	—	—
	机械费(元)			100.00	285.00	506.50	717.00	872.40
预算定额编号	项目名称	单位	单价(元)	消耗量				
20-1	人工降效建筑物檐高(m) 30 以内	万元	200.00	0.500 00	—	—	—	—
20-2	人工降效建筑物檐高(m) 50 以内	万元	570.00	—	0.500 00	—	—	—
20-3	人工降效建筑物檐高(m) 70 以内	万元	1 013.00	—	—	0.500 00	—	—
20-4	人工降效建筑物檐高(m) 90 以内	万元	1 434.00	—	—	—	0.500 00	—
20-5	人工降效建筑物檐高(m) 100 以内	万元	1 744.80	—	—	—	—	0.500 00
20-11	机械降效建筑物檐高(m) 30 以内	万元	200.00	0.500 00	—	—	—	—
20-12	机械降效建筑物檐高(m) 50 以内	万元	570.00	—	0.500 00	—	—	—
20-13	机械降效建筑物檐高(m) 70 以内	万元	1 013.00	—	—	0.500 00	—	—
20-14	机械降效建筑物檐高(m) 90 以内	万元	1 434.00	—	—	—	0.500 00	—
20-15	机械降效建筑物檐高(m) 100 以内	万元	1 744.80	—	—	—	—	0.500 00
名称		单位	单价(元)	消耗量				
人工	人工费	元	1.00	100.00	285.00	506.50	717.00	872.40

工作内容:1. 工人上下班降低工效、上下楼及自然休息增加时间;
2. 垂直运输影响的时间;
3. 建筑物超高引起的有关机械使用效率降低。

计量单位:万元

定额编号				12-74	12-75	12-76	12-77	12-78
项目				建筑物超高降效增加费				
				檐高(m 以内)				
				120	140	160	180	200
基价(元)				**2 052.20**	**2 459.40**	**2 865.00**	**3 269.00**	**3 672.00**
其中	人工费(元)			1 026.10	1 229.70	1 432.50	1 634.50	1 836.00
	材料费(元)			—	—	—	—	—
	机械费(元)			1 026.10	1 229.70	1 432.50	1 634.50	1 836.00
预算定额编号	项目名称	单位	单价(元)	消耗量				
20-6	人工降效建筑物檐高(m) 120 以内	万元	2 052.20	0.500 00	—	—	—	—
20-7	人工降效建筑物檐高(m) 140 以内	万元	2 459.40	—	0.500 00	—	—	—
20-8	人工降效建筑物檐高(m) 160 以内	万元	2 865.00	—	—	0.500 00	—	—
20-9	人工降效建筑物檐高(m) 180 以内	万元	3 269.00	—	—	—	0.500 00	—
20-10	人工降效建筑物檐高(m) 200 以内	万元	3 672.00	—	—	—	—	0.500 00
20-16	机械降效建筑物檐高(m) 120 以内	万元	2 052.20	0.500 00	—	—	—	—
20-17	机械降效建筑物檐高(m) 140 以内	万元	2 459.40	—	0.500 00	—	—	—
20-18	机械降效建筑物檐高(m) 160 以内	万元	2 865.00	—	—	0.500 00	—	—
20-19	机械降效建筑物檐高(m) 180 以内	万元	3 269.00	—	—	—	0.500 00	—
20-20	机械降效建筑物檐高(m) 200 以内	万元	3 672.00	—	—	—	—	0.500 00
名称		单位	单价(元)	消耗量				
人工	人工费	元	1.00	1 026.10	1 229.70	1 432.50	1 634.50	1 836.00

第十三章
大型施工机械进（退）场及安拆

说　　明

一、自升式塔式起重机、施工电梯基础费用:

1. 固定式基础未考虑打桩,发生时,可另行计算。

2. 不带配重的自升塔式起重机固定式基础、混凝土搅拌站的基础按实际计算。

二、特、大型机械安装拆卸费用:

1. 安装、拆卸费中已包括机械安装后的试运转费用。

2. 自升式塔式起重机安装、拆卸费定额是按塔高 60m 确定;如塔高超过 60m,每增加 15m,安装、拆卸费用(扣除试车台班后)增加 10%。

3. 柴油打桩机安装、拆卸费中的试车台班是按 1.8t 轨道式柴油打桩机考虑的。

4. 步履式柴油打桩机按相应规格柴油打桩机计算,多功能压桩机按相应规格静力压柱机计算。

三、特、大型机械场外运输费用:

1. 场外运输费用中已包括机械的回程费用。

2. 场外运输费用为运距 25km 以内的机械进出场费用。

3. 机械进(退)场费每进入工地只能算一次,不能重复计算。

四、凡本定额未考虑到的大型施工机械进(退)场费用,可参照《浙江省房屋建筑与装饰工程预算定额》(2018 版)附录中有关规定计算。

一、土方工程机械

计量单位:台次

定额编号				13-1	13-2	13-3	13-4	13-5	13-6
项目				履带式					
				挖掘机		推土机		起重机	
				$1m^3$ 以内	$1m^3$ 以外	90kW 以内	90kW 以外	30t 以内	30t 以外
基价(元)				**3 249.84**	**3 921.70**	**2 805.96**	**3 603.15**	**4 442.55**	**5 550.85**
其中	人工费(元)			540.00	540.00	540.00	540.00	540.00	540.00
	材料费(元)			1 181.33	1 360.80	836.01	1 303.25	1 456.07	1 661.53
	机械费(元)			1 528.51	2 020.90	1 429.95	1 759.90	2 446.48	3 349.32
预算定额编号	项目名称	单位	单价(元)	消耗量					
3001	履带式挖掘机 $1m^3$ 以内	台次	3 249.84	1.000 00	—	—	—	—	—
3002	履带式挖掘机 $1m^3$ 以外	台次	3 921.70	—	1.000 00	—	—	—	—
3003	履带式推土机 90kW 以内	台次	2 805.96	—	—	1.000 00	—	—	—
3004	履带式推土机 90kW 以外	台次	3 603.15	—	—	—	1.000 00	—	—
3005	履带式起重机 30t 以内	台次	4 442.55	—	—	—	—	1.000 00	—
3006	履带式起重机 30t 以外	台次	5 550.85	—	—	—	—	—	1.000 00

二、打桩工程机械

计量单位:台次

定额编号				13-7	13-8	13-9
项目				强夯机械	柴油打桩机	
					5t 以内	5t 以外
基价(元)				**8 349.54**	**16 363.67**	**17 683.66**
其中	人工费(元)			540.00	4 860.00	4 860.00
	材料费(元)			2 953.14	2 819.52	3 196.66
	机械费(元)			4 856.40	8 684.15	9 627.00
预算定额编号	项目名称	单位	单价(元)	消耗量		
2002	柴油打桩机	台次	7 968.86	—	1.000 00	1.000 00
3007	强夯机械	台次	8 349.54	1.000 00	—	—
3008	柴油打桩机 5t 以内	台次	8 394.81	—	1.000 00	—
3009	柴油打桩机 5t 以外	台次	9 714.80	—	—	1.000 00

计量单位:台次

定　额　编　号				13-10	13-11	13-12	13-13	13-14
项　　目				静力压桩机(kN)				
				900	1 200	1 600	4 000	10 000
基　　价　(元)				**21 176.87**	**24 882.61**	**32 859.17**	**39 707.36**	**48 277.25**
其中	人　　工　　费　(元)			6 480.00	7 290.00	10 260.00	11 610.00	11 610.00
	材　　料　　费　(元)			4 377.41	4 904.84	6 452.41	7 623.20	9 618.94
	机　　械　　费　(元)			10 319.46	12 687.77	16 146.76	20 474.16	27 048.31
预算定额编号	项　目　名　称	单位	单价(元)	消　耗　量				
2003	静力压桩机(kN)900 以内	台次	6 291.34	1.000 00	—	—	—	—
2004	静力压桩机(kN)1 200 以内	台次	8 168.57	—	1.000 00	—	—	—
2005	静力压桩机(kN)1 600 以内	台次	10 728.63	—	—	1.000 00	—	—
2006	静力压桩机(kN)4 000 以内	台次	13 514.06	—	—	—	1.000 00	—
2007	静力压桩机(kN)10 000 以内	台次	15 098.86	—	—	—	—	1.000 00
3013	静力压桩机 900kN	台次	14 885.53	1.000 00	—	—	—	—
3014	静力压桩机 1 200kN 以内	台次	16 714.04	—	1.000 00	—	—	—
3015	静力压桩机 1 600kN 以内	台次	22 130.54	—	—	1.000 00	—	—
3016	静力压桩机 4 000kN 以内	台次	26 193.30	—	—	—	1.000 00	—
3017	静力压桩机 10 000kN 以内	台次	33 178.39	—	—	—	—	1.000 00

三、垂直运输机械及其他机械

1. 塔式起重机

计量单位:台次

定　额　编　号				13-15
项　　目				固定式基础(带配重)
				自升式塔式起重机
基　　价　(元)				**67 355.96**
其中	人　　工　　费　(元)			18 700.20
	材　　料　　费　(元)			26 192.90
	机　　械　　费　(元)			22 462.86
预算定额编号	项　目　名　称	单位	单价(元)	消　耗　量
1001	固定式基础(带配重)	座	24 823.47	1.000 00
2001	自升式塔式起重机	台次	25 938.52	1.000 00
3018	自升式塔式起重机	台次	16 593.97	1.000 00

2. 施 工 电 梯

计量单位:台次

定额编号				13-16	13-17	13-18	13-19
项目				高度(m)			
				50	100	130	200
基价(元)				**24 569.11**	**28 772.87**	**35 598.00**	**40 596.85**
其中	人工费(元)			8 100.00	10 260.00	12 825.00	13 095.00
	材料费(元)			6 745.11	7 263.27	8 268.69	8 952.29
	机械费(元)			9 724.00	11 249.60	14 504.31	18 549.56
预算定额编号	项目名称	单位	单价(元)	消耗量			
1002	施工电梯固定式基础	座	6 231.39	1.000 00	1.000 00	1.000 00	1.000 00
2009	施工电梯高度 50m	台次	9 272.35	1.000 00	—	—	—
2010	施工电梯高度 100m	台次	11 355.99	—	1.000 00	—	—
2011	施工电梯高度 130m	台次	14 007.50	—	—	1.000 00	—
2012	施工电梯高度 200m	台次	16 380.71	—	—	—	1.000 00
3020	施工电梯高度 50m	台次	9 065.37	1.000 00	—	—	—
3021	施工电梯高度 100m	台次	11 185.49	—	1.000 00	—	—
3022	施工电梯高度 130m	台次	15 359.11	—	—	1.000 00	—
3023	施工电梯高度 200m 以内	台次	17 984.75	—	—	—	1.000 00

3. 其 他 机 械

计量单位:台次

定额编号				13-20	13-21	13-22	13-23	13-24	13-25
项目				潜水钻孔机	混凝土搅拌站	转盘钻孔机	三轴搅拌机	履带式旋挖钻机	压滤机
基价(元)				**9 056.02**	**22 356.10**	**11 785.90**	**22 643.71**	**14 402.26**	**3 594.79**
其中	人工费(元)			3 915.00	11 205.00	4 995.00	5 130.00	3 915.00	405.00
	材料费(元)			879.23	2 774.15	842.31	2 751.48	1 840.72	392.99
	机械费(元)			4 261.79	8 376.95	5 948.59	14 762.23	8 646.54	2 796.80
预算定额编号	项目名称	单位	单价(元)	消耗量					
2002	柴油打桩机	台次	7 968.86	—	—	1.000 00	—	—	—
2013	潜水钻孔机	台次	4 850.36	1.000 00	—	—	—	—	—
2014	混凝土搅拌站	台次	12 867.77	—	1.000 00	—	—	—	—
2015	三轴搅拌机	台次	10 038.33	—	—	—	1.000 00	—	—
2016	履带式旋挖钻机	台次	6 928.45	—	—	—	—	1.000 00	—
2017	压滤机	台次	1 236.87	—	—	—	—	—	1.000 00
3024	混凝土搅拌站	台次	9 488.33	—	1.000 00	—	—	—	—
3025	潜水钻孔机	台次	4 205.66	1.000 00	—	—	—	—	—
3026	转盘钻孔机	台次	3 817.04	—	—	1.000 00	—	—	—
3027	三轴搅拌机	台次	12 605.38	—	—	—	1.000 00	—	—
3028	履带式旋挖钻机	台次	7 473.81	—	—	—	—	1.000 00	—
3031	压滤机	台次	2 357.92	—	—	—	—	—	1.000 00

计量单位:台次

定额编号				13-26	13-27	13-28
项目				履带式抓斗成槽机	冲击成孔机	TRD搅拌桩机 Ⅲ型
基价(元)				**20 273.54**	**3 477.64**	**89 766.02**
其中	人工费(元)			2 430.00	540.00	9 450.00
	材料费(元)			1 663.53	991.49	15 186.06
	机械费(元)			16 180.01	1 946.15	65 129.96
预算定额编号	项目名称	单位	单价(元)	消耗量		
2018	抓斗成槽机	台次	14 090.69	1.000 00	—	—
2019	TRD 搅拌桩机 Ⅲ型	台次	37 421.20	—	—	1.000 00
3029	履带式抓斗成槽机	台次	6 182.85	1.000 00	—	—
3030	冲击成孔机	台次	3 477.64	—	1.000 00	—
3032	TRD 搅拌桩机 Ⅲ型	台次	52 344.82	—	—	1.000 00

计量单位:台次

定额编号				13-29	13-30	13-31
项目				压路机	锚杆钻孔机	沥青混凝土摊铺机
基价(元)				**2 773.74**	**6 278.85**	**4 266.14**
其中	人工费(元)			405.00	1 080.00	810.00
	材料费(元)			1 069.91	1 893.36	1 149.19
	机械费(元)			1 298.83	3 305.49	2 306.95
预算定额编号	项目名称	单位	单价(元)	消耗量		
3010	压路机	台次	2 773.74	1.000 00	—	—
3011	锚杆钻孔机	台次	6 278.85	—	1.000 00	—
3012	沥青混凝土摊铺机	台次	4 266.14	—	—	1.000 00

附　　录

续表

序号	材料名称	型号规格	单位	单价(元)
74	铝板	δ3	m^2	227
75	铝板	1 200 × 300 × 1	m^2	82.57
76	槽铝	75	m	8.62
77	工字铝	综合	m	6.03
78	角铝	25.4 × 1	m	2.58
79	电化角铝	25.4 × 2	m	2.58
80	铝合金型材	骨架、龙骨	t	15 259
81	铝合金型材	∟25.4 × 25.4 × 1	kg	5.84
82	铝合金型材	综合	kg	18.53
83	铝合金型材转接件		kg	21.12
84	铝合金收口压条		m	4.64
85	金属周转材料		kg	3.95
86	铁件		kg	3.71
87	零星卡具		kg	5.88
88	镀锌铁件		kg	3.73
89	锡纸		m^2	0.43
90	铈钨棒		g	0.4
91	钨棒		kg	254
92	金属堵头		只	3.02
93	金属防水板		m^2	60.34
94	橡胶板	δ3	m^2	26.03
95	橡胶板	δ2	m^2	18.71
96	橡胶板	δ4	m^2	36.21
97	夹布橡胶平板	δ3	m^2	19.31
98	橡胶条		m	5.26
99	橡胶条(大)		m	4.74
100	橡胶条(小)		m	3.88
101	橡皮密封条	20 × 4	m	1.78
102	橡胶密封条		m	0.95
103	橡胶密封条	单	m	1.03
104	橡胶密封条	平行 2 × 75	m	1.47
105	密封圈		个	12.93
106	彩钢密封圈		只	0.63
107	橡胶圈	*DN*150	个	12.07
108	橡胶圈	*DN*200	个	19.83
109	橡胶圈	*DN*300	个	63.36
110	橡胶垫块	δ5	m	1.12
111	橡胶垫块	δ10	m^2	5.17

续表

序号	材料名称	型号规格	单位	单价(元)
112	耐热胶垫	2×38	m	1.9
113	橡胶垫片	250 宽	m	1.03
114	塑料薄膜		m^2	0.86
115	聚乙烯薄膜		m^2	0.86
116	聚氯乙烯薄膜		m^2	0.86
117	塑料板	E16	m^2	13.02
118	塑料板		m^2	4.83
119	聚苯乙烯泡沫板		m^3	504
120	PE 棒		m	1.29
121	塑料盖		个	0.09
122	棉纱		kg	10.34
123	棉花		kg	22.84
124	棉纱头		kg	10.34
125	麻丝		kg	2.76
126	麻袋布		m^2	4.31
127	麻绳		kg	7.51
128	尼龙帽		个	0.6
129	膜材料		m^2	188
130	土工布		m^2	4.31
131	无纺土工布		m^2	8.62
132	草袋		m^2	3.62
133	草袋		个	3.62
134	海绵	20	m^2	13.97
135	人造革		m^2	22.41
136	豆包布		m	2.93
137	镀锌铁丝		kg	6.55
138	高强螺栓		套	6.9
139	六角带帽螺栓	综合	kg	5.47
140	六角带帽螺栓		kg	5.47
141	六角带帽螺栓	M8	套	0.44
142	六角带帽螺栓		套	0.28
143	六角带帽螺栓	M12 以外	kg	5.47
144	六角带帽螺栓	M8×120	套	0.75
145	六角带帽螺栓	ϕ12	kg	5.47
146	六角带帽螺栓	综合	kg	5.47
147	六角螺栓		kg	8.75
148	六角螺栓	M6×35	百个	15.95
149	六角螺栓	M30×200	个	17.93

续表

序号	材料名称	型号规格	单位	单价(元)
150	六角螺栓带螺母2垫圈	M8×40	套	0.34
151	圆钉		kg	4.74
152	射钉弹		套	0.22
153	水泥钉		kg	5.6
154	对拉螺栓		kg	10.43
155	塑料膨胀螺栓		套	0.17
156	镀锌自攻螺钉	ST4-6×20-35	10个	0.6
157	金属膨胀螺栓		套	0.48
158	自攻螺钉	M4×25	百个	2.16
159	自攻螺丝	M3×15	百个	1.09
160	不锈钢六角带帽螺栓	M12×45	套	1.09
161	不锈钢六角带帽螺栓	M12×110	套	2.25
162	不锈钢六角带帽螺栓	M14×120	套	3.64
163	不锈钢六角螺栓带螺母	M6×25	套	0.53
164	不锈钢六角螺栓	M8×30	个	1.72
165	平头螺钉	M8×40	个	0.24
166	金属膨胀螺栓	M8	套	0.31
167	金属膨胀螺栓	M6×75	套	0.21
168	金属膨胀螺栓	M10	百套	48.62
169	自攻螺钉		百个	2.59
170	自攻螺钉	M6×30	百个	6.16
171	自攻螺钉	ST6×20	百个	3.45
172	自攻螺钉	M10×50	百个	55.17
173	抽芯铆钉	$\phi4\times13$	百个	4.31
174	气排钉		盒	4.31
175	钢结构自攻螺钉	5.5×32	套	0.19
176	铝拉铆钉	M5×40	百个	12.93
177	木螺丝	M4×25	百个	2.93
178	木螺丝	M4×50	百个	6.03
179	木螺丝	M4×40	百个	4.65
180	装饰螺钉		只	0.13
181	枪钉		盒	6.47
182	不锈钢钉		kg	21.55
183	镀锌木螺钉	$d4\times25$	百个	3.03
184	镀锌螺钉	综合	10个	1.72
185	铝拉铆钉		只	0.22
186	金属膨胀螺栓	M10	套	0.48
187	焊剂		kg	3.66

续表

序号	材料名称	型号规格	单位	单价(元)
188	地板钉		kg	5.6
189	镀锌铁丝	8#	kg	6.55
190	沉头木螺钉	L30	个	0.03
191	半圆头螺钉		个	0.06
192	不锈钢平头螺钉	M5×15	个	0.14
193	地脚螺栓	M24×500	个	12.5
194	镀锌双头螺栓	M12×350	个	2.68
195	垫圈		百个	17.24
196	金属膨胀螺栓	M8×80	套	0.28
197	普碳钢六角螺母	M8	百个	8.36
198	自攻螺钉	M4×35	百个	2.89
199	镀锌瓦钉带垫		个	0.47
200	金属膨胀螺栓	M6×60	套	0.19
201	扣钉		kg	5.6
202	铝拉铆钉	M4×30	百个	6.72
203	油毡钉		kg	4.83
204	镀锌六角螺栓带螺母	M6×40	套	0.19
205	蚊钉	20mm 6 000 个/盒	盒	6.64
206	圆钉	50	kg	4.74
207	沉头木螺钉	L32	个	0.03
208	镀锌自攻螺钉	ST5×16	个	0.04
209	木螺钉	d6×50	个	0.22
210	铆钉	综合	个	0.02
211	金属膨胀螺栓	M6×75	套	0.21
212	气排钉	L20 2 000 个/盒	盒	4.51
213	金属膨胀螺栓	M12	套	0.64
214	圆钉	25（1"）	kg	4.74
215	普碳钢六角螺栓	M6×35	百个	10.86
216	双头带帽螺栓	M16×340	套	11.81
217	镀锌六角螺栓	M12×50	个	0.46
218	弹子锁		把	47.41
219	门磁吸		只	4.31
220	地弹簧		套	73.28
221	管子拉手		把	33.62
222	单开执手锁		把	77.59
223	双开执手锁		把	138
224	地锁		把	137
225	吊轨		m	50.86

续表

序号	材料名称	型号规格	单位	单价(元)
226	滑轮		副	79.66
227	推拉门滑轮		套	12.93
228	闭门器		副	84.48
229	顺位器		套	16.38
230	门铁件		kg	10.43
231	成品窗帘杆		m	24.14
232	铝合金窗帘轨	单轨成套	m	11.64
233	铝合金窗帘轨	双轨成套	m	23.28
234	L形铁件	(12+12)×6×0.15	个	1.29
235	玻璃吊挂件		套	138
236	不锈钢二爪件		套	100
237	不锈钢四爪件		套	172
238	弦掌栏		套	125
239	不锈钢石材干挂挂件		套	4.31
240	不锈钢石材背栓		个	1.42
241	铝合金石材干挂挂件		套	2.48
242	幕墙用单爪挂件		套	70.52
243	幕墙用二爪挂件		套	88.19
244	幕墙用四爪挂件		套	141
245	低碳钢焊条	综合	kg	6.72
246	电焊条	E43 系列	kg	4.74
247	低合金钢焊条	E43 系列	kg	4.74
248	电焊条	E55 系列	kg	10.34
249	金属结构铁件		kg	5.6
250	石料切割锯片		片	27.17
251	合金钢切割片	ϕ300	片	12.93
252	不锈钢索	500~800	套	124
253	不锈钢背栓挂件		套	2.16
254	合金钢钻头	ϕ10	个	5.6
255	焊锡		kg	103
256	木砂纸		张	1.03
257	合金钢钻头	ϕ6	个	5
258	焊丝	ϕ3.2	kg	10.78
259	金刚石		块	8.62
260	水砂纸		张	1
261	不锈钢焊丝	1.1~3	kg	47.41
262	低碳钢焊条	J422 ϕ4.0	kg	4.74
263	合金钢钻头	ϕ8	个	5.34

续表

序号	材料名称	型号规格	单位	单价(元)
264	不锈钢焊丝		kg	47.41
265	屋架铁件		kg	6.9
266	镀锌扁钩	3×12×300	个	0.39
267	镀锌螺勾带垫	ϕ6×600	个	1.47
268	冲击钻头	ϕ8	个	4.48
269	钢木大门铁件		kg	5.6
270	低碳钢焊条	J422 综合	kg	4.74
271	不锈钢焊条	综合	kg	37.07
272	连接件		件	3.98
273	预埋铁件		kg	3.75
274	连接件 PD25		个	2.38
275	连接件 PD80		个	2.76
276	钢筋点焊网片		t	5 862
277	铁件	综合	kg	6.9
278	不锈钢法兰底座	63	个	6.3
279	不锈钢 U 形卡		个	1.08
280	不锈钢法兰盘	ϕ59	只	6.39
281	彩钢内外扣槽		m	11.98
282	镀锌瓦钩		个	0.34
283	铁钩		kg	8.62
284	膜结构附件		m^2	38.79
285	成品链条	L900	根	90.95
286	铝合金下滑轨		m	8.45
287	连接固定件		kg	5.6
288	钢珠	32.5	个	5.29
289	不锈钢固定连接件		个	1.33
290	不锈钢索锚具		套	185
291	承压板垫板		kg	3.81
292	单孔锚具		套	19.83
293	群锚锚具	3 孔	套	101
294	锚头	ϕ26	套	181
295	镀锌铁丝	8#～12#	kg	6.55
296	镀锌铁丝	22#	kg	6.55
297	镀锌铁丝	12#	kg	5.38
298	钢丝网	综合	m^2	6.29
299	镀锌铁丝	18#	kg	6.55
300	钢板网		m^2	10.28
301	钢丝网		m^2	6.29

续表

序号	材料名称	型号规格	单位	单价(元)
302	镀锌铁丝	18#	kg	6.55
303	镀锌铁丝拨花网	2.0×15	m^2	27.15
304	普通硅酸盐水泥	P·O 42.5 综合	kg	0.34
305	普通硅酸盐水泥	P·O 42.5 综合	t	346
306	普通硅酸盐水泥	P·O 52.5 综合	kg	0.39
307	复合硅酸盐水泥	P·C 32.5R 综合	kg	0.32
308	白色硅酸盐水泥	425# 二级白度	kg	0.59
309	黄砂	毛砂	t	87.38
310	黄砂	净砂(中粗砂)	t	102
311	黄砂	净砂	t	92.23
312	黄砂	净砂(细砂)	t	102
313	刚砂		kg	5.83
314	金刚砂		kg	4.85
315	石英砂	综合	kg	0.97
316	砂砾	天然级配	t	36.89
317	碎石	综合	t	102
318	白石子	综合	t	187
319	园林用卵石	本色	t	124
320	卵石	综合	t	52.33
321	陶粒		m^3	182
322	黏土		m^3	32.04
323	粉煤灰		kg	0.14
324	膨润土		kg	0.47
325	生石灰		kg	0.3
326	羧甲基纤维素		kg	13.14
327	石膏粉		kg	0.68
328	石英粉	综合	kg	0.97
329	大白粉		kg	0.34
330	膨胀珍珠岩粉		m^3	155
331	炉渣		m^3	102
332	块石	200~500	t	77.67
333	凹凸毛石板		m^2	63.45
334	方整石		m^3	293
335	块石		t	77.67
336	混凝土实心砖	240×115×53 MU10	千块	388
337	混凝土实心砖	190×90×53 MU10	千块	296
338	混凝土多孔砖	240×115×90 MU10	千块	491
339	非黏土烧结页岩多孔砖	240×115×90	千块	612

续表

序号	材料名称	型号规格	单位	单价(元)
340	非黏土烧结实心砖	240×115×53	千块	426
341	蒸压灰砂多孔砖	240×115×90	千块	388
342	蒸压灰砂砖	240×115×53	千块	371
343	混凝土多孔砖	190×190×90 MU10	千块	517
344	陶粒混凝土实心砖	190×90×53	千块	241
345	陶粒混凝土实心砖	240×115×53	千块	323
346	非黏土烧结页岩多孔砖	190×90×90	千块	586
347	陶粒混凝土小型砌块	390×120×190	m^3	328
348	陶粒混凝土小型砌块	390×190×190	m^3	328
349	陶粒混凝土小型砌块	390×240×190	m^3	328
350	非黏土烧结页岩空心砌块	290×115×190 MU10	m^3	332
351	非黏土烧结页岩空心砌块	290×190×190 MU10	m^3	332
352	非黏土烧结页岩空心砌块	290×240×190 MU10	m^3	332
353	蒸压砂加气混凝土砌块	B06 A3.5	m^3	259
354	陶粒增强加气砌块	600×240×200	m^3	483
355	蒸压砂加气混凝土砌块	B06 A5.0	m^3	328
356	非黏土烧结页岩实心砖	240×115×53	千块	310
357	素混凝土块	C20	m^3	338
358	瓦垄铁皮	26#	m^2	35
359	彩色水泥脊瓦	420×220	千张	3 461
360	黏土脊瓦	460×200	千张	1 034
361	黏土平瓦	(380~400)×240	千张	862
362	瓷质波形瓦脊瓦		张	0.52
363	瓷质波形瓦无釉	150×150×9	张	1.38
364	西班牙S盾瓦	250×90×10	张	4.48
365	西班牙脊瓦	285×180	张	6.47
366	西班牙瓦无釉	310×310	张	6.47
367	玻璃钢瓦	1 800×720 小波	张	24.14
368	石棉水泥脊瓦	780×(180×2)×8	张	7.76
369	石棉水泥瓦	1 800×720×8 小波	张	25
370	沥青瓦	1 000×333	张	7.47
371	镀锌铁皮脊瓦	26#	m^2	36.07
372	泵送商品混凝土	C20	m^3	431
373	非泵送商品混凝土	C15	m^3	399
374	非泵送商品混凝土	C20	m^3	412
375	非泵送商品混凝土	C25	m^3	421
376	非泵送商品混凝土	C30	m^3	438
377	非泵送水下商品混凝土	C30	m^3	462

续表

序号	材料名称	型号规格	单位	单价(元)
378	泵送商品混凝土	C15	m^3	422
379	泵送商品混凝土	C30	m^3	461
380	泵送防水商品混凝土	C30/P8 坍落度(12±3)cm	m^3	460
381	泵送防水商品混凝土	C20/P6	m^3	444
382	聚合物黏结砂浆		kg	1.6
383	陶粒砌块专用砌筑砂浆		kg	0.66
384	干混砌筑砂浆	DM M10.0	kg	0.25
385	胶粉聚苯颗粒保温砂浆		m^3	328
386	膨胀玻化微珠保温浆料		m^3	759
387	抗裂抹面砂浆		kg	1.6
388	速凝剂		kg	0.91
389	防水剂		kg	3.65
390	砌块砌筑黏结剂		kg	0.69
391	杉板枋材		m^3	1 625
392	杉原木	屋架(综合)	m^3	1 466
393	杉原木	椽子	m^3	1 466
394	桩木		m^3	2 328
395	垫木		m^3	2 328
396	枕木		m^3	2 457
397	松杂板枋材		m^3	2 328
398	板枋材		m^3	2 069
399	杉木枋	30×40	m^3	1 800
400	硬木板枋材(进口)		m^3	3 276
401	板枋材	杉木	m^3	2 069
402	木榫		m^3	526
403	松木板枋材		m^3	2 328
404	硬木板条	1 200×38×6	m^3	3 276
405	硬木板枋材		m^3	2 414
406	杉格椽		m^3	2 026
407	松板枋材		m^3	1 800
408	杉搭木		m^3	2 155
409	杉木砖		m^3	595
410	围条硬木		m^3	3 017
411	硬木框料		m^3	3 276
412	硬木扇料		m^3	3 276
413	门窗规格料		m^3	2 026
414	胶合板	$\delta 3$	m^2	13.1
415	红榉夹板	$\delta 3$	m^2	24.36

续表

序号	材料名称	型号规格	单位	单价(元)
416	胶合板	δ5	m^2	20.17
417	胶合板	δ9	m^2	25.86
418	胶合板	δ18	m^2	32.76
419	木质饰面板	δ3	m^2	12.41
420	细木工板	δ15	m^2	21.12
421	细木工板	δ18	m^2	27.07
422	装饰防火板	δ12	m^2	27.59
423	半圆竹片	DN20	m^2	22.35
424	平板玻璃	δ3	m^2	15.52
425	平板玻璃	δ5	m^2	24.14
426	茶色镜面玻璃	δ5	m^2	56.03
427	钢化玻璃	δ15	m^2	112
428	钢化玻璃	δ12	m^2	94.83
429	钢化玻璃	δ5	m^2	28
430	钢化玻璃	δ10	m^2	77.59
431	钢化玻璃	δ6	m^2	58.19
432	镭射夹层玻璃	(8+5)600×600	m^2	203
433	夹胶玻璃(采光天棚用)	8+0.76+8	m^2	147
434	中空玻璃	5+9A+5	m^2	86.21
435	中空玻璃		m^2	94.83
436	磨砂玻璃	δ5	m^2	47.84
437	磨砂玻璃	δ3	m^2	51.72
438	镭射玻璃	600×600×8	m^2	142
439	玻璃砖	190×190×95	块	12.93
440	玻璃锦砖	300×300	m^2	73.28
441	镜面玻璃	δ6	m^2	47.41
442	瓷砖	150×220	m^2	25.86
443	瓷砖	152×152	m^2	25.86
444	瓷砖	500×500	m^2	31.03
445	墙面砖	600×800	m^2	56.03
446	瓷质外墙砖	45×95	m^2	21.55
447	瓷质外墙砖	50×230	m^2	34.48
448	瓷质外墙砖	200×200	m^2	51.72
449	陶瓷地砖	综合	m^2	32.76
450	地砖	300×300	m^2	44.83
451	地砖	500×500	m^2	50
452	地砖	600×600	m^2	53.45
453	地砖	800×800	m^2	75

续表

序号	材料名称	型号规格	单位	单价(元)
454	缸砖		m^2	15.6
455	实木地板		m^2	155
456	实木拼花地板		m^2	190
457	塑料地板卷材	$\delta1.5$	m^2	73.28
458	长条复合地板		m^2	138
459	木质防静电活动地板	600×600×25	m^2	259
460	地毯		m^2	47.41
461	地毯胶垫		m^2	15.52
462	地毯烫带		m	3.78
463	化纤地毯		m^2	67.24
464	膨润土防水毯		m^2	68.53
465	石材(综合)		m^2	138
466	天然石材饰面板		m^2	159
467	天然石材饰面板	拼花	m^2	119
468	天然石材饰面板	碎拼	m^2	70.69
469	石材饰面板		m^2	159
470	石材成品窗台板		m^2	164
471	大理石板		m^2	119
472	文化石		m^2	68.97
473	纸面石膏板	1 200×2 400×12	m^2	10.34
474	纸面石膏板	1 200×2 400×9.5	m^2	9.48
475	成品木饰面(平板)		m^2	198
476	铝合金扣板		m^2	67.24
477	铝合金条板		m^2	77.59
478	铝合金方板(配套)		m^2	65.2
479	不锈钢饰面板	$\delta1.0$	m^2	114
480	FC 板	300×600×8	m^2	41.9
481	聚酯采光板	$\delta1.2$	m^2	56.03
482	玻璃卡普隆板		m^2	12.93
483	阳光板		m^2	43.1
484	彩钢夹芯板	$\delta75$	m^2	72.41
485	铝塑板	2 440×1 220×3	m^2	58.62
486	铝塑板	2 440×1 220×4	m^2	64.66
487	沥青珍珠岩板		m^3	431
488	水泥珍珠岩制品		m^3	388
489	硅酸钙板	$\delta10$	m^2	40.78
490	硅酸钙板	$\delta8$	m^2	31.9
491	天棚乳白胶片		m^2	28.19

续表

序号	材料名称	型号规格	单位	单价(元)
492	轻质空心隔墙条板	δ100	m^2	56.9
493	轻质空心隔墙条板	δ120	m^2	61.21
494	轻质空心隔墙条板	δ150	m^2	68.1
495	轻质空心隔墙条板	δ200	m^2	76.72
496	玻璃纤维网格布		m^2	2.16
497	墙纸		m^2	25.86
498	丝绒面料		m^2	27.59
499	装饰布		m^2	39.66
500	织物墙布		m^2	17.07
501	铝格栅		m^2	134
502	铝合金挂片	100 间距	m^2	77.59
503	铝合金挂片	150 间距	m^2	68.97
504	成品木格栅	100×100×55	m^2	103
505	铝方通	150 间距	m^2	75
506	铝方通	200 间距	m^2	61.21
507	镀锌轻钢龙骨	75×40	m	4.96
508	镀锌轻钢龙骨	75×50	m	5.09
509	轻钢骨架连通龙骨	Q-2	m	7.76
510	轻钢通贯骨连接件		个	0.79
511	镀锌钢龙骨		kg	4.31
512	轻型龙骨	U38	m^2	7.33
513	轻型龙骨	U50	m^2	13.79
514	轻钢龙骨不上人型	(跌级)600×600 以上	m^2	8.62
515	轻钢龙骨不上人型(平面)	300×300	m^2	27.59
516	轻钢龙骨不上人型(平面)	450×450	m^2	18.97
517	轻钢龙骨不上人型(平面)	600×600	m^2	14.66
518	轻钢龙骨	C75-1	m	6.72
519	铝合金 T 型龙骨	$h=35$	m	7.33
520	铝合金龙骨不上人型(平面)	600×600	m^2	15.52
521	铝合金龙骨不上人型(平面)	300×300	m^2	25.86
522	铝合金龙骨不上人型(平面)	450×450	m^2	18.97
523	铝合金条板天棚龙骨(中型)		m^2	12.93
524	铝框骨架		kg	24.57
525	木龙骨		m^3	1 552
526	轻钢龙骨角托		个	0.64
527	轻钢龙骨卡托		个	0.84
528	推拉门钢骨架		t	4 724
529	金属格栅门		m^2	259

续表

序号	材料名称	型号规格	单位	单价(元)
530	塑料纱		m^2	6.9
531	防火窗	55 系列	m^2	474
532	成品吊装式移门	0.8m×2m	扇	828
533	成品落地式移门	0.8m×2m	扇	1 267
534	单扇套装平开门	实木	樘	1 078
535	双扇套装平开实木门		樘	3 500
536	双扇套装子母对开实木门		樘	3 000
537	装饰门扇		m^2	448
538	木门框		m	60.34
539	活动小门		个	1 724
540	全玻璃无框(点夹)门扇		m^2	121
541	全玻璃无框(条夹)门扇		m^2	112
542	全玻璃有框门扇		m^2	147
543	彩钢板门		m^2	414
544	钢制防盗门		m^2	362
545	钢质防火门		m^2	976
546	彩钢板窗		m^2	194
547	圆钢防盗格栅窗		m^2	58.12
548	不锈钢伸缩门	含轨道	m	819
549	不锈钢防盗格栅窗		m^2	181
550	铝合金百叶门		m^2	560
551	铝合金断桥隔热平开门	2.0mm 厚 5+9A+5 中空玻璃	m^2	431
552	铝合金断桥隔热推拉门	2.0mm 厚 5+9A+5 中空玻璃	m^2	431
553	铝合金格栅门		m^2	690
554	铝合金全玻地弹门	2.0mm 厚	m^2	560
555	铝合金断桥隔热固定窗	1.4mm 厚 5+9A+5 中空玻璃	m^2	431
556	铝合金断桥隔热平开窗	1.4mm 厚 5+9A+5 中空玻璃	m^2	431
557	铝合金断桥隔热推拉窗	1.4mm 厚 5+9A+5 中空玻璃	m^2	431
558	铝合金断桥隔热下悬内平开窗	1.4mm 厚 5+9A+5 中空玻璃	m^2	431
559	铝合金百叶窗	1.0mm 厚	m^2	397
560	PVC 塑料平开门		m^2	371
561	PVC 塑料推拉门		m^2	276
562	PVC 塑料固定窗		m^2	203
563	PVC 塑料平开窗	5mm 浮法玻璃	m^2	328
564	PVC 塑料推拉窗	5mm 浮法玻璃	m^2	224
565	PVC 塑料推拉纱窗扇		m^2	54.09
566	全玻璃转门	含玻璃转轴全套	樘	70 700
567	铝合金推拉纱窗扇		m^2	103

续表

序号	材料名称	型号规格	单位	单价(元)
568	铝合金隐形纱窗扇		m^2	155
569	木质防火门		m^2	388
570	保温门		m^2	414
571	隔声门		m^2	448
572	冷藏库门		m^2	500
573	变电室门		m^2	310
574	防射线门		m^2	2 155
575	钢结构活门槛单扇防护密闭门	GHFM0920(6)	樘	7 205
576	钢结构活门槛单扇防护密闭门	GHFM1220(6)	樘	10 964
577	钢结构活门槛单扇防护密闭门	GHFM1520(6)	樘	12 116
578	钢结构活门槛单扇防护密闭门	GHFM2020(6)	樘	18 265
579	钢结构活门槛双扇防护密闭门	GHSFM3025(6)	樘	39 267
580	钢结构活门槛双扇防护密闭门	GHSFM5025(6)	樘	65 586
581	钢结构活门槛双扇防护密闭门	GHSFM6025(6)	樘	76 506
582	钢结构活门槛双扇防护密闭门	GHSFM7025(5)	樘	88 621
583	连通口双向受力防护密闭封堵板	FMDB(6)板	m^2	1 921
584	临空墙防护密闭封堵板	LFMDB(6)板	m^2	3 372
585	密闭观察窗	MGC1008	樘	3 615
586	电子对讲门		樘	2 266
587	金属卷帘门		m^2	129
588	电动装置		套	1 352
589	不锈钢玻璃门传感装置		套	2 155
590	伸缩门电动装置系统		套	2 155
591	单元式幕墙	6 + 12 + 6 双层真空玻璃	m^2	879
592	木挂镜线	40 × 20	m	5.17
593	木压条	15 × 40	m	1.23
594	成品木质踢脚线	高 80	m	55.17
595	木压条	25 × 10	m	0.6
596	地毯木条		m	1.25
597	榉木阴角线	12 × 12	m	31.9
598	成品木质窗套	展开宽度 200	m	136
599	成品木质窗套	展开宽度 300	m	167
600	成品木质门套	展开宽度 250	m	185
601	成品木质门套	展开宽度 300	m	204
602	铝合金压条	综合	m	18.1
603	铝合金压条	30 × 1.2	m	4.83
604	成品金属踢脚板		m^2	190
605	泡沫塑料板踢脚线	3 000 × 100 × 5	m^2	47.41

续表

序号	材料名称	型号规格	单位	单价(元)
606	金属墙纸		m^2	56.03
607	木栏杆	宽40	m	7.76
608	钢栏杆		kg	6.9
609	不锈钢管栏杆	直形(带扶手)	m	159
610	不锈钢管栏杆	钢化玻璃栏板(带扶手)	m	121
611	不锈钢管栏杆	弧形(带扶手)	m	112
612	铸铁花饰、栏杆	$30kg/m^2$	m^2	181
613	木扶手	宽65	m	24.86
614	环氧富锌	底漆	kg	13.79
615	环氧富锌底漆稀释剂		kg	11.21
616	调和漆		kg	11.21
617	无光调和漆		kg	13.79
618	聚醋酸乙烯乳液		kg	5.6
619	弹性涂料底涂		kg	7.76
620	弹性涂料面涂		kg	15.52
621	弹性涂料中涂		kg	10.34
622	固底漆稀释剂		kg	18.97
623	水泥基层腻子		kg	1.47
624	外墙封固底漆		kg	7.76
625	外墙氟碳漆		kg	56.03
626	油性金属底漆		kg	13.79
627	油性金属面漆		kg	14.66
628	聚氨酯漆稀释剂		kg	12.07
629	聚酯色漆		kg	20.69
630	乳胶漆		kg	15.52
631	酚醛清漆		kg	10.34
632	醇酸磁漆		kg	15.52
633	醇酸漆稀释剂		kg	6.9
634	氟碳漆底漆稀释剂		kg	12.93
635	氟碳漆面漆稀释剂		kg	13.79
636	氟碳漆腻子		kg	2.16
637	银粉漆		kg	12.93
638	漆片	各种规格	kg	38.79
639	水晶地板漆	S961	kg	23.24
640	聚酯清漆		kg	16.81
641	聚酯亚光清漆		kg	12.07
642	环氧树脂		kg	15.52
643	油灰		kg	1.19

续表

序号	材料名称	型号规格	单位	单价(元)
644	酚醛防锈漆		kg	6.9
645	仿石型外墙涂料骨架		kg	5.17
646	仿石型外墙涂料罩面		kg	15.52
647	聚氨酯丙烯酸外墙涂料		kg	19.4
648	外墙氟碳漆稀释剂		kg	81.03
649	油性金属闪光漆		kg	25.86
650	成品腻子粉		kg	0.86
651	普通内墙涂料	803 型	kg	1.03
652	聚合物胶乳		kg	9.48
653	防锈漆	C53 - 1	kg	14.05
654	防锈漆		kg	14.05
655	红丹防锈漆		kg	6.9
656	钢结构防火漆		kg	24.85
657	钢结构防火漆稀释剂		kg	21.72
658	防火涂料		kg	13.36
659	木地板漆		kg	11.72
660	金属氟碳漆底漆		kg	17.24
661	金属氟碳漆面漆		kg	60.34
662	石油沥青		kg	2.67
663	三元乙丙橡胶防水卷材	1.0mm JF1	m^2	20.69
664	自粘聚合物改性沥青防水卷材	2.0mm I 型 N 类	m^2	21.55
665	再生橡胶卷材		m^2	19.66
666	SBS 弹性体改性沥青防水卷材	耐根穿刺(化学阻根) PY 4.0mm	m^2	36.21
667	聚氯乙烯防水卷材	1.2mm H 类	m^2	24.4
668	弹性体改性沥青防水卷材	3.0mm IGM	m^2	23.28
669	高分子自粘胶膜防水卷材	1.2mm YPS	m^2	21.55
670	聚氯乙烯防水卷材	PVC 耐根穿刺(化学阻根) 2.0mm	m^2	26.72
671	聚氯乙烯(PVC)防水板	非外露 L 类 1.5mm	m^2	30.3
672	环保型塑性体改性沥青防水卷材	3.0mm I 型 PY M	m^2	20.69
673	密封胶		kg	11.12
674	密封胶		L	22.24
675	嵌缝膏		kg	2.76
676	防水密封胶		支	8.62
677	单组分聚氨酯防水涂料	I 型	kg	13.79
678	建筑油膏		kg	2.49
679	改性沥青嵌缝油膏		kg	7.16
680	SBS 改性沥青防水涂料	H 型	kg	9.48
681	聚合物水泥基复合防水涂料	JS I 型	kg	8.62

续表

序号	材料名称	型号规格	单位	单价(元)
682	水泥基渗透结晶型防水涂料		kg	13.62
683	密封油膏		kg	5.86
684	遇水膨胀止水条	30×20	m	36.21
685	帆布止水带		m	27.93
686	松香水		kg	4.74
687	防腐油		kg	1.28
688	清油		kg	14.22
689	熟桐油		kg	11.17
690	贴缝网带		m	0.5
691	密封带	3×20	m	0.36
692	石油沥青油毡	350g	m^2	1.9
693	嵌缝料		kg	1.42
694	色粉		kg	3.19
695	异氰酸酯(黑料)		kg	22.41
696	组合聚醚(白料)		kg	15.52
697	发泡剂	750mL	支	27.12
698	灌浆料		kg	5.6
699	EPS 灌浆料		m^3	259
700	溶剂油		kg	2.29
701	机油	综合	kg	2.91
702	煤油		kg	3.79
703	油漆溶剂油		kg	3.79
704	地板蜡		kg	9.91
705	软蜡		kg	15.52
706	砂蜡		kg	7.62
707	氯化钙		kg	2.97
708	碳酸钠	纯碱	kg	1.64
709	盐酸		kg	0.82
710	草酸		kg	3.88
711	微孔硅酸钙		m^3	517
712	二甲苯		kg	6.03
713	专用粘胶带		m	6.5
714	减磨剂		kg	15.52
715	隔离剂		kg	4.67
716	界面剂		kg	1.73
717	脱模剂		kg	1.54
718	聚苯乙烯界面剂		kg	8.62
719	环氧渗透底漆固化剂		kg	7.25

续表

序号	材料名称	型号规格	单位	单价(元)
720	发泡剂		kg	8.8
721	氧气		m^3	3.62
722	乙炔气		m^3	8.9
723	二氧化碳气体		m^3	1.03
724	氩气		m^3	7
725	液化石油气		kg	3.79
726	FL－15 胶黏剂		kg	15.4
727	胶黏剂	干粉型	kg	2.24
728	耐候胶		l	43.28
729	双面胶纸		m	0.09
730	玻璃胶	335g	支	10.34
731	硅酮结构胶	双组分	L	44.83
732	大玻璃结构胶		L	131
733	云石 AB 胶		kg	7.11
734	YJ－Ⅲ胶		kg	11.31
735	双面弹性胶带		m	1.99
736	立时得胶		kg	21.55
737	万能胶	环氧树脂	kg	18.97
738	XY－19 胶		kg	8.62
739	硅酮结构胶	300mL	支	10.78
740	胶粘剂	XY518	kg	17.46
741	氯丁橡胶粘接剂		kg	14.81
742	胶黏剂	XY502	kg	108
743	胶黏剂	XY－401	kg	11.46
744	水胶粉		kg	18.1
745	塑料黏结剂		kg	61.21
746	硅酮耐候胶	中性 310mL	支	13.75
747	双面玻璃胶带纸		m	0.26
748	108 胶		kg	1.03
749	强力胶		kg	0.78
750	黏合剂		kg	26.29
751	聚氯乙烯热熔密封胶		kg	10.86
752	XY－508 胶		kg	14.66
753	骨胶		kg	11.21
754	硅酮耐候密封胶		kg	35.8
755	聚氨酯发泡密封胶	750mL/支	支	20.09
756	云石胶		kg	7.76
757	塑料粘胶带	20mm×50m	卷	15.37

续表

序号	材料名称	型号规格	单位	单价(元)
758	不干胶纸		m^2	31.94
759	沥青玻璃棉		m^3	151
760	岩棉保温板	A 级	m^3	474
761	岩棉板	δ50	m^3	466
762	岩棉板	δ100	m^3	466
763	岩棉板	δ120	m^3	466
764	沥青矿渣棉毡		m^3	147
765	矿棉		m^3	4.31
766	袋装玻璃棉	δ50	m^2	19.48
767	玻璃棉毡	综合	m^2	10.34
768	耐碱玻璃纤维网格布		m^2	1.27
769	超细玻璃棉毡		kg	12.57
770	硬泡沫塑料板		m^3	474
771	聚苯乙烯泡沫板	δ30	m^2	15.13
772	酚醛保温板	δ50	m^2	51.72
773	泡沫塑料	综合	m^2	8.6
774	聚苯乙烯泡沫板	δ50	m^2	25.22
775	耐火泥	NF－40	kg	0.27
776	泡沫玻璃	δ25	m^2	31.25
777	泡沫玻璃	δ30	m^2	37.5
778	发泡水泥板	δ20	m^2	12.07
779	硅藻泥		kg	4.14
780	玻璃纤维板		m^2	2.46
781	黏土耐火砖	230×115×65	千块	1 192
782	矿棉吸声板		m^2	25.86
783	钢板井管		m	190
784	碳素结构钢焊接钢管	综合	t	3 879
785	碳素结构钢焊接钢管	DN50×3.8	kg	3.88
786	碳素结构钢焊接钢管	DN50×3.8	t	3 879
787	碳素结构钢焊接钢管	DN50×3.8	m	12.62
788	碳素结构钢镀锌焊接钢管	DN20	m	7.9
789	碳素结构钢镀锌焊接钢管	DN40	m	17.38
790	不锈钢装饰圆管	φ25.4×1.5	m	11.75
791	不锈钢装饰圆管	φ45×1.5	m	22.11
792	不锈钢装饰圆管	φ63.5×2	m	42.93
793	不锈钢装饰圆管	φ39×3	m	27.18
794	不锈钢装饰圆管	φ75×3	m	55.71
795	碳素结构钢流体无缝钢管	15	m	26.51

续表

序号	材料名称	型号规格	单位	单价(元)
796	铜管		m	193
797	钢质波纹管	*DN*60	m	25.86
798	PVC - U 加筋管	*DN*400	m	101
799	硬塑料管	ϕ20	m	1.98
800	塑料排水管	*DN*50	m	4.74
801	橡胶管	*D*50	m	17.24
802	橡胶管		m	5.14
803	橡胶管	*D*8	m	5.14
804	橡胶管	*D*16	m	6.63
805	高压胶管	ϕ50	m	17.24
806	养护用胶管	ϕ32	m	8.97
807	轻型井点总管	*D*100	m	47.22
808	轻型井点总管	ϕ40	m	26.53
809	滤网管		根	68.31
810	喷射井点井管	*D*76	m	20.69
811	喷射井点井管	ϕ159	m	89.66
812	注浆管		kg	6.03
813	喷射管		m	20.47
814	锁口管		kg	5.05
815	套接管	*DN*60	个	25.41
816	接头三通		个	0.69
817	接头四通		个	1.03
818	无缝钢管	ϕ32 × 2.5	m	8.58
819	塑料排水三通	*DN*50	个	1.78
820	塑料排水外接	*DN*50	个	0.72
821	塑料排水弯头	*DN*50	个	1.41
822	接头管箍		个	12.93
823	针型阀	J13H - 16P *DN*15	个	38.79
824	腰子法兰		片	41.69
825	垫胶		kg	21.55
826	高压胶皮风管	ϕ50	m	17.24
827	不锈钢风帽		个	259
828	混凝土风帽		个	103
829	液压台	YKT - 36	台	1 034
830	吊杆		kg	5.17
831	铜芯塑料绝缘线	BV6.0	m	3.02
832	电力电缆	VV 1 × 6	m	3.88
833	电力电缆	VV 1 × 12	m	7.33

续表

序号	材料名称	型号规格	单位	单价(元)
834	聚氯乙烯软管	$D20\times2.5$	m	0.33
835	种植土		m^3	21.55
836	凹凸型排水板		m^2	8.62
837	钢支撑		kg	3.97
838	斜支撑杆件	$\phi48\times3.5$	套	155
839	钢支撑及配件		kg	3.97
840	立支撑杆件	$\phi48\times3.5$	套	129
841	吊装夹具		套	103
842	压型钢板楼板	0.9	m^2	64.66
843	自承式楼承板	0.6	m^2	60.34
844	平开门钢骨架		t	5 603
845	钢吊笼支架		kg	3.53
846	钢提升架		kg	5.6
847	底盖		个	1.72
848	防尘盖		个	1.72
849	分离器		个	129
850	水箱		kg	4.29
851	钢锲(垫铁)		kg	5.95
852	墙板固定金属配件(不锈钢板)		kg	20.69
853	钢丝网水泥排气道	400×500	m	81.03
854	钢丝网水泥排气道	450×300	m	73.28
855	钢丝网水泥排气道	550×600	m	99.14
856	预制轻钢龙骨内隔墙板	$\delta80$	m^2	94.83
857	预制轻钢龙骨内隔墙板	$\delta100$	m^2	112
858	预制轻钢龙骨内隔墙板	$\delta150$	m^2	138
859	草板纸	80#	张	2.67
860	泡沫防潮纸		m^2	11.29
861	喷射器		个	35.52
862	泡沫条	$\phi25$	m	0.86
863	泡沫条	$\phi18$	m	0.39
864	锯木屑		m^3	21.55
865	水		m^3	4.27
866	水		t	4.27
867	电		kW·h	0.78
868	钢模板		kg	5.96
869	木模板		m^3	1 445
870	复合模板	综合	m^2	32.33
871	铝模板		kg	34.99

续表

序号	材料名称	型号规格	单位	单价(元)
872	钢滑模		kg	4.52
873	密目网		m^2	4.79
874	木支撑		m^3	1 552
875	脚手架钢管		kg	3.62
876	脚手架钢管底座		个	5.69
877	脚手架扣件		只	5.22
878	安全网		m^2	7.76
879	千斤顶		台	109
880	竹脚手片		m^2	8.19
881	钢脚手板		kg	4.74
882	木脚手板		m^3	1 124
883	钢围檩		kg	3.09
884	张拉平台摊销		m^2	5.37
885	供电通信设备费		%	
886	板枋材		m^3	1 034
887	铸铁盖板	20mm 厚	m^2	903
888	塑料检查井		套	1 034
889	铸铁盖板	30mm 厚	m^2	1 354
890	水泥花砖	200×200×30	m^2	12.41
891	广场砖	100×100	m^2	28.45
892	轨道(型钢)		t	3 530
893	无黏结钢丝束		t	5 164
894	镀锌彩钢板	δ0.5	m^2	21.55
895	电焊条	E50 系列	kg	8.19
896	加气混凝土砌块	碎块	m^3	197
897	门窗框杉枋		m^3	1 810
898	门窗扇杉枋		m^3	1 810
899	门窗杉板		m^3	1 810
900	杉枋	亮子	m^3	1 810
901	成品铝合金玻璃隔断	夹百叶	m^2	207
902	弹性体改性沥青防水卷材	耐根穿刺(复合铜胎基)4.0mm	m^2	81.9
903	聚合物改性沥青聚酯胎预铺防水卷材	4.0mm	m^2	30.17
904	带自粘层聚乙烯高分子卷材	1.2mm	m^2	21.55
905	聚丙烯酰胺		kg	16.54
906	防水保温一体化板	50mm	m^2	129
907	声测钢管	D50×3.5	m	22.59
908	排烟(气)止回阀		个	51.72
909	拉森钢板桩		kg	4.72
910	钢管支撑		kg	4.87

续表

序号	材料名称	型号规格	单位	单价(元)
911	销钉销片		套	0.69
912	非固化橡胶沥青防水涂料		kg	8.62
913	定位钢板		kg	4.31
914	槽型埋件	$L=300$	个	12.93
915	铝合金板	δ0.8	m^2	77.59
916	成品卫生间隔断		m^2	172
917	成品可折叠隔断		m^2	259
918	塑料胀管带螺钉	保温专用	套	0.69
919	保温专用界面砂浆		t	2 586
920	木条吸声板		m^2	112
921	搪瓷钢板(含背栓件)		m^2	569
922	合成饰面板		m^2	129
923	玻璃纤维增强石膏装饰板		m^2	121
924	成品织物包板	δ15	m^2	302
925	基膜(丙烯酸乳液)		kg	10.34
926	无溶剂型环氧底漆		kg	17.24
927	无溶剂型环氧中间漆		kg	23.28
928	无溶剂型环氧面漆		kg	14.66
929	石材黏合剂		kg	1.08
930	石材填缝剂		kg	2.59
931	陶瓷砖黏合剂		kg	0.43
932	陶瓷砖填缝剂		kg	2.59
933	彩色水泥瓦	420×330	千张	1 810
934	小青瓦	180×(170~180)	千张	560
935	炉渣混凝土	CL7.5	m^3	361
936	橡胶风琴板	200×28×2	m	31.03
937	成品纱门扇		m^2	34.48
938	成品木窗台板		m^2	241
939	石灰炉(矿)渣	1:4	m^3	165.74
940	冷底子油		kg	5.57
941	水泥砂浆	1:1	m^3	294.2
942	干混砌筑砂浆	DM M7.5	m^3	413.73
943	干混地面砂浆	DS M15.0	m^3	443.08
944	干混砌筑砂浆	DM M10.0	m^3	413.73
945	干混砌筑砂浆	DM M5.0	m^3	397.23
946	干混抹灰砂浆	DP M15.0	m^3	446.85
947	干混砌筑砂浆	DM M20.0	m^3	446.81
948	水泥砂浆	1:2	m^3	268.85

续表

序号	材料名称	型号规格	单位	单价(元)
949	干混抹灰砂浆	DP M20.0	m^3	446.95
950	纯水泥浆		m^3	430.36
951	干混地面砂浆	DS M20.0	m^3	443.08
952	水泥基自流平砂浆		m^3	2 347.08
953	干混地面砂浆	DS M25.0	m^3	460.16
954	107 胶纯水泥浆		m^3	490.56
955	石灰砂浆	1∶4	m^3	214
956	纸筋灰浆		m^3	331.19
957	白水泥白石子浆	1∶1.5	m^3	693.08
958	水泥白石屑浆	1∶2	m^3	258.85
959	水泥白石子浆	1∶2	m^3	435.67
960	白水泥彩色石子浆	1∶2	m^3	697.95
961	水泥白石屑浆	1∶1.5	m^3	280.15
962	现浇现拌混凝土	C20(16)	m^3	296
963	履带式推土机	90kW	台班	717.68
964	履带式单斗液压挖掘机	1m^3	台班	914.79
965	履带式推土机	75kW	台班	625.55
966	自行式铲运机	7m^3	台班	811.03
967	钢轮内燃压路机	15t	台班	537.56
968	履带式单斗液压挖掘机	0.6m^3	台班	624.26
969	电动夯实机	250N·m	台班	28.03
970	轮胎式装载机	3.5m^3	台班	936.72
971	手持式风动凿岩机		台班	12.36
972	履带式推土机	105kW	台班	798.23
973	履带式单斗液压挖掘机	2m^3	台班	1 320.23
974	强夯机械	2 000kN·m	台班	1 016.54
975	钢轮内燃压路机	12t	台班	455.44
976	沥青混凝土摊铺机	15t	台班	2 471.67
977	转盘钻孔机	800mm	台班	492.54
978	双头搅拌桩机(喷浆)		台班	591.04
979	单头搅拌桩机(喷浆)		台班	465.48
980	单头搅拌桩机(喷粉)		台班	473.29
981	单重管旋喷机		台班	369.96
982	双重管旋喷机		台班	394.7
983	三重管旋喷机		台班	419.43
984	锚杆钻孔机	MGL135	台班	454.58
985	冲击成孔机	CZ－30	台班	419.69
986	三轴搅拌桩机 850 型		台班	2 826.15

续表

序号	材料名称	型号规格	单位	单价(元)
987	步履式柴油打桩机	2.5t	台班	975.05
988	步履式柴油打桩机	4t	台班	1 400.59
989	步履式柴油打桩机	6t	台班	1 689.46
990	静力压桩机(液压)	900kN	台班	984.32
991	静力压桩机(液压)	1 200kN	台班	1 223.08
992	静力压桩机(液压)	1 600kN	台班	1 757.5
993	静力压桩机(液压)	2 000kN	台班	2 616.28
994	静力压桩机(液压)	3 000kN	台班	2 801.82
995	静力压桩机(液压)	4 000kN	台班	3 311.4
996	静力压桩机(液压)	10 000kN	台班	4 595.3
997	多功能压桩机	2 000kN	台班	1 873.85
998	多功能压桩机	3 000kN	台班	2 044.05
999	多功能压桩机	4 000kN	台班	2 418.03
1000	转盘钻孔机	1 500mm	台班	552.65
1001	履带式旋挖钻机 SR－15		台班	2 025.85
1002	履带式旋挖钻机 SD－20		台班	2 590.98
1003	履带式旋挖钻机 SR－25		台班	3 203.52
1004	长螺旋钻机	800mm	台班	656.8
1005	履带式柴油打桩机	3.5t	台班	832.4
1006	潜水钻孔机	1 500mm	台班	608.4
1007	履带式旋挖钻机 SH36		台班	4 098.53
1008	履带式起重机	5t	台班	476.74
1009	履带式起重机	10t	台班	589.37
1010	履带式起重机	25t	台班	757.92
1011	履带式起重机	30t	台班	865.31
1012	履带式起重机	40t	台班	1 242.97
1013	履带式起重机	50t	台班	1 364.92
1014	履带式起重机	60t	台班	1 456.51
1015	履带式起重机	80t	台班	2 186.44
1016	履带式起重机	100t	台班	2 737.92
1017	履带式起重机	15t	台班	702
1018	汽车式起重机	8t	台班	648.48
1019	汽车式起重机	25t	台班	996.58
1020	立式油压千斤顶	100t	台班	10.22
1021	立式油压千斤顶	300t	台班	16.55
1022	门式起重机	5t	台班	356.69
1023	门式起重机	10t	台班	447.22
1024	汽车式起重机	10t	台班	709.76

续表

序号	材料名称	型号规格	单位	单价(元)
1025	汽车式起重机	12t	台班	748.6
1026	汽车式起重机	16t	台班	875.04
1027	汽车式起重机	20t	台班	942.85
1028	汽车式起重机	40t	台班	1 517.63
1029	汽车式起重机	80t	台班	3 730.16
1030	立式油压千斤顶	200t	台班	11.52
1031	轮胎式起重机	16t	台班	755.65
1032	叉式起重机	3t	台班	404.69
1033	叉式起重机	5t	台班	409
1034	自升式塔式起重机	400kN·m	台班	572.07
1035	自升式塔式起重机	600kN·m	台班	596.43
1036	自升式塔式起重机	800kN·m	台班	621.91
1037	自升式塔式起重机	1 000kN·m	台班	746.82
1038	自升式塔式起重机	1 250kN·m	台班	771.05
1039	自升式塔式起重机	1 500kN·m	台班	816.2
1040	自升式塔式起重机	2 500kN·m	台班	1 023.35
1041	自卸汽车	15t	台班	794.19
1042	自卸汽车	5t	台班	455.85
1043	洒水车	4 000L	台班	428.87
1044	载货汽车	4t	台班	369.21
1045	载货汽车	15t	台班	653.04
1046	载货汽车	6t	台班	396.42
1047	载货汽车	8t	台班	411.2
1048	载货汽车	10t	台班	476.15
1049	轨道平车	5t	台班	34.23
1050	机动翻斗车	1t	台班	197.36
1051	平板拖车组	40t	台班	1 071.11
1052	平板拖车组	60t	台班	1 360.78
1053	平板拖车组	30t	台班	965.81
1054	电动卷扬机 - 双筒快速	50kN	台班	266.2
1055	电动卷扬机 - 单筒慢速	10kN	台班	171.01
1056	电动卷扬机 - 单筒慢速	50kN	台班	186.39
1057	电动葫芦 - 单速	5t	台班	31.49
1058	电动葫芦 - 双速	10t	台班	82.39
1059	电动葫芦 - 单速	2t	台班	23.79
1060	电动卷扬机 - 单筒快速	5kN	台班	157.6
1061	卷扬机井架	30m	台班	12.31
1062	双笼施工电梯	2×1(t)100m	台班	353.09

续表

序号	材料名称	型号规格	单位	单价(元)
1063	双笼施工电梯	2×1(t)200m	台班	465.41
1064	双笼施工电梯	2×1(t)50m	台班	300.86
1065	双笼施工电梯	2×1(t)130m	台班	385.47
1066	灰浆搅拌机	200L	台班	154.97
1067	灰浆搅拌机	400L	台班	161.27
1068	挤压式灰浆输送泵	$3m^3/h$	台班	55.46
1069	偏心式振动筛	$(12\sim16)m^3/h$	台班	27.38
1070	涡浆式混凝土搅拌机	500L	台班	288.37
1071	混凝土喷射机	$5m^3/h$	台班	203.74
1072	挤压式灰浆输送泵	$5m^3/h$	台班	77.66
1073	干混砂浆罐式搅拌机	20 000L	台班	193.83
1074	双锥反转出料混凝土搅拌机	500L	台班	215.37
1075	双卧轴式混凝土搅拌机	500L	台班	276.37
1076	混凝土搅拌站	$45m^3/h$	台班	1 182.73
1077	钢筋切断机	40mm	台班	43.28
1078	管子切断机	250mm	台班	44.85
1079	预应力钢筋拉伸机	650kN	台班	24.94
1080	半自动切割机	100mm	台班	92.61
1081	管子切断机	150mm	台班	29.76
1082	钢筋调直机	14mm	台班	37.97
1083	钢筋弯曲机	40mm	台班	26.38
1084	剪板机	40×3 100	台班	374.59
1085	型钢剪断机	500mm	台班	82.19
1086	压滤机	XMYZG400/1500-UB	台班	416.11
1087	岩石切割机	3kW	台班	48.61
1088	木工圆锯机	500mm	台班	27.5
1089	剪板机	20×2 500	台班	128.07
1090	台式砂轮机	ϕ250mm	台班	4.65
1091	台式钻床	16mm	台班	3.9
1092	联合冲剪机	16mm	台班	61.1
1093	预应力钢筋拉伸机	900kN	台班	41.55
1094	摇臂钻床	50mm	台班	21.52
1095	刨边机	12 000mm	台班	342.64
1096	喷砂除锈机	$3m^3/min$	台班	36.35
1097	平面水磨石机	3kW	台班	21.71
1098	折方机	4×2 000	台班	32.84
1099	钢材电动煨弯机	500mm 以内	台班	53.71
1100	液压弯管机	D60mm	台班	50.49

续表

序号	材料名称	型号规格	单位	单价(元)
1101	木工压刨床	单面 600mm	台班	31.42
1102	木工圆锯机	600mm	台班	36.13
1103	木工平刨床	500mm	台班	21.04
1104	木工压刨床	三面 400mm	台班	64.43
1105	木工开榫机	160mm	台班	43.73
1106	木工打眼机	16mm	台班	8.38
1107	木工裁口机	多面 400mm	台班	35.31
1108	乙炔发生器	$5m^3$	台班	7.31
1109	电动多级离心清水泵	ϕ150mm $h \leqslant$ 180m	台班	283.02
1110	污水泵	100mm	台班	112.87
1111	污水泵	70mm	台班	81.27
1112	射流井点泵	9.5m	台班	64.73
1113	泥浆泵	100mm	台班	205.25
1114	真空泵	$660m^3/h$	台班	118.2
1115	潜水泵	100mm	台班	30.38
1116	电动单级离心清水泵	50mm	台班	29.31
1117	电动多级离心清水泵	ϕ100mm $h \leqslant$ 120m	台班	167.48
1118	泥浆泵	50mm	台班	44.35
1119	电动单级离心清水泵	100mm	台班	36.22
1120	电动多级离心清水泵	ϕ50mm	台班	53.99
1121	电动多级离心清水泵	ϕ100mm $h >$ 120m	台班	238.3
1122	高压油泵	80MPa	台班	184.68
1123	交流弧焊机	21kV·A	台班	63.33
1124	交流弧焊机	32kV·A	台班	92.84
1125	交流弧焊机	42kV·A	台班	129.55
1126	对焊机	75kV·A	台班	119.25
1127	电焊条烘干箱	45cm×35cm×45cm	台班	8.99
1128	直流弧焊机	32kW	台班	97.11
1129	二氧化碳气体保护焊机	250A	台班	56.85
1130	二氧化碳气体保护焊机	500A	台班	132.92
1131	点焊机	长臂 75kV·A	台班	146.78
1132	氩弧焊机	500A	台班	97.67
1133	内燃空气压缩机	$12m^3/min$	台班	610.4
1134	电动空气压缩机	$6m^3/min$	台班	224.45
1135	电动空气压缩机	$3m^3/min$	台班	122.54
1136	电动空气压缩机	$10m^3/min$	台班	394.85
1137	电动空气压缩机	$20m^3/min$	台班	568.57
1138	电动空气压缩机	$1m^3/min$	台班	48.22

续表

序号	材料名称	型号规格	单位	单价(元)
1139	电动空气压缩机	0.6m³/min	台班	33.06
1140	电动空气压缩机	0.3m³/min	台班	25.61
1141	液压钻机	G-2A	台班	484.95
1142	液压注浆泵	HYB50/50-1型	台班	75.11
1143	垂直顶升设备		台班	1 456.65
1144	履带式液压抓斗成槽机	KH180MHL-800	台班	2 617.54
1145	超声波测壁机		台班	228.58
1146	泥浆制作循环设备		台班	1 596.76
1147	履带式液压抓斗成槽机	SG60A	台班	3 817.79
1148	履带式液压抓斗成槽机	KH180MHL-1200	台班	3 918.42
1149	吹风机	4m³/min	台班	21.11
1150	轴流通风机	7.5kW	台班	45.4
1151	排放泥浆设备		台班	218
1152	DM-3喷浆搅拌机		台班	660
1153	沉管设备		台班	12.4
1154	TRD搅拌桩机		台班	5 572
1155	液压泵车		台班	169
1156	双组分注胶机		台班	833
1157	遥控轨道行车	2t	台班	357
1158	后切式石料加工机		台班	15.7
1159	砂轮切割机	ϕ350	台班	20.63
1160	聚氨酯发泡机		台班	180
1161	气割设备		台班	37.35
1162	履带式拉森钢板桩机		台班	1 707.01
1163	自升式塔式起重机	2 000kN·m	台班	978.89
1164	单笼施工电梯	提升质量1t提升高度75m	台班	273.67
1165	混凝土振捣器	插入式	台班	4.65
1166	混凝土振捣器	平板式	台班	12.54
1167	电动灌浆机		台班	26.11
1168	轻便钻孔机		台班	86.09
1169	汽车式起重机	5t	台班	366.47
1170	水泥发泡机(含传送带)		台班	263